深厚覆盖层筑坝技术丛书

深厚覆盖层工程勘察研究与实践

SHENHOU FUGAICENG GONGCHENG KANCHA YANJIU YU SHIJIAN

余 挺 陈卫东 等 著

中国电力出版社
CHINA ELECTRIC POWER PRESS

内 容 提 要

深厚覆盖层筑坝技术丛书由中国电建集团成都勘测设计研究院有限公司（简称成都院）策划编著，包括《覆盖层工程勘察钻探技术与实践》《深厚覆盖层工程勘察研究与实践》《深厚覆盖层建高土石坝地基处理技术》等多部专著，系统总结了成都院自20世纪60年代以来持续开展深厚覆盖层建坝勘察、设计、科研等方面的成果与工程应用。

本书为《深厚覆盖层工程勘察研究与实践》，主要内容包括深厚覆盖层地质建造、勘察内容与方法、岩组研究、物理力学性质与参数、工程地质评价和工程勘察实例等。

本书可供水电、水利、岩土、交通、国防工程等领域的科研、勘察、设计、施工人员及高等院校有关专业的师生参考。

图书在版编目（CIP）数据

深厚覆盖层工程勘察研究与实践/余挺等著．—北京：中国电力出版社，2019.3

（深厚覆盖层筑坝技术丛书）

ISBN 978-7-5198-2702-1

Ⅰ.①深…　Ⅱ.①余…　Ⅲ.①挡水坝—覆盖层技术　Ⅳ.①TV64

中国版本图书馆 CIP 数据核字（2018）第 274291 号

出版发行：中国电力出版社

地　　址：北京市东城区北京站西街 19 号（邮政编码 100005）

网　　址：http：//www.cepp.sgcc.com.cn

责任编辑：安小丹（010－63412367）　杨伟国　郑晓萌

责任校对：黄　蓓　李　楠

装帧设计：赵姗姗

责任印制：吴　迪

印　　刷：北京盛通印刷股份有限公司

版　　次：2019 年 8 月第一版

印　　次：2019 年 8 月北京第一次印刷

开　　本：787 毫米×1092 毫米　16 开本

印　　张：21.25

字　　数：478 千字

定　　价：110.00 元

序言

我国水力资源十分丰富，自20世纪末以来，水电工程建设得到迅速发展，经过长期工程经验总结和不断技术创新，我国目前的水电工程建设技术水平总体上已经处于世界领先地位。在水电工程建设过程中，建设者们遇到了大量具有挑战性的复杂工程问题，深厚覆盖层上筑坝即是其中之一。我国各河流流域普遍分布河谷覆盖层，尤其是在西南地区，河谷覆盖层深厚现象更为显著，制约了水电工程筑坝的技术经济和安全性。因此，深厚覆盖层筑坝勘察、设计和施工等问题，成为水电工程建设中的关键技术问题之一。

成都院建院60余年以来，在我国西南地区勘察设计了大量的水电工程，其中大部分涉及河谷深厚覆盖层问题，无论在工程的数量、规模，还是技术问题的典型性和复杂程度上均位居国内同行业前列。

早在20世纪60年代，成都院就在岷江、大渡河流域深厚覆盖层上勘察设计了多座闸坝工程，并建成发电。20世纪70年代承担了国家"六五"科技攻关项目"深厚覆盖层建坝研究"，从那时开始，成都院就不断地开展了深厚覆盖层勘察技术和建坝地基处理技术的研究工作，取得了大量的研究成果。在覆盖层勘探方面，以钻探技术为重点，先后创新提出了"孔内爆破跟管钻进""覆盖层金刚石钻进与取样""空气潜孔锤取心跟管钻进""孔内深水爆破"等技术，近年来又首创了"超深复杂覆盖层钻探技术"体系，成功完成深达567.60m的特厚河谷覆盖层钻孔。在覆盖层工程勘察方面，系统研究了深厚覆盖层地质建造、工程勘察方法及布置原则、工程地质岩组划分、物理力学性质与参数、工程地质评价等关键技术问题，建立了一套完整科学的深厚覆盖层工程地质勘察评价体系。在深厚覆盖层建坝地基处理方面，以高土石坝地基防渗为重点，提出了深厚覆盖层上高心墙堆石坝"心墙防渗体＋廊道＋混凝土防渗墙＋灌浆帷幕"的组合防渗设计成套技术，创新了防渗墙垂直分段联合防渗结构型式，首创了坝基大间距、双防渗墙联合防渗结构和坝基廊道与岸坡连接的半固端新型结构型式等。这些工程技术研究成果在成都院勘察设计的大量工程中得到了应用，建成了以太平驿、小天都等水电站为代表的闸坝工程，以冶勒、瀑布沟、长河坝、猴子岩等水电站为代表的高土石坝工程等。

本丛书以成都院承担的代表性工程勘察设计成果为支撑，融合相关科研成果，针对深厚覆盖层筑坝工程勘察和地基处理设计与施工等方面遇到的关键技术问题，系统总结并提出了主要勘探技术手段和工艺、地质勘察方法和评价体系、建坝地基处理技术方案和施工措施等，并介绍了典型工程实例。丛书由《覆盖层工程勘察钻探技术与实践》《深厚覆盖层工程勘察研究与实践》《深厚覆盖层建高土石坝地基处理技术》等多部专著组成。

本丛书凝聚了几代成都院工程技术人员在深厚覆盖层筑坝勘察、设计和科研工作中付出的心血与汗水，值此丛书出版之际，谨向开创成都院深厚覆盖层筑坝历史先河的前辈们致以崇高的敬意！向成都院所有参与工作的工程技术人员表示衷心的感谢！也向所有合作单位致以诚挚的谢意！

余挺

2019 年 3 月于成都

前言

我国水能资源技术可开发装机容量 6.87×10^8kW，主要集中于西南地区，该地区嘉陵江流域、岷江流域、大渡河流域、雅砻江流域、金沙江流域和雅鲁藏布江流域等河谷都存在几十米至数百米厚的深厚覆盖层。随着水电开发在四川、西藏、云南等西部地区快速推进，深厚覆盖层建坝问题越来越突出，主要存在不均匀沉降、渗漏及渗透稳定、砂土液化等问题。如何查明河谷深厚覆盖层工程地质特性并充分利用覆盖层是建坝的关键技术之一。对坝基覆盖层的利用、处理始终是工程需要解决的重点和难点问题。

成都院建院初期（1955 年）～20 世纪 80 年代，以映秀湾、鱼子溪、南桠河梯级、龚嘴等为代表的水电站勘察设计施工，为深厚覆盖层勘察技术初期探索阶段；80 年代～20 世纪末，以太平驿、福堂、姜射坝、狮子坪、薛城、古城、瀑布沟、铜街子、小天都、冷竹关、仁宗海、冶勒、水牛家、硗碛、小关子、狮泉河、直孔等为代表的水电站勘察设计施工，基本形成覆盖层勘察技术体系；21 世纪初以来，以双江口、猴子岩、长河坝、黄金坪、泸定、龙头石、深溪沟、两河口、毛尔盖、藏木、加查等为代表的水电站勘察设计施工，形成了完善的深厚覆盖层勘察技术体系。

成都院在 60 余年深厚覆盖层勘察研究与实践过程中，采用现场地质调查测绘、勘探、试验、监测等方法，系统研究了深厚覆盖层地质建造、物理力学性质、工程地质问题，建立了一套较完整科学的深厚覆盖层工程地质勘察评价体系并在大量工程实践中得到成功应用。勘察评价体系关键技术主要包括：深厚覆盖层工程地质评价和筑坝地基可利用标准，深埋砂土液化评价技术，深埋土体物理力学参数取值方法；孔内爆破跟管钻进技术，覆盖层金刚石钻进与取样技术，空气潜孔锤取心跟管钻进技术，超深复杂覆盖层钻探技术；深埋土体密度上覆压力试验方法；钻孔标准注水试验与振荡式渗透试验。取得了数十项专利，如复杂地层用金刚石钻具、空气潜孔锤取心跟管钻具、标准注水试验孔内安装结构等。主编了《水电水利工程坝址工程地质勘察技术规程》《水电工程覆盖层钻探技术规程》《水电工程钻探规程》《水电水利工程坑探规程》《水电水利工程物探规程》《水电水利工程土工试验规程》《水电水利工程粗粒土试验规程》《水电水利工程钻孔抽水试验规程》《水电工程钻孔振荡式渗透试验规程》《水电工程注水试验规程》等十余项能源行业技术标准。出版了《砂砾石地基工程地质》《紫坪铺重大工程地质问题研究》等专著，主编了《水力发电工程地质手册》深厚覆盖层勘察篇章。

本书共分为 9 章，第一章介绍了覆盖层与深厚覆盖层的基本特征以及深厚覆盖层水电工程建设等；第二章介绍了内外地质作用对深厚覆盖层建造的影响与西部典型流域覆盖层地质建造；第三章论述了深厚覆盖层工程勘察方法与布置原则；第四章介绍了物探、钻探、坑探等常用的勘探方法、原理、工艺、材料、设备及各方法的适用条件等；第五章介绍了深厚覆盖层试验与测试；第六章总结了西南地区覆盖层空间展布特征、物质组成、结构及层次特征，依据大量工程勘察成果，提出了工程地质岩组划分原则及方法；第七章论述了覆盖层物理、水理、力学、动力特性等，总结了深厚覆盖层土体物理力学参数取值原则、方法和经验值；第八章介绍了水工建筑物对覆盖层地基利用标准、地基承载与变形稳定、地基抗滑稳定、地基渗漏与渗透稳定、地基砂土液化、地基软土震陷、地基抗冲防冲等深厚覆盖层工程地质问题的评价内容；第九章简要介绍了西南地区已建成的典型水电站工程深厚覆盖层勘察研究与实践的实例。

全书由余挺、陈卫东负责组织策划与审定；第一章由陈卫东、彭仕雄、谷江波、邵磊等撰写；第二章由陈卫东、彭仕雄、谷江波、徐德敏等撰写；第三章由陈卫东、彭仕雄、谷江波、曲海珠、邵磊等撰写；第四章由陈卫东、谢北成、张光西、干大明、辜杰为、徐键、沙玉等撰写；第五章由陈卫东、李小泉、鲁涛、罗欣、李建、杨凌云、葛明明、李建国、邵磊等撰写；第六章由陈卫东、彭仕雄、谷江波等撰写；第七章由陈卫东、彭仕雄、曲海珠、邵磊等撰写；第八章由陈卫东、彭仕雄、曲海珠、邵磊等撰写；第九章由陈卫东、彭仕雄、谷江波、胡金山、谢剑明、夏万洪、蔡仁龙、王金生等撰写。

本书由成都院土石坝技术中心组织策划，各相关单位参与，历时三年精心编写而成。编写过程中得到了公司领导，总工程师办公室，科技信息档案部，勘测设计分公司地质工程处、勘察中心、工程测试科学研究院、国际工程处等相关领导的大力帮助，在此对公司各级领导及专家表示衷心感谢！

受作者水平所限，书中难免存在不足和疏漏之处，敬请批评指正！

编著者

2019 年 3 月于成都

目录

第一章

概 述

第一节 覆盖层与深厚覆盖层

覆盖层是指经过内外地质作用而覆盖在基岩之上的松散堆积、沉积物的总称。对于水电工程建设而言，研究的重点是河谷覆盖层。河谷覆盖层是指堆积于河谷谷底和谷坡上的覆盖层，主要是流水作用的堆积物。在流域局部河段，构造（包括地震）、重力或气候等成因对河谷覆盖层的形成具有一定的增强或弱化作用。

水电工程建设实践表明，覆盖层通常具有建造类型多样性、分布范围广泛性、产出厚度多变性、组成结构复杂性、构造改造少见性、工程特性差异性等。

建造类型多样。地壳表面经受了内、外动力地质作用的综合作用，形成了一系列与地质构造及气候环境相联系的第四纪覆盖层。内、外动力地质作用的多重性与复杂性决定了成因类型的多变性。

分布范围广泛。受内、外动力地质作用影响，第四纪覆盖层在地球浅表部广泛分布。

产出厚度多变。相邻或相近的同一岩土组覆盖层的空间展布可能存在较大差异。

组成结构复杂。覆盖层一般具有结构松散、层次结构多且不连续等特点，其力学特性与物质组成、密实程度、胶结状况有关，也与成因、沉积时代、埋深等有关。

构造改造少见。覆盖层由于形成时代晚，断裂、褶皱少见。

工程特性差异。颗粒越粗、力学强度越高、渗透系数越大、渗透破坏比降越小；密实度越高、胶结程度越高、力学及抗渗性能越好；沉积时代越早、埋深越大，其力学及抗渗性能越好。

我国西南山区河谷中广泛分布有覆盖层，一般深度为数十米。其中，嘉陵江、雅砻江流域一般小于40m，金沙江、岷江、大渡河、雅鲁藏布江一般多为40～100m，局部河段超过300m。根据覆盖层厚度的不同，结合水电建设的特点，又可进一步细分为浅层覆盖层（小于40m）、厚覆盖层（40～100m）、超厚覆盖层（100～300m）及特厚覆盖层（厚度大于300m）。

各流域河谷覆盖层物质组成有其各自特点，岷江和大渡河主要河段深厚覆盖层纵向上可分为三个层次：底部大多为冰川、冰水堆积物，物质组成以粗颗粒的孤石、漂卵石为主，形成时代主要为晚更新世；中部大多为以冰水、崩积、堰塞堆积与冲洪积混合堆积层，组成物质较复杂，厚度变化相对较大，形成时代主要为晚更新世～全新世；表部为全新世河流相砂卵石堆积。

大量勘察成果表明，深厚覆盖层厚度、岩性、岩相等横向与纵向变化均较大；一般而言，河谷中心附近覆盖层底板最低，两侧相对较高；河谷覆盖层底板形态多呈U形或V形；纵向上有一定起伏。

深厚覆盖层建坝主要存在地基不均一变形与承载、抗滑稳定、渗漏与渗透稳定、砂土液化等问题。如何查明覆盖层工程地质特性并充分利用覆盖层是深厚覆盖层建坝的关键技术之一。

第二节　深厚覆盖层工程勘察

覆盖层勘察的主要目的在于查明土体的分布范围、厚度、成因类型、结构层次，土体的水文地质条件、物理力学性质等，确定坝基岩土体的物理力学性质参数，对地基的变形稳定、抗滑稳定、渗漏及渗透变形、液化、震陷等问题作出评价。

水电工程覆盖层勘察常用的方法有工程地质测绘、物探、钻探、坑探、物理力学试验与测试、水文地质试验。

一、深厚覆盖层地质测绘

覆盖层成因复杂，岩浆岩、沉积岩、变质岩等基岩经构造作用或浅表改造作用脱离母体形成覆盖层物质来源。后期外动力作用主要有冲积、洪积、湖积、冰（冰水）积、崩积、坡积、风积等。深厚覆盖层往往具有成因多样性的特点。

为了查明深厚覆盖层工程地质条件，工程地质测绘是基本手段。工程地质测绘可分为平面地质测绘、剖面地质测绘、试验取样编录、钻孔编录、坑探编录、施工开挖编录等。

工程地质测绘内容包括河谷地形地貌形态特征调查、河谷地貌划分，研究河谷阶地与漫滩的分布、形态、高度、堆积物特征和成因类型，分析河谷发育史。调查覆盖层成因类型、物质组成、厚度、结构、构造特征、密实程度等；着重研究砂层、架空层、孤漂石层、软土、砂土、膨胀土等的性质、厚度、分布及其埋藏情况。调查地下水水位、水量、水温、水文地质结构、土体渗透性等。

在工程地质测绘的基础上，进行覆盖层土体的岩组划分。岩组划分是在平面和剖面上将其工程地质性质相类似的土层（连续分布、透镜体）划分为一个工程地质单元的过程。

二、深厚覆盖层勘探

深厚覆盖层的厚度、埋深、物质组成、结构等的勘探包括物探、钻探、坑探。

深厚覆盖层结构松散，钻孔取心困难，岩心样易受扰动，对了解覆盖层的物理力学特性及组成结构有一定的影响。在查明深厚覆盖层的厚度和埋藏深度（简称埋深）、物质组成，以及需进行孔内试验与测试时，均可采用钻探。根据钻进场地可分为水上钻探和陆地钻探。

深厚覆盖层巨粒类土钻探主要采用金刚石钻进、气动潜孔锤跟管钻进、合金钻进、绳索取心钻进等。粗粒类土和细粒类土钻探主要采用金刚石钻进、合金钻进、绳索取心钻进、管钻钻进等。

坑探是有效和直观的勘探方法，可以直接了解覆盖层的物质组成结构。坑探包括探洞、探井、探坑及探槽，对于覆盖层中竖井、平洞作业，由于施工困难及费用高，尤其地下水位以下施工难度更大，一般仅在关键部位才布置使用。

物探是在较大范围内了解覆盖层厚度和层次的重要手段，其解译精度易受地形与介质特征的影响。常用方法主要有电磁勘探法、浅层地震勘探法、地球物理测井、电法勘探等。一般可采用综合测井探测覆盖层层次，测定土层的密度，也可采用跨孔法测定岩土体弹性波的纵波、横波波速，确定动剪切模量等参数。

三、深厚覆盖层物理力学试验与测试

土工试验与测试是研究覆盖层土体物理力学性质的必要手段，根据各试验方法的适用条件、工程规模及土层复杂程度等因素综合布置，并制定具有代表性、针对性的实施方案。常用的覆盖层土工试验可分为室内土工试验、现场土工试验及钻孔土工试验。

室内土工试验方法主要有颗粒分析试验、相对密度试验、压缩（固结）试验、直剪试验、渗透和渗透变形试验、三轴试验、动力特性试验。现场土工试验方法主要有现场密度试验、颗粒分析试验、含水率试验、荷载试验、现场大剪试验、现场管涌试验。钻孔土工试验主要有旁压试验、十字板剪切试验、粗粒土的动力触探试验、细粒土的标准贯入或静力触探试验等。

室内土工试验项目主要有黏土矿物成分和化学成分、土体密度、天然含水量、颗粒级配、压缩模量、抗剪强度、渗透系数、渗透比降、液限、塑限、砂土相对密度等；现场土工试验项目主要有土体承载力、变形模量、抗剪强度、渗透比降、动剪波速等。

前期勘察阶段深部覆盖层通常主要取不同程度扰动的钻孔样进行土体物理力学试验，施工开挖阶段深部覆盖层可进行开挖深部土体的现场原位试验和原状样室内试验，以研究深部扰动样与原状样试验成果的差异及其对覆盖层工程地质参数的影响。

四、深厚覆盖层水文地质测试

水文地质测试是为了获取覆盖层水文地质参数，查明水文地质条件而进行的测试工作。深厚覆盖层常用的现场水文地质测试有注水试验、钻孔抽水试验、振荡式渗透试验，以及地下水流速、流向测试。

注水试验可在钻孔或试坑内进行，分为定水头和降水头注水试验。定水头注水试验

适用于渗透性较强的土体，降水头注水试验适用于地下水位以下渗透性较弱的土体。钻孔抽水试验适用于地下水位以下的强～弱透水土体。振荡式渗透试验可在钻孔或试坑内进行，适用于地下水位以下的强～微透水土体。

五、深厚覆盖层工程地质评价

深厚覆盖层工程地质评价是为工程场址选择、方案比选、枢纽布置、建筑物轴线选择、地基利用与处理等提供依据。

通过分析深厚覆盖层的形成原因、物质组成、结构特征、物理力学性质与参数，研究深厚覆盖层坝基土体工程地质特性及地基土体利用标准，特别是对砂土、软土等软弱地基和架空层地基进行重点研究，评价地基土体的承载与变形、抗滑稳定、渗漏及渗透稳定、砂土液化、软土震陷、抗冲刷、深基坑的边坡稳定等问题，提出工程处理措施建议。

六、河谷深厚覆盖层利用

根据覆盖层工程地质条件，结合《碾压式土石坝设计规范》《水闸设计规范》中对土石坝和闸坝地基的总体要求，并总结众多土石坝和闸坝地基覆盖层利用实例，形成坝（闸）基覆盖层的利用标准。

第三节　河谷深厚覆盖层上水电工程建设

我国水电资源丰富（主要集中于西南地区），经济可开发装机容量 4.02 亿 kW，相应的年发电量为 1.75 万亿 kWh（2003 年水力资源复查成果）。根据“十二五”电力发展规划，2020 年将实现水电装机容量 3.48 亿 kW，发电量为 12500 亿 kWh；2025 年预计可开发 4.7 亿 kW。水电是最洁净的绿色能源，对能源结构调整、减少二氧化碳排放具有重要作用。水电又是可再生能源，是大自然赋予人类的物质财富，是对越来越少的石化能源的重要补充，如不及时利用，随即就自然失去，水电开发势在必行。

我国在西南地区大渡河流域、岷江流域、嘉陵江流域、雅砻江流域和西藏雅鲁藏布江流域的深厚覆盖层上成功建成了大量的水电工程。

一、大渡河流域

大渡河干流全长 1062km，天然落差 4175m。大渡河干流水电规划为“三库二十二级”（见图 1-1）。大渡河流域 95%河段的河谷覆盖层厚度大于 30m，河谷深厚覆盖层发育具有流域性特点。在建、已建的水电站有双江口、猴子岩、长河坝、黄金坪、泸定、龙头石、仁宗海（支流电站）、瀑布沟、深溪沟、冶勒（支流电站）、铜街子等（见表 1-1）。

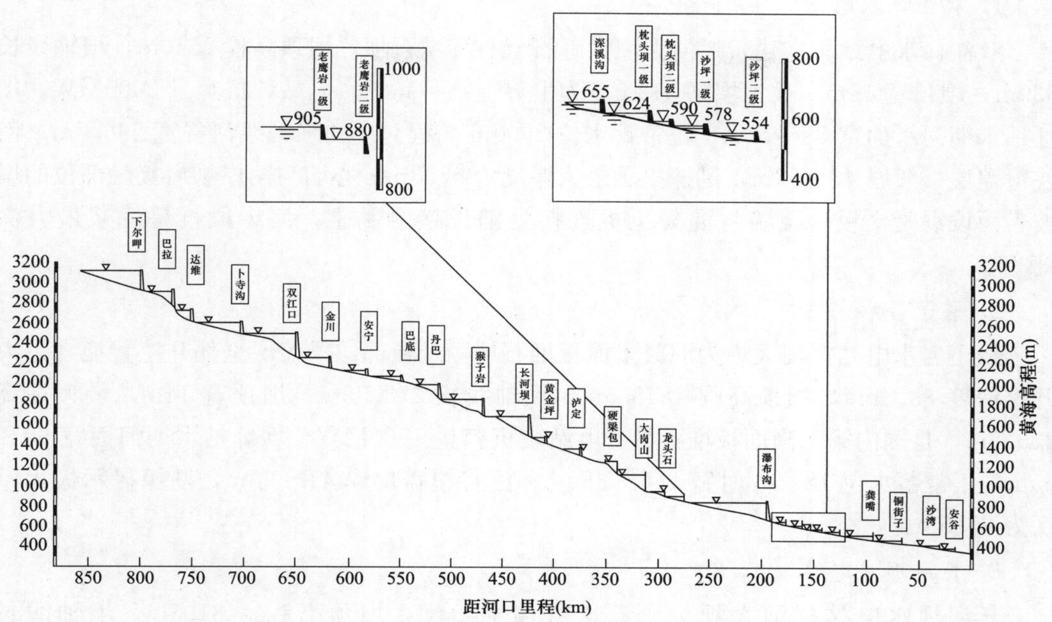

图 1-1 大渡河干流水电规划梯级开发纵剖面图

表 1-1 **大渡河流域工程特征表**

工程名称	干支流	坝型	覆盖层厚度（m）	坝高（m）	装机容量（MW）	状态
双江口水电站	大渡河	砾石土心墙堆石坝	67.8	312	2000	在建
猴子岩水电站	大渡河	混凝土面板堆石坝	85.5	223.5	1700	建成
长河坝水电站	大渡河	砾石土心墙堆石坝	76.5	240	2600	建成
黄金坪水电站	大渡河	沥青混凝土心墙堆石坝	133.9	85.5	850	建成
泸定水电站	大渡河	黏土心墙堆石坝	148.6	79.5	920	建成
龙头石水电站	大渡河	直立式沥青混凝土心墙堆石坝	77	58.5	700	建成
瀑布沟水电站	大渡河	黏土心墙堆石坝	78	186	3600	建成
深溪沟水电站	大渡河	混凝土重力坝	57	106	660	建成
铜街子水电站	大渡河	混凝土面板堆石坝（副坝）	70	82	600	建成
吉牛水电站	大渡河流域革什扎河	低闸	80.8	23	240	建成
仁宗海水电站	大渡河流域田湾河	复合土工膜防渗堆石坝	148	56	240	建成
冶勒水电站	大渡河支流南桠河	沥青混凝土心墙堆石坝	420	125.5	240	建成

大渡河流域干支流已建大中型水电站 40 余座，覆盖层深度一般为 50～150m，最深超过 420m。针对河谷覆盖层深厚的特点，多在覆盖层上建坝，坝型采用心墙坝为主，部分为面板堆石坝与闸坝，最大坝高 312m，防渗型式基本采用全封闭的混凝土防渗。典型工程概述如下：

1. 双江口水电站

双江口水电站（在建）拦河大坝为砾石土心墙堆石坝，坝顶高程2510m，坝轴线长639m，坝顶宽16m，最大坝高312m，为世界上第一高坝。电站装机容量2000MW。坝址枯水期河水面宽33～72m，正常蓄水位2500m高程对应的坝轴线河谷宽596.7m；河谷覆盖层一般厚48～57m，勘探揭示最大厚度为67.8m。心墙与两岸坝肩接触部位的岸坡表面设混凝土板，心墙与混凝土板连接处铺设接触黏土，河床段帷幕灌浆最大深度96m。

2. 猴子岩水电站

猴子岩水电站拦河大坝为混凝土面板堆石坝，趾板部位覆盖层全部开挖置换（最大开挖深度85.5m），坝顶高程1848.5m，坝轴线长278.35m，坝顶宽14m，最大坝高223.5m，是国内第二高面板堆石坝。电站装机容量1700MW。坝址枯水期河面宽60～65m，正常蓄水位1842m时宽265～380m；河谷覆盖层厚41～68m，勘探揭示最大厚度为85.5m。

3. 长河坝水电站

长河坝水电站拦河大坝为砾石土心墙堆石坝，坝顶高程1481.5m，坝轴线长502.85m，坝顶宽16m，最大坝高240m。电站装机容量2600MW。坝址枯水期坝轴线处河面宽103m，正常蓄水位1697m时宽195m；河谷覆盖层厚65～76.5m。坝基采用全封闭混凝土防渗墙和帷幕防渗，覆盖层以下坝基及两岸坝肩均采用灌浆帷幕防渗；防渗墙采用一主一副两道布置，主、副两墙之间净距14m，厚1.4m和1.2m；防渗墙最大深度为50m。

4. 黄金坪水电站

黄金坪水电站拦河大坝为沥青混凝土心墙堆石坝，坝顶高程1481.5m，坝轴线长407.44m，坝顶宽12m，最大坝高85.5m。电站装机容量850MW。坝址枯水期坝轴线处河面宽103m，正常蓄水位1490m时宽195m；河谷覆盖层厚56～130m，勘探揭示最大厚度为133.92m。坝基防渗采用一道悬挂式混凝土防渗墙，在防渗墙两侧各布置两排帷幕灌浆。

5. 泸定水电站

泸定水电站拦河大坝为黏土心墙堆石坝，坝顶高程1385.5m，坝轴线长526.7m，坝顶宽12.0m，最大坝高79.5m。电站装机容量920MW。坝址枯水期河水面宽110～170m，正常蓄水位1378m时宽430～460m；河谷覆盖层一般厚120～130m，勘探揭示最大厚度为148.6m。采用垂直防渗墙＋帷幕灌浆全断面封闭覆盖层的防渗处理型式。

6. 龙头石水电站

龙头石水电站拦河大坝为直立式沥青混凝土心墙堆石坝，坝顶高程360m，坝轴线长374，坝顶宽10m，最大坝高58.5m。电站装机容量700MW。坝址河谷覆盖层一般厚60～70m，勘探揭示最大厚度为77m，中间包含一层厚2.0～15.6m的砂土层。为增强坝基稳定，对覆盖层中的砂层采用振冲碎石桩处理，并在下游坝脚设堆石压重体，大坝基础防渗采用一道厚1.2m的全封闭混凝土防渗墙，墙底嵌入弱风化基岩1m，并与帷幕灌浆相接合。

7. 瀑布沟水电站

瀑布沟水电站拦河大坝为黏土心墙堆石坝，坝顶高程856.0m，坝轴线长540.5m，坝顶宽14m，最大坝高186m。电站装机容量3600MW。坝址枯水期河水面宽60～80m，水深7～11m，正常蓄水位850m时谷宽580m；勘探揭示河谷覆盖层一般厚40～60m，最大厚度为78m。河谷覆盖层采用混凝土防渗墙进行全封闭防渗，两岸及河床底部透水岩体进行帷幕灌浆防渗处理。

8. 深溪沟水电站

深溪沟水电站枢纽工程主要建筑物包括大坝、泄洪建筑物、坝后式厂房。大坝为混凝土重力坝，坝顶高程662.5m，坝轴线长222.5m，坝顶宽28m，最大坝高106m。电站为坝后式厂房，装机容量660MW。坝址枯水期河水面宽75～80m，水深5～8m，正常蓄水位850m时宽580m；河谷覆盖层厚40～50m，勘探揭示最大厚度为57.08m，坝基处理将覆盖层挖除置换。

9. 铜街子水电站

铜街子水电站坝型为左岸混凝土面板堆石坝，坝顶高程479m，坝轴线长1084.59m，坝顶宽29m，最大坝高82m。电站装机容量600MW。坝址河谷宽400m。河谷顺河左右各有1个深槽覆盖层。左深槽深70m，宽40m，充填物为冲积层、洪积层，并有20m厚的砂层。右深槽深30m、宽80m，充填物为冲积层。谷底分布有4条断层，斜贯整个枢纽区。其中左岸混凝土面板堆石坝跨越左岸深槽，为解决其承载能力和防渗问题，在上游挡墙下设2道厚1m的混凝土防渗墙截断深槽覆盖层，2道防渗墙间设有5道横隔墙，形成空间格架，在其内放入钢筋笼，并浇筑混凝土，自建基面的深度为20m。为解决其下的细砂层液化问题，采用75kW大功率振冲器，穿透漂卵石层，形成振冲桩加固细砂层。

10. 吉牛水电站

吉牛水电站属革什扎河流域水电规划“一库四级”方案中开发的第四级梯级电站，为低闸引水式电站，最大坝高23m。电站装机容量240MW。坝址处河谷较开阔，谷底宽150～200m，河谷覆盖层深80.8m。

11. 仁宗海水电站

仁宗海水电站拦河大坝为砾石土心墙堆石坝，坝顶高程2934.00m，坝轴线长843.87m，坝顶宽8m，最大坝高56m。电站装机容量240MW。坝址枯水期坝轴线处河面宽680m，正常蓄水位2930m时宽800m；河谷覆盖层厚148m。坝基采用悬挂式混凝土防渗墙防渗，防渗墙最大深度为82m。

12. 冶勒水电站

冶勒水电站（2005年第一台机组发电）是大渡河支流南桠河“一库六级”开发的龙头水库，电站采用混合式开发，沥青混凝土心墙堆石坝，坝顶高程2654.5m，坝轴线长 414m，坝顶宽 14m，最大坝高 125.5m。电站装机容量 240MW。坝址河谷覆盖层揭示最大厚度为 420m。坝基采用“一道混凝土防渗墙＋水泥灌浆帷幕”进行基础垂直防渗处理，最大防渗深度为 200 余米，右坝肩深厚覆盖层基础防渗采用垂直分段联合防渗方案。

二、岷江流域

岷江发源于岷山弓嘎岭和郎架岭，是长江的重要支流之一，全长 735km，落差 3560m。该流域水电开发主要集中都江堰河段以上，主要梯级概况与分布见表 1-2、图 1-2。岷江流域干支流已建大中型水电站 20 余座，覆盖层厚度一般为 30～100m，最大厚度超过 102m。针对河谷覆盖层深厚的特点，多在覆盖层上建坝，坝型采用闸坝为主，部分为心墙堆石坝与面板堆石坝，最大坝高 156m，防渗型式多采用全封闭的混凝土防渗，个别采用悬挂式防渗。典型工程概述如下：

表 1-2　　岷江流域工程特征

工程名称	干支流	坝型	覆盖层厚度(m)	坝高(m)	装机容量(MW)	状态
毛尔盖水电站	岷江支流黑水河流域	碎石土心墙堆石坝	56.62	147	420	建成
狮子坪水电站	岷江支流杂谷脑河	砾石土直心墙堆石坝	101.5	136	195	建成
薛城水电站	岷江支流杂谷脑河	闸坝	60	24	138	建成
古城水电站	岷江支流杂谷脑河	闸坝	82.8	23	168	建成
姜射坝水电站	岷江	闸坝	83	21.5	128	建成
福堂水电站	岷江	闸坝	92.5	31	360	建成
太平驿水电站	岷江	闸坝	86	17.5	260	建成
映秀湾水电站	岷江	闸坝	62	21.4	135	建成
紫坪铺水电站	岷江	混凝土面板堆石坝	31.6	156	760	建成
渔子溪水电站	岷江支流渔子溪河	闸坝	—	27.8	160	建成

1. 毛尔盖水电站

毛尔盖水电站是黑水河流域水电规划“二库五级”方案中开发的第三个梯级电站。电站采用高坝引水式开发，坝型为碎石土心墙堆石坝，坝高 147m，电站设计装机容量为 420MW。枯期河水面高程 1992～1993m，河水面宽 30～80m，正常蓄水位 2133m；河谷覆盖层厚度一般为 30～50m，最厚达 56.62m。为对坝基覆盖层进行防渗处理，采用厚 1.4m 的混凝土防渗墙，全断面封闭坝基覆盖层渗漏通道。墙体最大深度为 50.46m（底面高程 1939m）。

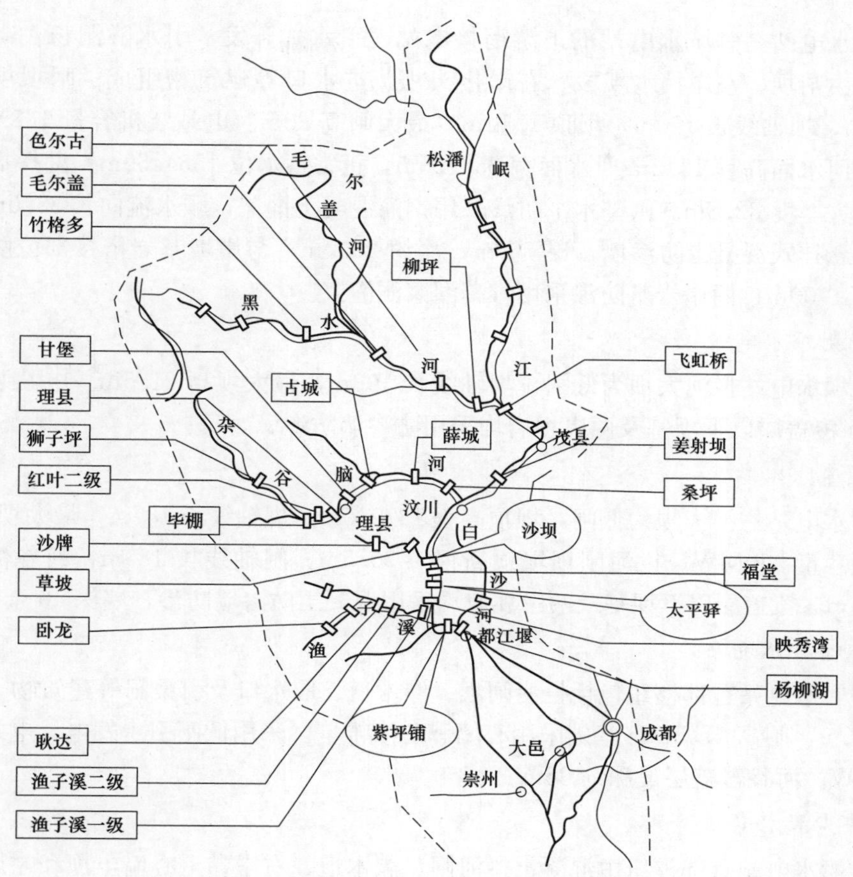

图 1-2　岷江流域主要水电站分布图

2. 狮子坪水电站

狮子坪水电站拦河大坝为砾石土直心墙堆石坝，坝顶高程 2544m，长 309.4m，宽 12m，最大坝高 136m。电站采用高土石坝长隧洞（长 18712m）引水发电，装机容量 195MW。坝址枯水期坝轴线处河面宽 19～22m，正常蓄水位 2540m 时宽 285～305m；河谷覆盖层厚 90～101.5m。坝基采用一道厚 1.2m 的混凝土防渗墙全封闭防渗。

3. 薛城水电站

薛城水电站位于岷江右岸一级支流的杂谷脑河上，地处四川省阿坝藏族羌族自治州理县境内，是“一库七级”开发规划中的第六个梯级电站；采用引水式开发，主要建物包括闸坝、引水隧洞、调压井、压力管道和地面厂房系统，电站装机容量 138MW。首部枢纽建筑物从右至左依次为两孔取水口、一孔冲沙闸、一孔排污闸、三孔泄洪闸、左岸挡水坝。闸顶高程 1711m，闸基置于河床含漂砂卵砾石层上，最大闸高 24.0m，闸线总长 116.87m，为混凝土重力坝。正常蓄水位 1709.50m。闸坝基础防渗采用悬挂式混凝土防渗墙，两岸坝肩采用帷幕灌浆防止绕坝渗漏。

4. 古城水电站

古城水电站是薛城水电站的下游衔接电站，引水式开发，引水隧洞长16.275km。首部枢纽由闸坝、左岸挡水坝段、右岸接头坝、进水口等建筑物组成；闸坝坝顶高程1557.00m，坝轴线长180m，坝顶宽14m，最大闸高23m。电站装机容量168MW。坝址枯水期河水面高程1542m时水面宽25～35m，正常蓄水位1554.50m；勘探揭示河谷覆盖层最大厚度82.8m。闸基水平防渗采用钢筋混凝土铺盖，顺水流向长35.0m；垂直防渗采用悬挂式混凝土防渗墙，厚80cm，深约26.0m，与岸坡基岩搭接部位防渗墙入岩深度为1.00m，两岸岩基防渗采用帷幕灌浆洞灌浆。

5. 姜射坝水电站

姜射坝水电站拦河大坝为低闸，坝轴线长103m，最大坝高21.5m。电站装机容量128MW。覆盖层以下坝基及两岸坝肩均采用防渗墙防渗。

6. 福堂水电站

福堂水电站拦河大坝为低闸，坝顶高程1270.5m，坝轴线长187m，最大坝高31m。电站装机容量360MW。拦河闸坝坝顶高程1270.5m，闸轴线长189m，河谷覆盖层厚34～92.5m。覆盖层以下坝基及两岸坝肩均采用混凝土防渗墙防渗，墙深40余米。

7. 太平驿水电站

太平驿水电站首部枢纽包括拦河闸坝、漂木道、取水口及引渠闸等建筑物。闸顶高程1082.5m，闸高17.5m。基础采用心墙和防渗帷幕。采用低闸引水发电，电站装机容量260MW。河谷覆盖层最深约86m。

8. 映秀湾水电站

映秀湾水电站首部枢纽由混凝土拦河闸、漂木道、右岸黏土心墙土坝和左岸取水口等建筑物组成。拦河闸坝顶高程951.5m，顺坝线长156m，顺河长25m，最大闸高21.4m。电站装机容量135MW。首部枢纽河谷开阔，河谷深厚覆盖层最大厚度为62m，闸基覆盖层为细砂、砂卵砾石、大漂石等，深度达35～45m。采用混凝土水平铺盖、悬挂式防渗墙及沉井围固等措施，以确保闸基渗流稳定和防止砂层液化及闸后水流冲刷。

9. 紫坪铺水电站

紫坪铺水电站拦河大坝为混凝土面板堆石坝，坝顶高程884m，长663.77m，宽12m，最大坝高156m。电站装机容量760MW。坝基覆盖层一般厚15～25m，最厚达31.6m，分布于现代河床和右岸一级阶地，主要由冲积漂卵砾石组成，分布有砂层透镜体。

10. 渔子溪水电站

渔子溪水电站拦河大坝为低闸，坝顶高程1204.5m，坝轴线长78m，最大坝高27.8m。电站装机容量160MW。

三、其他流域

在我国其他河流流域也分布深厚覆盖层，已有在深厚覆盖层上建坝实例，其主要工程特征见表1-3。

表1-3 其他流域主要工程特征

工程名称	干支流	坝型	覆盖层厚度（m）	坝高（m）	装机容量（MW）	状态
多诺水电站	四川白水河干流	混凝土面板堆石坝	41.7	112.5	100	建成
水牛家水电站	涪江流域火溪河	碎石土心墙堆石坝	28.05	108	70	建成
阴坪水电站	涪江流域火溪河	低闸	106.7	35.5	100	建成
直孔水电站	拉萨河	碎石+心墙堆石坝（副坝）	180	57	100	建成
藏木水电站	雅鲁藏布江	混凝土重力坝	45.1	116	510	建成
加查水电站	雅鲁藏布江	混凝土重力坝	89（左岸坡）	84.5	360	在建
ML水库	雅鲁藏布江	土质心墙堆石坝	567.60	150	1920	规划
狮泉河水电站	狮泉河	心墙堆石坝	84	31	6.4	建成

1. 多诺水电站

多诺水电站是阿坝州白水河干流“一库七级”梯级开发的龙头水库电站，坝址河谷覆盖层厚20～30m，局部厚达41.7m。拦河大坝为混凝土面板堆石坝，坝顶高程2374.5m，长220m，宽10m，最大坝高112.5m。大坝坝基采用防渗墙接帷幕灌浆防渗，两岸采用帷幕灌浆防渗，左、右岸设有灌浆平洞。电站装机容量100MW。

2. 水牛家水电站

水牛家水电站属涪江流域火溪河梯级开发的龙头水库工程，坝址河谷覆盖层揭示最大厚度为28.05m。拦河大坝为碎石土心墙堆石坝，坝顶高程2274m，长331.36m，宽10m，最大坝高108m。基础处理采用固结灌浆及灌注碎石振冲桩，坝基防渗采用全封闭混凝土防渗墙，并结合帷幕灌浆防渗。混凝土防渗墙厚1.2m，最大深度为29.2m。电站装机容量70MW。

3. 阴坪水电站

阴坪水电站拦河大坝为低闸，坝顶高程1249.5m，坝轴线长147.5m，最大坝高35.5m。电站装机容量100MW。坝址枯水期河面宽约26m，河谷覆盖层厚28.1～106.7m。覆盖层以下坝基及两岸坝肩均采用悬挂式防渗墙防渗。

4. 直孔水电站

直孔水电站为拉萨河梯级电站，拦河大坝在右岸河床基岩上为混凝土重力坝，在左岸河床及阶地上为碎石土心墙堆石坝，坝顶高程3892.6m，坝轴线长1330.0m，坝顶宽6m，最大坝高57m。电站装机容量100MW。坝址枯水期河水面宽60m，正常蓄水位3888.00m；勘探揭示河谷覆盖层一般厚70～180m，埋深40m左右夹有厚度不等的致密粉细砂层。河床坝基防渗采用封闭式、悬挂式（最大凿孔深度为79m）混凝土防渗墙和黏土截水槽相结合的方式进行防渗处理。

5. 藏木水电站

藏木水电站拦河大坝为混凝土重力坝，坝顶高程3314m，坝轴线长387.5m，最大坝高116m。电站装机容量510MW。坝址枯水期河面宽100～150m，正常蓄水位3310m时宽320～360m；河谷覆盖层厚10～45.1m。坝基采用防渗帷幕防渗。

6. 加查水电站

加查水电站拦河大坝为混凝土重力坝，坝顶高程3249m，坝轴线长度585.84m，最大坝高84.5m。电站装机容量360MW。坝址枯水期河面宽80～100m，正常蓄水位3246m时宽641m；左岸河谷覆盖层厚85～89m。坝基采用防渗帷幕防渗，覆盖层以下坝基及两岸坝肩均采用防渗墙＋灌浆帷幕防渗；防渗墙向左岸岸坡延伸150m，防渗墙最大深度80.4m。

7. ML水库

规划中雅鲁藏布江ML水库，拦河大坝拟选为土质心墙堆石坝，河谷呈较顺直宽缓U形谷，现代河床略偏右岸，覆盖层厚度大于500m。

8. 狮泉河水电站

狮泉河水电站拦河大坝为心墙堆石坝，坝顶高程4318.00m，坝轴线长407.4m，坝顶宽3m，最大坝高31m，坝后地面厂房。电站装机容量6.4MW。正常蓄水位4315m时谷宽580m；坝址区右岸厚30m左右，左岸厚40～84m，按成因类型划分为三大层：第Ⅰ层为冰水堆积的卵砾石砂层，第Ⅱ层为坡洪混合堆积的碎（块）砾石土夹中细砂层；第Ⅲ层为现河床冲积的卵砾石夹砂层。河谷覆盖层采用坝前、坝后增加盖重的处理措施，使坝基承载及防渗达到了设计要求。

9. 多布水电站

多布水电站，拦河大坝为砂砾石复合坝，最大坝高27.5m。河谷深厚覆盖层厚20.55～190m，河谷覆盖层采用混凝土防渗墙、右岸灌浆平洞进行防渗处理。

10. 新疆塔什库尔干河下坂地水电站

新疆塔什库尔干河下坂地水电站，坝型为沥青混凝土心墙砂砾石坝，坝高78m，坝址河谷覆盖层最大厚度为147.95m。坝基覆盖层采用垂直防渗墙接墙下帷幕进行防渗处理。

11. 黄河小浪底水电站

黄河小浪底水电站，坝型为斜心墙堆石坝，坝高154m，坝基覆盖层最大厚度为80m。坝基防渗采用黏土铺盖加混凝土防渗墙型式，坝基混凝土防渗墙最大墙深82m。

12. 旁多水电站

旁多水电站拦河大坝为沥青混凝土心墙堆石坝，最大坝高72.3m。河谷深厚覆盖层最大厚度为420m，河谷覆盖层采用悬挂式防渗墙进行防渗处理。

第二章

深厚覆盖层地质建造

第四纪是地球在其漫长的地质历史时期内的最新阶段。在这个阶段，地壳表面经受了内外动力地质作用，形成了一系列各类成因的第四纪覆盖层。第四纪覆盖层虽然所处的地理位置不同，地质发展史不同，但它们都是内外动力地质相互作用的结果，是特定地质环境的产物。

第一节　内动力地质作用

地质作用是指因自然动力引起，形成和改变地壳物质组成、构造、地表形态的各种作用的总称，按照动力的能量来源，可分为内力地质作用及外力地质作用。其中，由地球转动能、重力能和放射性元素析出的热能产生的地质动力所引起的地质作用，称为内动力地质作用，其主要发生于地壳或地幔中，表现形式包括地壳运动、地震、岩浆作用和变质作用等。

在数十年的水电工程开发过程中，大量的河床钻孔资料揭示，在各主要河流的现代河床中普遍发育河谷深切形成的深厚覆盖层，尤其在青藏高原东缘斜坡地带发育的岷江、大渡河、雅砻江、金沙江等河流河床中最为显著，覆盖层厚度一般为数十米至百余米，局部地段可达数百米。深厚覆盖层的形成不同于一般的河流发育演化，其成因颇为复杂，但归结起来，其主控因素无外乎内力和外力地质作用。就内力地质作用而言，地质构造运动、地震活动、岩浆作用及变质作用等，都可能对深厚覆盖层产生较大的影响。

一、地质构造与地震

地壳运动，又称地质构造运动，主要分为水平运动和升降运动，其中升降运动对河流沉积作用影响较大，因而对河谷覆盖层的形成起重要作用。升降运动的具体表现为，近代构造的升降变化使得河流跨越不同的构造单元，导致河流在纵剖面上的差异运动，从而影响河流侵蚀和堆积特征，形成构造型覆盖层堆积。例如，当构造单元抬升后，局部河流纵比降发生变化，加剧了溯源侵蚀能力及流水的下切作用，这种下切作用进一步加大河谷深度，使覆盖层厚度增大。大渡河支流南桠河冶勒水电站库坝区最厚达 420m

以上的覆盖层，即与安宁河断裂活动形成的第四纪构造断陷盆地有关。金沙江虎跳峡上游河段最厚达 250m 的覆盖层形成也主要与古龙蟠断陷盆地有关。而与冶勒水电站同处大渡河流域的大岗山水电站河段覆盖层的厚度仅 20m 左右，主要是由于其处于鲜水河断裂带的构造隆升部位。

频繁的地震作用也常导致河床的深厚覆盖层堆积。我国的西南地区是中强地震频繁活跃的重点地区，地震的发生常伴随山体崩塌与滑坡现象，在重力及降水作用下，滑坡及泥石流物质被搬运堆积至地势低处的河谷，形成河床堆积。例如，大渡河大岗山水电站上游库区加郡滑坡形成的巨厚堰塞湖相沉积即属此类。又如“5·12”地震后山体滑坡，阻塞河道形成的唐家山堰塞湖位于涪江上游距北川县城约 6km 处，库容为 1.45 亿 m^3。堰塞体顺河向长约 803m，横河最大宽约 611m，顶部面积约 30 万 m^3，由崩坡积块碎石土等组成。据相关资料，极震区岷江河谷覆盖层增厚 5～8m。

此外，地质构造与地震使得地表上升或下降，形成河谷地槽或断陷盆地等，往往是深厚覆盖层堆积的重要场所，也是形成覆盖层堆积空间的重要因素。

二、第四纪火山作用

现代火山爆发时，岩石或岩浆等被粉碎成细小颗粒，并被喷射到空中形成火山灰，火山灰沉淀于河床，堆积压紧，从而形成火山灰沉积土体覆盖层。例如，印度尼西亚的马都拉海峡海床土体就是由颗粒较小的火山灰沉积而成，厄瓜多尔 CCS 水电站取水枢纽所置河谷深厚覆盖层中即含一层以火山灰为主体成分的沉积粉土。岩浆作用形成的覆盖层，通常天然含水率较高、天然干密度较低，结构松散，胶粒和黏粒含量多，具有较强的吸水性和膨胀性。

内动力地质作用不仅是覆盖层形成的重要因素，还对覆盖层的成因类型多样、分布范围广泛、产出厚度多变、组成结构复杂等特性产生重要的影响。

第二节　外动力地质作用

内动力地质作用控制了地貌基本格架和构造单元的形成，而且在很大程度上控制了第四纪覆盖层的成因机制和地域分布，但对于某一具体的地貌及构造单元，起主导作用的是外动力地质作用。以太阳能及日月引力能为动力来源，通过大气、水、生物等因素引起的外动力地质作用对覆盖层，尤其是深厚覆盖层的形成起重要作用，包括风化、流水、海水、风力、重力、冰川、全球气候变化和海平面升降等，都可对深厚覆盖层的形成产生重要影响。

一、风化堆积

岩石在太阳热能、大气、水分和生物等各种风化应力的作用下，不断发生物理和化学变化的过程，称为岩石风化。地表岩石在物理风化和化学风化的作用下发生崩解破碎，并在原地形成松散堆积，称为残积物。残积物结构松散，多分布在分水岭、山坡和低洼地带，与下部基岩接触边界起伏不平。对于发育于高山峡谷区的河流而言，河谷岸坡的残积物在水流冲刷和重力的作用下，极易向低处的河谷区运移堆积，同时原本为残积物覆盖的基岩不断裸露，风化作用持续发展，最终于河谷区形成深厚的风化堆积。

二、流水堆积

由暂时性片流、洪流与河流作用而产生的各种堆积，以及静水堆积作用等，可统称为流水堆积。在河流覆盖层纵剖面上，各种成因的流水堆积物常组合形成厚层的覆盖层堆积，夹于顶、底部的冲积堆积物之间。

根据堆积环境的不同，堆积作用可分为陆地堆积、海洋堆积和海岸堆积，其中，海岸带的松散砂砾物质在波浪、潮汐等动力的作用下，重新堆积而形成的即为海岸堆积物。它根据所处环境不同，又可分为滨海堆积、浅海堆积、深海堆积与三角洲堆积等。

三、风力堆积

风力堆积是指被风搬运的颗粒物，在遇到丘陵和山脉等障碍物时沉降至地表而形成的堆积物。基岩风化而形成的残积-坡积物，在风力搬运下运移至河谷地带，可形成河谷覆盖层堆积，其物质组成主要是砂粒和粉土，颗粒一般细小均匀。

四、重力堆积

崩塌和滑坡是重力堆积的主要类型。崩塌是指较陡坡上的岩土体在重力作用下突然脱离母体崩落、滚动、堆积在坡脚的动力地质现象，滑坡则是斜坡上的岩土体在重力作用下沿一定软弱面整体下滑的动力地质现象。它们与冲积、洪积、泥石流堆积等，均属河谷区的常见堆积来源。

五、冰川堆积

天然冰体在压力和重力的作用下顺山坡或谷地向下运动即称为冰川运动，较为常见的有发育于中、低纬度高山区的山岳冰川和分布于高纬度区的大陆冰川。山岳冰川堆积最重要的是底碛，它是冰川形成前的堆积物，以及在冰川运动过程中对基岩研磨或挤压而被破碎的岩块堆积。大陆冰川堆积主要有冰碛堆积和冰水堆积，前者包括鼓丘和冰碛垅，后者包括冰湖堆积、冰砾阜和蛇形丘。冰川的运移速度慢但规模大，对于西南地区的河流，冰川堆积物是河谷覆盖层较常见的固体物质来源。

六、全球气候变化和海平面升降

冰期气候寒冷，间冰期气候回暖。间冰期气温上升时，冰川消融，河流水量增加，提高河流的下蚀能力，易形成深切谷底；而冰期气候寒冷干燥，河流水量锐减，侵蚀能力及搬运能力减弱，易发生沉积作用，在谷底形成较厚的堆积层。河流在下切过程中，两岸坡体由于地应力的卸荷释放，岩体松弛，裂隙发育，崩塌、滑坡等地质作用发育，造成堆积于河谷中的搬运物突增，形成沿途沉积。现代冰川对高原河谷的剧烈刨蚀，形成大量碎屑物，被流水搬运至河床中堆积，增加堆积物来源。以上各因素共同作用，形成气候型堆积。

此外，海平面升降对于河谷深厚覆盖层的形成具有重要影响。其表现为全球海平面在冰期阶段大幅度下降，大大降低河流的侵蚀基准面，增大了河流纵比降，从而引发强烈的溯源侵蚀下切，形成古深切河谷；而在冰后期，海平面上升，侵蚀基准面抬升，海水从河口地区回灌，河流纵比降减小，搬运能力减弱，回水作用和溯源堆积作用加强，沉积物大量堆积，形成河谷的深厚覆盖层。

外动力地质作用不仅是覆盖层形成的重要因素，还对覆盖层的成因类型多样、分布范围广泛、产出厚度多变、组成结构复杂、工程特性差异等特性产生重要的影响。

第三节　地质建造成因及其相互关系

一、成因类型

由第四系地层所组成的覆盖层按堆积形成的时期一般可分为早更新世（Q_1）、中更新世（Q_2）、晚更新世（Q_3）和全新世（Q_4）。覆盖层一般以全新世（Q_4）、晚更新世（Q_3）堆积物为主，中更新世（Q_2）堆积物少见，早更新世（Q_1）以昔格达地层为代表。

从地质建造来看，覆盖层是经过地质作用所形成的，堆积于一定地形环境内，并具一定形态，在岩性、岩相等方面具有一定特点的堆积物。覆盖层堆积物主要成因类型见表2-1。

表 2-1　　**覆盖层堆积物主要成因类型**

成因	成因类型	代号	主导地质作用
风化残积	残积	Q^{el}	物理、化学风化作用
重力堆积	坠积	Q^{col}	较长期的重力作用
	崩塌堆积		短促间发生的重力破坏作用
	滑坡堆积	Q^{del}	大型斜坡块体重力破坏作用
	土溜		小型斜坡块体表面的重力破坏作用
大陆流水堆积	坡积	Q^{dl}	斜坡上雨水、雪水间由重力的长期搬运、堆积作用
	洪积	Q^{pl}	短期内大量地表水流搬运、堆积作用
	冲积	Q^{al}	长期的地表水流沿河谷搬运、堆积作用
	三角洲堆积（河、湖）	Q^{mc}	河水、湖水混合堆积作用
	湖泊堆积	Q^{l}	浅水型的静水堆积作用
	沼泽堆积	Q^{f}	潴水型的静水堆积作用

续表

成因	成因类型	代号	主导地质作用
海水堆积	滨海堆积	Q^{m}	海浪及岸流的堆积作用
	浅海堆积		浅海相对动荡及静水的混合堆积作用
	深海堆积		深海相静水的堆积作用
	三角洲堆积		河水、海水混合堆积作用
地下水堆积	泉水堆积	Q^{ca}	化学堆积作用及部分机械堆积作用
	洞穴堆积		机械堆积作用及部分化学堆积作用
冰川堆积	冰碛堆积	Q^{gl}	固体状态冰川的搬运、堆积作用
	冰水堆积	Q^{fgl}	冰川中冰下水的搬运、堆积作用
	冰碛湖堆积	—	冰川地区的静水堆积作用
	冰缘堆积	Q^{prgl}	冰川边缘冻融作用
风力堆积	风积	Q^{eol}	风的搬运堆积作用
	风-水堆积		风的搬运堆积作用后，又经流水的搬运堆积作用
地震动力堆积			水平推出

二、河谷深厚覆盖层的成因

一般河流的侵蚀与堆积，总是与该流域的地质构造运动和气候变化有着密切的直接相关。研究认为，一般山区河流的冲积层厚度为20～30m，很少超过50m。但我国岷江、大渡河等河谷覆盖层深厚，表现为越往上游越厚的特点，岩相变化大，深部颗粒较为粗大，表现出了与一般河流不一样的特点，需要研究深厚覆盖层的成因机制（见表2-2）。

表2-2　深厚覆盖层的成因机制

成因	形成过程
构造成因	近代构造的升降变化使得河流跨越不同的构造单元，导致河流在纵剖面上的差异运动，从而影响河流侵蚀和堆积特征，形成构造型的堆积层
壅（堰）塞堆积	大型崩塌、滑坡、泥石流堵江事件在堵江后，可能形成局部地段的河流深厚堆积
气候成因	冰川对高原河床的剧烈刨蚀作用，产生大量的碎屑物质，被流水搬运到河床中堆积，会形成气候型堆积层。第四纪以来，曾出现四个大的冰期，造成海平面的大幅度降低和升高，覆盖层的厚度随之发生变化

1. 构造成因

近代构造的升降变化使得河流跨越不同的构造单元，导致河流在纵剖面上的差异运动，从而影响河流侵蚀和堆积特征，形成构造型堆积层。例如，大渡河支流南桠河冶勒水电站库坝区河谷的堆积层厚度大于420m。研究结果表明，该区地质上属于第四纪构造断陷盆地，与安宁河活动断裂的现今活动有关。

2. 壅塞、堰塞成因

由于第四纪以来地壳快速隆升、河谷深切，加上地震、暴雨等外在因素的诱发，在高山峡谷中常有大型、巨型滑坡、崩塌、泥石流事件发生，并往往堵断江河，形成局部地段的深厚堆积。例如，岷江叠溪地震产生的滑坡堵江，形成堰塞湖至今还保存完好；“5・12”汶川地震造成岷江数个堰塞或壅塞湖，导致河谷覆盖层加深。

3. 气候成因

第四纪以来我国大陆主要经历了4次大的冰期，冰期与间冰期河流表现出了明显的侵蚀与堆积特征。末次冰期以来我国西南地区河流演化经历了4个阶段，见表2-3。冰川对高原河床的剧烈刨蚀作用，产生了大量的碎屑物质，被流水搬运到河床中堆积，会形成气候型堆积层。

表 2-3　　　　末次冰期（玉木）以来我国西南地区河流演化阶段划分

阶段	时代（ka BP）	河流特征
末次冰期	25～15	河床深切成谷
冰后期早期海侵	15～7.5	河床堆积开始
最大海侵	7.5～6	河床大量堆积形成深厚覆盖层
海面相对稳定期	6至今	现代河床发展演化

大渡河、岷江、金沙江上游河谷深厚覆盖层大多在纵向上可分为三层：底部为晚更新世冲积、冰水漂卵砾石层；中间为晚更新世以冰水、崩积、坡积、堰塞堆积与冲积混合为主的堆积层，厚度相对较大；上部为全新世正常河流相堆积。其中，中间堆积层形成成因各异，在形成时间上具有阶段性和周期性的特点。根据收集的西南地区各水电站的钻孔测年资料揭示，除局部河段外，几大江河河谷覆盖层下部均形成于距今20ka左右，中部多成因覆盖层形成年龄为15～19ka，上部为正常河流相沉积，距今6～7ka。说明现今的河床底部在20ka前就已经开始形成了，也就是说至少在20ka前西南地区河谷曾发生过强烈侵蚀事件。

三、各建造成因相互关系

1. 水成共生系列

水成共生系列是河谷覆盖层的主要成因类型。冲积成因是指河水将剥蚀的碎屑物质进行搬运，并在河流沿线上堆积而成。洪积成因是指支谷山沟季节性水流在谷口或山麓山前一带形成的洪积扇（锥）。在冲积物发育区，洪积物多在谷口汇集于冲积物中。

2. 冰川共生系列

冰川共生系列包括冰碛、冰水堆积和冰缘堆积等类型。冰碛为冰川的直接堆积物，很大一部分山谷冰川都在山麓或现代河谷谷底保留着它的终碛，有的堆覆在地表，形态完整；有的被埋藏在现代冲积层以下，一般密实程度较高。冰水堆积包括冰下（侧）河和冰前河流堆积，以冰水扇和外冲平原为主要内容。冰碛堰塞湖堆积也被列在冰水堆积范畴。在冰川外围地带，融冻泥石流和融冻崩塌形成的冰缘堆积，常以近源块砾物质堆积于岸坡或现代冲积层下部。第四纪时期有过多期冰川作用，形成大量的冰碛堆积物，这些冰碛堆积物分布在山地河谷谷底，与工程关系密切。

3. 重力共生系列

重力共生系列堆积物分布范围有限，多在山麓或山前一带有其分布。此类堆积稳定性差，常被河流搬运至下游再沉积形成河谷覆盖层。

上述不同成因类型的物质同时混合堆积即构成共生系列。

由于第四纪气候、外动力和地貌多种多样，形成了多种成因的大陆、海洋堆积物。各种成因沉积层具有不同的岩性、岩相、结构构造和物理化学性质与地震效应。即使同一种成因的陆相第四系，由于形成时动力和地貌环境变化大，因此堆积物的岩性、岩相、结构变化也大。

河谷覆盖层在大多数情况下，各层之间呈连续堆积或间断堆积，且由于第四系时间短暂，在大多数场合下，第四纪堆积物所经受的剥蚀破坏及构造变形比较轻微，物质来源多样，空间上呈分层展布或接触部位相互交错。

河谷覆盖层由于堆积物直接置于河流水下，更易遭受外动力地质作用，结构松散，使其不断被破坏和改造，或受水流的冲刷，具有明显的移动性。这是造成第四纪堆积物往往互层的重要原因。

大渡河流域是四川西部地区典型的加积河流，由于构造升降和冰期或堰塞堆积的结果，使谷底覆盖层厚度最大大于420m，结构复杂。由不同时期、不同成因类型和不同岩性叠置而成的巨厚堆积，分布上有鲜明的规律性，即：①在那些受构造控制的断陷盆地及山间宽谷部位，砂砾石层为复合沉积型的，厚80～130m，卵砾石、块碎石与粉细砂成层叠置；②在那些至今仍处于上升状态的河段，砂砾石层为单一冲积型的，厚10～20m；③介于上述两者之间并处于升降运动缓慢地块上的河段，砂砾石层厚30～70m，属中等厚度。

第四节　典型流域覆盖层地质建造

我国西南地区河流多穿流于高山峡谷，地理上属青藏高原向云贵高原和四川盆地过渡的斜坡地貌地带，是我国水力资源最富集的地区。各流域河谷深切，覆盖层深厚（见表2-4），岩性、岩相多样，结构复杂。例如，岷江流域狮子坪水电站坝址覆盖层深102m，大渡河泸定水电站坝址覆盖层深149m，金沙江上虎跳峡龙蟠坝址覆盖层厚度达200m以上，大渡河支流南桠河冶勒水电站坝址覆盖层厚度大于420m，发育于西藏南部的雅鲁藏布江中M水电站覆盖层厚度大于500m。

表 2-4　　西南地区部分流域坝址河谷覆盖层最大深度汇总

流域名称	坝址	覆盖层厚度（m）
白水江	多诺	41.7
	玉瓦	52
	青龙	60
	黑河塘	93
	双河	35
涪江	水牛家	28
	自一里	80
	阴坪	106.7
岷江	毛尔盖	56.6
	薛城	60
	古城	82.8
	狮子坪	101.5
	十里铺	96
	福堂	92.5
	太平驿	86
	映秀湾	62
	紫坪铺	31.6
宝兴河	硗碛	70
	民治	85.5
	小关子	86.7
大渡河	下尔呷	13
	达维	30
	卜寺沟	30
	双江口	67.8
	金川	80
	巴底	130
	丹巴	128
	猴子岩	85.5
	长河坝	76.5
	黄金坪	133.9
	泸定	148.6
	硬梁包	116
	大岗山	21
	龙头石	77
	老鹰岩	70
	瀑布沟	78
	深溪沟	57.08
	枕头坝	48
大渡河	沙坪二级	38
	龚嘴	70
	铜街子	70
	吉牛	80.8
	龙洞	77
	小天都	96
	冷竹关	35
	仁宗海	148
	大发	122
	冶勒	420
雅砻江	两河口	12.4
	牙根	15
	楞古	59.5
	杨房沟	32
	卡拉	46
	锦屏一级	47
	锦屏二级	51
	官地	36
	二滩	38
	桐子林	37
金沙江	拉哇	55
	奔子栏	42
	龙盘	40
	虎跳峡	250
	其宗	120
	两家人	63
	梨园	15.5
	阿海	17
	金安桥	8
	观音岩	24
	龙开口	43
	乌东德	73
	白鹤滩	54
	溪洛渡	40
	向家坝	80
雅鲁藏布江	直孔	＞180
	加查	89
	藏木	45.1

西南地区位于青藏高原东缘，横跨我国由西向东第一个大的阶梯状地形，大地构造处于三江地槽褶皱系和松潘—甘孜地槽褶皱系向扬子准地台过渡地带、活动的川滇菱形断块向相对稳定的四川盆地过渡地带，气候上处于寒温带气候向亚热带气候过渡地带。因而形成了地区内典型的高山峡谷地貌，流量丰沛的河流水系，褶皱紧密、岩层变质、构造复杂的区域地质条件，以及高地应力和高地震烈度，活跃的冰缘泥石流，强烈的谷坡物理地质作用等特征。大地构造演变上，晚新生代以来受青藏高原隆升运动的影响，西南地区新构造运动及地貌特征主要表现为：①大面积整体间歇性急速抬升，上新世末以来，该区随着青藏高原的大规模强烈隆升形成上新世夷平面，尤其 0.15Ma 以来的共和运动使得西南地区整体性急速抬升，接近现代高度，在该阶段地貌以剧烈切割为主。②断块差异性升降运动显著，一方面断裂活动使夷平面解体呈地堑式陷落（或相对为地堑式隆起），形成断块山与断陷盆地等地貌；另一方面其抬升幅度表现为阶梯式下降，从西向东、从西北向东南由强变弱，形成多级台地或高山，如川西高原、雪山、盆地、峡谷及冲积扇地貌等，晚更新世以来大渡河、岷江等河流中普遍发育多级阶地和形态各异的水系流域地貌。③断裂活动频繁，地震活动强烈，各断裂晚新生代以来均表现出较强的构造活动特征。其中大渡河横跨松潘—甘孜褶皱带、鲜水河—磨西断裂带及大渡河断裂带等，而金沙江穿越红河断裂带、金沙江断裂带等。

众多水电工程勘察实例表明，上述各流域因复杂的新构造运动、第四纪多期冰川活动，以及强烈的物理地质作用，河床堆积了深厚的复合堆积型覆盖层，尤以冰川冰缘刨蚀堆积和流水侵蚀堆积作用复合堆积为主。按其生成条件，可分为早更新世地壳断陷成湖堆积、中更新世和晚更新世冰川冰缘泥石流堆积，以及晚更新世和全新世大型崩塌、滑坡、泥石流堵江局部堰塞堆积。同时，实践资料也证明，河谷覆盖层成因类型复杂，不同河流、同一河流不同河段，乃至同一河段不同时期，覆盖层皆可能表现出不同的成因。下面以西南地区，尤其是四川省境内的、水电开发程度较高的各流域为例，进行覆盖层地质建造背景详述。

一、嘉陵江流域

白水江是嘉陵江上游支流白龙江的一级支流，发源于甘肃省、四川省交界处岷山山脉南麓，自西北向东南流经四川省九寨沟县和甘肃省文县，于文县境内汇入白龙江碧口水库。干流全长 287km，天然落差 2958m。白水江流域采用“一库七级”开发，从上至下依次为多诺、玉瓦、陵江、黑河塘、永乐、双河（南坪）、青龙（交财湾）。

白水江流域在区域上位于昆仑—秦岭纬向构造带的西延段，受康藏歹字形巨型构造体系和龙门山构造带的控制和影响，构造十分复杂，涉及三个构造区，即武都弧形构造带、文县弧形构造带和岷江南北西构造带。流域处于武都、文县弧形构造带之间，为一被洋布梁子—大年断裂和塔藏—双河—何家坝断裂所围限的长条形玉瓦—南坪地块内。该地块内断裂构造不发育，表现为一系列北西向的褶皱构造。地块内构造破坏微弱，在长期地质历史中显示出相对稳定，进入喜山期以后，表现为大面积间歇性整体抬升。流域内地层以区域性浅变质地槽型沉积建造为主，广泛分布二叠、三叠系地层，岩性为一套滨、浅海交互相沉积的碎屑岩和碳酸岩。流域内不具备发生破坏性地震的地质结构条件，其地震效应主要受外围强震的影响。外围强震带主要有北东侧的甘肃武都地震带、南西侧的松潘—平武地震带和南东侧的龙门山地震带，地震基本烈度为Ⅷ度。

白水江属白龙江水系，地处青藏高原向黄土高原过渡的斜坡急剧变形带，是我国滑坡、崩塌和泥石流灾害最为严重的地区之一。同时还应指出，下游流域因距“5·12”汶川地震的震中较近，受地震影响，次生地质灾害发育强烈，主要为崩塌、地裂缝，其次为滑坡和地面塌陷。

流域内覆盖层发育，根据梯级电站河谷覆盖层资料，多个水电站河床部位覆盖层最大厚度为30～60m，总体分为三层：中下部为冲洪积含漂块碎砾石土层；表层为现代河床冲积相的含漂卵砂砾石层。

综上所述，白水江流域内深厚覆盖层成因以冲洪积和冰水积堆积为主。

涪江是嘉陵江右岸最大的一级支流，发源于四川省松潘县境内岷山主峰雪宝顶，从西北向东南由四川西部北高山区流入盆地丘陵区，于重庆市合川县汇入嘉陵江，全长670km。江油武都镇以上为涪江上游，属山区性河流，河床平均纵比降为1.5%；中下游流经四川盆地的盆中丘陵区，其中武都至遂宁为中游，平均纵比降为0.1%，遂宁以下为下游，大部分位于重庆市境内，平均纵比降仅为0.05%。

涪江流域上游段地质构造复杂，在大地构造位置上跨越甘孜—松潘地槽褶皱带、龙门山巨型推覆褶皱带，穿越龙门山断裂带北东段，流向下游的川西前陆盆地。该段流域地处古亚洲构造域、滨太平洋构造域、特提斯—喜马拉雅构造域三大构造域的结合部位，属重力梯度递变带，地壳厚度急剧变化，加之断裂构造发育，不同方向的断裂构造交错重叠，应力集中，成为能量积聚与释放的场所，地震活动频繁而强烈，后龙门山及北川一带地壳稳定性较差，地震基本烈度达Ⅷ度以上。岩性以变质岩为主，次为古生代碳酸盐岩及碎屑岩。干流穿越龙门山北东段天竹山后，在江油断裂南西侧山前盆地形成涪江山前沉积扇。之后，河流进入中下游丘陵平原区，地质构造简单，各种红色碎屑岩广布，以平缓的砂泥岩互层为主，断裂不发育，地壳稳定。

涪江上游河段地势自西北向东南倾斜，主要由岷山山脉和龙门山山脉组成。以上游河段铁笼堡为界，铁笼堡以上干支流穿行于崇山峻岭之间，河谷多呈V形，相对高差在1000m以上，谷坡一般在40°左右，河床多为卵石夹块石，河床宽20～80m；铁笼堡以下，河谷相对较宽，两岸阶地发育，河床多为砂卵石，河床宽100～500m。

涪江干流河谷覆盖层堆积厚度不大，一般小于30m。涪江上游最大的支流火溪河流域覆盖层深厚，例如，火溪河流域梯级开发的第四个梯级电站——阴坪水电站，其坝址覆盖层厚度超过100m，主要由砂卵砾石、砂及壤土组成。

二、岷江流域

岷江是长江上游水量最大的一条支流，发源于青藏高原东端的岷山南麓，上游穿行于高山峡谷中，中下游流经成都平原和盆地西南部，在宜宾汇入长江，全长735km，是四川省内开发最早、目前开发程度最高的流域。岷江流域支流发育，较大支流有黑水河、杂谷脑河、大渡河等，皆属水能资源十分丰富的河流。以都江堰和乐山为界，岷江分上、中、下游三段。其中都江堰以上段为岷江上游，上游段是成都平原最重要的水源，岷江干流水电开发也主要集中在该段。岷江上游水电梯级开发规划历经多次修改，最终确定为六级开发方案。

岷江流域位于青藏高原东缘的川西高原地区，处于松潘—甘孜褶皱带、西秦岭造山带及龙门山构造带的结合部位，区内主要的断裂有龙门山逆冲推覆构造带、岷江断裂带、浦江—新津断裂带等。岷江上游，即都江堰以上区域，地处青藏高原边缘和成都平原接壤处，发育构造运动强烈的褶皱带，同时又是我国南北地震活动带的一部分，区域地质较复杂，地层出露从上至下以寒武～泥盆系砂岩、千枚岩和前震旦系花岗岩、花岗闪长岩侵入岩体及泥盆至侏罗系砂页岩和灰岩等为主。该段地震基本烈度一般为Ⅶ～Ⅷ度，但松潘茂汶地震中区烈度大于Ⅸ度。都江堰以下段构造较简单，发育宽平的穹窿和小褶皱，地层较平缓，出露岩层多为侏罗系及白垩系砂岩、页岩、黏土岩等，岩性不均一，多软弱夹层。该区域地震烈度较低。

在河谷地貌上，上游河谷多表现为强烈侵蚀下切，河谷呈 V 形和 U 形，两岸有冻融崩解堆积、滑坡堆积、冲积、洪积、崩坡积等松散堆积体分布，其中Ⅰ、Ⅱ级阶地保存相对完好。上游段为高山峡谷区，地形起伏大，活动性断裂发育，地表破碎，斜坡较陡峻，坡面稳定性差。重力地质灾害分布广、规模大，主要沿岷江河谷线状分布，以崩塌和滑坡为主，其中岸坡较陡段一般以崩塌岩堆为主，岸坡缓堆积段则易发生滑坡。此外，谷坡陡峻，岩层破碎，地表风化强烈，流域内泥石流灾害频繁。

岷江流域干支流河谷覆盖层深厚（见图 2-1），其中，右岸一级支流杂谷脑河上的狮子坪水电站，勘探揭示河谷覆盖层厚度为 90～101.5m，其成因类型及层次结构复杂，分为五层；岷江上游（汶川至灌县段）梯级电站中，福堂水电站闸址河谷覆盖层厚度达 92.5m，按其组成及成因分为六层，自下而上包括冲洪积混合堆积的含碎石层、堰塞湖相粉质砂及粉质土层、现代河床冲积的漂卵石层、堰塞湖相沉积的粉质砂土及含砂粉质土层、漫滩及现代河床冲积相漂卵石层及近源谷坡崩坡堆积的块碎石土层等；太平驿水电站闸坝建基于 86m 深的覆盖层；映秀湾水电站闸基覆盖层最大深度为 62m，均由漂卵石层和粉细砂层相间组成。河谷覆盖层厚度从下游至上游呈增厚趋势。

宝兴河位于龙门山与邛崃山交汇部位，是岷江水系青衣江的主源，主要由其主源东河及支流西河构成，主源东河发源于夹金山南麓。宝兴河全长 142km，天然落差 3605m，水能资源非常丰富。宝兴河流域梯级电站共规划“一库八级”，雨城、飞仙关两水电站位于青衣江干流上游，灵关河、铜头、小关子、宝兴、民治、硗碛水电站及硗碛水库位于宝兴河干流。

宝兴河流域位于小金弧形构造的南部，龙门山前缘褶皱带，龙门山推覆体构造及多条区域性断裂通过该区。因构造变形、区域动力地质作用及河谷下切形成的河谷应力场作用，该流域内坚硬岩体中裂隙发育，断裂带岩体及变质岩体十分破碎。区内 NNE 及 NNW 向的共轭剪节理、背斜核部的张裂隙、玄武岩中的原生裂隙及沿河岸坡的卸荷裂隙极为发育。宝兴河流域位于四川西南地震带中部，为最大震级 6.5 级的潜在震源区。

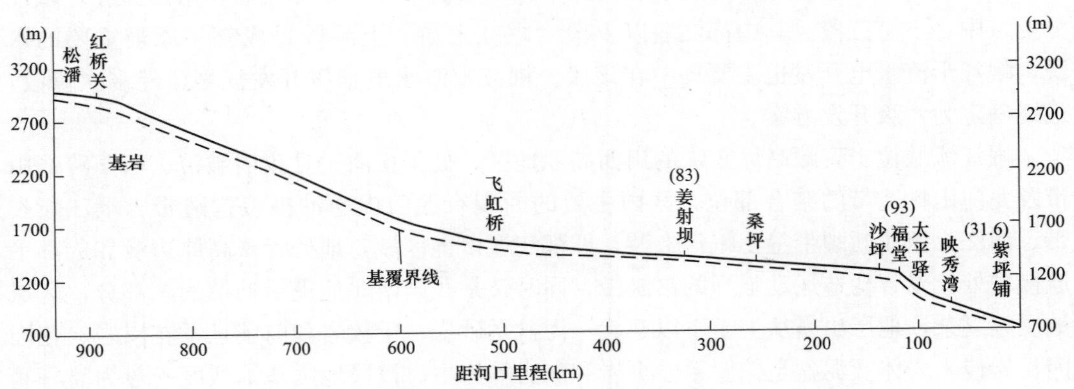

图 2-1　岷江流域干支流河谷覆盖层纵剖面示意图

据统计，50 年来，发生 4 级以上地震 10 余次，最近的一次大震为 2013 年 4 月发生的芦山 7.0 级地震，震后小关子大坝震损较严重，建筑物发生破坏。区域内第四纪以来地壳上升运动较为强烈，河流下切及侧蚀迅速。

流域内出露岩层较齐全，以五龙断裂为界，西北部多为沉积变质岩系，如白云岩、泥岩、页岩、粉砂岩、千枚岩等，局部也分布岩浆岩，如玄武岩，东南部多为未变质的沉积岩系。区内岩浆岩分布广泛，主要发育在宝兴背斜东侧，具代表性的宝兴混合岩和玄武岩。由于裂隙发育的火成岩坚硬，抗风化能力较强，在地形上往往分布在山脊部位或构成陡壁，而岩质较软的浅变质沉积岩抗风化能力较弱，加之河流深切、侧蚀，往往构成悬崖峭壁的中下部，这种上硬下软的岩性空间组合为崩塌的发育提供了条件。流域内各级支流两侧，大量的坡残积物及冲洪积物又为滑坡和泥石流的发育提供了物质来源。流域内崩塌、泥石流灾害发生频繁，滑坡则不及两者发育，其中大规模崩塌主要发生在地形陡峻的干流两岸，例如发生于 1990 年的陇东崩塌，方量约达 3700 万 m^3；泥石流灾害属于宝兴河流域的主要灾害，近百年来发生过数十次较大规模的泥石流灾害，其类型可分为稀性、过渡性和黏性三种，稀性泥石流主要出现在大水沟、灯笼沟、硗碛各沟及冷木沟等，黏性泥石流常发生于杨磨子沟、柳洛支沟等，过渡性泥石流则常见于赶羊沟、邓池沟等，是流域内主要的泥石流类型；流域内滑坡主要为古崩塌堆积体滑坡，规模一般较小，均为蠕滑型，常表现为叠瓦式滑动。从相互关系来看，三者联系密切，流域内的滑坡、泥石流主要源于基岩的崩塌物质，而崩塌则源于岩层及其空间组合、地质构造及地形特征。

宝兴河流域内地壳因经历长期多次强构造运动，褶皱、断裂发育，区内岩体构造破碎，风化切割强烈，河谷覆盖层深厚。民治水电站闸基覆盖层最大厚度达 85.5m；小关子水电站闸基河谷覆盖层最大厚度可达 86.7m。宝兴水电站坝址区河谷覆盖层最大厚度为 57.9m。以宝兴水电站深厚覆盖层为例，古河床在坝址上游从左岸通过，在坝址下游从右岸通过，现代河谷覆盖层厚度一般为 14～30m，覆盖层厚度从上游向下游有增厚的趋势，横河向坝基各断面处均反映出覆盖层（包括漫滩和现代河床）下基岩面呈陡立V形。覆盖层物质组成主要有漂石、卵砾石类，块、碎石类，中粗-中细砂类，壤土类等。坝址区深厚覆盖层成因主要为崩坡积与冲积堆积，两岸边坡岩体因卸荷松弛，在暴雨作用下易发生崩塌、滑坡、泥石流而产生大量碎屑物质堆积于河谷，并改造河床形成砂砾块石、壤土等堆积；同时，河流冲积形成的漂石、砂卵砾石、砂层等冲积相物质与崩坡积层相间分布，反映出崩坡积物坍塌堆积于河床的多期性与不连续性。

三、大渡河流域

大渡河位于四川省西部，属岷江西支，发源于青海省玉树州果洛山南麓，近北向南流经四川阿坝州、甘孜州境内，于石棉县转向东流，在乐山市境内注入岷江。河源至泸定为上游，泸定至乐山铜街子为中游，铜街子以下为下游。大渡河全长1062km，平均比降0.393%。其干流水电梯级开发规划共22个梯级电站，于全国十三大水电基地中居第四。

大渡河流域跨越松潘—甘孜地槽褶皱系和扬子准地台，从北至南可分为四个主要地质构造单元，即松潘断块、川滇南北构造带北段、甘孜—康定断块和川中台拗四大构造单元。流域内构造发育，断层密布，鲜水河断裂带、龙门山断裂带和安宁河断裂带在流域内并呈Y字形交汇，并将区内地壳分成不同的断块，使得流域内地壳活动强烈程度存在较大差异。流域内微、弱地震较频繁，强震则具有明显的分带和分区特点，表现为：鲜水河地震带南东段，以康定为中心；安宁河地震带北端，以西昌市为中心；龙门山地震带，以汶川县为中心。大渡河流域中上游受鲜水河地震带和龙门山地震带中下游影响，受安宁河地震带地震区影响明显。大渡河流域上游至中游河段岩性以中浅变质岩和岩浆岩为主，下游以红层为主。

大渡河的河谷地貌自上游至下游表现为河源高原宽谷，上源与上游高山峡谷，中游高、中山峡谷、盆地和下游低山、丘陵宽谷四种形态。其河谷演化历史可分为三个阶段：①准平原期。上新世以后，青藏高原进入夷平期，形成巨大的掀斜式准高原。大渡河流域位于该平原东部，地势上具有西北高、南东低的特点，该时期的准平原海拔在500～1000m。②宽谷期。进入到早更新世，断块间活动加剧，第一期夷平面开始解体，大渡河流域进入间歇性抬升的过程，形成三级剥夷平面，谷坡宽缓，其中一级剥夷期，在泸定—姑咱河段和汉源—石棉—挖角河段形成早更新世古湖，最后在中更新世中期，即0.5Ma前形成宽谷谷底。③峡谷期。中更新世中期以来，随着青藏高原的快速抬升，大渡河流域进入间歇性强烈抬升阶段，形成3～6级阶地，丹巴以上6级阶地发育，以宽谷为主，丹巴以下河段发育4级阶地，以峡谷为主。伴随着鲜水河断裂、大渡河断裂、龙门山断裂、棒达断裂、甘洛断裂及金口河断裂活动，沿大渡河谷发育一系列成群分布的大型—巨型地震滑坡，由于地震滑坡导致的堰塞效应，在得妥—黄金坪河段中形成宽—峡相间的河谷地貌。甘洛断裂持续活动，控制了汉源古湖的堆积保持至今，其上盘则形成著名的金河大峡谷。

如前所述，大渡河流域位于鲜水河断裂带、龙门山断裂带和安宁河断裂带交汇处，构造活动强烈，为地质灾害高易发区，物理地质作用发育，以滑坡和泥石流为主，其次为崩塌和潜在不稳定斜坡。滑坡沿大渡河发育极不均匀，丹巴、小金、康定县滑坡较发育，岩性主要以崩坡积和冰水堆积的松散变形体为主，较少见贯通性滑面，以蠕动变形为主；中游上段（泸定至峨边）滑坡最为发育，中游下段（峨边至乐山）地质灾害以滑坡为主，主要发育于紫红色砂岩地区。泥石流主要分布于中上游的丹巴至石棉段，受三大断裂带的影响，岩体破碎，风化强烈，产生大量松散物，加之该段内松散的冰水堆积物较多，为泥石流形成提供了丰富的物源，加上高差较大的地形地貌和多暴雨的小流域型气候，中上游具备较好的形成泥石流的物源、地形、降雨及汇水条件；中下游泥石流相对较少，多为人类工程活动引起。

大渡河流域内，除局部地段受构造隆升（大岗山、下尔呷）或构造断陷（冶勒）的影响外，95%河段的河谷覆盖层厚度大于30m，河谷深切和深厚覆盖具有流域性、区域性特点（见图2-2）。河谷覆盖层是由一套不同时期、不同成因类型的沉积物相互叠置的结果，由表及里宏观上可分为3层：表层为现代河流相堆积；中间主要以冰水、崩积、坡积、堰塞堆积与冲积混合为主的堆积层，厚度相对较大；底部主要为古河床的冲积、冰水漂卵砾石层。在不同河段上，河谷堆积层结构、成分各不相同。例如，位于上游高山峡谷中大金河段，不仅河谷堆积层厚度达130m，而且结构复杂，可分为10余个层次。在中游泸定、石棉、汉源一带，峡谷与带状盆地相间，河谷覆盖层厚度虽比上游薄，但仍较深厚，可达80～90m，结构也较复杂。该河段内大岗山因处于新构造上升区，深切河曲里的河床冲积漂卵石层结构单一，厚度仅为10～20m。中下游河段的龚嘴和铜街子水电站的勘测资料表明，深切谷横剖面与谷底基岩形态复杂，纵向也起伏不平，河谷覆盖层最深达70m。大渡河河谷深切和远超正常厚度的巨厚覆盖层堆积，是内外地质作用复合堆积的结果。构造下沉引起河流的堆积、寒冷气候引起的冰碛，以及沿岸谷坡崩塌与支谷泥石流等的混入，使得大渡河谷底堆积巨厚的河谷覆盖层。

四、雅砻江流域

雅砻江发源于青海省巴颜喀拉山南麓，自西北向东南流至四川省境内。干流由北向南流经四川甘孜藏族自治州、凉山彝族自治州，在攀枝花市注入金沙江。雅砻江从河源至河口，干流全长1571km，天然落差3830m。雅砻江流域为我国重要的水电基地，落差大，水量丰沛。干支流蕴藏了丰富的水力资源，特别是中下游河段，位居我国十三大水电基地第三。

雅砻江流域涉及三个地质构造单元，上中游广大地区属甘孜—阿坝褶皱带，分布巨厚的中上三叠系浅变质岩系，砂岩、板岩构成北西—南东向紧密褶皱，褶皱轴部及断层带内有少量二叠系灰岩分布，并有零星燕山期花岗岩出露。下游干流及以西地区，属雅砻江折断带，为一系列北东向断层分割的断块。出露下古生界至上古生界碳酸盐岩类、浅变质岩及玄武岩等。下游东部安宁河地区，则属康滇台背斜段的一部分。区内地震的空间分布有很强的规律性，强—中强地震主要沿“川滇菱形地块”东北缘的鲜水河断裂带和东缘的安宁河、则木河断裂带分布；中强（少量强震）—弱震则主要发生在西部的

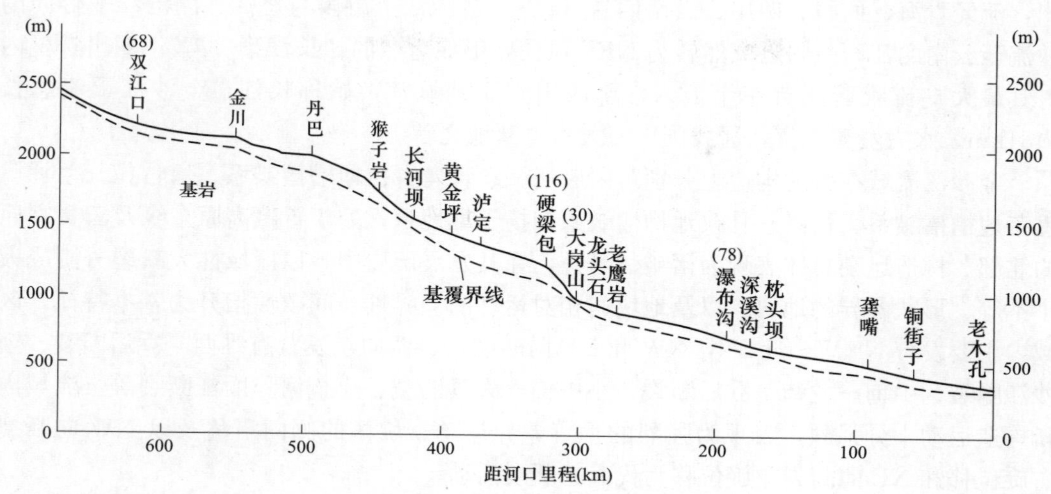

图 2-2　大渡河干流河床纵剖面图

盐源、木里弧形构造带西翼和理塘断裂带。

流域地处青藏高原东南部，属横断山脉南端，以锦屏山—小金河一线为界，其西北为青藏高原，东南为四川南部山区，地势西北高东南低，呈现阶梯状，由海拔 4000～5000m 降至 2000m。区域地壳在经历了始新世末期的喜山运动第三期后，曾较长时间相对平静，至上新世，长期的夷平作用在区域上形成了统一的夷平面，即第Ⅰ级夷平面，以区域上的锦屏山、牦牛山为代表，表现为平顶分水岭和等高峰顶面；上新世末期，区域上的第Ⅰ级夷平面开始大幅度抬升，促成了第Ⅱ级夷平面的形成，它绕第Ⅰ级夷平面呈环状分布，形成沿雅砻江两岸对称分布的大宽谷，构成次一级的分水岭；至早更新世晚期，地壳又大幅度抬升，形成了第Ⅲ级夷平面，它是沿江分布的最低一级谷肩和山麓剥蚀面，至此，雅砻江河谷初步形成。

雅砻江流域地处青藏高原东南、川西高原腹地，地形上属我国一、二阶梯过渡带，属典型的高山峡谷区，山高坡陡，谷深流急。区域地质构造复杂，新构造运动强烈，破坏性地震时有发生，致使流域内地层发生形变、岩体破碎、稳定性降低。在水的冲刷、侵蚀等外力作用下，加之近年来人类工程活动加剧，流域内地质灾害频繁发生且日趋严重，以滑坡、泥石流为主，其次为不稳定斜坡，崩塌和地面塌陷有少量发育。

流域内河谷覆盖层厚度多在 30m 以上，根据流域内各水电站勘测资料，楞古覆盖层深达 59.5m，锦屏一级覆盖层厚 47m，二滩水电站覆盖层厚 38m，卡拉水电站覆盖层厚 46m。多数河段覆盖层剖面上可以明显分出三层，上部为正常的河流冲积堆积层，中部以洪积、崩积、坡积、湖泊沉积与冲积混合堆积为主，厚度相对较大；底部为冲积和崩坡积堆积层。

五、金沙江流域

金沙江为长江的上游，发源于唐古拉山脉东段北支的无名山地，行政隶属青海玉树州，流经青海、西藏、四川、云南四省（区）。金沙江上游段与怒江、澜沧江平行向南并流至云南丽江石鼓附近突然转为NEE流向，形成著名的“长江第一湾”。四川省境内有其最大支流雅砻江自左岸汇入，至四川宜宾纳岷江，始称长江。金沙江干流总长3481km。水力资源丰富，居我国十三大水电基地之首。

金沙江流域在大地构造上分别跨冈底斯—念青唐古拉地槽褶皱系、唐古拉—兰坪—思茅地槽褶皱系、松潘—甘孜地槽褶皱系和扬子准地台，处于青藏高原东缘及云贵高原的北部。构造运动总体表现为褶皱、隆升，在其发展历史中，以区域性大断裂分割成大小不等、形状各异的地块，以及地块间相对运动的差异性、间歇性抬升为基本特征。区域内主要发育NNW～近SN，NW和NE向断裂，自西向东发育有维西—乔后断裂、金沙江断裂、中甸—龙蟠—乔后断裂、小中甸—大具断裂、小金河—丽江断裂等。流域内新构造运动十分强烈，表现为强烈的垂直差异运动、块体的侧向滑移及以NW向断裂右旋位移和NE向断裂左旋位移为代表的断裂活动。

金沙江干流自青海玉树始，直至四川宜宾，称为长江。整个干流段以云南丽江石鼓镇、四川宜宾新市镇两处为界，分为上、中、下三段，各段河谷地貌特征为：①上段，从青海玉树巴塘河口至云南丽江石鼓镇，为金沙江上段，河长约965km，落差1720m，平均比降0.178%。该段为高山峡谷区，峡谷陡峻，除在支流河口处因冲洪积分布而河谷稍宽外，大部分河段谷坡陡峻，坡度一般在35°～45°，陡倾段更达60°～70°以上。两岸分水岭间范围狭窄，流域平均宽度约120km。②中段，自云南丽江石鼓镇至四川宜宾新市镇，为金沙江中段，河长约1220km。中段内有著名的虎跳峡，其上、下峡口相距仅16km，落差达220m，平均比降达1.38%，为金沙江落差最集中的地段。峡内谷坡陡峻，呈V形地貌，峰谷高差可达3000m以上，两岸分布玉龙雪山和哈巴雪山。中段河谷地貌除少部分河段为开阔的U形外，大部分河段为连续V形峡谷。③下段，从宜宾市新市镇至宜宾市区岷江口为河流下段，河长106km。该段两岸海拔多在500m以下，仅向家坝附近山岭海拔超过500m，属低山和丘陵区，河流沉积作用显著，河床多砾石，沿岸有较宽阔的阶地分布。

金沙江上游干流区分布滑坡、崩塌和泥石流，数量不多，规模不大。以泥石流灾害为例，金沙江上游干热河谷地带的奔子栏—达日河段，河谷沿岸大型古泥石流堆积扇广泛发育，现代泥石流则相对不甚发育。研究认为，古泥石流的广泛发育是全新世早期青藏高原东南缘西南季风加强的结果，而由于干热河谷地区现代气候的干旱化特征，现代泥石流的发育规模明显变小。对于金沙江中游，就著名的虎跳峡河段而言，斜坡变形破坏较严重，研究表明，该河段共发育19个特大型堆积体，其中13个滑坡体，6个崩滑体，总体积约9.9亿m^3。金沙江下游位于青藏高原、云贵高原向四川盆地过渡的横断山区，地形起伏大，侵蚀强烈，滑坡、泥石流发育。据前人研究，金沙江下游滑坡大多分布在中段及支流沿岸400～3200m高程段，其中约70%的滑坡处于局部活动状态，且以规模巨大的滑坡为主，平均体积可达$7.5\times10^7m^3$；泥石流也主要分布于中段，以黏性泥石流为主，占总数的68%，且目前流域段内泥石流仍处于活跃期。

金沙江流域河谷覆盖层深厚，上游段的其宗电站河段覆盖层最厚达120m；近中游段的虎跳峡河段中，虎跳峡大峡谷处河谷覆盖层厚度为40～50m，上游（龙蟠盆地）河谷覆盖层厚度为100～250m；下游段的乌东德和向家坝电站其河谷覆盖层最大厚度也可达约80m。具体来说，其宗水电站坝址河段河床及阶地分布覆盖层剖面上可分为三层：底部为河流相卵砾石和近源冰水携带的碎石、块石的混合堆积，中部为近源冰融泥石流、洪积、局部环流堆积和河流相卵砾石层混合堆积，中上部为近代河流相卵砾石层夹砂层透镜体；虎跳峡上游河段主要受新构造垂直升降活动的影响，形成了古龙蟠断陷盆地，东侧的玉龙山在中更新世以来不断抬升，龙蟠盆地相对下降，并在河流、崩塌、滑坡、泥石流、冰川泥流、堰塞湖等综合堆积作用下，逐渐形成了现今的河谷深厚覆盖层；乌东德电站坝址区河谷覆盖层最大厚度达80.07m，自下而上分为古河流冲积相、崩塌堆积夹少量河流冲积相、近代河流冲积相三层。河谷覆盖层主要为粗粒土，不存在连续分布的黏土等软弱夹层。

六、雅鲁藏布江流域

雅鲁藏布江是世界上海拔最高的大河，平均海拔在4000m以上，源于喜马拉雅山北麓的杰马央宗冰川，大致由西向东流过日喀则、拉萨、山南、林芝地区，于米林县派镇折向东北，绕南迦巴瓦峰形成马蹄形拐弯（即雅鲁藏布江大峡谷）后向南流，并于墨脱县的巴昔卡出境流入印度，称布拉马普特拉河。雅鲁藏布江自源头至里孜为上游段，本段水流平缓，河道多汊；里孜至派镇为中游段，平均比降1.2‰；派镇以下河段，平均比降5.5‰。雅鲁藏布江全长2229km，水力资源蕴藏量仅次于长江。

雅鲁藏布江主体沿印度板块与欧亚板块陆陆碰撞的缝合带发育，根据区域地质发育特征划分为不同的构造单元。流域跨越三个一级构造单元，自北向南依次为冈底斯—念青唐古拉构造带、雅鲁藏布江构造带和喜马拉雅构造带。流域内岩层分布以雅鲁藏布江为界，表现出明显的南北分区。沿江北岸出露的地层，在拉孜彭措林以上为侏罗、白垩系及三叠系结晶灰岩、千枚状砂板岩、石英岩，彭措林以下至郎县金东一带为燕山晚期至喜山期的大面积花岗岩。沿江南岸郎县以上出露的地层大部为侏罗系、白垩系的千枚状板岩、结晶灰岩等，零星出露有基性火山岩及花岗岩侵入体。流域内新构造运动十分活跃，岩浆活动频繁，地震、地热活动强烈，沿江的妥峡、藏嘎、派乡至墨脱一带有温泉出露，沿江附近的沃卡、曲松、米林、林芝和墨脱一带有中强震发生。受多次造山运动影响，流域内构造发育、形迹复杂、大小断层纵横交错，褶曲紧密倒转倾斜、地层普遍遭受区域变质。对流域内大地构造骨架形成和地质历史发展具有控制性作用的断裂带主要有雅鲁藏布江断裂带、阿扎—野贡断裂、错高断裂、曲松断层和墨脱断层等，主要褶曲有色日荣—索白拉复背斜，绒多—萨旺复向斜、百巴复向斜、墨竹工卡复向斜和穷结复向斜。

雅鲁藏布江河谷发育历史复杂，一般认为晚更新世中晚期和全新世新冰期，雅鲁藏布江河谷或者冰川堵塞或者泥石流等其他原因堵塞，形成萨嘎、大竹卡、仁布、杰德秀、格嘎等古堰塞湖。

雅鲁藏布江流域所在的青藏高原属年轻的高原峡谷，区内新构造运动发育，岩石破碎，河流下切作用和侵蚀—剥蚀作用强烈，加之该区日照强，昼夜温差大，因而物理地质现象异常发育。崩塌、泥石流、滑坡和第四系松散堆积塌滑等非常频繁，塌滑体堵塞河道常有发生。以雅鲁藏布江中游为例，该区水土流失十分严重，泥石流活动是当地最普遍的山地灾害，其主要类型为丰富的寒冻风化残坡积的重力侵蚀型和崩塌堵溃型。

雅鲁藏布江流域河谷覆盖层堆积深厚，其中下游河段由于冰川泥石流堰塞，河谷覆盖层厚度可达 300～400m 以上，在中游泽当镇雅鲁藏布江曲水大桥附近，河床覆盖层厚度大于 50m，至拉萨一带，河床覆盖层厚度达 123m，体现了内、外动力作用对河床覆盖层厚度的影响。

第三章

深厚覆盖层勘察

第一节 勘察内容与方法

深厚覆盖层勘察是工程规划、设计和施工的基础，因此，工程勘察布置和选择是十分重要的。

一、准备工作

为了解工程区研究深度，工程地质勘察前，要全面地收集与工程区有关的资料，进行分类和整理，并研究其可利用的程度和存在的问题，编制有关图表和说明。资料收集的内容主要包括地形资料（各类比例尺地形图，各类卫片、航片及陆摄照片等），区域地质、地震地质及地质灾害治理的相关成果，工程区前期勘察成果，工程区水文气象资料，工程区交通、行政区划、民风民俗等资料。

在开展中、大比例尺工程地质测绘前，需进行现场踏勘并编制工程地质测绘计划。

二、勘察方法

覆盖层勘察方法包括地质测绘、物探、钻探、坑探、物理力学试验与测试、水文地质测试等。

工程地质测绘是基本方法，要根据勘察阶段、工程特点和工程地质条件确定比例尺和范围。根据工程区地形岩土体地球物理特征或探测目的等确定物探方法，并结合其他勘探资料进行成果解释。根据地形地质条件、建筑物特点和勘察任务选择勘探手段，并要综合利用。覆盖层土体试验遵循现场试验与室内试验相结合的原则，确定试验项目数量。水文地质试验可随孔进行，根据水文地质条件开展抽注水试验和地下水动态观测等。

三、勘察内容

（一）地形地貌勘察

在地质测绘和勘探、物探基础上，查明深厚覆盖层平面分布范围、垂直深度及形态。查明基岩面起伏变化情况，河床深槽、古河道、埋藏谷的具体范围、深度及形态。

通过河漫滩与阶地的地质测绘，查明其分布、形态特征、堆积物特征，阶地的级数、级差，相对高度、绝对高度，阶地成因类型，各级阶地接触关系，形成时代、变形破坏特征或后期叠加与改造情况，并注意区分河流阶地与洪积台地、泥石流台地、滑坡台地、冰川冰水台地等非河流阶地。

（二）地层岩性勘察

查明覆盖层成因类型、物质组成、厚度、结构、构造特征、密实程度等；研究砂层、架空层、孤漂石层、软土、砂土、膨胀土等的性质、厚度、分布及其埋藏情况等，并进行岩组划分。

（三）水文地质条件勘察

通过水文地质测绘、勘探（孔、井、坑），查明覆盖层的地下水水位（水压）、水量、水质、水温及其动态变化，地下水类型、埋藏条件和运动特征；查明水文地质结构，划分透水层与隔水层；查明地下水的补给、径流、排泄条件；查明覆盖层各层的渗透性和抗渗特性。

（四）物理力学性质勘察

通过取样和现场试验测试，查明覆盖层土体的矿物成分和化学成分、土体密度、天然含水量、颗粒级配、压缩模量、抗剪强度、渗透系数、渗透比降、液限、塑限、砂土相对密度等；土体承载力、变形模量、抗剪强度、渗透比降、动剪波速等。

第二节　勘察布置

水电工程覆盖层地质勘察的目的是查明土体分布、厚度、物质组成、层次结构、物理力学特性、工程地质特性等，分析工程地质问题，进行工程地质评价，为工程选址、枢纽布置、选线、地基处理提供必需的地质数据和资料。

勘察工作布置，应在现场查勘和收集资料的基础上，结合工程勘察阶段、工程地质条件和工程布置特点进行。

一、布置原则

（1）勘察工作应遵循总体策划、分步实施、信息反馈、动态调整的原则。

（2）勘探工作应在工程地质测绘的基础上进行，遵循“点到线”“线到面”“点、线、面结合”的原则。

（3）勘探点。单一的勘探点控制的勘察范围较小，用于初步了解勘察区的基本地质条件或特殊地质现象。规划阶段非主要建筑物地段多采用这种布置形式。

（4）勘探线。按需要的方向沿线布置勘探点（等间距或不等间距），一般沿平行或垂直河流方向或建筑物轴线方向布置勘探线。

（5）勘探网。勘探网点布在相互交叉的勘探线及其交叉点上，形成网状，查明工程区平面或剖面的工程地质条件。主要用于预可行性研究阶段、可行性研究阶段的地质勘察。

(6) 沿建筑物轴线或基础轮廓线布置勘探点。在勘探网布置的基础上，勘探工作按建筑物基础类型、形式、轮廓布置，主要适用于可行性研究阶段、招标设计阶段、施工详图设计阶段的地质勘察。

(7) 考虑综合利用的原则。无论是勘探的总体布置还是单个勘探点的布置，都要考虑综合利用，既要突出重点，又要兼顾全面，使各勘探点发挥最大的效用。在勘探过程中，与设计密切配合，根据新发现的地质问题和情况，或设计意图的修改与变更，相应地增减或调整勘探布置方案。

(8) 勘探布置应与建筑物类型和规模相适应。不同类型的建筑物，勘探布置应有所区别。水工建筑物可按建筑物类型进行勘探布置，一般情况下，堆石坝应结合坝轴线、心墙、斜墙、趾板或消能建筑物布置勘探点；重力坝应结合各坝段布置勘探点。

(9) 勘探布置应与地质条件相适应。一般勘探线应沿着地质条件等变化最大的方向布置。地质单元及其衔接地段勘探线应垂直地质单元界限，每个地质单元应有控制点，两个地质单元之间的过渡地带应有勘探点。

(10) 勘探布置密度应与勘察阶段相适应。不同的勘察阶段，勘探的总体布置、勘探点的密度和深度、勘探手段的选择及要求均有所不同。一般而言，从初期到后期的勘察阶段，勘探总体布置由线状到网状，范围由大到小，勘探点、线距离由稀到密；勘探布置的依据，由以场地工程地质条件为主过渡到以建筑物的轮廓为主。

(11) 勘探孔、坑的深度应满足地质评价的需要。勘探孔、坑的深度应根据建筑物类型、建筑物高度、勘探阶段、特殊工程地质问题、建筑物有效附加应力影响范围、与工程建筑物稳定性有关的工程地质问题（如坝基滑移面深度、相对隔水层底板深度等），以及工程设计的特殊要求等综合考虑。对查明覆盖层的钻孔，孔深应穿过覆盖层、深入基岩，并应大于最大孤石直径，防止误把漂石当作基岩。

(12) 勘探布置应合理选取勘探手段。在勘探线、网中的各勘探点，应视具体条件选择物探、钻探、坑槽探等不同的勘探手段，互相配合，取长补短。一般情况下，在枢纽建筑勘探中，以钻探为主，坑探、物探为辅。

(13) 应针对各土层分别进行室内和现场物理力学试验、水文地质测试。

(14) 勘探工作应遵循环境保护和安全生产的相关规定。

二、布置范围

深厚覆盖层地基主要有挡水建筑物地基、引水渠道地基、地面厂房地基等，其勘察布置的侧重点不同。

1. 挡水建筑物

(1) 土石坝。测绘比例尺选用 1：5000～1：500，测绘范围要包括水工建筑物场地。勘探方法以钻探和坑探为主。

勘探点间距一般采用 50～100m；覆盖层地基，当下伏基岩埋深小于坝高时，钻孔深度进入基岩面以下 10～20m，防渗线上的钻孔深度可根据需要确定；当下伏基岩埋深大于坝高时，钻孔深度一般根据透水层与相对隔水层分布及下伏岩土层的力学强度等具体情况确定。专门性钻孔的孔距和孔深应根据具体需要确定。

勘探剖面应结合坝轴线、心墙、斜墙或趾板防渗线、排水减压井、消能建筑物等布置。

物探可采用综合测井探测覆盖层层次，测定土层的密度；可采用跨孔法测定土体弹性波的纵波、横波波速，确定动剪切模量等参数。物探剖面线结合勘探剖面布置，并充分利用勘探钻孔进行综合测井。

覆盖层每一主要土体的物理力学性质试验组数累计不少于 11 组。土层抗剪强度采用三轴试验，土层要连续取原状样，粗粒土要进行动力触探试验，细粒土要进行标准贯入试验或静力触探试验；根据需要，进行可能液化土的室内三轴振动试验、现场渗透变形试验和荷载试验等专门性试验。

根据覆盖层的成层特性和水文地质结构进行水文地质测试与地下水位观测。

（2）闸坝。测绘比例尺一般选用 1∶5000～1∶500，测绘范围包括水工建筑物场地和对工程有影响的地段。

勘探以钻探为主，适当辅以坑槽探。勘探点间距采用 50～100m；闸基的钻孔结合闸墩和防渗、防冲建筑物布置。覆盖层地基钻孔深度，当覆盖层厚度小于闸底宽时，钻孔深度要进入基岩面以下 5～10m；当覆盖层厚度大于闸底宽时，钻孔深度要为闸底宽 1～2 倍，并进入下伏承载力较高的土层或相对隔水层；控制性钻孔进入基岩10～30m。

物探采用综合测井探测覆盖层层次，测定土层的密度；采用跨孔法测定土体弹性波纵波、横波波速，确定动剪切模量等参数。物探剖面线结合勘探剖面布置，并充分利用勘探钻孔进行综合测井。

对于建在覆盖层上的闸坝，坝（闸）基持力层范围内每一土层均应取原状样，并进行室内物理力学性质试验，试验组数累计不少于 11 组；细粒土及粉土、粉细砂层要结合钻探进行标准贯入或静力触探试验，粗粒土层要进行动力触探试验，软土层要进行十字板抗剪试验；根据需要，进行现场荷载试验、旁压试验、原位抗剪试验、现场渗透与渗透变形试验，以及室内原状土的渗透与渗透变形试验、大三轴剪切试验和可能液化土的三轴振动试验等专门性试验。

根据覆盖层的成层特性和水文地质结构进行水文地质测试与地下水位观测。

2. 引水渠道

工程地质测绘比例尺选用 1∶5000～1∶500，测绘范围包括渠道两侧各 200m 区域。

沿渠道中心线及各工程地质分段布置有代表性的勘探，一般勘探点间距为 200～500m。

勘探剖面线上的坑、孔等的间距与深度可根据需要确定。各工程地质单元布置勘探横剖面，横剖面长一般不小于渠顶开口宽度的 2～3 倍，每条横剖面上的勘探点不少于 3 个，钻孔深度一般进入渠道底板以下 5～10m。

渠道每一工程地质单元和渠系建筑物地基中的每一岩土层均取原状样进行室内物理

力学试验；特殊性岩土应取样进行特殊性试验。

可能存在渗漏、基坑涌水问题的渠段，需进行抽（注）水试验。对于强透水层，试验不少于3段。

3. 地面厂房

工程地质测绘比例尺选用1：1000～1：500，测绘范围包括厂房及周边地段。

勘探剖面线要结合建筑物轴线布置，并布置适当的勘探横剖面。地基钻孔深度要根据持力层的情况确定。

岩土物理力学性质试验按地面厂房系统工程地质分段进行；主要岩土的室内物理力学性质试验组数累计不得少于6组；当主要持力层为覆盖层时，除采取原状样进行室内物理力学性质试验外，尚要进行原位标准贯入和动力触探测试，并采用物探方法测定土体动力参数；根据需要，进行现场荷载试验；厂房地段的钻孔进行抽（注）水试验；厂址区的钻孔应进行地下水动态观测，观测时间不应少于一个水文年。

第三节　工程地质测绘

工程地质测绘是水电工程地质勘察的基础工作。其任务是调查各种地质现象，编录收集各种地质、勘探、试验测试、监测等有关的地质资料，为布置钻探、洞探、井探、坑槽探、物探、试验和专门性勘察工作提供依据。

覆盖层工程地质测绘的基本方法可分为地质点法和遥感影像解释法。为了查明深厚覆盖层工程地质条件，工程地质测绘比例尺可选用1：5000～1：1000，测绘范围为建筑物场地和对工程有影响的地段，确定填图单位，测制地层柱状图。工程地质测绘包括调查地貌形态特征和成因类型，分析地貌与地质构造、第四纪地质等的内在联系；调查河谷地貌发育史；调查地表水和地下水的运动、赋存与地貌条件的关系。研究微地貌特点，确定工程建筑物区所属地貌类型或地貌单元。深厚覆盖层调查内容包括成因类型、形成年代、土层名称、组成物质和性质、结构特征、厚度、均一性及变化情况等。

根据地表地质测绘、钻孔编录、岩心编录、坑井编录、施工开挖编录等成果，编制地层柱状图。着重描述岩土层的工程地质特性，包括层厚、成因、颜色、颗粒组成等。

分析覆盖层成因类型、分布、组成、结构等特征，在勘探试验基础上，研究河谷演化历史，进行覆盖层工程地质岩组划分。覆盖层主要成因类型见表3-1。其中以冲积、洪积、崩坡积、冰水积、湖积、泥石流堆积等较为常见。

表3-1　　覆盖层主要成因类型特征表

成因类型	堆积方式及条件	堆积物特征
残积	岩石经风化作用而残留在原地的碎屑堆积物	碎屑物自表部向深处逐渐由细变粗，其成分与母岩有关，一般不具层理，碎块多呈棱角状，土质不均匀，具有较大孔隙，厚度在山丘顶部较薄，低洼处较厚，厚度变化较大

续表

成因类型	堆积方式及条件	堆积物特征
坡积或崩积	风化碎屑物由雨水或融雪水沿斜坡搬运；或由本身的重力作用堆积在斜坡上或坡脚处而成	碎屑物岩性成分复杂，与高处的岩性组成有直接关系，从坡上往下逐渐变细，分选性差，层理不明显，厚度变化较大，厚度在斜坡较陡处较薄，坡脚地段较厚
洪积	由暂时性洪流将山区或高地的大量风化碎屑物携带至沟口或平缓地堆积而成	颗粒具有一定的分选性，但往往大小混杂，碎屑多呈亚棱角状，洪积扇顶部颗粒较粗，层理紊乱呈交错状，透镜体及夹层较多，边缘处颗粒细，层理清楚，其厚度一般高山区或高地处较大，远处较小
冲积	由长期的地表水流搬运，在河流阶地、冲积平原和三角洲地带堆积而成	颗粒在河流上游较粗，向下游逐渐变细，分选性及磨圆度均好，层理清楚，除牛轭湖及某些河床相沉积外，厚度较稳定
冰积	由冰川融化携带的碎屑物堆积或沉积而成	粒度相差较大，无分选性，一般不具层理，因冰川形态和规模的差异，厚度变化大
湖积	在静水或缓慢的流水环境中沉积，并伴有生物、化学作用而成	颗粒以粉粒、黏粒为主，且含有一定数量的有机质或盐类，一般土质松软，有时为淤泥质黏性土、粉土与粉砂互层，具清晰的薄层理
风积	在干旱气候条件下，碎屑物被风吹扬，降落堆积而成	颗粒主要由粉粒或砂粒组成，土质均匀，质纯，孔隙大，结构松散

第四节　勘　探

深厚覆盖层勘探方法主要有物探、钻探、坑探等。

一、物探

通过探测地表或地下地球物理场，分析其变化规律来确定被探测地质体在地下赋存的空间范围（大小、形状、埋深等）和物理性质，达到解决工程问题的目的，称为地球物理勘探，简称物探。

物探可用于探测覆盖层厚度，进行覆盖层初步分层，测试覆盖层特性参数。

工程物探根据探测对象的埋深、规模及其与周围介质的物性差异，选择有效的物探方法。在水电工程勘察中，根据不同勘察阶段的技术要求和物探工作条件，综合应用多种物探方法来探测某些工程地质条件。覆盖层物探方法的综合应用见表 3-2。常用工程物探方法的应用范围及适用条件见表 3-3。

表 3-2　　覆盖层物探方法的综合应用

探测内容	探测方法	技术要求	成果图件与探测精度
覆盖层厚度、覆盖层分层、古河道或基岩面起伏形态、覆盖层特性参数、覆盖层地下水位	主要方法有地震折射法、地震反射法、电测深、高密度电法、可控源音频大地电磁测深法、瞬变电磁法、地震波CT法、电磁波CT法等。 配合方法有瑞雷波法、电剖面法、探地雷达法等	(1) 一般使用地震折射波法或地震反射波法，使用地震反射波法时宜配合一定量的其他物探方法或钻探作对比分析。 (2) 当覆盖层厚度较小（小于20m）且要求详细分层时，宜使用瑞雷波法、横波反射法或探地雷达法，且同时布置一定量的其他物探方法或钻探作对比分析。 (3) 在水域，可使用水声探测、地震折射波法或地震反射波法。 (4) 当覆盖层似层状分布时，可使用电测深法或高密度电法。 (5) 当覆盖层厚度较大，或无法使用炸药震源时，可使用可控源音频大地电磁测深法。 (6) 当可利用钻孔探测时，可使用地震波CT法或电磁波CT法。 (7) 在地形开阔、起伏相对平缓的测区，可选用一种地面物探方法；在主要测线和地质条件较复杂的地段可选用综合物探方法	主要成果图件有物探剖面成果解释图、覆盖层等厚度图、基岩面等高线图。 探测精度要求：当测区具有勘探有利条件，又有少量钻孔可被利用的情况下，探测厚度大于10m的覆盖层时，深度误差应小于15%；物探地质条件复杂测区，探测误差不宜大于20%

表 3-3　　常用工程物探方法的应用范围及适用条件

方法名称			特性参数	应用范围	适用条件
电法勘探	电阻率法	电剖面法	电阻率	探测地层在水平方向的电性变化，解决与覆盖层平面位置有关的地质问题	目标地质体具有一定的规模，倾角大于30°，与周围介质电性差异显著；地形平缓
		电测深法	电阻率	探测地层在垂直方向的电性变化，适宜于层状和似层状介质，解决与深度有关的地质问题，如覆盖层厚度、基岩面起伏形态、地下水位，以及测定岩（土）体电阻率	目标地层有足够厚度，地层倾角小于20°；相邻地层电性差异显著，水平方向电性稳定；地形平缓
		高密度电法	电阻率	电测深法自动测量的特殊形式，适用于详细探测浅部不均匀地质体的空间分布	目标地质体与周围介质电性差异显著，其上方无极高阻或极低阻的屏蔽层；地形平缓
电磁法勘探	瞬变电磁法		电阻率	探测地层界面，调查地下水	目标地质体具有一定的规模，且相对呈低阻，上方没有极低阻屏蔽层；测区电磁干扰小
	探地雷达法		介电常数和电导率	适用于探测覆盖层分层	目标地质体与周围介质的介电常数差异显著
	电磁波CT法		吸收系数	适用于探测由钻孔、平洞、地面等	目标地质体具有一定的规模，与周围介质的电性差异显著
	反射波法		波速	探测覆盖层厚度及不同深度的地层界面	地层之间具有一定的波阻抗差异

续表

方法名称		特性参数	应用范围	适用条件
地震勘探	折射波法	波速	探测覆盖层厚度及下伏基岩波速	下伏地层波速大于上覆地层波速
	瑞雷波法	波速	探测覆盖层厚度及不良地质体，覆盖层分层	目标地层或地质体与围岩之间存在明显的波速和波阻抗差异
	地震波CT法	波速	探测覆盖层的分层	目标地层或地质体与围岩之间存在显著的波速差异

二、钻探

钻探是采用钻头或其他辅助手段钻入地层形成钻孔，并获取岩心（样），以探明地下地质情况的过程。钻探可以直接查明覆盖层的厚度和埋深、组成结构、层次、地下水位，并进行孔内试验与测试。深厚覆盖层主要采用硬质合金钻进、管钻钻进、金刚石钻进和绳索取心钻进等钻进方法，根据覆盖层类别不同，可以按表3-4选择适宜的覆盖层钻进方法。

表3-4　　覆盖层钻进方法

覆盖层类别		钻进方法
细粒类土	软质土、黄土、膨胀性土	宜采用合金钻进，可采用管钻钻进、绳索取心钻进
	硬质土、冻土	宜采用合金钻进、金刚石钻进，可采用绳索取心钻进、管钻钻进
砂类土		宜采用合金钻进，可采用管钻钻进、金刚石钻进、绳索取心钻进
砾类土		宜采用合金钻进、金刚石钻进，可采用绳索取心钻进、管钻钻进
巨粒类土	卵砾石层	宜采用金刚石钻进，可采用合金钻进、绳索取心钻进、管钻钻进
	漂卵石层	宜采用气动潜孔锤跟管钻进，可采用合金钻进、金刚石钻进、绳索取心钻进
崩塌体、堆积体		

三、坑探

坑探是通过挖掘洞、井、坑、槽等各类坑道，以查明隐伏土体工程地质条件的勘探方法，是最直观的勘探方法。坑探可以直接查明覆盖层的厚度和埋深、组成结构、层次、地下水位，并进行坑内试验与测试。常用坑探方法的适用范围见表3-5。

表3-5　　常用坑探方法的适用范围

坑道勘探方法		适用范围
探坑、探槽		深度小于3m；可直接观察地质条件，可开展现场原位大型试验
探井	浅井	深度大于3m，且小于或等于10m，一般布置于地下水位以上；可直观观察地质条件，可开展现场原位大型试验
	竖井	深度大于10m，一般布置于地下水位以上；可直接观察地质条件，可开展现场原位大型试验
探洞		多应用于上覆厚度大于6m以上；可直接观察地质条件，可开展现场各项试验

第五节 土工试验与测试

为研究覆盖层土体的工程特性，开展土工试验是工程设计中不可缺少的工作。土工试验与测试布置时，需根据勘察阶段工程规模和土层的成因、组成结构等因素综合考虑，制定实施方案，在实施过程中根据实际情况对试验方案进行调整。

常用的土工试验根据取样点与试验场所的不同分为室内土工试验、现场土工试验、钻孔土工试验及岩土化学分析试验。常用室内土工试验方法及适用范围见表 3-6，常用现场土工试验方法及适用范围见表 3-7，常用钻孔土工试验方法及适用范围见表 3-8，常用岩土化学分析试验方法及适用范围见表 3-9。

表 3-6 常用室内土工试验方法及适用范围

项目	方法	目的	适用范围
颗粒分析试验	筛分法	测定各粒组含量、小于某粒径的试样质量占试样总质量的百分数，绘制土的颗粒大小分布曲线；确定土的特征粒径，如 d_{10}、d_{60} 等；计算土的不均匀系数 C_u 和曲率系数 C_c；对土进行分类定名	适用于粒径大于 0.075mm，且不大于 60mm 的各类土
颗粒分析试验	密度计法	测定各粒组含量、小于某粒径的试样质量占试样总质量的百分数，绘制土的颗粒大小分布曲线；确定土的特征粒径，如 d_{10}、d_{60} 等；计算土的不均匀系数 C_u 和曲率系数 C_c；对土进行分类定名	适用于粒径不大于 0.075mm 的细粒类土
比重试验	比重瓶法	测定土颗粒的比重 G_s，计算孔隙比 e 等其他指标	适用于粒径不大于 5mm 的各类土
比重试验	浮称法	测定土颗粒的比重 G_s，计算孔隙比 e 等其他指标	适用于粒径不小于 5mm，且大于 20mm 颗粒质量小于总质量 10% 的砾类土
比重试验	虹吸筒法	测定土颗粒的比重 G_s，计算孔隙比 e 等其他指标	适用于粒径为 5～60mm 的砾类土
密度试验	环刀法	测定土的天然密度 ρ。计算干密度 ρ_d、孔隙比 e 等其他指标	适用于易切削的砂类土和细粒类土的原状样和击实样
密度试验	蜡封法	测定土的天然密度 ρ。计算干密度 ρ_d、孔隙比 e 等其他指标	适用于易碎裂、含粗粒土或不规则的坚硬土
含水率试验	烘干法	测定土的含水率 w。计算土的干密度 ρ_d、饱和度 S_r 等其他指标	适用于各类土，是测定含水率的标准方法
含水率试验	酒精燃烧法	测定土的含水率 w。计算土的干密度 ρ_d、饱和度 S_r 等其他指标	适用于细粒类土和砂类土
含水率试验	炒干法	测定土的含水率 w。计算土的干密度 ρ_d、饱和度 S_r 等其他指标	适用于各类土，在现场无烘箱时使用
界限含水率试验	联合测定法	测定土的液限和塑限含水率 w_L、w_p，计算土的塑性指数	适用于细粒类土。试验时需将土样中大于 0.5mm 粒径的颗粒筛除
界限含水率试验	碟式仪法	测定土的液限含水率 w_L	适用于细粒类土。试验时需将土样中大于 0.5mm 粒径的颗粒筛除
界限含水率试验	搓滚法	测定土的塑限含水率 w_p	适用于细粒类土。试验时需将土样中大于 0.5mm 粒径的颗粒筛除
相对密度试验	相对密度仪法	测定试样的最小干密度 ρ_{dmin} 和最大干密度 ρ_{dmax}。计算无黏性土在天然状态下的相对密度 D_r	适用于砂类土
相对密度试验	振动台法	测定试样的最小干密度 ρ_{dmin} 和最大干密度 ρ_{dmax}。计算无黏性土在天然状态下的相对密度 D_r	分为干法和湿法，适用于最大粒径为 60mm 且能自由排水的无黏性粗粒土

续表

项目	方法	目的	适用范围
击实试验		绘制试样的干密度与含水率关系曲线。确定土的最大干密度 ρ_{dmax} 和最优含水率 w_{op}	击实试验分为轻型击实和重型击实，击实功分别为 592.2kJ/m³ 和 2687.9kJ/m³。击实仪分为小型和大型两种。小型击实仪适用于粒径不大于 5mm 的黏性细粒土，作重型击实时可用于粒径不大于 20mm 的黏性土。大型击实仪适用于最大粒径为 60mm 的黏性粗粒土
渗透试验	常水头法	测定土的渗透系数 k	主要用于无黏性土
	变水头法		主要用于黏性土
渗透变形试验	常水头法	测定土的渗透系数 k、临界比降 i_k、破坏比降 i_f	适用于各种土类。当将设计的反滤料装填在土样下游面并视需要施加反压力后进行试验时，即为反滤试验
固结试验	标准法	测定土的压力与变形、变形与时间等关系，计算压缩系数 a_v、压缩模量 E_s、体积压缩系数 m_v、压缩或回弹指数 C_c 或 C_s、固结系数 C_v 及先期固结压力 p_c	适用于各种饱和土类。当只进行压缩试验时，可用于非饱和土类
	应变控制法		
	快速法	测定土的压力与变形关系，计算压缩系数 a_v、压缩模量 E_s	
直接剪切试验	快剪（Q）	测定土在不固结不排水状态下的强度参数 φ、c	适用于各类土
	固结快剪（CQ）	测定土在固结不排水状态下的强度参数 φ、c	
	慢剪（S）	测定土在固结排水状态下的强度参数 φ、c	
	反复剪（R）（残余剪）	测定土在多次剪切后趋于稳定的强度参数 φ、c	
三轴剪切试验	不固结不排水剪（UU）	测定土在不固结不排水状态下的总强度参数 φ、c	适用于各类土
	固结不排水剪（CU）	测定土在固结不排水状态下的总强度参数 φ、c；测定孔隙水压力，计算土的有效强度参数 φ'、c'	
	固结排水剪（CD）	测定土在固结排水状态下的有效强度参数 φ'、c'	
应力应变参数试验		计算确定土的应力应变关系 E-μ、E-B 等数学模型的参数	适用于各类土
无侧限抗压强度试验		测定土的无侧限抗压强度 q_u 和土的灵敏度 S_t	适用于原状饱和细粒类土。需要测定土的灵敏度时，应再测定其扰动土无侧限抗压强度

续表

项目	方法	目的	适用范围
静止侧压力系数试验		测定土在不同压力下的侧向压力，确定土的静止侧压力系数	适用于粒径小于 0.5mm 的原状土或击实土
动力特性试验	振动三轴试验	测定土的动强度 c_d、液化应力比 τ_d/σ'_0、动弹性模量 E_d、动剪切模量 G_d、阻尼比 λ_d	适用于砂类土和细粒类土
	共振柱试验	测定土的动弹性模量 E_d、动剪切模量 G_d、阻尼比 λ_d	

表 3-7　　常用现场土工试验方法及适用范围

项目	方法	目的	适用范围
密度试验	灌砂法	测定土的天然密度 ρ	适用于各类土
	灌水法		
渗透试验	试坑注水法	测定土的渗透系数 k	适用于渗透系数较小的土类
渗透变形试验	常水头法	测定土在原位或原状条件下的渗透系数、临界比降、破坏比降	适用于具有一定凝聚力的各类土
直接剪切试验	平推法	测定土的抗剪确定参数 φ、c	主要适用于粗粒土在尽可能保持土的原状结构不被扰动条件下测定其抗剪强度，也可用于地基土对混凝土板的抗滑试验
荷载试验	承压板法	测定土的承载力和变形模量	适用于各类土。承压板为采用圆形或正方形钢质板，承压板直径或边长与土中最大颗粒粒径之比不宜小于 5，面积不宜小于 1000cm^2

表 3-8　　常用钻孔土工试验方法及适用范围

项目	方法	目的	适用范围
十字板剪切试验		测定饱和软黏土的不排水抗剪强度、残余强度和灵敏度	适用于饱和软黏土。不宜用于较硬的黏土、砂土及粉土
标准贯入试验		根据标准贯入锤击数判别土层变化，确定土的承载力	适用于细粒土和砂类土
静力触探试验		测定探头贯入锤阻力和孔隙水压力等指标，计算得出贯入阻力、锥头阻力、侧壁摩阻力、摩阻比，以及孔隙水压力、固结系数、消散度和静探孔压系数等指标。确定土的承载力	适用于细粒土和砂类土
动力触探试验	轻型	测定圆锥探头用锤击方式贯入土中时的锤击数，计算动贯入阻力。确定土的承载力	适用于细粒土
	重型		适用于砂类土和砾类土
	超重型		适用于砾类土和巨粒类土，以及软岩、风化岩

续表

项目	方法	目的	适用范围
旁压试验	自钻式	测定土体的承载力、旁压模量、不排水抗剪强度等指标	适用于各类土
	预钻式		
波速试验	单孔法	测定波速，计算土的动剪切模量、动弹性模量、动泊松比等动力特性参数	适用于各类土
	跨孔法		
	面波法		

表 3-9　常用岩土化学分析试验方法及适用范围

项目	方法	目的	适用范围
腐蚀性试验	岩土规范	评价水和土对钢、混凝土结构等建筑材料的腐蚀性	
有机质试验		测定土中有机质的含量	含有机质土
化学成分试验		对岩石、土及黏土矿物中的硅、铁、铝、钙、镁、钾、钠的氧化物含量及烧失量进行测定	各类岩石和土做全样分析
岩土矿物组成试验	阳离子交换量法	通过对小于 $2\mu m$ 粒组的阳离子交换量的测定，可大致反映土中黏粒含量和黏土矿物成分	黏土
	比表面积法	测定小于 $2\mu m$ 粒组的比表面积，并按其大小和特点来确定主要的黏土矿物类型	粒径小于 $2\mu m$ 粒组试样的各类岩石和土
	X射线；差热分析；电镜扫描	测定小于 $2\mu m$ 粒组的黏土矿物进行鉴定，定性或半定量判断土的矿物组成	

第六节　水文地质测试

为研究覆盖层渗透性特征和水质特征，开展的试验包括室内的渗透试验、水质分析试验，现场的钻孔水位观测、单孔或多孔抽水试验、注水试验及示踪试验等（见表 3-10）。

对于建在覆盖层上的土石坝、混凝土重力坝、闸坝、地面厂房、渠道等，根据覆盖层的成层特性和水文地质结构进行单孔或多孔抽水试验、分层或综合抽水试验、钻孔振荡式渗透试验，取样进行地下水和地表水水质分析；开展地下水动态观测，观测内容包括水位（水压）、水温、水化学特征、流量或涌水量等，观测时间延续一个水文年以上，并逐步完善观测网。

表 3-10　　孔内水文地质试验方法及适用条件

试验类型	适用条件
抽水试验	(1) 土体渗透系数、钻孔涌水量。 (2) 水位下降与涌水量的变化关系及水力特征（潜水或承压水）。 (3) 降落漏斗的大小、形状和增长速度。 (4) 各含水层之间的水力联系
注水试验	(1) 地下水位埋藏很深，不便进行抽水试验时。 (2) 在干的透水土层中，也常使用注水试验求得岩土层渗透性的资料。 (3) 取原状土试样进行室内试验比较困难
振荡式试验	含水层渗透参数空间变化特征及低渗透性岩土体渗透特性
同位素示踪法	地下水的流速、流向

地下水流速流向的测定，可采用示踪剂单井法来测定，也可测定井之间的水流流速。

深厚覆盖层常见多层地下水文地质结构，需分层进行地下水文地质测试。

第七节　三维地质建模

一、三维地质建模系统

利用勘察资料（测绘、勘探、试验等各种信息）进行综合分析，揭示地质体的空间分布特点，为了达到地质资料分析的准确性和可视性，成都院开发了 Geo Smart（水电水利工程地质信息管理系统）操作平台。该系统利用数据库及网络技术具备工程地质三维设计系统的原始地质资料、地质分析成果的管理及系统对外数据交流的功能，可分为数据现场采集、数据录入、基础地质及工程地质初步分析、常用地质报表输出、GOCAD 对象创建及输出、地质成果分析等的管理功能。

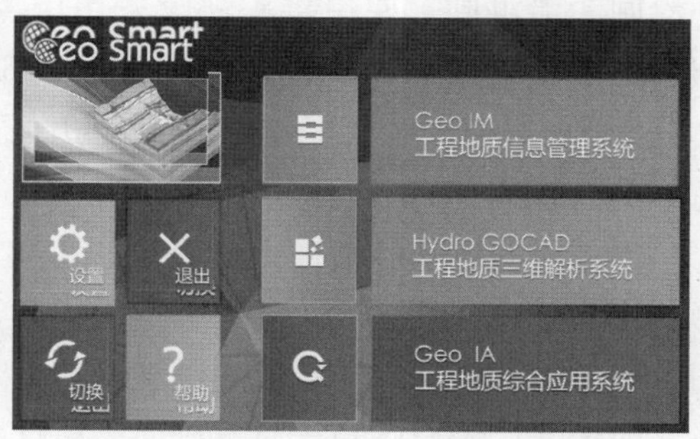

图 3-1　工程地质三维设计系统

图 3-1 是该系统的基础界面，进入 Geo IM 系统进行工程地质信息管理，录入地质测绘钻孔、平洞、坑槽探、试验和施工记录等各类原始数据，并将数据同步到网络数据库中，形成同一项目中共用地质资料，并在此基础上对基础地质资料进行解析分析；进入 Hydro GOCAD 系统，在增加了地质模块的 GOCAD 三维建模软件中，调用解析成果，进行数字建模，并将三维模型发布到网上形成可以共同调用的部件，用于勘察、设计；进入 Geo IA 系统，可以进行综合工程

地质信息查询。按照图 3-2 所示的基本设计流程，最终完成地质体的三维可视化设计，直观展示各地质单元间的空间关系和因果关系。

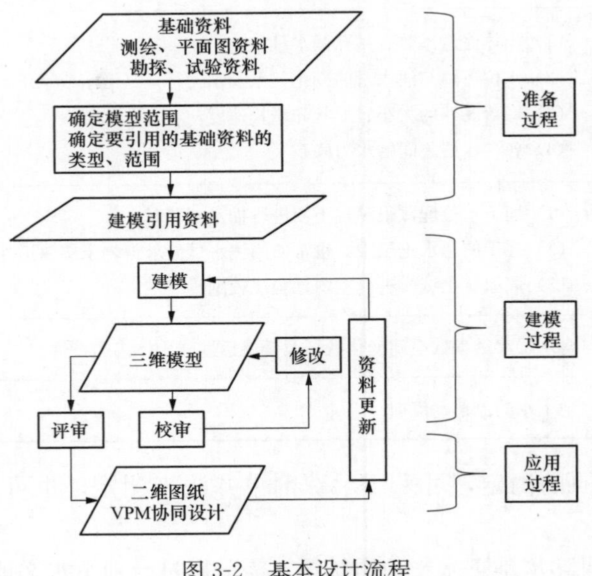

图 3-2 基本设计流程

二、深厚覆盖层三维勘察设计

采用 Geo Smart 三维设计系统，可以直观表达水电工程坝基覆盖层空间分布与组成特征。以硬梁包水电工程为例，从三维设计成果角度，简要说明地质对象建模在勘察设计中的应用。

硬梁包梯级水电站位于四川省泸定县，是大渡河干流水电规划调整推荐 22 级开发方案的第 13 个梯级电站，采用引水式开发，装机容量 1180MW。首部枢纽采用“正向泄洪排沙，侧向取水”的布置，电站进水口布置在左岸，主河床布置排污闸、冲沙闸、泄洪闸，左岸接头坝段采用混凝土重力坝，右岸接头坝为碎石土心墙堆石坝。河谷覆盖层深厚，最大深度大于 166m，覆盖层分为 5 层（见图 3-3），即从下到上分别为①、②、③、④、⑤层，其中②、④层为堰塞沉积细粒土层，①、③、⑤层总体为含漂砂卵砾石粗粒土层。

覆盖层各层土体物理力学特性、厚度变化较大，地基不同程度地存在承载力和变形、抗渗稳定、砂土液化等工程地质问题，利用三维模型可形成上述各土层厚度等值线图、顶底板高程和埋深等值线图，清楚直观地反映各层土的空间分布特点。

河床②、④层细粒土对基础防渗设计起关键性作用，根据各土层等值线图，④层以粉土、粉质黏土为主，其顶板埋深一般为 10～15m，厚度一般为 10～15m；②层顶板埋深一般为 40～45m，厚度一般为 15～25m，可细分为两亚层，即底部的②-1 粉土、粉质黏土层和中上部的②-2 中、细砂层，其中②-1 层分布特点如图 3-4 所示，在沿坝轴线处基本呈连续分布，仅在靠近右岸边坡处缺失，面积约 6 万 m^2，厚度一般为 5～8m，

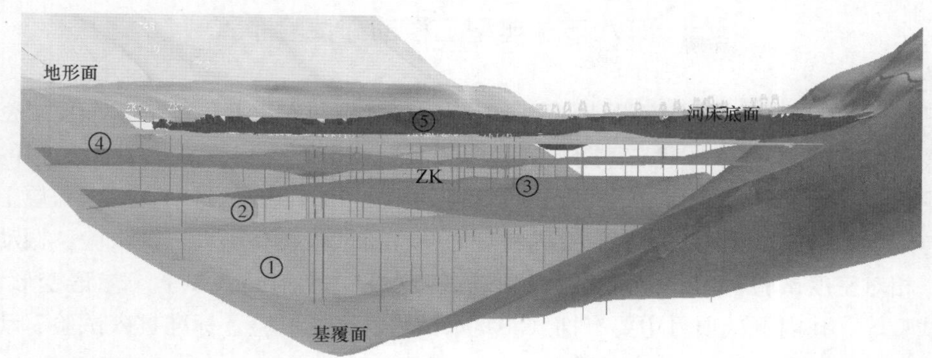

图 3-3　硬梁包首部枢纽河谷覆盖层空间分布

钻孔揭示最大厚度为 15.8m。④层和②层均可作为相对隔水层，因④层埋深较浅，坝轴线可考虑以②-1 层为防渗帷幕底界设计，对左、右岸岸坡缺失区域，防渗处理需综合考虑。

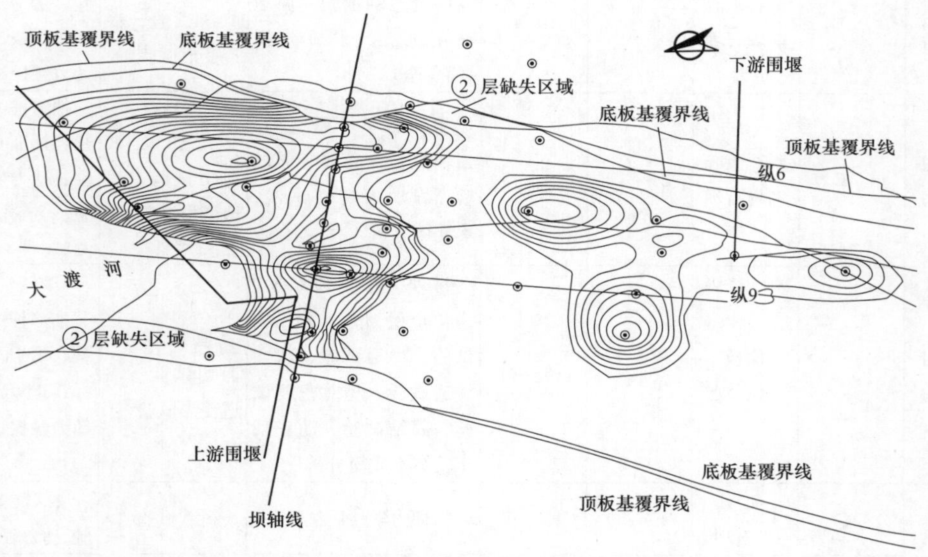

图 3-4　硬梁包首部枢纽河谷覆盖层②-1 层厚度等值线图

Geo Smart 三维设计系统具有数字化、可视化、多维化、协同性、模拟性等特点，可贯穿勘察设计、施工、运行工程全生命周期。基于 Geo Smart 三维设计系统，实现了地质信息的一体化存储和交换，信息完整；三维设计直观、快捷，成果精度高，提高了工程地质分析评价的合理性；地质属性及地质分析过程完整记录，设计成果可快速追溯。三维建模不是简单的数字模拟，而是三维空间的精确作图。通过 GOCAD 建模，可快速、准确地组建工程地质体的地层、岩性、构造、物理地质现象等的具体分布数字模型，实现了三维空间地质分析、数据库管理、多专业协同设计交流，大大提高了成图的效率。

第八节　典型工程勘探试验布置

勘探试验的布置，与勘察设计阶段、工程规模、枢纽布置及土体的复杂程度密切相关，表3-11列举了部分典型工程勘探试验布置简况。由表3-11可知，典型工程的勘探线间距为20～90m，多数为40～50m；勘探点间距为10～40m。针对深厚覆盖层上的堆石坝与闸坝，室内试验项目主要有室内物理力学性质试验、高压大三轴试验、振动液化试验、相对密度试验、动三轴试验等。现场试验项目主要有荷载试验、渗透变形试验、剪切试验等。孔内测试项目主要有抽（注）水试验、旁压试验、标准贯入试验、动力触探试验等。

表3-11　部分典型工程勘探试验布置简况

工程名称	覆盖层厚度（m）	坝型	勘探线间距（m）	勘探点间距（m）	室内试验	原位试验	孔内测试
长河坝水电站	79.3	砾石土心墙堆石坝	50～90	10～40	物理力学性质试验、高压大三轴试验、振动液化试验、水质分析（简、全）	荷载试验、剪切试验、渗透变形试验	抽（注）水试验、旁压试验、标准贯入试验、动力触探试验
瀑布沟水电站	78	砾石土心墙堆石坝	20～45	10～40	物理力学性质试验、三轴试验、渗透变形试验、静动力特性试验、水质简分析	荷载试验、剪切试验、渗透变形试验	抽（注）水试验、标准贯入试验、动力触探试验、跨孔声波测试
猴子岩水电站	85.5	面板堆石坝	40～90	10～40	物理力学性质试验、力学全项、高压大三轴试验、渗透试验、联合渗透试验、相对密度试验、固结试验、动三轴试验、水质简分析	荷载试验、剪切试验、渗透变形试验	抽（注）水试验、旁压试验、标准贯入试验、动力触探试验
多诺水电站	41.7	面板堆石坝	40～50	15～40	物理力学性质试验	荷载试验	抽（注）水试验、动力触探试验
小天都水电站	96	闸坝	25～45	10～35	物理力学性质试验、振动液化试验、水质简分析	荷载试验、渗透变形试验	抽（注）水试验、标准贯入试验、动力触探试验
冶勒水电站	>420	沥青混凝土心墙堆石坝	20～70	15～40	物理力学性质试验、化学成分分析、电镜扫描及X衍射谱分析、渗透试验、压缩试验、三轴剪切试验、动三轴剪切试验、振动液化试验、水质简分析	渗透变形试验、荷载试验、剪切试验	钻孔抽（注）水试验、标准贯入试验、跨孔波速测试

第四章

深厚覆盖层勘探

覆盖层勘探的主要目的在于查明土体的分布范围、厚度、埋深、层次结构、地下水位等。水电工程覆盖层勘探常用的方法有物探、钻探、坑探等。

较大范围内了解覆盖层分布厚度、层次、地下水位等，可采用适量的物探。采用物探方法探测覆盖层深度的前提是：被探测地层与周围介质有明显的物理性质特征，被探测地层具有一定的埋深和厚度，探测场地能够满足探测方法的测线布置要求，探测场地无强的干扰源。

查明覆盖层的厚度、埋深、组成结构、层次、地下水位等条件、进行孔内试验与测试，可采用钻探。钻探工作现场必须具备搬运钻探设备到现场的交通条件，且有足够的钻场布置空间。

坑探是有效和直观的勘探方法，坑探包括探洞、探井、探坑及探槽，由于其作业困难及费用大，一般在关键部位使用。覆盖层中开展的坑探作业主要是竖井。

第一节　物　　探

物探作为一种探测深厚覆盖层的手段，在水电工程勘探中取得了显著成果。物探对覆盖层的探测主要包括覆盖层厚度探测、覆盖层分层、地下水位、覆盖层特性参数测试。覆盖层物探的主要方法有地震勘探、电法勘探、综合测井几类。

一、地球物理特征

工程物探探测覆盖层主要是利用覆盖层介质的弹性波差异、电性差异等来实现。

覆盖层的弹性波波速特征主要与各沉积层的物质成分、松散程度、层厚度及含水程度有关。覆盖层的弹性波波速范围值见表 4-1，一般而言有以下特征：因沉积物组成物质成分不同，各种覆盖层弹性波波速往往有明显差异；覆盖层从表层松散地表向下逐渐致密，波速逐渐增大，一般明显低于下伏基岩；一般覆盖层表层含水量少或不含水，向下含水量渐增，经常存在一个明显的地下潜水面，同时也是波速界面。

表 4-1　　覆盖层介质波速主要分布表

沉积物	纵波速度（m/s）	横波速度（m/s）
干砂、松散壤土或土层	200～300	80～130
湿砂、密实土层	300～500	130～230
由砂、土、块石、砾石组成的松散堆积层	450～600	200～280
由砂、土、块石、砾石组成的含水松散堆积层	600～900	280～420
密实的砂卵砾石层	900～1500	400～800
胶结好的砂卵砾石层	1600～2200	800～1100
饱水的砂卵砾石层	2100～2400	400～800

覆盖层的电性特征主要与各沉积层的物质成分及含水程度有关，当颗粒小、含泥多并含水时，电阻率低；反之，则增高，变化幅度较大。

覆盖层中，地下水面通常是一个良好的电性界面。基岩的电阻率主要随岩性而异，同一岩性因风化破碎及含水程度的不同，其电阻率也会有较大的变化。因此，覆盖层的电阻率可能高于或低于基岩的电阻率，也可能无明显差异。常见覆盖层介质电阻率见表4-2。

表 4-2　　常见覆盖层介质电阻率

名称	电阻率 $\rho(\Omega\cdot m)$	名称	电阻率 $\rho(\Omega\cdot m)$
黏土	$1\times10^0\sim2\times10^2$	亚黏土含砾石	$8\times10\sim2.4\times10^2$
含水黏土	$2\times10^{-1}\sim1\times10$	卵石	$3\times10^2\sim6\times10^3$
亚黏土	$1\times10^0\sim1\times10^2$	含水卵石	$1\times10^2\sim8\times10^2$
砾石加黏土	$2.2\times10^2\sim7\times10^3$		

二、覆盖层探测

覆盖层探测主要包括覆盖层厚度探测、覆盖层分层、覆盖层特性参数测试。

覆盖层厚度探测与分层常采用的物探方法主要有浅层地震勘探（折射波法、反射波法、瑞雷波法）、电法勘探（电测深法、高密度电法）、电磁法勘探（大地电磁测深、瞬变电磁测深、探地雷达）、水声勘探、综合测井、弹性波 CT 等。覆盖层岩（土）体特性参数测试常采用的物探方法主要有地球物理测井、地震波 CT、速度检层等。

覆盖层厚度探测与分层应结合测区物性条件、地质条件和地形特征等综合因素，合理选用一种或几种物探方法，所选择的物探方法应能满足其基本应用条件，以达到较好的探测效果。

（一）厚度探测

一般情况下，根据覆盖层初步估计厚度、测区地形条件、水域探测工作条件、覆盖层介质物性条件等综合选择物探方法。

（1）覆盖层厚度较薄（小于 40m）时，采用地震勘探（折射波法、反射波法、瑞雷波法）、电法勘探（电测深法、高密度电法）等物探方法；覆盖层厚度较厚（40～

100m）时，采用地震折射波法或反射波法、大地电磁测深法等物探方法；当覆盖层厚度深厚（一般大于100m）时，采用地震反射波法、大地电磁测深法等物探方法。

（2）场地相对平坦、开阔、无明显障碍时，采用地震勘探（折射波法、反射波法、瑞雷波法）、电法勘探（电测深法、高密度电法）等物探方法；场地相对狭窄或测区内有居民区、农田、果林、建筑物等障碍时，采用以点测为主的电测深法、瑞雷波法和大地电磁测深法等物探方法。

（3）在河谷地形、河水面宽度不大于200m、水流较急的江河流域，采用地震折射波法和电测深法等物探方法；在库区、湖泊、河水面宽度大于200m、水流平缓的水域，采用水声勘探、地震折射波法等物探方法。

（4）当覆盖层介质与基岩有明显的波速、波阻抗差异时，采用地震勘探，但当覆盖层介质中存在高速层（大于基岩波速）或速度倒转层（小于相邻层波速）时，则不适宜采用地震折射波法；当覆盖层介质与基岩有明显的电性差异时，采用电法勘探或电磁法勘探；当布极条件或接地条件较差时，如在沙漠、戈壁、冻土等地区采用电磁法勘探。

（二）分层

常根据覆盖层介质的物性特征、饱水程度选择合适的物探方法。

（1）当覆盖层介质呈层状分布、结构简单、有一定厚度、各层介质存在明显的物性差异时，采用地震折射波法、地震反射波法、瑞雷波法、大地电磁测深法等，其中，瑞雷波法具有较好的分层效果；当覆盖层各层介质存在明显的电性差异时，采用电测深法；当覆盖层各层介质较薄、存在较明显的电磁差异，且探测深度较浅时，采用探地雷达法。

（2）地下水位往往会构成良好的波速、波阻抗和电性界面，当需要对覆盖层饱水介质与不饱水介质分层或探测地下水位时，采用地震折射波法、地震反射波法和电测深法，但地震折射波法不适宜对地下水位以下的覆盖层介质进行分层；瑞雷波法基本不受覆盖层介质饱水程度的影响，当把地下水位视为覆盖层介质分层的影响因素时，采用瑞雷波法。

（3）利用钻孔进行覆盖层分层时，采用综合测井、地震波CT、速度检层等。

（4）探测覆盖层中夹层时，在有条件的情况下可借助钻孔进行跨孔测试或速度检层测试；在无钻孔条件下，对分布范围较大，且有一定厚度的夹层，可采用瑞雷波法。

（三）特性参数测试

（1）在地面进行覆盖层特性参数的测试，一般采用地震折射波法、反射波法、瑞雷波法进行覆盖层各层介质的纵波速度和剪切波速度测试；采用电测深法进行覆盖层各层介质的电阻率测试。

（2）在地表、剖面或人工坑槽处进行覆盖层特性参数的测试，一般采用地震波法和电测深法对所出露地层进行纵波速度、剪切波速度、电阻率等参数的测试。

（3）在钻孔内进行覆盖层特性参数的测试，一般采用地球物理测井、速度检层等方法测定钻孔覆盖层的密度、电阻率、波速等参数，确定各层厚度及深度，配合地面物探了解物性层与地质层的对应关系，提供地面物探定性及定量解释所需的有关资料。

三、探测技术方法

（一）电法勘探

电法勘探是根据地壳中各类地层的电磁学性质（如导电性、导磁性、介电性）和电化学特性的差异，通过对人工或天然电场、电磁场或电化学场的空间分布规律和时间特性的观测和研究，寻找不同类型地层和查明地质构造及解决地质问题的地球物理勘探方法。覆盖层厚度探测与分层一般采用电测深法和高密度电法等。

被探测目标体满足以下条件时，可以选择电法勘探对目标体进行探测：被探测地层呈层状或似层状分布，其电性层结构简单、层数不多，各层之间具有一定的电阻率差异和厚度，各层电性稳定，沿水平方向电阻率变化不大，相邻层电阻率差异应在5倍以上，被探测地层倾角不宜大于20°；被探测目的层或目标体上方没有极高阻或极低阻的屏蔽层，能够有效测量和追踪到需探测岩（土）体的电性特征；测区内地形较平坦、开阔；测区内没有工业游散电充或大地电流干扰。

电法勘探适用于地形较平坦、开阔的场地，有较好的电性分层效果；适用于查找覆盖层中有一定厚度或规模的软弱夹层、砂层或透镜体和地下水位；适用于在农田、果林、居民区等场地开展工作。当测区不具备地震勘探物性条件或工作条件时，电测深法是一个较好的替代方法，但也有一定的局限性：当覆盖层深厚或目的层埋藏较深时，电测深法或高密度电法对场地开阔程度要求较大；当接地条件较差时，会影响电测深法和高密度电法的勘探成果的准确性；当覆盖层中存在电阻率相对很低或很高的电性差时，会制约其勘探深度。

电测深法资料的解释可分为定性解释和定量解释。定性解释是确定电性剖面与地质剖面的对应关系；定量解释是确定地电断面各层电阻率值和厚度值；通过孔旁测深与地质剖面对比，确定电性层与地质层的对应关系；正确判别曲线类型，采用电测深曲线解释软件或“量板法”定量解释电测深曲线，确定各电性层的电阻率值和厚度值。在解释时，应注意等值效应或多解性，避免解释偏差。

高密度电法资料解释一般采用专用软件进行处理，处理前应对各异常值进行分析，不合理的观测值应删除。最终视电阻率剖面图应结合地质资料或其他物探资料进行定性分析和解释，在有电性层和地质层对应关系的前提下，可进行定量分析和解释。

某水电站坝前发育有一堆积体，其上游侧以一冲沟为界，沟心及沟右侧基岩多裸露，下游侧以右岸基岩陡壁为界，前缘基岩出露并形成高30～50m的岩壁，该堆积体距离坝址较近，库水对松散堆积体影响较大。

为查明该堆积体覆盖层厚度、形态及特性参数，从而为计算其方量提供相关依据，采用高密度电法进行物探测试。测试剖面地面高程为2910～2913m，剖面长度为590m，起止桩号为H2-0～H2-590。高密度电法测试电阻率剖面色谱成果图见图4-1。

由图4-1可知，图像呈现非常明显的层状结构，电性界限明显。覆盖层为崩坡积堆积物，电阻率为30～500Ω·m，基岩电阻率为500～3500Ω·m。

该剖面基岩与坡体存在较明显的电性差异，电阻率剖面色谱成果图中基覆界限清

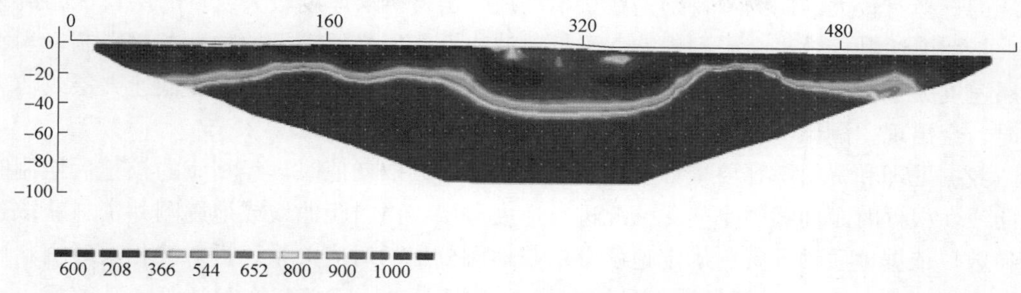

图 4-1　高密度电法测试电阻率剖面色谱成果图

晰。从划定的基覆界限看，呈现中间厚、两端薄的形态，最厚处位于桩号 H2-280～H2-360 之间，厚度为 37m 左右；最薄处位于桩号 H2-150 和桩号 H2-420 附近，厚度为 10～12m；剖面平均厚度为 22m。高密度电法解释成果图见图 4-2。

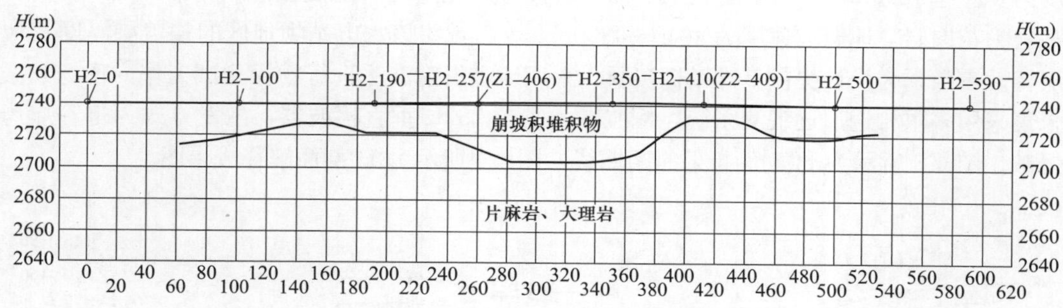

图 4-2　高密度电法解释成果图

（二）浅层地震勘探

1. 折射波法

折射波法是利用地震波的折射原理，对浅层具有波速差异的地层或构造进行探测的一种地震勘探方法。

折射波法一般适用于埋深不大于 100m 范围内的覆盖层厚度探测，能划分出基岩与覆盖层的分界面，适于陆地和河谷覆盖层勘探。应用折射波法对覆盖层进行探测时，要求被追踪地层应呈层状或似层状分布，上覆地层的波速小于下伏地层的波速，各层具有一定的厚度，分布较均匀；对勘探场地大小有一定的要求，勘探深度越大，要求场地越开阔，测线长度越大。一般要求测线长度是探测深度的 3 倍以上；所需震源能量较大，一般采用爆炸激发，且炸药能量较大。

该方法探测精度较高，除可提供覆盖层的厚度分布外，还可提供覆盖层速度和下伏层界面速度；初至折射波比较容易识别，时距曲线的定量解释较简便。其局限性为所需激发能量大，一般需使用爆炸震源，在居民区、农田、果林等处开展工作易造成损失；在爆炸物品的采购、运输、存储、使用和保管等方面，国家和地方政府有着严格的管理要求和规定，由此导致勘探成本增加；受折射波勘探的盲区影响，场地开阔程度对观测系统的选择有较大的制约，特别是在狭窄场地，当覆盖层厚度较大或目的层盲区距离大时，折射波法勘探效果会受到影响；受折射波法勘探所必须满足的物性条件限制，当覆盖层速度大于基岩速度时，则不能进行折射波法勘探；当覆盖层中存在低速夹层或薄夹层时，会出现“漏层”现象。

数据处理和资料解释要求如下：由波形记录中读取初值时，经相应的校正后绘制时距曲线，根据时距曲线斜率变化情况进行速度分层，由时距曲线或地震测井资料获取速度参数，依据地质钻孔资料确定速度分层与地质分层的对应关系。折射波相遇时资料解释方法主要有 t_0 法、时间场法、延迟时法、共轭点法、广义互换时法等，其解释方法需结合折射面起伏形态和物性特征等实际情况合理选择。非纵测线解释时，已知参数点的深度、速度参数值对测线解释结果的准确性会产生直接影响，应采用地震纵测线、钻探、露头等结果准确确定。

某水电站坝址区河谷覆盖层为冲积、洪积物，其主要成分以砂卵砾石为主，地震波速度为 1600～1800m/s；两岸崩坡积堆积体或强全风化岩体，地震波速度为 600～2000m/s；基岩为花岗岩，地震波速度为 4000～4300m/s。为查明该水电站坝址区的覆盖层厚度及地层特性参数，为设计提供基础勘探资料，采用地震折射波法进行物探测试工作，现场数据采集采用多重相遇追逐观测系统，检波器为主频 28Hz 垂直检波器，激发方式为雷管炸药爆破。图 4-3 所示为 H 剖面折射时距曲线，图 4-4 所示为 H 剖面解释成果图。

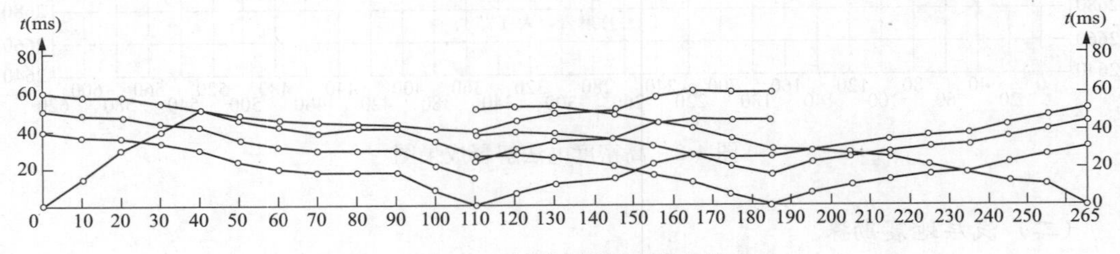

图 4-3　H 剖面折射时距曲线

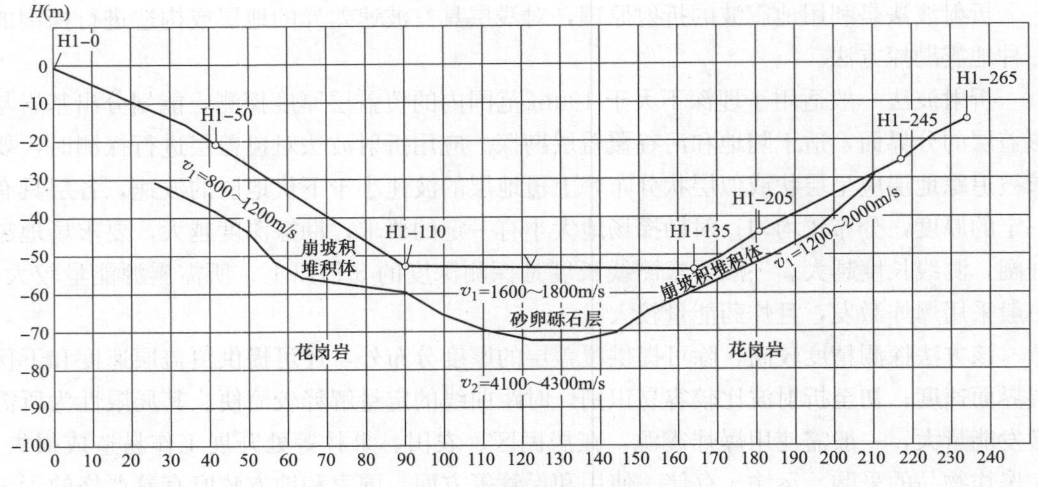

图 4-4　H 剖面解释成果图

由图 4-4 可知，桩号 H1-0～H1-110 段和 H1-185～H1-265 段为陆地部分，桩号 H1-110～H1-185 段为水上部分，地层分两层结构，第一层桩号 H1-0～H1-110 段和桩号 H1-185～H1-265 段是崩坡积堆积体，其地震波速度分别为 800～1200m/s 和 1200～2000m/s，桩号 H1-110～H1-265 段是河床砂卵砾石层，其地震波速度为 1600～1800m/s；第二层为花岗岩，其地震波速度为 4100～4300m/s。桩号 H1-110 处厚度为 7m；桩号 H1-110～H1-185 段覆盖层呈锅底形，其厚度为 8～19m，基岩顶板呈锅底形，覆盖层厚度为 6～20m。

2. 反射波法

反射波法是利用地震波的反射原理，对浅层有波速差异地层或构造进行探测的一种地震勘探方法。

反射波法适用于埋深一般不小于 100m 范围内的覆盖层厚度探测，能划分出基岩与覆盖层的分界面，有一定的分层能力，适用于陆地覆盖层勘探；应用该方法进行覆盖层探测时，要求被追踪地层应呈层头或似层头分布，被探测各层之间有明显的波阻抗差异，各层具有一定的厚度，且应大于有效波长的 1/4；观测系统的排列长度相对较短，一般与勘探深度相近，适用于不很开阔的场地开展工作，但目的层追踪范围受 1/2 偏移距的限制，且要求地面相对平坦；所需震源能量较小，采用较小爆炸药量、落锤或人工锤击激发即可满足能量需求；该方法不能准确地确定覆盖层速度及基岩速度，往往需借助折射波法勘探资料或地震速度测井资料确定。

反射波法对场地开阔程度的要求比折射波法小；激发所用爆炸药量较少，一般采用小炸药量激发，覆盖层较薄的场地可采用落锤或大锤激发；不受地层波速倒转影响。该方法的局限性为：反射观测系统受制于“窗口”选择的限制，当声波、面波、折射波等干扰较强时，不但会制约观测系统“窗口”长度，而且对反射波同相轴的识别有一定的影响；不适宜对波阻抗差异较小的地层进行分层或探测；资料处理繁锁，解释结果除了受记录质量影响外，还受处理过程及所选参数的影响，有一定的多解性。

数据处理及资料解释要求如下：合理选择处理分析软件，正确辨认反射波及其同相轴，反复对比选择合适的处理参数进行滤波和分析。反射波法进行反射分层解释，依据其他地震波或声波资料计算层厚度。对于覆盖层可分为多层的反射波资料解释，应结合适当的滤波处理、反复多次地进行速度分析，或参考其他资料，提出较为合理的有效速度进行解释。

为查明某水电站工程场址覆盖层内的分层情况，对该区域进行浅层地震反射波勘探。测区位于河流 U 形宽谷，河谷相间较宽，两岸为宽缓堆积台地，成因复杂，分布较广泛，左右两岸宽缓台地均为坡洪积、泥石流堆积，结构较松散，推测河谷覆盖层深厚，主要由冲积、坡洪积、泥石流堆积物组成，成分复杂。岩性以条带状混合岩、黑云母长英质片麻岩为主，岩石坚硬，岩体较完整。现场数据采集采用多重相遇追逐观测系统，采用炸药震源，96 道 28Hz 垂直检波器，道间距 3m，排列长度为 235m，最小偏移距 72m，水平覆盖次数 12 次，采用单边激发、单边接收的工作方式。图 4-5 所示为反射时间剖面图，图 4-6 所示为反射波解释成果图。

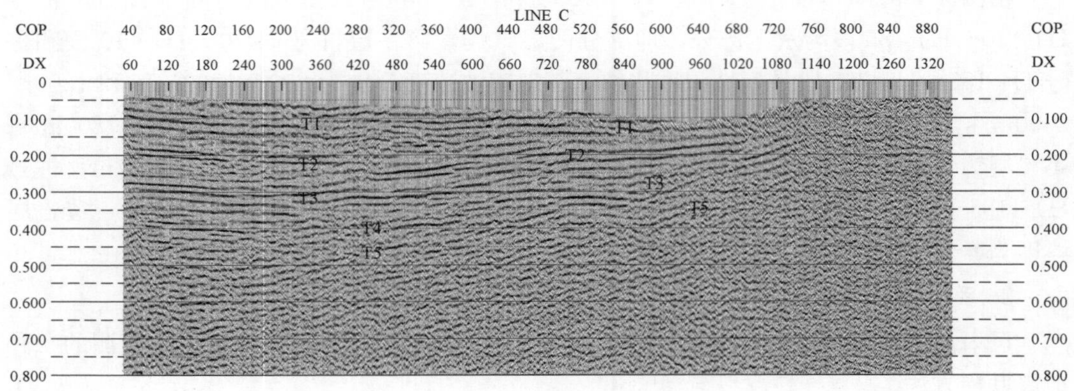

图 4-5 反射时间剖面图

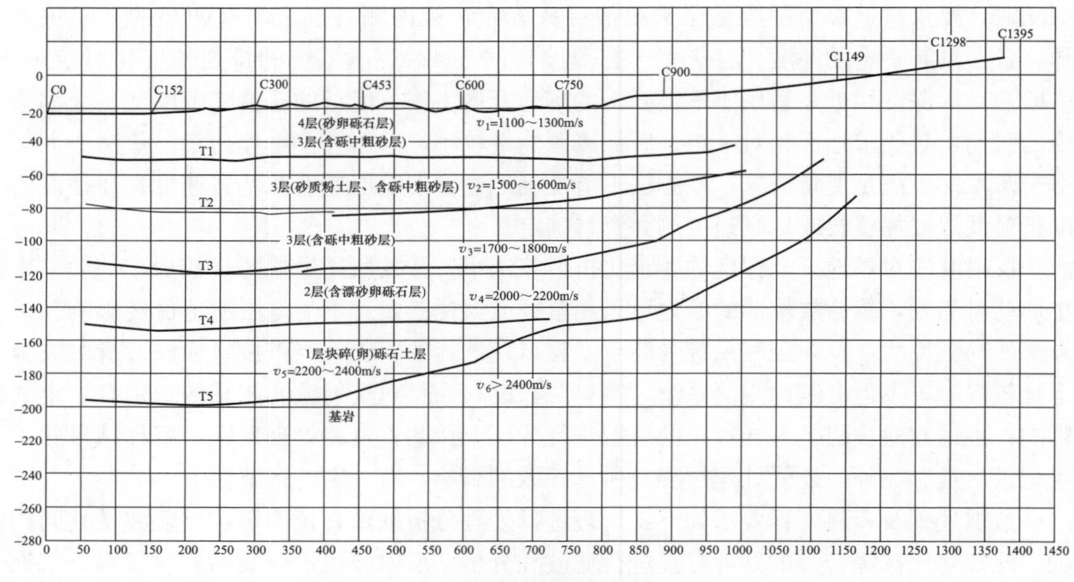

图 4-6 反射波解释成果图

由图 4-5 可知，该剖面共解释了 5 组特征明显的地层反射波，以 T1～T5 标识。经时深转换得到了该剖面的深度剖面图，图 4-6 是深度解译成果图。结合现场相关地质资料和钻孔资料，通过对各反射层位分析，剖面共有 5 组特征明显的地层反射波，推测覆盖层厚度在 70～178m；无断层存在。

3. 瑞雷波法

瑞雷波法是利用瑞雷波在层状介质中的几何频散特性进行岩性分层探测的一种地震勘探方法。

瑞雷波法勘探深度取决于排列长度和所激发的瑞雷波长，一般适用于埋深不大于 50m 范围内的覆盖层厚度探测与分层，当表层介质松散，且有一定的厚度，所激发的瑞雷波频率较低时，其勘探深度较深。应用该方法时，要求被追踪地层应呈层状或似层状分布，被探测各层之间存在一定波速差异和厚度；地形无较大起伏，场地开阔程度应能满足观测排列的布置。

应用瑞雷波法受地形或场地开阔程度影响较小，可用于较详细或场地较狭窄的覆盖层探测；在所激发的地震波中，瑞雷波所分配的能量最大，且传播能量较强，衰减相对较慢，不受地层波速倒转和地层饱水程度的影响，具有较好的分层效果。其局限性是勘探深度受激发条件、地下岩土界面的频散特性的制约，一般限于浅表层探测；在无地质钻孔资料或其他已知资料时，资料的解析结果具有一定的多解性。

数据处理及资料解释要求如下：资料解释应选择功能满足要求的处理分析软件进行数据处理、分析和解译。资料解释时，要正确识别基阶波和高阶波，正确提取瑞雷波，根据实际地质资料建立地质层-物性层的数学模型，对频散曲线进行分层和拟合，选取各勘探点频散曲线绘制地质影像图。利用地层影像图进行覆盖层与基岩界面划分时，应有地质钻孔资料或其他勘探资料，要注意地层物性不均匀对解释成果的影响。资料解释成果一般需提供地层划分剖面成果图和地层影像图，并给出各层介质的剪切波速度范围值和平均值。

某水电站地处我国西部，坝区河谷为U形宽谷，左、右两岸为宽缓堆积台地，地形较为平缓，坝址区第四纪成因复杂，分布较广泛，左右两岸宽缓台地均为坡洪积、泥石流堆积，结构较松散，坝址区河谷覆盖层深厚，据钻孔揭示，覆盖层厚度大于200m，主要由冲积、坡洪积、泥石流堆积物组成，成分复杂。综合采用天然场面波法和人工源面波法的联合勘探对坝基处理现场进行勘探，了解沿剖面方向覆盖层第3-3层和第4层厚度及横波速度，为设计提供依据。坝基处理现场布置了B剖面穿过坝基处理区，剖面长156m，完成20个人工源面波点、20个天然源面波点，根据B线20个面波点的频散曲线反演得到各个点的视横波速度曲线，可以作为对应点地层横波速度的参考值。图4-7所示为B剖面天然源面波剖面图。

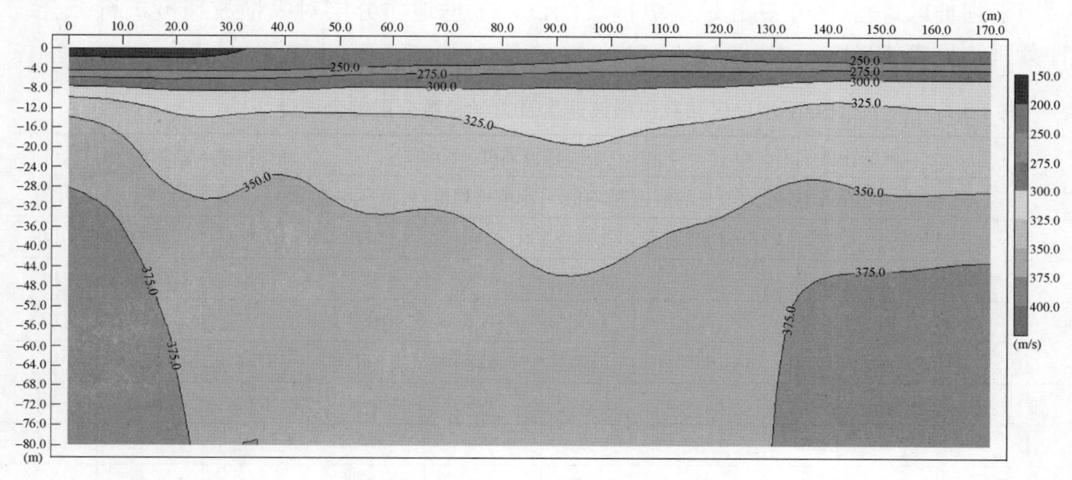

图4-7　B剖面天然源面波剖面图

冲击处理区天然源面波有效勘探深度约为80m，从剖面纵向来看，测区内埋深80m以上的地层大概分为两层，呈较明显层状结构，波速界线明显，从上至下，随深度增加波速逐渐增大。

（三）地球物理测井

地球物理测井简称测井，是在钻孔中使用测量电、声、热、放射性等物理性质的仪器，以辨别地下土体和流体性质的方法。

在采用声波测井、地震测井、电阻率测井、井径测井、钻孔电视、钻孔全孔壁数字成像等方法时，孔内应无套管；在采用声波测井、地震测井、电阻率测井等方法时，孔内应有水或井液；在采用钻孔电视、钻孔全孔壁数字成像等方法时，井壁无泥浆护壁，井中水质或井液应保持清澈透明。

测井可直接进行地层岩（土）体原位特性参数测定，利用孔内介质的物性差异进行覆盖层分层，通过测试曲线变化和孔内观察查找地面勘探难以探测到的薄夹层、软弱夹层或透镜体等。其局限性是各种测试方法对孔内测试条件有不同的要求，当不满足测试时，部分测井工作不能进行；部分测井仪器设备受孔径和孔深的限制，而无法进行或难以取得满意的效果。

数据处理及资料整理要求如下：对测井曲线或数据进行分析和整理，剔除不合理的数据，所使用的原始记录满足合格记录的要求。把同一孔中的各种方法测井曲线和钻孔柱状图及地质描述绘制在同一张图上，制成综合测井成果图。综合测井曲线应依据波速、电阻率、密度等物性差异对实测资料进行分层解释，确定各层介质层厚度和层特性参数，并结合钻孔地质资料，对综合测井曲线进行分析，给出物探-地质解释。

某水电站工程上、下坝址区内呈网格状各布置了5条横向、6条纵向勘探线，物探测试的钻孔较均匀地分布在各勘探线、左右岸岸坡或建筑物上，在这些钻孔中进行地震纵横波、原位密度测试。

下坝址区测试区域内地质分层从上至下为⑥、⑤、④、③、②、①、基岩层。

下坝址区进行14个钻孔地震纵横波测试，根据地质分层对纵横波速度进行综合统计分析，见表4-3。

表4-3　下坝址区钻孔纵横波速度及力学参数分层综合统计

地层	纵波速度 v_p(m/s)			横波速度 v_s(m/s)			动弹模量 E_d(GPa)	动剪模量 G_d(GPa)	统计孔数
	平均值	小值平均值	大值平均值	平均值	小值平均值	大值平均值			
⑥	1170	871	1506	320	284	388	0.62	0.21	14
⑤	1586	1541	1638	378	368	384	0.81	0.28	14
④	1681	1638	1725	442	421	452	1.09	0.37	12
③	1837	1785	1866	510	418	452	1.56	0.54	13
②	1993	1771	2214	581	506	657	2.01	0.69	6
①	2337	1886	2787	627	577	677	2.32	0.80	2
基岩层	2621	2317	3027	1223	890	1445	10.79	4.02	5

由表 4-3 可知，覆盖层地震波速度平均值范围为纵波 1170～2337m/s、横波 320～627m/s，基岩层地震波速度平均值为纵波 2621m/s、横波 1223m/s，各地层的地震纵横波速度及相关动力学参数从上至下呈逐渐增大的趋势。

下坝址区进行 5 个钻孔原位密度测试，根据地质分层对原位密度值进行综合统计分析，得出结论：各地层的原位密度平均值范围为 1.90～2.00g/cm³，密度平均值从上至下呈逐渐增大的趋势，由于④层为砂质粉土层、粉质黏土层，密度偏低，见表 4-4。

表 4-4　　下坝址区钻孔原位密度分层综合统计

地层	原位密度（g/cm³）			统计孔数
	平均值	小值平均值	大值平均值	
⑥	1.90	1.88	1.97	5
⑤	1.92	1.86	1.96	5
④	1.91	1.87	1.93	4
③	2.00	1.92	2.23	4

上坝址区测试区域内地质分层为⑤、④、③、②、①扰动层、基岩层。

在上坝址区进行 24 个钻孔地震纵横波测试，根据地质分层对纵横波速度进行综合统计分析，见表 4-5。

表 4-5　　上坝址区钻孔纵横波速度及力学参数分层综合统计

地层编号	纵波速度 v_p(m/s)			横波速度 v_s(m/s)			动弹模量	动剪模量	统计
	平均值	小值平均值	大值平均值	平均值	小值平均值	大值平均值	E_d(GPa)	G_d(GPa)	孔数
⑤	1256	968	1543	356	314	441	0.74	0.26	6
④	1197	948	1695	351	307	439	0.72	0.25	6
③	1867	1735	2329	558	465	851	2.35	0.84	9
②	1734	1723	1743	464	453	473	1.19	0.41	7
①	1865	1815	1895	561	526	586	1.79	0.62	16
扰动层	1562	1059	1813	441	322	526	1.18	0.40	12
基岩层	3988	3491	4485	1983	1621	2164	24.77	9.30	5

由表 4-5 可知，各地层的地震波速度平均值范围为纵波 1197～1865m/s、横波 351～561m/s，地震纵横波速度及相关动力学参数从上至下呈逐渐增大的趋势；由于物质组成的缘故，②层及①层地震纵横波速度及相关动力学参数相对③层没有增大。扰动层的地震波平均值范围为纵波 1562m/s、横波 441m/s，基岩层的地震波平均值范围为纵波 3988m/s、横波 1983m/s。

上坝址区进行 5 个钻孔原位密度测试，根据地质分层对原位密度值进行综合统计分析可得，⑤～①层各地层的原位密度平均值范围为 1.89～1.96g/cm³，密度从上至下呈逐渐增大的趋势；由于物质组成的缘故，②层及①层密度相对③层没有增大；扰动层的密度为 1.94g/cm³；基岩层的密度为 2.29g/cm³，见表 4-6。

表 4-6　　上坝址钻孔原位密度分层综合统计

地层	原位密度（g/cm³）			统计孔数
	平均值	小值平均值	大值平均值	
⑤	1.90	1.73	2.03	5
④	1.92	1.8	1.99	4
③	1.96	1.87	2.1	6
②	1.89	1.73	2.05	4
①	1.96	1.91	2.06	13
扰动层	1.94	1.83	2.06	9
基岩层	2.29	2.17	2.41	4

（四）电磁法勘探

电磁法勘探是根据岩石或矿石的导电性和导磁性的不同，利用电磁感应原理进行勘探的方法，统称为电磁法，电磁法探测深度取决于线圈尺寸和组合方式，适用于深厚覆盖层探测。

该方法适用于测区地形起伏不大，线圈安置无障碍物，无强电磁干扰；覆盖层与基岩层及覆盖层各层介质间有明显的电性差异，且电性稳定。

利用电磁法勘探对覆盖层进行探测不存在一次场干扰，不受静态效应影响；能穿透高阻层，探测深度较深；不受布极条件限制，可在裸露的岩石、冻土、戈壁、沙漠等接地条件下开展工作。其局限性是不能在有铁路、金属管线、输变电线等可产生二次场干扰的地方布置工作；在低阻围岩地区，采用重叠回线多通道观测时，易受地形影响；定量解释需要借助钻孔地质资料，受测试地层物性条件和测试条件的影响，有时在测试成果中存在假异常。

数据处理及资料解释要求如下：原始数据进行滤波处理和发送电流切断时间校正处理后，换算出视电阻率、视深度、视时间常数和视纵向电导率等参数。根据整理后的数据绘制综合剖面图，并结合地质资料或其他物探资料进行定性、半定量和定量解释。

某水电站坝区河谷为U形宽谷，左、右两岸为宽缓堆积台地，地形较为平缓。覆盖层成因复杂，分布较广泛，左右两岸宽缓台地均为坡洪积、泥石流堆积，结构较松散，坝址区河谷覆盖层深厚，据钻孔揭示主要由冲积、坡洪积、泥石流和堆积物组成，成分复杂。根据钻孔取心进行各层电阻率岩性试验后，各层存在比较明显的电阻率差异，因此采用大地电磁测深法进行覆盖层分层探测。图 4-8 所示为某河道大地电磁测深反演电阻率剖面与地质解释成果图。该剖面是先做物探，后做钻探。物探结果揭示的U形河床基底清晰明显（图 4-8 中虚线为物探解释的基-覆界面），与钻孔资料地质分层基本吻合。

综合运用多种物探方法，多参数联合分析解译，可提高探测精度。工程物探是水电工程地质勘察的重要手段之一，它具有快捷轻便、信息量大的特点。但每种物探方法的

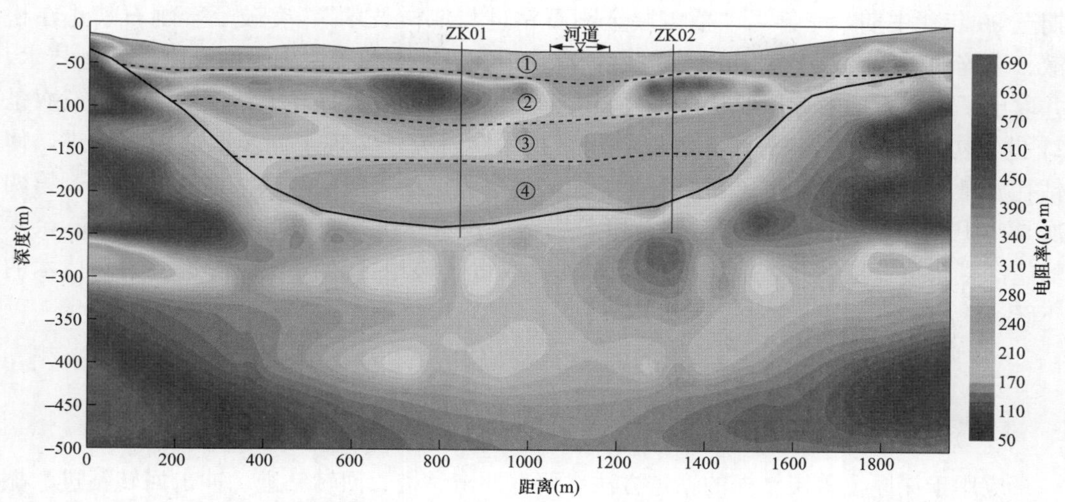

图 4-8　某河道大地电磁测深反演电阻率剖面与地质解释成果图

应用均存在局限性、成果的多解性，因此建议在应用物探方法技术时，需要充分发挥综合物探的作用，以便通过多种物探方法成果综合分析，克服单一方法的局限性，并消除推断解译中的多解性，发挥各种物探方法的互补性。另外，在物探成果的解译过程中要充分利用已有的地质和钻探资料，以提高物探的解译精度。

第二节　钻　　探

水电工程钻探是目前在水电工程地质勘探中最常用、最直观、最有效的一种勘探手段，能通过取心揭露覆盖层地层情况，不仅能进行层位划分，而且能在钻孔内进行试验测试与取样。

水电工程覆盖层钻探具有如下特点：①覆盖层结构松散，孔深因水工建筑物及覆盖层情况而定，通常是见到完整基岩后才能终孔。钻孔深度从几十米至数百米。钻探设备的配置主要根据钻孔深度选择，钻孔孔身结构设计按照勘察目的和钻孔深度设计，其变化范围较大。②为查明覆盖层的成因类型、组成结构、层次厚度等，要求覆盖层岩心采取率不低于 85%，甚至 95%，岩心扰动小。③由于砂卵砾石覆盖层本身结构松散，钻探中易坍塌、垮孔，然而，要达到设计孔深，就需要保持孔壁稳定；要进行水文地质试验和工程地质测试，也需要保持孔壁稳定。④需进行压水试验、注水试验、抽水试验等水文地质试验和标准贯入、动力触探、十字板剪切试验、旁压试验工程地质测试，试验工作占用时间常常多于钻进时间。钻进终孔后，还需测定孔内稳定的地下水位，部分钻孔还需安装长期水文观测装置，便于长期观测。

自 20 世纪 50 年代以来，覆盖层钻进技术进行了四次重大创新。第一次创新是 20 世纪 50～70 年代，开发了“孔内爆破跟管钻进技术”，解决了孔内套管通过孤石的困难，实现了在松散覆盖层中形成钻孔，揭穿了覆盖层；第二次创新是 20 世纪 70 年代后期至 90 年代中期，完善了“覆盖层金刚石钻进与取样技术”，突破了金刚石禁止在松散、破碎的砂卵石层中使用的“禁区”，成功地在砂卵石覆盖层中采用金刚石钻进技术，并取出了砂卵石层的近似原状样，大幅度降低了劳动强度、提高了钻探效率；第三次是 21 世纪初，开展的“空气潜孔锤取心跟管技术”研究，实现了同步取心跟管钻进，使钻孔质量和钻进效率跃上了新的台阶，尤其是覆盖层中架空层与缺水地区的钻探；第四次是 2010 年至今开展的“超深复杂覆盖层钻探技术”研究，成功突破了深达 560 余米的超深复杂覆盖层钻孔、取样和综合测试，取得了该地区超深复杂覆盖层钻探技术的飞跃。

一、钻进方法、钻孔结构及冲洗液

（一）钻进方法

应用于深厚覆盖层钻探的钻进方法主要有冲击钻进、回转钻进、冲击回转钻进、振动钻进。覆盖层钻进方法见表 4-7。

表 4-7　覆盖层钻进方法

深厚覆盖层类别	钻进方法	
黏土	冲击钻进	螺旋钻、冲击管钻
	回转钻进	无冲洗液单管取心钻进、冲洗液单管取心钻进、冲洗液单动双管取心钻进
	振动钻进	声波钻进
粉土	冲击钻进	螺旋钻、冲击管钻
	回转钻进	无冲洗液单管取心钻进、冲洗液单动双管取心钻进
	振动钻进	声波钻进
砂土	冲击钻进	螺旋钻、冲击管钻
	回转钻进	无冲洗液单管取心钻进、冲洗液单动双管取心钻进
	冲击回转钻进	气动潜孔锤取心跟管钻进
	振动钻进	声波钻进
砾石土	冲击钻进	冲击管钻
	回转钻进	无冲洗液单管取心钻进、冲洗液单管取心钻进、冲洗液单动双管取心钻进
	冲击回转钻进	气动潜孔锤取心跟管钻进
	振动钻进	声波钻进
卵砾石	回转钻进	无冲洗液单管取心钻进、冲洗液单管取心钻进、冲洗液单动双管取心钻进
	冲击回转钻进	气动潜孔锤取心跟管钻进
	振动钻进	声波钻进
漂石层	回转钻进	冲洗液单管取心钻进、冲洗液单动双管取心钻进
	冲击回转钻进	气动潜孔锤取心跟管钻进
堆积层	振动钻进	声波钻进

（二）钻孔结构

钻孔结构是指钻孔由开孔至终孔，孔身剖面中各孔段的深度和口径的变化情况。确定钻孔结构的基本要素是钻孔的目的、孔深、地质条件、终孔直径及技术条件。覆盖层钻孔结构设计参照表 4-8 进行。

表 4-8　　覆盖层钻孔结构设计

钻孔深度（m）						钻孔直径（mm）	跟进套管口径（mm）
≤200		200～300	300～400	400～500	≥500		
设计孔身结构（m）							
—	—	—	—	0～50	0～50	223	219
—	—	—	0～50	50～90	50～100	172	168
—	—	0～60	50～120	90～180	100～200	144	140
—	0～50	—	—	—	—	130	127
0～60	—	60～100	120～200	180～260	200～300	118	114
60～120	50～100	100～200	200～300	260～350	300～450	96	89
120～200	100～200	200～300	300～400	350～500	≥450	76	—

（三）冲洗液

覆盖层钻探中使用的冲洗液主要是清水、不分散低固相冲洗液、无固相冲洗液、泡沫冲洗液等冲洗液和空气，不同的冲洗液有不同的适用条件，也有不同的使用要求。

实践中，根据不同的钻探方法及地层参照表 4-9 选择相适宜的冲洗液。

表 4-9　　冲洗液种类

覆盖层类别		钻进方法	冲洗液类型
土	软质土、黄土膨胀性土	合金钻进、金刚石钻进、管钻钻进、绳索取心钻进	不分散低固相冲洗液、无固相冲洗液、泡沫冲洗液
	硬质土、冻土		清水、不分散低固相冲洗液、无固相冲洗液
砂		合金钻进、管钻钻进、金刚石钻进、绳索取心钻进	不分散低固相冲洗液、无固相冲洗液
砂卵砾石	松散		
	中密	合金钻进、金刚石钻进、绳索取心钻进、管钻钻进	清水、不分散低固相冲洗液、无固相冲洗液、泡沫冲洗液
	密实		
漂卵砾石	卵砾石层		清水、不分散低固相冲洗液、无固相冲洗液
	漂卵石层	气动潜孔锤取心跟管钻进、合金钻进、金刚石钻进、绳索取心钻进	采用合金钻进、金刚石钻进、绳索取心钻进时，可采用清水、不分散低固相冲洗液、无固相冲洗液；采用气动潜孔锤取心跟管钻进时，冲洗液为空气
崩塌体、堆积体			
滑坡体		合金钻进、金刚石钻进、绳索取心钻进	不分散低固相冲洗液、无固相冲洗液

冲洗液的性能直接影响着钻探的质量与效率，覆盖层钻探用冲洗液的性能包括漏斗黏度、相对密度、失水量、含砂量、pH 值、塑性黏度及动静切力等。使用无固相冲洗液时，不同地层冲洗液主要性能指标按表 4-10 的要求选择。

表 4-10　　不同地层冲洗液主要性能指标

性能指标	坍塌掉块地层	水敏地层	漏失地层	涌水地层	卵砾石层
漏斗黏度（s）	30～60	30～50	50～120	>120	>120
相对密度	1.03～1.05	1.03～1.05	1.01～1.03	根据水头计算	1.03～1.05
失水量（mL/30min）	<16	<10	<16	<16	<16
塑性黏度（mPa·s）	10～35	5～15	10～25	10～25	10～25
含砂量（%）	<0.5	<0.5	<0.5	<0.5	<1.0
动切力（mPa）	10～20	25～35	10～25	10～25	10～25
动塑比（τ_0/η_0）	>2	>2	>2	>2	>2
pH 值	8～10	8～10	8～12	8～12	8～12

无固相冲洗液（如 SM、KL 植物胶）是在清水中只加入有机高分子处理剂形成的具有一定性能的冲洗液。其黏度具有较好的携带和悬浮岩粉岩屑的能力，能在孔壁上形成吸附膜，具有一定的护壁防塌能力，有较好的润滑减阻作用等。

SM 植物胶冲洗液的配制流程如图 4-9 所示。

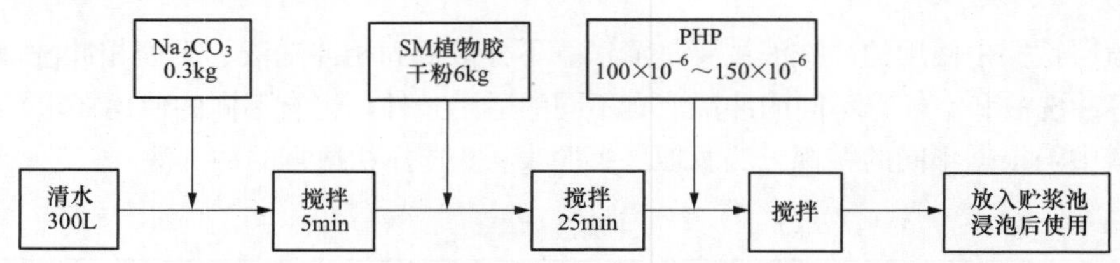

图 4-9　SM 植物胶冲洗液的配制流程图

需要指出：使用的 0.3m^3 搅拌机主轴的转速应为 300r/min；采用先注入$\frac{1}{2}$清水，加干粉搅拌后再补充清水的方法，这样 SM 植物胶干粉易于在水中分散溶解；SM 需在配制好后浸泡 4～8h。

KL 植物胶来源于豆科植物野皂荚种子的内胚乳，其加工工艺包括物理改性（浸泡、干燥、碾压、温度控制等）和化学改性（萃取、提纯等）。

KL 植物胶冲洗液的基本配方及配制流程如图 4-10 所示。

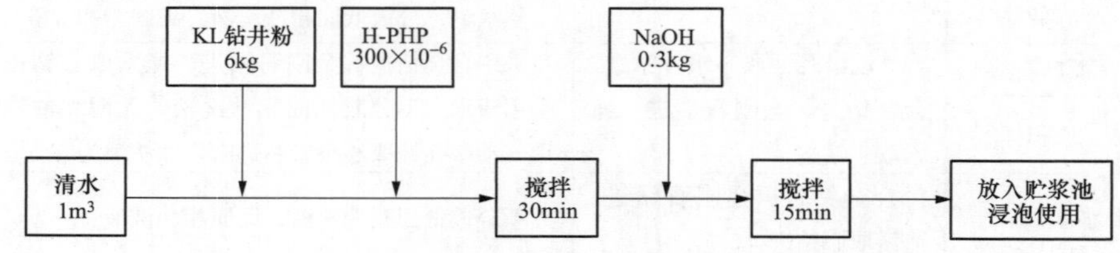

图 4-10　KL 植物胶冲洗液的基本配方及配制流程图

KL 植物胶冲洗液在使用过程中会因地层的变化，其性能受到不同的影响，出现自然稀释、自然增稠、自然加重等现象。在比较均质中等硬脆破碎地层钻进，岩粉比较少，井壁裂隙中有地下水渗入时，冲洗液出现自然稀释现象，分别添加KL植物胶冲洗液各组分拌制；添加KL钻井粉或H-PHP提高浆液性能。在钻进过程中会产生较多微粒岩屑的自然现象造浆地层，如灰白色的凝灰岩、粉砂岩、泥岩、泥质页岩，含泥质较多的煤系地层等会出现自然增稠（自然造浆）现象，加入清水稀释（注意采取措施防止冲洗液稳定性遭到破坏）；加强除泥除砂工作。在碎粒及黄铁矿层中钻进，黄铁矿粉混入冲洗液中，在循环过程中，大量的黄铁矿粉沉积在沉淀池槽内，由于植物胶冲洗液有较强的携屑悬砂能力，部分颗粒细微的黄铁矿粉混悬在冲洗液中，成为冲洗液的加重固相成分，出现自然加重现象，加强除泥除砂措施。

由于KL植物胶冲洗液携屑排砂能力很强，排出的岩屑和砂粒比较多，需要采取有效的净化设施和泥浆循环系统，根据沉砂岩屑的特点选用沉淀除屑法，采用阶梯式泥浆循环系统需注意：循环槽与沉淀箱各接合处的缝隙要用粘性泥团堵塞，以免冲洗液的漏失；净化装置材料为白铁皮，为防止锈蚀，制好后要求表面刷一层油漆；安装时全部装置安放在一个平面上，该平面低于地面0.33m，因此安装比较方便，循环槽的阶梯坡度是由沉淀箱切口（安放循环槽的切口）的高度依次递减0.33m所形成；拆迁安装时注意保护，谨防损坏。

水敏性地层按基本配方加入0.2%以上的Na-CMC（浆液体积），降低失水量；较强水敏性地层按基本配方加入0.2%～0.3%Na-CMC（浆液体积），进一步降低失水量。

二、回转钻进工艺

（一）硬质合金钻进

硬质合金钻进适用于所含块（卵）碎（砾）石的可钻性级别不超过7级的各类覆盖层，特别是结构松散、层次复杂、物质组成多样的覆盖层。硬质合金仿金刚石钻进是利用特殊制作的硬质合金钻头，其内、外出刃与金刚石钻头一致，主要与双管取心钻具配套使用，在不影响钻进效率的情况下达到降低成本，提高岩心采取率的目的。硬质合金钻头参照表4-11进行选择。

表4-11　　硬质合金钻头

深厚覆盖层类别	硬质合金钻头类型	
细粒土	磨锐式钻头	肋骨钻头、薄片钻头、单双粒钻头、犁式密集钻头、大八角钻头、双刃钻头
砂	磨锐式钻头	肋骨钻头、薄片钻头、单双粒钻头、犁式密集钻头、大八角钻头、双刃钻头
砾石土	磨锐式钻头	肋骨钻头、单双粒钻头、犁式密集钻头、大八角钻头、双刃钻头
	自磨式钻头	针状钻头
卵砾石	磨锐式钻头	肋骨钻头、单双粒钻头、犁式密集钻头、大八角钻头、双刃钻头
	自磨式钻头	针状钻头
漂块石	自磨式钻头	针状钻头

覆盖层硬质合金钻进技术参数根据钻孔口径，参照表 4-12 合理选择。

表 4-12　　覆盖层硬质合金钻进技术参数

钻孔口径（mm）	钻进工艺参数			
	钻压（kN/块）		转速（r/min）	泵量（L/min）
	普通合金	针状合金		
76	0.3～1.0	1.5～2.5	160～350	20～120
96			140～300	25～150
110			120～250	30～180
130			100～210	35～180
150			80～180	40～180
172			57～157	45～200

深厚覆盖层硬质合金钻进要保持孔内洁净。岩心脱落或残留岩心超过 0.5m 时，采用旧钻头处理；孔底有硬质合金碎片时，要捞清或磨灭；钻进中保持压力均匀、稳定，不允许随意调整钻压；不得无故提动钻具；出现糊钻、憋泵或堵心处理无效时要立即提钻；取心时要选择适宜的卡料或卡簧；投入卡料后要冲孔待卡料到达钻头部位才能开车慢转钻具，以扭断岩心；采用干钻法取心时，要降低转速并控制干钻时间，一般不超过 2min，避免烧钻。每次提钻后，检查钻头磨损情况。在水溶性或松散覆盖层中钻进时，采用单动双管钻具并控制回次进尺。

（二）金刚石钻进

金刚石钻进具有钻进效率高、取心质量好、孔内事故少等优点，由于金刚石钻头难以适应结构松散、破碎、不均一的河床砂卵石层复杂的工作条件，直到 20 世纪 80 年代仍然沿用落后的钢粒钻进技术。为了突破深厚砂卵石层金刚石钻进技术的难关，在映秀湾、龚嘴、冷竹关等水电工程覆盖层钻探中，不断研发、试验和总结，形成了“深厚砂卵石层金刚石钻进与取样技术”，成功地在结构松散、破碎、不均一的覆盖层中采用金刚石钻进技术，获得了砂卵石层的近似原状样，并大幅度提高了钻进效率和钻探质量，降低了劳动强度。

SD 系列砂卵石覆盖层专用钻具配合植物胶无固相冲洗液钻进砂卵石覆盖层，大幅度提高了岩心采取率，取出原状结构的柱状岩心，在厚砂层中随钻采取近似原状砂样。该钻具适用于各种覆盖层的钻进和取样。SD 系列金刚石钻具是双级单动机构的双管钻具，包括 SD77、SD94 和 SD110 普通磨光内管钻具和半合管钻具，以及 SD77-S、SD94-S 和 SD110-S 取砂钻具共三级口径 9 个品种，自成系列。目前，新开发了 SDB130 和 SDB150 二级口径 4 个品种，均归属于 SD 系列金刚石钻具。SD 系列金刚石钻具包括五大机构，即导正除砂机构、单向阀机构、双级单动机构、内管机构和外管机构。

采用植物胶冲洗液和 SD 系列金刚石钻具钻进砂层、砂卵砾石地层，钻进技术参数按照“一高两小”的原则（即“高转速、小泵量、小压力”）进行选择，见表 4-13。

表 4-13 覆盖层金刚石钻进技术参数

钻具	SD77			SD94			SD110		
地层	钻压（kN）	冲洗液量（L/min）	转速（r/min）	钻压（kN）	冲洗液量（L/min）	转速（r/min）	钻压（kN）	冲洗液量（L/min）	转速（r/min）
砂层	3～4	10～15	500～800	4～6	10～20	400～700	5～7	15～30	300～500
砂卵砾石	4～5	10～15	600～1000	5～7	15～30	600～800	6～8	30～10	500～600

注 泵压不大于 0.5MPa。

金刚石复合片钻进应参照表 4-14 合理选择钻压、转速、泵量及泵压等技术参数。

表 4-14 覆盖层金刚石复合片钻进技术参数

钻头直径（mm）	钻压（kN）	转速（r/min）	泵量（L/min）
SD77	4.8～12.0	200～300	80～120
SD96	6.4～16.0	150～250	>100
SD110	8.0～20.0	120～200	>150

金刚石钻进时按钻头和扩孔器的外径先大后小编组排队使用，要先用内径小的，后用内径大的，确保排队使用的钻头、扩孔器能顺利下到孔底，减少扫孔、扫残留岩心现象的发生。新钻头下至孔底后，先采用轻压（正常钻压的 1/3）、低转速（100r/min 左右）进行初磨，钻进 10min 后再采用正常钻进技术参数继续钻进。每回次钻进开始时，先轻压、慢转，待钻头到达孔底并钻进 0.15m 左右后，再采用正常钻进参数继续钻进。发现孔底有硬质合金碎块、胎体碎块及金刚石等硬杂物，要及时采用冲、捞、黏、套、吸等方法清除。换径处用锥形钻头修整台阶。不用新钻头扫孔或打捞岩残留心。起钻后用游标卡尺测量并记录钻头内外径及孕镶金刚钻头工作层的高度，观察磨损状态，判断钻进技术参数的合理性。

扩孔器外径比钻头外径大 0.3～0.5mm；地层破碎时需加大扩孔器外径。钻头内径、卡簧内径与岩心直径三者之间的尺寸相互配合，才能既有效卡取岩心又不造成堵心。通常情况下，卡簧的自由内径比钻头内径小 0.3～0.5mm，并与卡簧座自由行程相匹配。配对使用过的钻头、卡簧尽量共同保存。

SD 系列金刚石钻具单动性能和各部件连接的同轴度好，内外管无变形和裂伤，管端无喇叭形，丝扣精度符合要求，装配好的钻具卡簧座底端与钻头内台阶的距离宜为 3～5mm；作业现场保持两套以上相同规格的完整钻具；定期拆卸加油，保持单动性能良好；丝扣和管径磨损严重时及时更换。禁止用管钳拧卸钻头、扩孔器、卡簧座与内管，多采用多触点钳或摩擦钳；退岩心时，采用橡胶锤或木锤敲打内管。

金刚石钻进中宜使用润滑性冲洗液，钻杆接头每班宜涂油，钻进过程中随时观察供水压力和流量的变化，避免送水中断造成事故。每次下钻，接上主动钻杆后开泵送水，轻压慢转，扫孔到底；不得将钻具直接下至孔底。回次下钻前，检查钻具上部通孔有无堵塞、卡簧有无卡死钻头内台阶的现象、钻头与岩心管丝扣部位有无喇叭或鼓状、钻头或扩孔器外径是否符合规定。

金刚石复合片钻进时相邻回次钻头内外径相近时，钻头要排队使用，钻头直径宜与钻孔直径相匹配；金刚石复合片单管钻具宜使用扩孔器、带卡簧的取心机构及专用的扭卸工具，钻头下入孔内后，应低速、轻压扫孔至孔底，钻进 0.15m 左右后方调整至正常钻进参数；孔内有脱落岩心或残留岩心在 0.30m 以上时，要处理后再正常钻进。

金刚石钻进取心质量好、钻探效率高、钻头寿命长、护壁可靠。常规钻进，砂卵石层岩心采取率仅 30%左右，卵石间的砂难以采取，采用 SD 系列金刚石钻具和植物胶冲洗液钻进，砂卵石层取心率可达 85%以上，甚至高达 90%及以上，可随钻取砂层、夹泥层、砂卵石层等近似原状心样，为地质人员提供了真实直观的岩心样品，能够准确判断地层结构、颗粒级配、岩性，并可直接采用钻具取岩心进行物理力学性能试验。

常规钻进砂卵石覆盖层，平均台月效率仅 30～50m。采用 SD 系列金刚石钻具和植物胶冲洗液钻进，台月效率可达 100m 以上，大大加快了钻探进度，缩短了勘探周期。钻头平均寿命达 20～40m。采用植物胶冲洗液护壁可实现裸孔钻进，大大简化了钻孔结构，为砂卵石层实行金刚石钻进创造了有利条件，也为超 300m，甚至超 500m 的深厚覆盖层钻进提供有力保障；为物探综合测井提供了良好的井孔条件；为地质提供更多的、详实、准确的地质资料。

（三）爆破跟管钻进

20 世纪 50～70 年代，结合岷江流域及大渡河流域水电工程钻探实践，为了解决在松散覆盖层中形成钻孔，实现孔内跟进套管通过孤石，揭穿覆盖层达到基岩，创新研发出了“爆破跟管钻进技术”，该技术主要包括套管系列及选择、套管连接方式及加工、套管跟进、套管起拔、孔内爆破等。

长期以来，水电工程钻探常用的套管口径有 114、127（133）、140、168、194、219mm 等厚壁套管，以及 58、73、89、108、127、146mm 等薄壁套管。

套管连接方式有外接箍、连接手和直接连接等。套管丝扣通常采用尖牙、矩形、梯形及波纹四种扣型，从啮合紧密程度及受力考虑，尖牙扣差，波纹扣最好；从加工难度讲，波纹扣高，其他次之。一般套管加工长度以 1.0～2.5m 为宜，质量不宜超过 60kg。为了保证套管加工精度，管材尽可能采用数控车床进行精加工。

套管跟进可采用油压跟进和吊锤锤击的方式。使用前，须检查丝扣磨损情况及套管的平直度，丝扣有损伤或弯曲变形的套管不得下入孔内；下套管时，丝扣处可涂松香或黄油，并拧紧；钻进中要清楚并记录孤石的顶、底部位置，在跟管过程中，管脚到达该位置时注意观察套管跟进的速度和吊锤冲击的轻重是否有变化，当变化较大时，须立即停止跟管，待采取处理措施（扩孔、扫孔或爆破）后，继续跟管，以防套管在该位置跟进时偏斜。扩孔钻进时，钻具顶部不超出管脚。根据跟入套管的深度、管径和壁厚的不同，采用质量不同的吊锤砸管。在砸管过程中为避免套管弹动影响跟管，制作特殊下打垫以便于压住套管，做好跟管的记录（含套管的规格、编号、单根长度）。

套管起拔时，常用钻机油缸顶提或吊锤向上反打，一般采用吊锤上、下打，松动套管，钻机跟进油缸静力起拔与吊锤上打配合，此法跟进和起拔套管深度有限。当跟进套管深度大、套管起拔阻力较大时，采用常规起拔方式千斤顶或拔管机起拔套管，也采用拔管机配合吊锤起拔套管，以确保套管起拔成功率。

孔内爆破用于破碎漂块石、松动密实地层，解决跟管过程中遇到的障碍，跟进厚壁套管，实现深厚覆盖层钻探。钻进中遇到粒径大于 0.25m 的漂卵石、块石，或虽未遇到大漂石但管脚下有一段密实地层，套管跟进受阻时，孔内爆破就不可回避。

覆盖层钻进中，孔内爆破一般在水下实施，采用经防水处理的乳化炸药。加套防水薄膜密封套的层数随水深增加，原则上是水深增加 10～15m，密封套增加一层，每层间互相交错，雷管脚线在各次加密封套的过程中在药包内来回延伸。漂卵石直径在 1.2m 以下进行孔内爆破时，推荐使用表 4-15 所列的药量。

表 4-15　孔内爆破药量

漂石直径（cm）	药包顶部与管脚安全距离（m）	炸药数量（kg）
25～40	0.5	0.25～0.4
40～60	0.5～0.7	0.40～0.8
60～80	0.7	0.8～1.4
80～120	0.7～1.0	1.4～2.0

注 1. 适用于乳化炸药，如采用硝化甘油炸药，应降低 25%左右。
2. 表中所列的药包与管脚的安全距离，在水深小于 5m 或干孔中应增大 20%。

在浅孔和干孔中进行孔内爆破时，需在药包顶部覆盖砂砾，以增大炸药的径向爆破力，减小上冲作用力。药包与管脚的安全距离不足时，也可以增加覆盖的方法来防止炸坏管脚。当孔内泥浆比重大，药包难以靠自重下放到预定位置时，药包可以坠重后再下入孔内。起爆电线一定要丈量准确，确认药包位置无误，爆破线路经检测正常，加覆盖后，合闸爆破。尽量避免管脚直接接触孤石，以免爆破时作用于孤石的强烈冲击波通过刚性的孤石传递破坏管脚，如果管脚已直接接触孤石，则上提套管至安全位置或增加覆盖砂、砾来保证爆破时管脚的安全。

直径在 2m 以上的大孤石，多采用一次性爆破法，由于孔内装填炸药较多，必须确保管脚距药包顶部有足够的安全距离。

当需要进行爆破的孔段内出现涌砂时，可以泵送水冲，边冲边送下药包，药包到达确定位置后合闸爆破。在某些情况下，由于孔壁不稳定，在需要进行爆破的孤石上部孔段出现坍塌，这在浅孔和地下水活动较少的情况下，可以采用泥球补壁的方法，即边扫孔边从孔口投入泥球来维持孔壁稳定。坍塌物一经处理完毕即迅速放入药包，合闸爆破。当钻孔较深，地下水活动又较剧烈时，应下小一级的套管并设法跟进到预定深度，然后下放药包，提管进行爆破。

孔深超过 200m 的深水爆破，一般都得采用专门加工的深孔爆破器。深水爆破器结构如图 4-11 所示。

在室内用 BW150 型清水泵、压力表、ϕ168mm 水包、水箱等设备仪器，将爆破器安装好后，置于密闭的 ϕ168mm 水包中，采用水泵对密闭容器送水分别加压至 3.5～4.0MPa 和 4.0～4.5MPa，稳定压力下保持 5min；在 3.5～4.0MPa 下，爆破器无破损，不变形，不渗水；在 4.0～4.5MPa 下，爆破器破损。

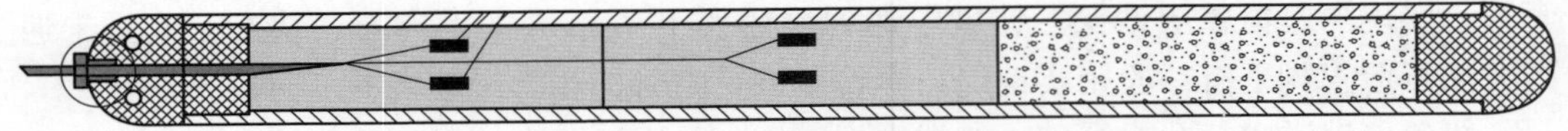

图 4-11　深水爆破器结构示意图

试验效果表明，爆破器能承受的压力为 3.5～4.0MPa，同时，所采取的密封措施在该压力下能保持密封良好不渗水。

由于一级套管跟进的深度有限，一般在 20～40m，深厚覆盖层需多级套管配合使用，常常 100m 厚的覆盖层需 3～4 级套管，故现场套管搬运工作量大，且跟管和拔管劳动强度相当大，机组钻进效率相对较低。

三、冲击回转钻进

冲击回转钻进是以轴向冲击力和回转切削力共同破碎地层的钻进方法，主要有液动冲击和气动冲击两种，覆盖层钻探主要使用的是气动冲击回转钻进。

气动潜孔锤取心跟管钻进技术是利用空气潜孔锤实现冲击一回转钻进取心并同步跟进套管，是一种钻进速度高、取心质量好、套管护壁可靠的钻进方法。

目前，已形成 ϕ168、ϕ146、ϕ127mm 三种规格的空气潜孔锤取心跟管钻具。该技术主要适用于河床堆积（包括砂卵砾石和沙层）、滑坡堆积、回填堆积、风化层等覆盖层岩心钻探，钻孔深度小于或等于 50m，采用多级配合，孔深可延伸到 80m。

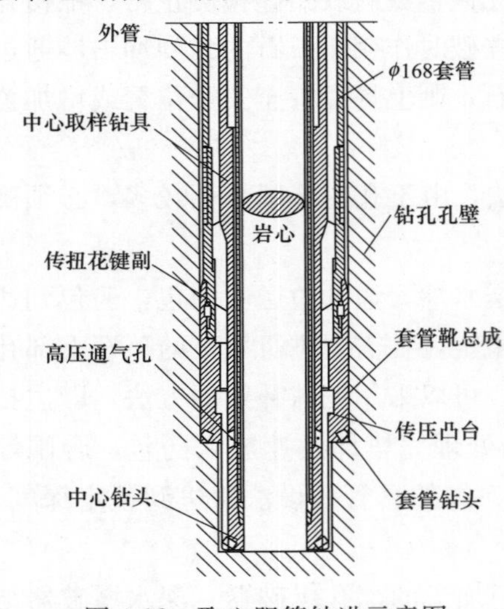

图 4-12　取心跟管钻进示意图

如图 4-12 所示，钻进时的轴向动力：一方面来自高压空气驱动与取心跟管钻具上端连接的潜孔锤产生的高频冲击力；另一方面来自地面钻机通过钻杆和潜孔锤施加给钻具的钻进压力，合并传给中心取样钻具，根据地层情况和跟进的套管阻力自动调节动力，分配给中心取样钻头和套管靴总成（包括套管钻头）。钻杆回转时，通过潜孔锤直接带动中心钻具（包括中心取样钻头）回转，同时通过传扭机构（传扭花键副）将回转扭矩传给套管钻头，中心取样钻头和套管钻头同时进行冲击回转钻进。中心钻头冲击回转取心钻进，岩心随之进入岩心管；套管钻头冲击回转钻进扩孔，并带动套管随钻向孔底延伸。钻进回次结束后，中心取样钻具被提到地面，而套管靴总成连同套管则滞留在孔内；采集岩心后，再将钻具下到孔底，通过人工伺服，使中心钻具到位，再次进行冲击回转取心跟管钻进，如此周而复始，实现空气潜孔锤取心跟管钻进。

空气潜孔锤取心跟管钻具主要技术参数见表 4-16。

表 4-16　　**空气潜孔锤取心跟管钻具主要技术参数**

钻具类型	ϕ168mm 取心跟管钻具	ϕ146mm 取心跟管钻具	ϕ127mm 取心跟管钻具	备注
	空气潜孔锤取心跟管钻具			
钻具规格（mm）	ϕ168	ϕ146	ϕ127	
钻孔直径（mm）	176	151	132	
岩心直径（mm）	75	65	54	
跟进套管规格	ϕ168	ϕ146	ϕ127	
钻头类型	球齿合金钻头			
外管规格（mm×mm）	ϕ127×9	ϕ120×8	ϕ100×8	
内岩心管（mm×mm）	ϕ89×4	ϕ77×4	ϕ62×2.75	
钻具直径（mm）	176	151	132	管靴总成处
钻具长度（mm）	1710（外管 1m）　2210（外管 1.5m）			不含潜孔锤
回次岩心长度（mm）	1190（内管 1m）　1690（内管 1.5m）			
配套冲击器	DHD350R	DHD340A	DHD340A	英格索兰

根据钻具装配要求及钻具的工作特性检查和调试钻具：①检查调试钻具的传扭副。中心取样钻头的内凹花键槽应能灵活地插入和退出套管钻头的内凸花健，否则应进行修理和调试，以避免因配合不当而影响钻具到位。②检查调试环形钻头与管靴的悬挂分动式连接副的分动性能。应能灵活地相对转动，可注入黄油以提高分动灵活性。③检查调试岩内管（短节部分）与中心钻头的密封性能，消除高压空气可能串入钻头底唇内部（低压气流腔）的不利因素。④检查疏通内管排水（气）通道，以免因堵塞影响岩心进入。

开孔钻进时，将套管靴直接放到孔位，采用简易的定位措施将其定位；将中心钻具下入套管内并使其到位，送风和开动钻机进行冲击回转钻进。开孔时，由于套管基本上无制动阻力，自然随中心取心钻具回转。当套管跟进一定深度后，在孔壁的摩擦阻力作用下，套管不再随钻具转动。

准确记录孔内钻具长度和套管长度，并结合机高计算和记录钻具到位情况下的机上余尺，以此作为判断钻具到位的依据。钻杆下完后，采用钻机立轴控制钻具下行，当接近孔底时，采用管钳旋转钻具使中心取样钻头进入套管钻头处于配合状态，然后检查实际机上余尺与计算余尺是否吻合，若钻具尚未到位，不能进行钻进操作。

正常钻进孔底时，根据卵砾石覆盖层的密实程度、漂石和卵砾石的硬度及粒径大小等，在以下范围内调整钻进规程参数：地层较松散，采用小钻压和大风量为主的规程参数；遇较大的漂石，采用低转速和大钻压为主的钻进规程参数。

钻进过程中孔口应设置防尘、除尘装置，进气管路设置气压表和注油器，套管丝扣采用左旋特殊梯形扣，底部套管与管靴应进行相应的热处理，下钻前需对潜孔锤进行检查和注油润滑，并在地表调试其性能；下钻时，采用风吹或水冲洗钻杆，确保钻杆内部无异物；在下钻过程中，由于中心取样钻具的内凹花键槽进入套管钻头的内凸花键是通过人工辅助到位，为避免两者方位不一致而导致高速碰击或冲击变形，每次下钻接近孔底（距孔底0.4～0.5m）时，严格控制下钻速度，只有当准确判断确认钻具到位后，才能进行正常的钻进操作。为避免因孔内钻具长度误差而导致中心钻具到位判断失误，下钻时，必须拧紧每一根钻杆。下入孔内套管的螺纹丝扣应完好无损；连接主动钻杆后，先通风，缓慢下降钻具到底。孔内岩粉过多时，要提钻吹孔。钻进过程中，若出现异常现象，应及时停钻检查并排除故障原因。冲击器工作不稳定时，检查和疏通钻具风路；检查并排除冲击器故障。

气动潜孔锤跟管钻进常见故障及其处理方法：①钻具不到位及其处理办法见表4-17；②岩心采取率低时应检查和调整短节钻具内管与中心钻头的密封效果，以消除中心钻头的高压空气通道与低压回气串通的隐患。③冲击器工作不稳定时，应检查和疏通钻具的高压风路；检查并排除冲击器的故障。

表 4-17　　钻具不到位及其处理办法

故障原因	现象	处理办法
孔内残留岩心或岩心脱落，孔底钻具到位受阻	实际机上余尺大于或等于 L_Y+210mm	①送风吹；②用小一级钻具清除
花键损伤	实际机上余尺大于或等于 L_Y+210mm	提钻修理中心钻头花键

回次终了，强力吹孔；提出主动钻杆后，关闭进气阀，打开放气阀；地面退岩心时，应尽可能保持岩心原始状态，严禁人为混淆。一般用振动拔管器起拔套管。潜孔锤钻具应清洗、涂油后装箱存放。遵守钻进工作的安全规程，在起下钻、跟管和退出岩心等工序时，应高度注意安全。

气动潜孔锤跟管钻进取心质量好、钻探效率高。采用该技术钻进，岩心采取率达95%以上，大多数回次岩心采取率为100%，所取岩心层次清晰，无串层混杂现象，如图4-13所示。常规钻进砂卵石覆盖层、基岩破碎层和软弱夹层，平均台月效率仅30～50m；采用该技术钻进，机械钻速达到2.6m/h，钻探台月效率为266m，平均台月效率和机械钻速是常规跟管钻进的5～6倍。

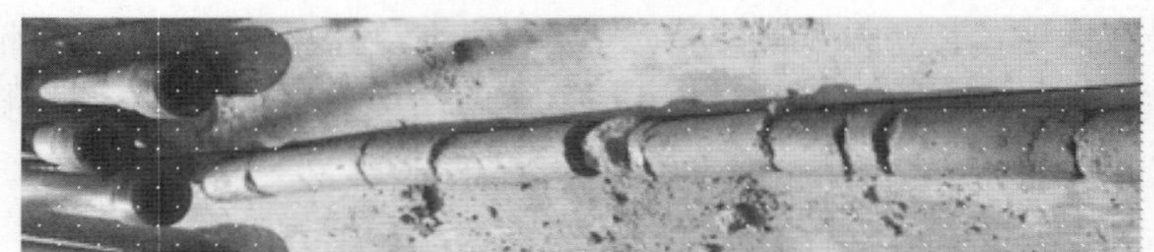

图4-13　孔深45.64～46.84m段淤泥质柱状岩心照片

四、振动钻进

振动钻进是利用一定频率的振动力和压力使钻头切入土层或软岩的一种钻进方法，主要有机械振动和声频振动。声频（声波）振动钻进技术是一种高效的覆盖层钻进取样技术，使用一对或几对马达（液压马达或电动机）分别驱动偏心轮做相反方向的旋转，在钻杆轴向产生高频振动力，引起钻杆共振并通过钻杆传递到钻头，实现快速钻进，获取连续高质量的无扰动样品。随着钻孔深度的增加，振动能量损耗极大，因此，声频振动钻进深度一般不超过300m。

振动钻进在国外已广泛应用于工程勘察、环境保护调查、地热资源勘察、砂矿地质勘探、大坝及尾矿监测、海洋工程勘察、大坝基础的钻探取样，以及微型桩、水井孔勘探等。

振动钻进主要是通过振动回转动力头产生的可以调节的高频振动和低速回转，当能量在钻杆中积累到其固有频率时，引起共振而得到释放、传递，使钻杆和钻头不断向岩土中钻进。振动波能量垂直传递到钻柱上，频率可达到4000～10000次/min，冲击功可达到20000～200000lb（1lb＝0.45359237kg），属于较低的机械波振动范围，能够引起人的听觉反应（习惯上称为声波钻进），在许多地层中钻进速度高达20～30m/h。但是，一次性投入成本较高，作业场地需具备履带式设备行走条件。

五、取心取样

覆盖层取心取样是为覆盖层测绘编录和试验提供样品。按分类方法的不同，覆盖层取心类型见表4-18。

表4-18　　覆盖层取心类型

<table>
<tr><th>分类方法</th><th colspan="2">取心技术方法</th></tr>
<tr><td>按破碎土体材料分类</td><td colspan="2">钢粒钻进取心、硬质合金钻进取心、金刚石钻进取心、金刚石复合片钻进取心</td></tr>
<tr><td rowspan="2">按取心地层性质分类</td><td>松散型地层取心</td><td>土层取心、砂层取心、砂砾石层取心</td></tr>
<tr><td>特种地层取心</td><td>冻土取心、冰层取心、海底取心、天然气水合物取心、月球表面取心</td></tr>
<tr><td rowspan="2">按取心目的分类</td><td>常规取心</td><td>地质勘探取心、工程地质勘查取心、油气井取心</td></tr>
<tr><td>特种取心</td><td>定向取心、偏斜取心、侧壁取心、密闭取心、保温保压取心</td></tr>
<tr><td>按取心方式分类</td><td colspan="2">提钻取心、绳索取心</td></tr>
</table>

（一）提钻取心技术

水电工程勘探覆盖层取心钻具常用的种类及适用地层情况见表4-19。

表4-19　　覆盖层取心钻具常用的种类及适用地层情况

<table>
<tr><th>深厚覆盖层</th><th colspan="2">钻具种类</th></tr>
<tr><td>松散易冲蚀的地层</td><td>单管钻具</td><td>无泵反循环钻具</td></tr>
<tr><td>软弱地层</td><td>单管钻具</td><td>投球单管钻具、无泵反循钻具</td></tr>
<tr><td>中密地层</td><td>单管钻具</td><td>投球单管钻具</td></tr>
<tr><td>松散、密实互层</td><td>双管钻具</td><td>普通单动双管钻具、SD系列金刚石钻具</td></tr>
<tr><td>密实地层</td><td>单管钻具</td><td>普通单管钻具</td></tr>
<tr><td>砂卵石层</td><td>双管钻具</td><td>SD系列金刚石钻具</td></tr>
</table>

单管取心是最常见的取心方法，钻进时剋取的岩心进入单管内，卡取岩心后把单管及岩心提到地表；适用于坚硬、完整、不怕冲刷的地层。金刚石单管钻具主要靠卡簧卡

取岩心。回次终了时先停止回转，用立轴将钻具慢慢提离孔底，使卡簧抱紧岩心并拉断。投球单管钻具回次终了卡住岩心后，投入球阀隔离钻杆内水柱，减少岩心脱落；适用于可钻性3～4级具有黏性的地层及不易被冲蚀的地层。无泵反循环钻进有敞口式无泵钻具和封闭式无泵钻具，在钻进过程中不用水泵，而是利用孔内水的反循环作用，不使钻头与孔壁或岩心黏结，同时将岩粉收集在取粉管内；适用于软弱、破碎地层。

双管取心钻具由内外两层岩心管组成。水电工程勘探常用的是单动双管钻具，利用内外管间一副或两副单动机构，实现在钻进中外管回转而内管不回转。普通单动双管钻具适用于可钻性7～12级的完整和微裂隙或不均质和中等裂隙的地层。SD系列金刚石钻具如图4-14所示，适用于砂卵石覆盖层和裂隙发育、松散破碎等复杂地层。

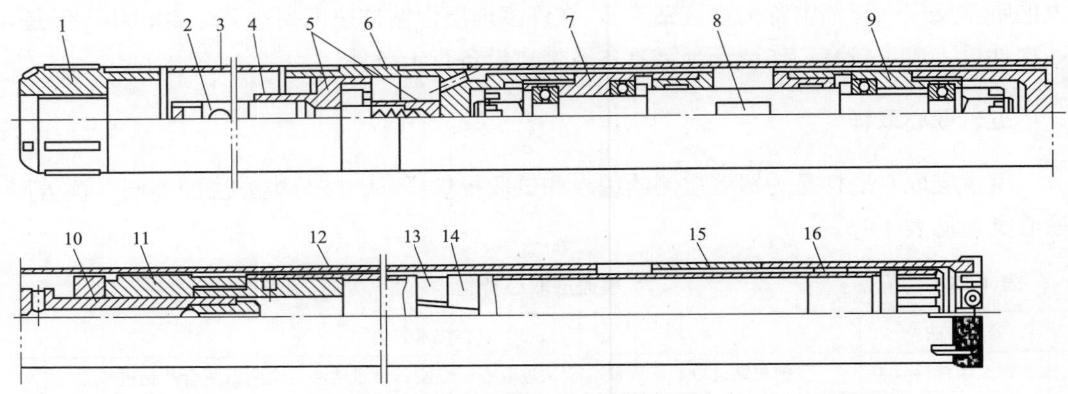

图4-14　SD系列金刚石钻具

1—异径接头；2—除砂机构；3—沉砂管；4—打捞头；5—单向阀；6—外管接头；7、9—上、下单动接头；8—轴；10—调节轴；11—内管接头；12—外管；13—半合管环槽；14—卡箍；15—扩孔器；16—定中环

覆盖层取心钻进，回次进尺不应超过岩心管长度的90%；岩心采取困难的孔段，回次进尺宜小于1.0m；特殊要求的孔段回次进尺小于0.5m；钻进时发现堵心应及时起钻；退心时不得锤打岩心管；岩心应按由浅至深的顺序从左到右、自上而下依次摆放在岩心箱内，不得颠倒，不得人为破坏。单管取心钻进，硬质合金钻头切削具磨钝、崩刃、水口减小时，应进行修磨；遇糊钻、憋泵或堵心时，应及时处理；取心时宜选择合适的卡料或卡簧；钻进回次结束前不得频繁提动钻具。双管取心钻进，钻具的单动性能良好，宜配置扶正环；岩心管内壁光滑；观察泵压变化，泵压异常时不得强行钻进；取心时不得猛击内管退心；应及时更换弯曲变形的内管；未使用的半合管应装箱保护，清洗、涂油后装箱运输；组装卡箍时，先两端后中间，卡箍开口不在同一方向；拆卸卡箍时，先中间后两端；退心时，将打开的半合管与岩心箱平行，并用专用工具缓慢退心。架空地层取心宜选用气动潜孔锤取心跟管钻进；控制下钻速度，确认钻具到位后才能进行正常的钻进操作；检查和调整钻具内管与中心钻头的密封效果。

（二）绳索取心技术

绳索取心是一种不提升钻杆柱而由钻杆内捞取岩心的先进技术。在钻进过程中，当岩心管装满或堵塞时，用钢丝绳将专用打捞工具下入钻杆柱内把岩心管打捞上来，获取岩心后再从钻杆柱内将岩心管放到孔底继续钻进。

绳索取心技术与提钻取心技术相比，具有钻进效率高、岩心采取率高、取心质量好、孔内事故少、劳动强度低、钻探成本低等优点。

常用的绳索取心钻具为绳索取心双层岩心管钻具，其由外管总成和内管总成组成。外管总成包括弹卡挡头、弹卡室、稳定接头、外管和钻头；内管总成包括捞矛机构、弹卡定位机构、悬挂机构、到位报信机构、岩心堵塞报警机构、单动机构、调节机构和扶正机构。

不同规格孕镶金刚石钻头钻进技术参数见表 4-20。

表 4-20　　不同规格孕镶金刚石钻头钻进技术参数

钻头规格		A	B	N	H	P	S
钻压（kN）	最大压力	10	12	15	18	20	22
	正常压力	6～8	8～10	10～12	12～15	14～18	16～20
转速（r/min）		600～1200	500～1000	400～800	350～700	250～500	200～400
泵量（L/min）		25～40	30～50	40～70	60～90	90～110	100～130

绳索取心钻进时，内管总成装配、调整。各部件丝扣拧紧；弹卡动作灵活，两翼张开间距大于弹卡室内径。卡簧座、内管和内管总成上部连接要同轴。单动机构灵活，轴承套内要注满黄油。卡簧与钻头内径相匹配。卡簧自由内径比钻头内径小 0.3～0.5mm。弹卡与弹卡挡头的端面要保持 3～4mm 的距离。卡簧座与钻头内台阶保持 2～4mm 的间隙，该间隙通过内管总成调节螺母进行调整。内管总成在外管总成内卡装牢固，捞取方便灵活。

打捞岩心时，上提钻具 50～70mm，缓慢回转钻杆柱以扭断岩心，提起并卸掉机上钻杆后下放打捞器。打捞器下放速度为 1.5～2.0m/s，将达内管总成顶端时减慢下放速度；试提钢丝绳确认内管总成已提动后可正常提升。提升过程中有冲洗液自钻杆溢出说明打捞成功，否则要重复试捞，严禁猛冲硬礅，反复捞取无效应提钻处理。

钻进覆盖层时，内管长度不超过 3.0m；发现岩心堵塞应立即停止钻进，捞取岩心；严禁上下窜动钻具、加大钻压等方法继续钻进；提升钻具及打捞内管时，应及时回灌浆液，以免钻杆柱内外压差致孔壁失稳坍塌。提升钻杆柱时，先找出内管总成，增大冲洗液过流断面，减少抽吸作用和压力激荡对孔壁的影响；下钻则相反。

（三）取样

能否满足取样等级，取样器具和取样操作至关重要。常用的取样工具及适用地层见表 4-21。钻孔中运用取样工具采取土样的方法有贯入法和回转法。采取原状土样的钻孔孔径比取土器外径大 1～2 级；取土器由孔内提出后，采用专用工具拧卸，用自由钳拧卸时应小心夹拧。对钻孔中采取的一级原状土样，在现场测定取样回收率。使用活塞取土器取样回收率大于 1.0 或小于 0.95 时，根据量测尺寸是否有误、土样是否受压等情况决定土样废弃或降低级别使用。

表 4-21　　常用的取样工具及适用地层

取样工具		土样质量等级	适用土类										
			黏性土					粉土	砂土				砾砂碎石土软岩
			流塑	软塑	可塑	硬塑	坚硬		粉砂	细砂	中砂	粗砂	
薄壁取土器	自由活塞	一	×	○	◎	×	×	○	○	×	×	×	×
回转取土器	单动二重管	一	○	◎	◎	×	×	○	○	×	×	×	×
回转取土器	单动三重管	一	×	○	◎	◎	○	◎	◎	◎	×	×	×
回转取土器	双动三重管	一	×	×	×	○	◎	×	×	×	◎	◎	×
回转取土器	TA89/64.8 二重管环刀取土器（单动）	一	×	×	○	◎	◎	×	×	×	◎	◎	○
束节式取土器		一～二	○	◎	◎	×	×	○	○	×	×	×	×
原状取砂器		一～二	×	×	×	×	×	◎	◎	◎	◎	◎	○
薄壁取土器	水压固定活塞	二	◎	◎	○	×	×	○	○	×	×	×	×
薄壁取土器	自由活塞	二	○	◎	◎	×	×	○	○	×	×	×	×
回转取土器	单动三重管	二	×	○	◎	◎	○	◎	◎	◎	×	×	×
回转取土器	双动三重管	二	×	×	×	○	◎	×	×	×	◎	◎	◎
厚壁敞口取土器		二	○	◎	◎	◎	◎	○	○	○	○	○	×

注　1. ◎为适用；○为部分适用；×为不适用。

2. 采取砂土试样应有防止试样失落的补充措施。

3. 束节式取土器和原状取砂器，根据取样经验可采取Ⅰ级或Ⅱ级土样。

4. 考虑地下水位的影响，水上和水下。

贯入法取样需保持取样钻孔圆直；清孔后下放取土器；采用敞口取土器取样时，孔底残留厚度不超过 50mm；取土器下入前严格检查密封球阀或活阀是否灵活，出水孔是否畅通，土样筒与半合管是否吻合及有无发生变形等；平稳下放取土器，不得冲击孔底；取土器入土长度不超过取样管总长的 90%；黏性土中取土器的入土长度不大于其直径的 3 倍；软土中取土器的入土长度不大于其直径的 4 倍；取土器压入预计深度后回转几圈，再静置 2～3min 后提出；平稳提升取土器；采取一级质量土样时，采用快速、连续的静压方式取土，采取二级质量土样时，使用静压或锤击的方式取土；采用水压固定活塞取土样时，将活塞杆牢固地与钻架连接。

回转法取样采用单动二（三）重管采取原状土样时，在取土器上接加重杆以避免钻具抖动，保持平稳回转钻进；采用振动、冲击或锤击等钻进时，在预计取样位置 1m 以上改用回转钻进；采用套管护壁时，先钻进后跟管，套管跟进深度滞后取样位置 3 倍孔径以上，不得强行打入未曾取样的土层，套管内液面始终高于地下水位；回转钻进时选用清水、无固相冲洗液或不分散低固相冲洗液，宜小泵量钻进；回转取土器具有可改变内管超前长度的替换管靴，内管管口至少与外管齐平，随着土质变软，内管超前增至 50～150mm。

钻孔取土器提出地面之后，小心地将土样连同容器（衬管）卸下。对于以螺钉连接的薄壁管，卸下螺钉后立即取下取样管；对以丝扣连接的取样管、回转型取土器，采用链钳、自由钳或专用扳手卸开，不得使用管钳之类易于使土样受挤压或使取样管受损的工具；采用外管非半合管的带衬管取土器时，使用推土器将衬管与土样从外管推出，并事先将推土端土样削至略低于衬管边缘，防止推土时土样受压；对各种活塞取土器，先打开活塞气孔，消除真空，再卸下取样管。

采取的土样须密封，密封方法：在钻孔取土器中取出土样时，先将上、下两端各去掉约 20mm，再加上一块与土样截面面积相当的不透水圆片，然后浇灌蜡液至与容器端齐平，待蜡液凝固后扣上胶皮或塑料保护帽；取出土样用配合适当的盒盖将两端盖严后，将所有接缝用纱布条蜡封封口。

对于软质岩石土样，采用纱布条蜡封或黏胶带立即密封；每个土样封蜡后均匀填贴标签，标签上下与土样上下一致，并牢固粘贴于容器外壁。

土样标签记载内容：工程名称或编号；孔（井、槽、洞）号、岩土样编号、取样深度、岩土试验名称、颜色和状态；取样日期；取样人姓名；取土器型号、取样方法、回收率等。

土样标签记载与现场钻探记录要相符，现场记录要详细记载取样的取土器型号、取样方法、回收率等。采取的岩土试样密封后置于温度及湿度变化小的环境中，不得暴晒或冰冻。直立放置岩土试样，严禁倒放或平放。采用专用土样箱包装运输岩土试样，试样之间用软柔缓冲材料填实。

对易于振动液化、水分离析的砂土试样，采用冰冻法保存和运输，并尽可能在现场或就近进行试验。岩土试样采取之后至开始土工试验之间的储存时间，不超过 15 天。

六、复杂覆盖层钻进

我国西部的深山峡谷地区区域地质结构复杂、地震烈度高、覆盖层深厚，这些区域的钻探作业，经常遇到涌水地层、水敏地层、极松散地层及软弱夹层等特殊地层，导致钻进效率低、钻探成本高，孔内事故多、钻进困难，甚至会造成钻孔报废，需要消耗大量人力、物力、财力和时间来进行处理。

（一）超深厚覆盖层钻进

水电水利勘探在松散细颗粒覆盖层中实现 400m 以上深度的钻探取心实例极少。曾经在四川冶勒水电站完成的覆盖层中 420m 深钻孔（370m 以下厚度达 50m 已为半胶结和胶结的冰积层）西藏旁多水电站坝址区，物探测试的覆盖层厚度超过 400m，但钻探作业并未揭穿覆盖层（钻孔深度未超过 400m）。由于超深复杂覆盖层结构松散、层次复杂，钻进时钻具工作条件差，钻探中成孔、孔斜控制、孔壁完整保持及取心质量保证等方面难度均很大。为此，通过科技攻关，研究形成了一套适宜于超深复杂覆盖层的钻探技术，该套技术包括：优选适宜的钻探设备，改进完善取心配套工器具；形成了 400m 以上超深复杂覆盖层钻孔固壁与堵漏技术；研发钻孔孔斜控制技术，保持钻孔孔斜在可控范围内。

1. 设备优选及改进

超深复杂覆盖层钻探中使用的主要设备包括岩心钻机、钻塔、拧管机、水泵、制浆机、拔管机等。这些设备在市场上有多种型号，需要比选以确定最优；有的可以引用，做适当改进以完善其性能，更适宜于高原、高寒地区超深复杂覆盖层钻孔作业。

通过对国内岩心钻机生产厂家的设备性能调研，确定选用 XY-1000 型岩心钻机，选用涡轮增压柴油机代替自然吸气柴油机。在海拔 2000m 以上作业时，平均功率可达 47.6kW 以上，满足现场生产需要。改进后钻机动力设备的功率在一般地区配置动力的基础上提高了 51.1%，达到了改进目标。

孔深 500m 左右的钻孔，用 3 根钻杆组成一个立杆就能满足生产效率，使用的钻杆长度为 4m，结合国内钻塔定型产品高度为 13、18、24m 等规格，选用高度为 13m 的四角管子塔，该钻塔具有重量轻、负荷能力大、安装使用方便等特点。

综合各型号泥浆泵技术参数及动力配置情况，选用 BW-250 型和 BW-150 型泥浆泵。其性能满足现场钻探作业及试验要求。

2. 机具优选及改进

在超深复杂覆盖层钻探中使用的主要机具包括套管、钻杆及锁接头、钻具、钻头等。按 400m 覆盖层深度考虑，结合近年来的勘探实践及市场走访调查，选用 ϕ60mm×7mm、R780 材质的无缝钢管作钻杆、接头，经调质处理加工而成。常用回转钻杆及接头扣形多为锥度尖牙，其自锁性和密封性好，钻杆连接同心度高，但传递扭力小。方牙扣形传递扭力大，但其自锁性和密封性差。根据此次钻探的工艺和深度，参考 ϕ50mm 方锥钻杆扣形，设计出 ϕ60mm 方锥钻杆扣形。方锥扣达到了传递扭力大，自锁性和密封性好，又能更好地保证钻杆连接的同心度。为了保证加工质量，对所有钻杆及接头进行以下热处理：①墩粗。钻杆两端及接头进行墩粗加厚，以满足加工对壁厚的要求。②调质处理。调质可以使钢的强度、塑性和韧性得到调整，具有良好的综合机械性能。要求调质硬度为 HB225～245。③渗氮处理。提高表面层的硬度与耐磨性，以及提高疲劳强度、抗腐蚀性等。要求渗氮深度为 0.25～0.35mm，渗氮后硬度大于 HRC60。

根据超深复杂覆盖层钻孔的需要，钻孔设计孔径为 ϕ219、ϕ168、ϕ140、ϕ114、ϕ89、ϕ77mm 共 6 种规格，配套加工相适应的钻具。ϕ94、ϕ77mm 选用双级双单动金刚石（SD 或 SDB）双管钻具，以确保取心质量。普遍使用的 SD 或 SDB 双级双单动金刚石钻具，岩心获得率达到 90%以上，平均回次钻进长度达 1.0m 左右。该钻具回次进尺短，起下钻频率高，劳动强度大，辅助时间长，劳动效率低，拟增加钻具长度。一般钢管加工后，随着钻具长度的增加，其同心度、同轴度会受到影响，导致钻具单动性能差。为此，采用冷拔精密无缝钢管加工钻具内管（半合管），半合管长度可达 3～6m，且能满足钻进要求，钻具长度可达 5～8m。

ϕ219、ϕ168、ϕ140、ϕ114mm 大直径钻孔主要是扩孔跟管，不影响取心质量，采用金刚石（合金）单管钻具，以降低成本提高效率。单管钻具材料选用与套管材质相同，采用 P110 无缝钢管。根据超深复杂覆盖层钻孔的需要，ϕ219 作为开孔钻具，钻具不宜过长，设计长度为 0.5～1.5m；为了保证钻孔垂直度，ϕ168、ϕ140、ϕ114mm 钻具设计长度为 3～8m。钻具与钻杆连接头外镶 T308 和 T313 合金块，用以确保钻孔直径。钻具加工均采用数控车床进行精加工，确保丝扣连接平顺和强度。

3. 钻头优选

金刚石钻头选用孕镶金刚石钻头，主要依据区域覆盖层所含漂、卵石的含量、硬度、研磨性等来进行选择。双管合金钻头主要是ϕ94、ϕ77mm两种。选用DZ50钢管作刚体，合金选用T310，硬质合金与刚体采用氧焊焊接而成，焊液要求均匀充填合金与刚体的接触面，确保焊接牢固。单管合金钻头为ϕ224、ϕ172、ϕ144mm和ϕ118mm，合金钻头选用高强度的P110石油套管作胎体，合金选用自贡硬质合金厂生产的T310中八角合金，硬质合金与胎体采用氧焊焊接而成，焊液要求均匀充填合金与刚体的接触面，确保焊接牢固。金刚石单管钻头为ϕ224、ϕ172、ϕ144mm和ϕ118mm，在金刚石钻头生产厂家未及时提供产品的情况下，现场可利用ϕ224mm合金钻头刚体和ϕ94mm孕镶金刚石钻头工作层及胎体，制作ϕ224mm金刚石钻头。

4. 护壁堵漏

研发了“孔内深水爆破器”，并形成了“孔内深水爆破技术”，为受限环境钻探拓宽了“跟管爆破钻探技术”领域；首次提出钻探套管采用内外丝扣直接连接方式，大大减小了套管在给进与拔出的阻力，完善了覆盖层套管护壁手段；借鉴岩土工程施工拔管机，研制出新型拔管机——“多缸同步拔管机”，实现了拔管深度达320m，解决了套管跟进深度增大套管起拔困难这一难题，开创了水电水利行业先例；研制出的新型高效复合型冲洗液体系为覆盖层钻探护壁堵漏提供了一套新材料、新工艺。

5. 孔斜控制

总结以往防斜经验，形成超深厚覆盖层钻探防斜手册，用以指导现场钻探施钻；结合覆盖层钻探实际研发“双滑块造斜器”，提出并成功用于实践的覆盖层纠斜的工法，为覆盖层钻探钻孔纠斜提供了一种新方法。

6. 现场试验及效果

西藏某水电规划勘察设计工程，利用这些新技术、新方法、新材料，或单独使用，或有机联合使用，完成了一批超深厚、特深厚覆盖层河床钻孔8个，总进尺3790m，钻孔覆盖层深度最浅371.60m，最深567.60m，钻进深度、取心质量、钻孔孔斜、进度均达到预期目标，为地质专业了解河谷覆盖层形成机制、土体结构与特征提供了第一手真实的资料。

(1) 各钻孔作业中其孔深结构均有不同程度的调整。ϕ219mm套管跟进深度大部分超过40m，有的近70m；ϕ168mm套管跟进深度大部分超过120m，有的近160m；ϕ140mm套管跟进深度大部分超过160m，一半钻孔超过200m，有的达230m；ϕ114mm套管跟进深度大部分超过230m，有的达300m。最小裸孔钻进深度为100m，最大裸孔深度达340m。

(2) 跟进套管。使用前检查丝扣磨损情况及套管的平直度，丝扣有损伤或弯曲变形的套管不得下入孔内；下套管时，丝扣处可涂松香或黄油，并拧紧；钻进中须记录清楚孤石的顶、底部位置，在跟管过程中，管脚到达该位置时注意观察套管跟进的速度和吊锤冲击的轻重是否有变化，当变化较大时，须立即停止跟管，待采取处理措施（扩孔、扫孔或爆破）后，继续跟管，以防套管在该位置跟进时偏斜；扩孔钻进时，钻具顶部不超出管脚；根据跟入套管的深度、管径和壁厚的不同，采用200～300kg吊锤砸管。在砸管过程中为避免套管弹动影响跟管，制作特殊下打垫以便于压住套管；做好跟管记录（含套管编号、单根长度）；试验的8个钻孔累计跟入套管为：套管护壁深度为166～300m，ϕ219mm套管396.57m，ϕ168mm套管1075.59m，ϕ140mm套管1562.47m，ϕ114mm套管1728.72m。

（3）起拔套管。在采用拔管机起拔套管前，先采用300kg吊锤上、下打套管；上拔套管并能较快拔出时，仅用吊锤起拔套管；上拔速度慢时，采用拔管机起拔套管；不能上拔套管时，采用拔管机与吊锤联合起拔套管。仍不能起拔套管，则分析钻进跟管过程中的情况，以确定处理措施；试验的8个钻孔累计起拔套管为：ϕ219mm套管396.57m，ϕ168mm套管1075.59m，ϕ140mm套管1562.47m，ϕ114mm套管1728.72m。

采用该拔管机起拔套管，起拔率均达90%以上，这与拔管机引用至勘探作业中关重要，充分证实了重新设计加工的拔管机性能可靠、安全，技术上可行，生产上适用。

（4）通过生产性试验验证，采用SD或SDB金刚石钻具取心，其取心质量和品质与孔深之间并无关系。各试验钻孔主要采用SDB94金刚石钻具半合管取心，仅ZK05部分基岩采用SDB77金刚石钻具取心；覆盖层岩心采取率为86%～97%。各钻孔取心情况见表4-22。部分孔段岩心照片见图4-15。

表4-22　各钻孔取心情况

孔号	终孔深度（m）	覆盖层深度（m）	覆盖层平均取心率（%）	基岩段平均取心率（%）
ZK05	440.88	426.06	92	94
ZK02	479.45	455.62	87	92
ZK06	534.79	512.83	92	90
ZK03	421.20	405.40	86	85
ZK07	402.30	378.60	88	88
ZK08	580.33	567.80	96	95
ZK01	401.90	371.60	88	92
ZK04	519.05	519.05	97	—

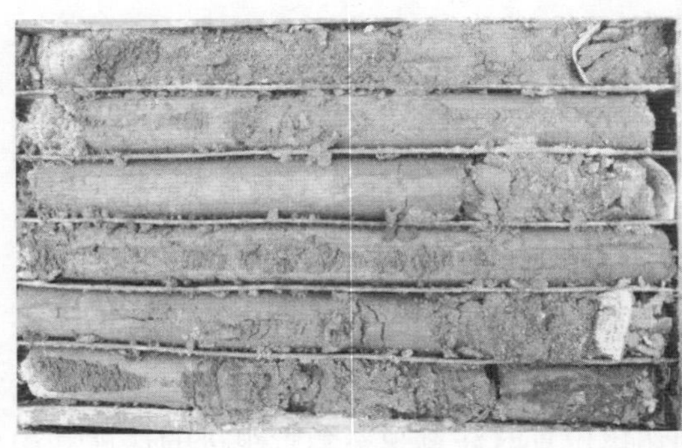

图4-15　部分孔段岩心照片（一）

图 4-15　部分孔段岩心照片（二）

（5）泥浆护壁。在裸孔钻进过程中，某钻孔裸孔钻进至 285.4m 时，遇漏失地层，采用泥浆护壁，泥浆配方为：①SM 植物胶 6～8kg 或 KL 钻井粉 1.8～2kg，烧碱 50～60g，膨润土 15～40kg。②添加先后顺序：先加 2/3 的水→KL 钻井粉（或 SM 植物胶）→烧碱→膨润土；搅拌 15～25min。③遇到漏失层，加大膨润土的用量。④视具体情况，加入少量聚丙烯酰胺。泥浆池内浆液黏度为 88s，孔口返浆的黏度为 66s（本次为钻进 1 个回次后测定），pH 值为 9～10。

（6）黏土球堵漏。在套管未能即时跟进的情况下遇漏失层，采用投黏土球堵漏的方法，具体如下：①黏土球配方：水泥∶黏土（膨润土）∶聚丙烯胺＝1∶2∶0.05（质量比），加适量水。②黏土球搓制技术要求：按配方拌匀、打熟。根据钻孔孔径（140mm），搓成直径为 3～5cm（泥球直径不超过孔径的 1/3）的泥球。③投黏土球的工作程序：采用孔口直接投入，每次投入高度为 0.5～1.0m，然后下钻具捣实。

通过上述方法的处理后，孔壁漏失情况得到明显改善，扫孔继续钻进时孔壁较为稳定，取得了显著的效果。

各孔台月进尺为 110m 左右。

（二）涌水涌砂地层钻探

图 4-16　ZK5 承压水照片

孔内涌水通常是钻遇承压水（见图 4-16），伴随涌水的同时往往还有涌砂，使冲洗液相对密度、黏度突然下降，失水量增大，冲洗液的成分和性能被改变，冲洗液无法正常循环，严重时冲毁岩心、冲垮钻孔。

承压水进入孔内是因其受到的压力平衡被破坏所致，治理承压水的方案应围绕如何重建其压力平衡来开展。通常采用的方案：①压力平衡法；②先压后堵，即采用压力平衡法和隔离法。压力平衡法治理承压水是根据流体力学 U 形管原理，流体在 U 形管内，会沿着压力低的一端流动，直至两端压力达到平衡时为止。当地层水进入到孔内时，在孔口安装压力表，并关闭孔口后读取压力表测得的承压水柱压力，以此为依据调整冲洗液密度，重建孔内、外压力平衡，靠孔内冲洗液产生的液柱压力压住地层水。

隔离法治理承压水是通过各种方法堵住承压水，把承压水挡在地层内，不让其进入孔内影响钻孔作业。根据过去经验，隔离法有黏土夯实、套管、水泥浆凝固等措施。具体采用何种方法，应根据承压水压力和流量，本着先易后难的原则试行。

例如，某水电站工程 ZK5 号钻孔作业过程中，在 137～280m 段出现多层承压水，初见涌水点为 137～140m 段，孔口最大涌水压力为 0.6MPa。

(1) 套管隔离法。利用吊锤锤击跟进套管，不能跟进时再跟进小一级套管，全孔套管跟入深度为 255.36m（253.25～258.70m 为相对隔水层）。

(2) 压力平衡法。最后一级套管管脚以下孔段采用加重泥浆（在浆液中添加重晶石粉）止涌，以维持正常钻进。加重泥浆中重晶石粉的加量计算公式为

$$G=\frac{\gamma_1 V(\gamma_2-\gamma)}{\gamma_1-\gamma_2} \tag{4-1}$$

式中：G 为重晶石粉的加量；γ 为原浆相对密度；γ_1 为重晶石粉的干密度；γ_2 为加重泥浆相对密度；V 为原浆体积。

初见涌水点必须准确，这是确定加重泥浆相对密度的重要依据。配制加重泥浆时，应先搅拌好基浆，然后逐渐加入所需的重晶石粉搅拌均匀备用。

当孔内承压水涌水量大、流速快，水泵泵入孔内的加重泥浆迅速被稀释涌出孔外，无法形成平衡液柱，导致止涌失败时，应设法控制涌水量，在孔口设置三通管封闭装置，安设调节阀门：①将钻具下入孔内；②利用立轴油缸压缩胶塞封闭孔内套管与钻杆间的环状间隙使承压水通过闸阀泻出；③调节闸阀使泄水量小于 50L/min；④向孔内泵送加重泥浆，直至浓浆返出三通管口，此时加重泥浆顶住承压水流，迫使其从套管外侧涌出地面；⑤立轴油缸卸荷进行正常钻进。

(3) 水泥浆凝固法。当采用加重泥浆钻进至相对隔水层后，可灌注水泥浆封隔相对隔水层以上的涌水地层。在 ZK5 号钻孔钻进至 281m 左右进入相对隔水层后，采用压力平衡法取心钻进至 290m 左右，未出现新的出水点，采用水泥浆凝固法封隔 255～290m 孔段。

由于受到孔径、孔深、涌水等条件的影响及复杂地层的干扰因素，为提高水泥护壁堵漏的成功率，水泥浆应具备以下性能：①具有良好的可泵性。②凝结时间要适当。从满足灌注时间需要出发，浆液的初凝时间要长，但需防止浆液因过长时间不凝结而使浆液流失或被地下水稀释，因此凝结时间应控制，使初凝时间与终凝时间间隔越短越好。③早期强度要较高。为确保钻孔护壁堵漏质量和缩短水泥凝结时间而能尽快钻进，早期强度增长越快越好。④有较好的黏结强度；水泥固结过程中要求与孔壁岩层表面有较好的黏结强度。

为使已灌入的浆液加快凝结，提高强度，在置换孔内冲洗液后，仍需关闭溢出阀门，继续向孔内泵送水泥浆。灌注结束后，保持孔内浆液处于封闭状态，防止孔内浆液返流溢出。

该孔采用以上方法综合治理涌水孔段后，钻进至520m顺利终孔。

（三）水敏性地层钻探

水敏性地层主要是软土、淤泥等细粒土层，遇水易膨胀，易产生缩径及坍塌。在钻进水敏性地层时通常在冲洗液中添加页岩抑制剂，抑制水敏性地层中所含黏土矿物的水化、膨胀、分解，防止孔壁缩径、坍塌。常用的页岩抑制剂有石膏、硅酸盐、石灰，各种钾盐、铵盐，各种沥青制品，以及高聚物的钾、铵、钙盐等。

在某水电工程WJZK06号钻孔，0～45.50m为块碎石土；45.50～210.10m为粉砂岩、砂岩、页岩。在150～170m缩径起下钻困难。将钻具螺钉头改用铰刀螺钉头，出现钻具丝扣回脱险情，后在浆液中加入少量水泥搅拌作为冲洗液即能正常钻进，即使添加少量水泥的浆液对岩心品质有一定影响，建议尽量不采用。应采用石灰、石膏、氯化钙或高聚物的钾、铵、钙盐等，保持岩心品质。

还有一种叫淤泥质黏土的水敏性地层，在某水电工程勘探中，多孔遇见。钻进该类地层时，采用水冲、钻头穿钢丝等，钻进穿过该层即下入小一级套管隔离。

（四）架空层钻探

架空地层结构松散，无胶结，稳定性差，在钻进中极易坍塌。对该类地层的钻进，常采用合金钻进、金刚石钻进等。但采用合金或金刚石钻进，爆破跟管护壁，将消耗大量浆材、各类钻头、火工产品等，劳动强度大，进尺缓慢，工期、质量难以保证。根据该类地层埋深浅（一般不超过80m），可采用气动潜孔锤取心跟管钻进，速度快，同步跟管护壁效果好。

在某水电站库区ZKD01～ZKD03钻孔，设计孔深150m，覆盖层厚约130m，均上覆崩塌体，预计厚度约为15m，先采用常规的植物胶冲洗液金刚石回转取心钻进方法，跟进套管30m左右仍未穿过崩塌体，随即改用气动潜孔锤取心跟管钻进，分别于52.37、57.24m和63.75m穿过崩塌体，三孔均在孔深达170m后终孔，未见基岩。

气动潜孔锤取心跟管钻进方法也可用于条件特殊区域的钻探。

在某水电站建成发电后，坝后出现涌水，为查明原因，在涌水点至大坝间布置了数个钻孔，设计孔深80m，进入基岩10m终孔。基岩上覆漂卵石层，不得采用爆破跟管护壁。鉴于此，采用气动潜孔锤取心跟管钻进，钻进速度快，取心质量好，达到设计要求。

七、孔内试验

覆盖层钻孔孔内试验主要包括抽水试验、注水试验、振荡渗透试验及圆锥动力触探试验和标准贯入试验等。

（一）抽水试验

抽水试验可分为单孔抽水试验（无观测孔）、多孔抽水试验（一个主抽水孔，一个到数个观测孔观测水位）、孔群互阻抽水试验（两个以上主孔同时抽水）。

抽水试验主要设备和器具见表4-23。

表 4-23　　抽水试验主要设备和器具

类型	名　称	备　注
抽水设备	空气压缩机、离心泵、深井泵、潜水泵	
过滤器	骨架过滤器、网状过滤器（金属丝网、塑料网等）、缠丝过滤器、砾石过滤器	①防止孔壁坍塌；②防止泥沙涌入孔内；③减小水流阻力；④增加钻孔涌水量
流量测量	水筒、水表、三角堰、流量计	
水位测量	测钟、浮子式水位计、电测水位计、自动水位计（压力水位计、电容水位计、超声水位计）	

根据钻孔任务书及抽水设备进行钻孔孔身结构设计，按照钻孔目的和要求进行钻进方法选择。松散地层钻孔一般采用跟管钻进，冲洗液根据钻进方法采用清水、空气、泡沫液，不能采用泥浆或植物胶作为冲洗液。安装过滤器前要将钻孔清洗干净，严格按照抽水试验设计书的要求安装过滤器并做好过滤器各部分的规格、长度和实际深度等记录，以及过滤器和测压管的安装记录。抽水试验前要反复清洗钻孔，达到水清砂净无沉淀，洗孔方法可采用活塞、空气压缩机、液态 CO_2 或焦磷酸钠。抽水过程中，要同步观测、记录抽水孔的涌水量及抽水孔和观测孔的动水位。抽水结束后，要立即同步观测抽水孔和观测孔的恢复水位。恢复水位时可以采用自动监测设备连续记录。

（二）注水试验

注水试验通常用于地下水位埋藏深、不便进行抽水试验的钻孔或钻孔在干的透水地层中。

注水试验主要设备和器具见表 4-24。

表 4-24　　注水试验主要设备和器具

类　型	名　称
供水设备	水箱、水泵
量测器具	水表、量筒、瞬时流量计、秒表、米尺等
止水设备	气压式或水压式栓塞、套管塞（黏土与套管结合）
水位计	测钟、电测水位计

根据钻孔目的和要求进行钻进方法选择，松散地层钻孔一般采用跟管钻进。冲洗液根据钻进方法采用清水、空气、泡沫液，不能采用泥浆或植物胶作为冲洗液。孔底沉淀厚度不超过 10cm。试段止水要可靠，通常采用栓塞或套管脚黏土止水。孔壁稳定性差的试段，通常采用花管护壁。

（三）振荡渗透试验

振荡渗透试验适用于地下水位以下的强～微透水性岩土体。

振荡渗透试验由水头激发系统、传感器系统和数据采集系统组成，其主要设备和器具见表 4-25。

表 4-25 振荡渗透试验主要设备和器具

测试系统	水头激发系统				传感器系统	数据采集系统	其他
	振荡器式	气压式	注水式	抽水式			
设备器具	自动振荡器	空气压缩机、孔口密封装置	水泵	水泵	压力传感器、温度传感器和数据处理传输模块	ZS-1000A 型钻孔水文地质综合测试仪	过滤器、栓塞

压力传感器的量程范围为 0～10mH_2O，测量精度为 1mm；温度传感器测温范围为 －55～125℃，量测精度为 0.5℃；数据采集系统具备存储、传输和显示功能。

同一钻孔内分段试验时，试验段上端和下端应采用栓塞止水；激发水头范围为 0.5～2.0m。测量精度不超过最大水位变化量的 1%；试验过程中水位不得降到过滤器上端以下，压力传感器在试验期间保持位于钻孔振荡最低水位以下。

进行气压式振荡试验时，在孔口套管上要安装密封装置，随时检查孔口密封装置上的压力表读数是否稳定。首先关闭放气阀，打开充气阀，接通气压泵电源，向钻孔内充气；然后，观察压力表读数和测试仪屏幕上的显示情况，待压力表读数或测试仪屏幕显示的水头曲线相对稳定后迅速打开放气阀；水位恢复到初始水位后延长 1～2min 即可结束试验。

进行注水或抽水式振荡试验时，迅速向钻孔中注水或抽水，激发时间不超过 5s；水位恢复到初始水位后延长 1～2min 即可结束试验。

进行振荡器式振荡试验时，快速将振荡器落入钻孔水面以下或待井水位恢复后快速拉离水面，激发时间不超过 5s；水位恢复到初始水位后延长 1～2min 即可结束试验。

（四）动力触探试验

动力触探试验按贯入能力的大小可分为轻型、重型和超重型 3 种，见表 4-26。

表 4-26 动力触探的类型及规格

类型		轻型	重型	超重型
探头规格	直径（mm）	40	74	74
	截面积（cm^2）	12.6	43	43
	锥角（°）	60	60	60
落锤	锤质量（kg）	10	63.5	120
	落距（cm）	50	76	100
能量指数 n_d		39.7	115.2	279.1
探杆直径（mm）		25	42	50～60
试验指标 N		贯入 30cm，锤击数 N_{10}	贯入 30cm，锤击数 $N_{63.5}$	贯入 30cm，锤击数 N_{120}
适用地层		浅部填土、砂土、粉土和黏性土	砂土、中密以下的碎石土和极软岩	密实和很密的碎石土、极软岩、软岩

动力触探试验设备的重量相差悬殊，但结构大致相同，一般可分为导向杆、提引

器、穿心锤、锤座、探杆、探头六部分。

操作时，采用固定落距自动落锤的锤击方式，不能采用人拉绳、卷扬钢丝方式。

探杆连接后最初 5m 的最大偏斜度不超过 1%，大于 5m 后最大偏斜度不超过 2%。锤击过程应防止锤击偏心、探杆歪斜和探杆侧向晃动。每贯入 1m 要将探杆转动约 1.5 圈，使探杆保持垂直贯入，并减小探杆的侧阻力。当贯入 30m 时，每贯入 0.2m 就要旋转探杆。

锤击贯入要连续不间断地进行，锤击速率一般为 15～30 击/min。如有间断，应记录锤击间歇时间。

各型动力触探锤击数的正常范围是：$3 \leqslant N_{10} \leqslant 50$、$3 \leqslant N_{63.5} \leqslant 50$、$3 \leqslant N_{120} \leqslant 40$。贯入时要记录贯入深度及相应的锤击数。遇软黏土时，可记录每击的贯入度；遇硬土层时，可记录一定锤击数下的贯入度。

当 $N_{10}>100$ 或贯入 15cm 的锤击数 $N>50$ 时，可停止试验；当连续三次 $N_{63.5}>50$ 时，可停止试验并考虑改用超重型动力触探。

（五）标准贯入试验

标准贯入试验设备见表 4-27。

表 4-27　　标准贯入试验设备

落锤		锤的质量（kg）	63.5
		落距（mm）	76
贯入器	对开管	长度（mm）	>500
		外径（mm）	51
		内径（mm）	35
	管靴	长度（mm）	50～76
		刃口角度（°）	18～20
		刃口单刃厚度（mm）	2.5
钻杆		直径（mm）	42
		相对弯曲	<1/1000

标准贯入试验孔采用回转钻进，孔内水位略高于地下水位。先钻进到需要进行试验的孔段以上 15cm，清孔后换用标准贯入器，并测量孔深。采用自动脱钩的自由锤击法进行标准贯入试验，减少导向杆与锤之间的摩擦阻力，避免锤击时偏心和晃动，保持贯入器、探杆、导向杆连接后的垂直度。将贯入器垂直打入试验土层中，锤击速率应小于 30 击/min，先打入 15cm 不计锤击数，继续贯入，记录 10cm 的锤击数，累计 30cm 的锤击数即为贯入锤击数 N；遇比较密实的砂层，贯入不足 30cm 的锤击数已超过 50 击时，应终止试验，并记录实际贯入深度和累计锤击数。提出贯入器，将其中的土样取出进行鉴别描述、记录，然后换用钻具继续钻进至下一试验深度，再重复上述操作。一般每隔 1.0～2.0m 进行一次试验。孔壁不稳定时，可采用套管护壁，套管脚应高于试验段顶 75cm 以上；也可采用泥浆护壁。

八、工程应用

(一)瀑布沟水电站深厚覆盖层钻探实践

瀑布沟水电站坝址区覆盖层存在两大特点:埋深20~60m段厚度达40m漂石、卵石组成的架空层;埋深20~70m段厚度达50m的砂层。

在架空层中钻进,冲洗液全部漏失,采用爆破跟管技术,跟管时采用"勤跟、短跟",始终将套管跟进到钻孔底部以上1m的范围,保护孔壁稳定,保持冲洗液尽可能在套管内,能冷却钻头,保证钻进;在回次结束前,停止供给冲洗液,采用钢丝或卡簧卡取岩心,控制钻进回次进尺在1m以内,确保岩心采取率。

河床下伏砂层对建坝影响很大,一度因砂层问题造成坝址是否成立的重大决策,1988~1990年,为查明砂层的分布范围、形态及液化性能,布置了一批深约4000m的钻孔。在砂层上部使用跟管护壁,砂层使用SM植物胶无固相冲洗液金刚石小口径单动双管钻探技术,利用SM植物胶的润滑降阻、黏弹性减振作用,利用金刚石高转速快速钻进,缩短冲洗液对砂层的冲刷、冲蚀等损害,控制回次长度在2m以内,取心率达到95%以上,多数回次取出了圆柱状砂层,为地质准确判断砂层的界限提供了资料。

在这批钻孔做了上百组的标准贯入试验,以研究砂层液化的性能,通常做法是:先根据已有勘探资料,事前确定试验砂层类型及孔段,在试验段上部采用回转钻进采取上部岩心,再下入标准贯入试验器进行试验。试验中,曾遇松散砂层在河床地下水的作用下形成流砂,涌入孔内,形成涌砂,造成试验无法进行。实践中采用加重泥浆进行处理,较好地控制了涌砂。通过大量的现场资料分析、论证,砂层可以采用技术处理措施,其危害可以得到有效控制。

(二)冶勒水电站超深厚覆盖层钻探实践

冶勒水电站坝址区域河床及右岸由第四系中、上更新统冰水河湖相沉积覆盖层组成。自下而上可分为5大岩组,第一岩组,弱胶结卵砾石层(Q_{22});第二岩组,块碎石土夹硬质黏性土(Q_{13});第三岩组,弱胶结卵砾石层与粉质壤土互层(Q_{2-13});第四岩组,弱胶结卵砾石层(Q_{2-23});第五岩组,粉质壤土夹炭化植物碎屑层(Q_{2-33})。钻探揭示其最大厚度大于420m,河床下部残留厚度为160m。

该地层结构松散,钻进中孔壁稳定性差;时有坍塌、掉块,甚至埋钻;粉质壤土互层(Q_{2-13})及炭化植物碎屑层(Q_{2-33})水敏性强,孔壁极容易出现缩径,造成下钻困难;弱胶结卵砾石层与粉质壤土互层层次变化频繁,钻探工艺技术要求针对性难以及时满足;在相对隔水层下存在较大的多层承压水,影响钻进和取心。

该水电站的勘探工作自1971年一直延续到1992年,时间跨度达20年之久,在1988年前,钻进使用钢粒回转钻进、合金回转钻进技术,用多层套管护壁,能查明覆盖层的深度和覆盖层的主要成分,对覆盖层中细粒物质及黏土,由于长时间受循环冲洗,难以采取,取心的品质较差。

1989年以后,开始在该水电站应用优质泥浆护壁下的金刚石单动双管钻进技术,大大提高了钻进效率,岩心采取率达95%以上,取出了圆柱状砂层或似圆柱状壤土层;

在右岸坝肩完成了420m的覆盖层钻孔；针对不同地层，采用了SM植物胶无固相冲洗液、SM植物胶处理的低固相冲洗液、SM-kHm超低低固相冲洗液，较好地解决了复杂覆盖层钻孔护壁难题，最长裸孔钻进孔段达280m。在坝址河床钻探中，曾遇多层承压水，一个钻孔中出现二、三层承压水，1988年以前造成钻孔无法终孔，形成报废孔；1989年后，采用跟进套管隔离及加重泥浆压力平衡循环钻进，较好地处理了出水点在80m、涌水量达450L/min、孔口水头压力为392.3kPa的承压水。采用高低齿锯齿钻头，较好地解决了软硬互层钻进问题。

（三）西藏ML水库超深复杂覆盖层钻探实践

雅鲁藏布江下游河段覆盖层主要为冰积碎块石土、冲洪积砂砾石、漂卵石及湖相沉积细砂和亚黏土等，为查明区域地质情况，2010年安排了一批钻孔（深约3500m/9孔），要求揭穿覆盖层，进入基岩30～50m，查明覆盖层的深度、结构及物质组成。至2013年长达3年的调研、攻关与实践，结合某规划水电站的坝址区超深复杂覆盖层近3500m/9孔的实际钻探实践，成功地实现了最大深度达567.60m的松散细颗粒覆盖层的成孔及取样工作，在该地区首次揭穿了覆盖层，钻孔进入基岩，圆满达到水电水利工程地质勘探的目的。

第三节　坑　　探

一、目的与方法

坑探是水电工程地质勘探中最常用、直观的一种勘探手段，能揭示覆盖层厚度、组成、结构、层次、地下水位等条件，并能进行原位试验与测试，以及获取原状样。

二、探坑、探槽、浅井

探坑、探槽、浅井是浅部坑探方式，主要用于揭示浅表层地质现象。探坑、探槽深度不超过3.0m，浅井深度一般不超过10m，底部尺寸以便于取样为宜。坑、槽壁倾角依覆盖层条件而有所不同，以能满足自身稳定为准。探坑、浅井一般采用矩形或圆形断面，除有特别要求外，矩形断面尺寸为1.2m×1.5m，圆形断面直径为1.0～1.3m；探槽开口宽度没有强制性规定，底部宽度不宜小于0.6m，槽壁坡角不宜过陡，在含水量较高的松散土层中，坡度要求更缓。

探坑、探槽、浅井一般用人力开挖，人力绞车提升弃渣。遇大孤石或胶结致密层时，辅助采用风镐或裸露药包爆破方法开挖。在作业条件允许时，也可采用挖掘机开挖。开挖作业自上而下进行。采用人工开挖时，工作面人数不少于2人，探槽内多人作业要保持适当的安全距离。不得采用挖空底部，使其失稳而塌落的方法进行开挖。探坑、探槽开挖的渣土，倾倒在坑、槽口1m以外。雨后作业要严格检查坑、槽的稳定情况，遇隐患要及时排除，不得冒险作业。坑、槽口要有截、排水措施，防止地表水进入坑、槽内。底部若有积水，可采用水泵抽排至坑、槽口5m以外。坑、槽壁一般采用方木和木板进行临时支护，探槽长度较大时，每隔 5～10m 设置一道厚度大于 1.0m 的隔墙作为辅助支撑，以改善槽壁稳定性。

三、竖井

竖井一般采用矩形断面，根据所需开展工作的目的，也可以采用圆形断面。断面尺寸是按勘探目的及所需开展工作的内容确定，包括井筒内提升设备、供风、供水、供电、通风和抽排水管线架设，以及是否设梯子间等所需空间等。结合实际大量水电工程实施情况，勘探竖井断面尺寸见表 4-28。

表 4-28　　勘探竖井断面尺寸

深度（m）	净断面长×宽（m×m）	作业方式
≤30	3.0×2.0	人工开挖、吊罐提升
30～50	3.5×2.0	人工开挖、吊罐提升、设梯子间
50～100	4.0×2.0	人工开挖、吊罐提升、设梯子间

竖井勘探按支护方式不同主要有以下几种方式。

（一）吊框法

吊框法是一种先开挖后支护的作业方式。井口一般采用人工开挖，条件允许时也可采用机械开挖。井内应尽量避免爆破作业，如遇大孤石必须进行爆破，应采用浅眼、小药量进行松动爆破。井口段作业一般先开挖 2～3 节，在井口开挖成型后及时进行吊框支护（安装井口基框和井框）。吊框支护好后再进行下一节开挖。临时支护一般采用吊框安装插板（背板）进行支护，必要时增加临时横支撑、剪刀撑进行加固，并注意观察其受力情况，如发现横支撑、剪刀撑受力变形，应及时撤出作业人员并针对变形情况及时采取处置措施。吊框支护一般按以下程序进行操作：①井筒断面尺寸和轴线检测：采用吊线和量测的方法，确保中线偏差不大于 0.1m，断面尺寸符合设计要求，且壁面平整；②安装井框：先用拉杆钢筋（俗称九字钩）固定井框四角，再用木楔楔紧，保持井架在同一垂直面；③安装插板：插板安装分两步进行，先在井框外间隔安装插板，待取样及相关试验完成后，再及时在留空处密集补齐装插板封闭，插板间的缝隙可用松软材料填塞，确保插板密集封闭不留缝隙。

（二）板桩法

板桩法是一种先超前支护后开挖的作业方式，即先在开挖轮廓线外打入板桩形成支护体系，在对井周岩土进行支撑和防护后，再实施井筒开挖的竖井作业方法，板桩材料通常用木材、钢材等加工制作，桩头削尖。板桩法按板桩打入角度的不同，可分为垂直板桩法和倾斜板桩法。

垂直板桩法就是采用板桩法穿过覆盖层时，先安装导向井框，从内外导向框之间，用机械或人力间隔、对称地将板桩垂直打入井周外岩土。板桩打入 0.6m 以上后开始开挖，每循环开挖深度须小于板桩打入深度，确保桩脚不外露，每开挖一段及时安装井框，以支撑板桩，防止板桩受压移动、变形，甚至折断。井框间距视地质条件、开挖断面大小、板桩材料等影响因素而定，一般在0.5m左右（或密集支护）。如果开挖深度大于板桩长度，则在第一圈板桩内设置第二圈，以此类推直至达到开挖深度。如需开展后续工作应及时做好永久支护。垂直板桩法是井筒断面从上到下呈阶梯形逐段收缩，每施作一段板桩，井筒断面尺寸需缩减0.5m左右，作为下一段板桩施作的空间，竖井深度越大、分段越多，垂直板桩作业所需的井口尺寸就越大。该开挖断面加大，不仅增加成本，井筒的稳定性也会相应降低；此法可用于浅井作业，对深井作业不太适宜。

倾斜板桩法的原理及作业步骤与垂直板桩法基本相同，都是先从内外导向框之间打入板桩形成支护体系后再进行开挖，不同的是板桩的打入方向有所差异，倾斜板桩的打入方向向外与垂直线呈一定倾角，倾角一般在15°～20°。正因为板桩的倾角，每段板桩的底部断面都比顶部大，为下一段的板桩作业拓出安装空间，因此，倾斜板桩法不会因打入板桩段数的多少而改变井筒开口断面尺寸，不受竖井挖掘深度限制，作业成本也相对较低。

（三）沉井法

沉井法是一种先支护后开挖的掘井方式，一般用于砂层和含水松软层；是采用预制一段完整的井筒，通过对井筒底部的掏挖，利用井筒的自重甚至施加外力使其下沉，对井周进行有效的支撑和安全防护，将松软岩土挖运出来的竖井作业方法。沉井一般采用混凝土或钢筋混凝土分节制作分节下沉，为减小切入阻力，沉井的最下端应作成刃脚。第一节沉井制作宜采取在刃脚下设置木垫架或砖垫座的方法，其大小和间距应根据荷载计算确定。安设钢刃脚时，要确保外侧与地面垂直，以使其起切土导向作用。沉井作业一般采用对称均匀、连续的方式进行，防止发生倾斜和裂缝。第一节混凝土强度等级达到70%时，可浇筑第二节，以此类推循环作业。井口段一般先开挖1～2节（每节开挖深度为1.0m左右），在井口开挖成型后及时进行井筒混凝土浇筑支护。沉井挖出的土方用吊斗吊出，运往弃土场，不能堆在沉井附近。沉井开挖时，通过井筒中心吊线来保证井孔的垂直度，中线偏离不得大于0.1m，必须保证井孔开挖设计尺寸。采用人工提升出渣，出渣时井下设置厚度为不小于50mm的安全护板，护板距井底不得超过2.5m，提升时作业人员必须处于护板下方，防止提升过程中掉块伤人，确保作业安全。浇筑的筒身混凝土应密实，表面光滑平整。有防水要求时，支设模板穿墙螺栓应在其中间加焊止水环；筒身在作业缝处应设凸缝或设钢板止水带，凸出筒壁面部分应在拆模后铲平，以利防水和下沉。筒壁下沉时，外侧土会随之出现下陷，与筒壁间形成空隙，一般于筒壁外侧填砂，以减小下沉的摩擦阻力，并减少以后的清淤工作。如沉井下沉出现倾斜，且调整挖土仍不能纠正时，可加荷调整，但若一侧已到设计标高，则直接采用旋转喷射高压水的方法，协助下沉进行纠偏。

四、平洞

勘探平洞是探洞的主要形式，一般采用梯形或城门洞形断面，不支护、喷锚支护或混凝土支护时采用拱形断面，支架支护宜采用梯形断面。平洞最小净高度要求：采用人力装运不小于1.8m，机械装运平洞不小于2.2m；平洞最小净宽度要求：按装运机械最大宽度、人行道宽度、风水电及通风管线架设，加上人与机械、机械与洞壁、人与洞壁间安全距离之和确定；平洞坡度要求：按运输方式和排水需要综合考虑，底板适宜的坡度控制在0.3%～0.7%，局部最大不宜超过1%。结合实际大量水电工程实施情况，勘探平洞断面尺寸见表4-29。

表4-29　　勘探平洞断面尺寸

长度（m）	净断面高×宽（m×m）	作业方式
≤50	1.8×1.8	人工开挖、人工装运
50～200	2.2×2.2	人工开挖、装渣、人工或机械运输
>200	2.5×2.5	人工或机械开挖、机械装运

覆盖层平洞一般用风镐进行人工开挖，遇胶结较好的致密岩土或大孤石时，可辅以松动爆破。按开挖与支护施作先后和方式的不同，平洞掘进有以下几种方法。

（一）支架支护法

支架支护法是一种先开挖后支护的方法，是最常用的平洞支撑方式，构架支撑可用于致密且自稳时间较长的岩土体。构架材料可采用新鲜致密的木材、型钢或钢筋（格栅架）等，其中又以木支架支撑的使用最为广泛，这是因为木材具有轻便、易加工、韧性好等优点，特别是在承受异常压力时还能发出响声预警。支架通常是由一根顶梁加两根立柱支架，以及横撑、背板、木楔等组成，顶梁是承受顶压的受弯构件，立柱主要起支撑顶梁的作用，有侧压时还承受侧压的弯曲作用，立柱与底板的交角一般为80°～85°。支架支护施作应紧跟作业面，先沿边顶轮廓掏挖出支护施作空间后，及时安设支护支架并与相邻支架连接牢靠后，再进行剩余部分岩土的开挖，最后填塞背板、木楔，将棚架护严楔紧。支架间距取决于岩土地质条件，覆盖层勘探平洞常采用密集支护。

（二）撞楔法

撞楔法其实也类似于板桩法，是在平洞开挖前，先通过打入木楔对覆盖层进行超前支护，有效控制其变形后再进行开挖，适用于无大块石、大漂卵石的覆盖层，如图4-17所示。采用撞楔法作业时，在靠近作业面设置支撑、导向棚架，再从前后棚架间向外倾斜打入一排撞楔，倾角为15°～20°，撞楔可采用人工吊锤或机械打入。撞楔材料可用圆木、钢管等，长2.5m左右，前端制作成尖头以减小打入阻力。撞楔时应逐段间隔轮流打入，每轮打入深度以0.2m左右为宜，以免单根超前折断。撞楔施作完成后进行平洞开挖，可以采用人工或小型挖掘机械开挖。平洞每掘进0.5～0.7m时架设支撑棚架，相邻棚架须牢固可靠地连接，棚架间距一般在0.4～0.6m，视平洞帮、顶压力大小而定。

图4-17　平洞支撑照片

（三）管棚法

管棚法是一种在软弱围岩进行平洞掘进的超前支护技术，是软岩、破碎带、松散带、软弱地层及涌水、涌砂层、覆盖层等平洞作业中行之有效的作业方法。为了防止在开挖过程中覆盖层产生松弛、流动变形或塌方，开挖前需采取管棚超前支护措施，即在工作面架设支撑钢拱架，通过沿平洞开挖轮廓线外纵向倾斜打设一定数量的钢管形成梁结构，超前支护后再进行开挖的作业方式。必要时，可将打入灌浆导管进行超前固结灌浆，以加强对洞壁的支护。管棚法主要采用引孔顶入和跟管钻进两种方式。勘探平洞断面较小，根据帮顶压力大小，管棚材料可采用直径为60～100mm的钢管，钢管中心间距为80～140mm。每循环作业前，先在作业位置安设牢固可靠的管棚导向架，从管棚导向架上钻孔，按设计管棚长度切割钢管，采用人力或机械顶入并安装好。如需灌浆，需埋设注浆管，将其于管口封死堵牢。管棚安装就绪后，再在下面进行平洞开挖并跟进架设支架，循环推进。支架规格及间距视地压大小而定。

第五章

深厚覆盖层试验与测试

第一节　试验取样与制样

覆盖层的物理力学性质试验按项目主要有级配、密实度、渗透系数、允许渗透比降、承载力、抗剪强度、变形模量和应力应变参数等；覆盖层物理力学试验按场地可分为室内土工试验、现场土工试验及钻孔土工试验。

在工程勘察设计阶段，深厚覆盖层中浅部的砂层、黏土层，通过坑探可以获取原状样，进而获取物理力学性质试验成果。但对于深部土体的物理力学性质试验成果难以从原状样获得，一般采用钻孔取样试验获得。在施工期基坑开挖时，覆盖层原有结构扰动较小，可进行不同深度的原位试验。在大型开挖中，结构组成均较好地保持，还可进行不同深度的大型原位试验。图 5-1～图 5-5 是不同土层、不同深度和不同结构组成及人工制样断面图。

图 5-1　浅部砂卵石土层取样断面

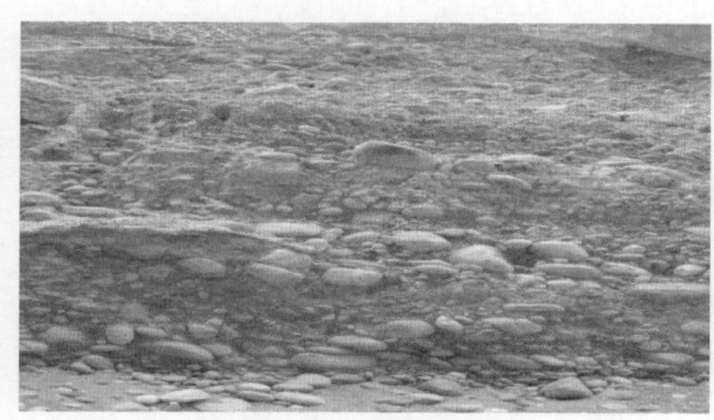

图 5-2　深部漂卵、砾石土取样断面

图 5-3　深部砂土取样断面

图 5-4　深部黏性土取样断面

图 5-5　砂砾石土室内人工制样图

通常用开挖坑槽，在浅部取样测试一定深度和部位土层的天然密度、含水率和级配等原始数据，深部土层采取类比和经验方法推测确定。而钻孔取样，受机具和取样技术限制、地下水影响，难以获取直观反映地质条件的样品，尤其对密实度、力学等指标难以获取，而密实度又是对力学性能判定的关键指标，所以钻孔取砂砾石难以较准确地确定深厚覆盖层的密实度。因此，对于深部含漂卵砾石土层，土样是否具有代表性，如何获取所需级配组成、密实度、强度、变形和渗透等指标，仍是较大的技术难题。

鉴于深厚覆盖层物理力学性质研究的重要性，利用在大渡河流域的长河坝、猴子岩、深溪沟等水电站深厚覆盖层深基坑的开挖机会，对深部原状覆盖层进行相应的物理力学试验研究和对比分析工作。

一般来说，我国西南地区河谷覆盖层的颗粒组成可分为四类：①颗粒粗大、磨圆度较好的漂石、卵砾石层；②块、碎石层；③颗粒细小的中粗—粉细砂层；④黏土、粉质黏土、粉土层。

第二节　物理力学性质试验与测试方法

一、试验方法的选择及适用条件

深厚覆盖层组成结构、层次复杂等，要针对不同土层取样进行室内或现场试验，获得覆盖层土体物理力学性质试验成果。覆盖层物理力学性质试验方法选择见表5-1。

二、现场试验

覆盖层现场试验就是在原土层基本保持土体的天然结构、天然含水率及应力状态时测试土体的物理力学性质主要有：现场密度、颗粒分析、含水率试验，用以测试覆盖层的天然物理性状；荷载试验、旁压试验、现场大剪、现场管涌试验，用以测试现场土体的强度、变形和承载力及渗透特性等力学性质。

（一）现场密度、颗粒分析和含水率试验

1. 现场密度试验

现场密度试验用于测定单位体积土的质量。随使用工具的不同及试验原理的差异主要有灌水法、灌砂法、环刀法、蜡封法。

（1）灌水法。该方法适用于覆盖层各类型的土层，原理是在选定的试验部位开挖试坑，称量挖出土的质量，除以通过测量挖坑前后灌水体积之差求得的挖出土的体积。该试验方法原理简单，操作方便，在取水方便的情况下，应优先采用。

灌水法按下列公式计算土的密度

$$\rho=\frac{m}{m_2-m_1}\rho_w \tag{5-1}$$

式中：m 为土样质量，g；m_1为灌入套环内水的质量，g；m_2为灌入试坑和套环内水的质量，g；ρ_w为水的密度，g/cm^3。

（2）灌砂法。该方法与灌水法的原理是一致的，试坑的填充介质替换为砂，一般建议在室内制备并率定标准密度，打包备好携带至现场使用。灌砂法适用于粒径不大于60mm的粗粒类土（砂砾层、砂土层、黏性土层），不宜用于地下水位以下的土层，适用范围比灌水法窄，操作上也显得复杂，但该法的好处是可在倾斜土层中试验。灌砂法一般不用套环，如使用套环，一方面将增加称量的累计误差；另一方面挖试坑前很难将套环内的量砂取干净，多一个称取混了量砂的试样的步骤。试坑的开挖要求与灌水法一致，试坑直径不宜小于20cm。坑内土体有明显缝隙时可另取土填实或用纱布封堵；坑

表 5-1　　覆盖层物理力学性质试验方法选择

常用测试方法			适用土类						测试目的、指标							工程部位		
			黏土	粉土	砂类土	砾类土	卵(碎)石土	漂(块)石土	剪切	变形	密实度	承载力	渗透性能	动力特性	其他性质	地基	边坡	洞室
室内试验	基本物理性质（密度、含水率、比重、级配等）		★	★	★	★	★	★	☆	☆	☆	☆	☆	☆		★	★	★
室内试验	界限含水率试验		★	★					☆	☆	☆	☆	☆	☆		★	★	★
室内试验	渗透试验		★	★	★	★	★	★					★			★	★	★
室内试验	相对密度试验				★	☆	☆	☆			★			★		★		
室内试验	三轴试验		★	★	★	★	★	★	★	★						★	★	★
室内试验	压缩试验		★	★	★	★	★	★		★						★	☆	☆
室内试验	直剪试验		★	★	★	★	★	★	★			☆				★	★	★
室内试验	无侧限抗压强度和灵敏度		★	★					☆			☆			★	★		
室内试验	动三轴和共振柱试验		★	★	★									★		★		
室内试验	土、水腐蚀性测试		★	★	★	★	★	★							★	★	★	★
现场试验	标准贯入试验		★	★	★				☆	★	★	★		★		★	☆	
现场试验	静力触探试验		★	★	★				☆	★	★	★	★	☆		★	☆	
现场试验	圆锥动力触探试验	轻型	★	★					☆	★	★	★					☆	
现场试验	圆锥动力触探试验	重型			★	★			☆	★	★	★				★	☆	☆
现场试验	圆锥动力触探试验	超重型					★			★	★	★				★	☆	★
现场试验	旁压试验		★	★	★	★	★	★		★	★					★	★	★
现场试验	波速测试		★	★	★	★	★	★		★	★					★	★	★
现场试验	荷载试验	浅层平板	★	★	★	★	★	★				★				★		
现场试验	荷载试验	深层平板	★	★	★	★	★	★				★				★		
现场试验	荷载试验	螺旋板荷载	★	★	☆							★				★		
现场试验	现场剪切	直接剪切	★	★	★	★	★	★	★							★		
现场试验	现场剪切	十字板剪切	★						★							★		
现场试验	原位渗透试验		★	★	★					★			★			★	★	★

注　★表示符合，☆表示比较符合。

壁有较深凹陷时，应取坑内未称量的土填实。灌砂时要保持与率定时的落距一致，约为 10cm。

量砂的标准密度计算公式为

$$\rho_s = \frac{m_s}{V_r} \tag{5-2}$$

不用套环时，灌砂法按式（5-3）计算土的密度，即

$$\rho = \frac{m}{m_0}\rho_s \tag{5-3}$$

不用套环时，灌砂法按式（5-4）计算土的密度，即

$$\rho = \frac{m_2 - m_1}{m_3 - m_1}\rho_s \tag{5-4}$$

式中：ρ_s为砂的密度，g/cm^3；m_s为砂的质量，g；V_r为量砂筒容积，cm^3；ρ 为土的密度，g/cm^3；m 为土样的质量，g；m_0为灌入试坑内砂的质量，g；m_1为灌入套环内砂的质量，g；m_2为试样和套环内砂的总质量，g；m_3为灌入试坑和套环内砂的总质量，g。

（3）环刀法。该法大量应用于覆盖层黏性土层，对坚硬易碎的土不适用。试验前应选择合适内径的环刀，环刀内径一般为 60～80mm，高度为 20～25mm；根据现场最大粒径，有时也采用内径不小于 100mm、高度为 52～64mm 的环刀；《水利水电工程土工试验规程》（DL/T 5355—2006）规定，环刀内径不宜小于 50mm，高度不小于 20mm；取样前在环刀内壁涂一层凡士林，有助于减小土与环刀壁的摩擦。

（4）蜡封法。该法原理是利用液态蜡附着在试样上形成蜡膜，蜡膜和试样间不能有气泡，然后排水测量体积；适用于易碎裂或形状不规则的坚硬土，大孔性土不适用；特别适用于致密的超固结土，如冶勒水电站坝址覆盖层第二层黄色硬黏土和第三层青灰色粉质黏土，曾有 4.5～6.6MPa 荷载，形成超压密性土，大量采用该方法取样试验。

2. 颗粒分析试验

颗粒分析试验的目的是确定土各个粒组占土样总质量的百分数，根据土的类别和颗粒级配情况分别采用筛析法（适用于粒径大于 0.075mm 的土）、水分法（适用于粒径小于 0.075mm 的土，含密度计法和移液管法两种）；当粗细兼有（分为粗兼细、细兼粗）时，则联合使用筛析法和水分法。

（1）筛析法。主要用于砂砾层等粗粒土，将土样通过逐级减小的各不同孔径的筛子，土颗粒便按筛的孔径大小逐级区分出，筛孔的孔径为 60、40、20、10、5、2、1、0.5、0.25、0.075mm。习惯上，将 2mm 以上的筛析称作粗筛分析，2mm 以下称作细筛分析。当粒径小于 2mm 的试样质量小于试样总质量的 10%时，不作细筛分析；同理，当粒径大于 2mm 的试样质量小于试样总质量的 10%时，不作粗筛分析。不同最大粒径的土应按四分法称取相应数量的试样，如粒径小于 20mm 的土应称取 1000～

2000g；一般建议烘干称量，如果筛分量较大，可取一定数量的有代表性的样品烘干，取风干含水率来校正。黏性粗粒土应取烘干试样，充分浸水使粗细颗粒分离，浸润后的混合液要边冲洗边过细筛，然后烘干称量。

（2）密度计法。该法是将 30g 过 0.075mm 筛的烘干试样充分浸泡煮沸，制成悬液，加入 4%浓度的 10mL 六偏磷酸钠或其他分散剂，使土颗粒在悬液中分布均匀。基于斯托克斯定律，大的颗粒在静水中始终比较小的颗粒沉降快，同一大小的颗粒在无紊流的情况下，颗粒位置相对不变。因此在沉降过程中，同一大小的颗粒大致处于同一深度，同一深度密度不变，不同深度的密度则反映了不同深度同一大小颗粒的粒径。密度计法正是基于该原理，测求不同时间内由于颗粒下沉引起的悬液密度变化而进行的。具体的操作步骤及校正参数按《水利水电工程土工试验规程》（DL/T 5355—2006）执行。

（3）移液管法。该法同样基于斯托克斯定律，但它是先计算出 0.075、0.01、0.005、0.002mm 或其他粒径下沉 10cm 所需要的时间，再于上述时间，用容积为 25mL 的移液管吸取该深度的悬液，然后烘干称重，计算百分数。按需要的粒径依次进行沉降、计时、吸液、烘干和称重，就可把不同粒组的质量测定出来，最后再换算成各级粒组占总土质量的百分数。

当大于或小于 0.075mm 的粒组质量超过试样总质量的 10%时，需联合使用筛析法及密度计法或移液管法。

各级粒组占总质量百分数计算出来后，再累计计算小于某粒径的试样质量占试样总质量的百分数，以此为纵坐标、颗粒粒径为横坐标，在单对数坐标纸上绘制土的颗粒大小分布曲线，如图 5-6 所示。

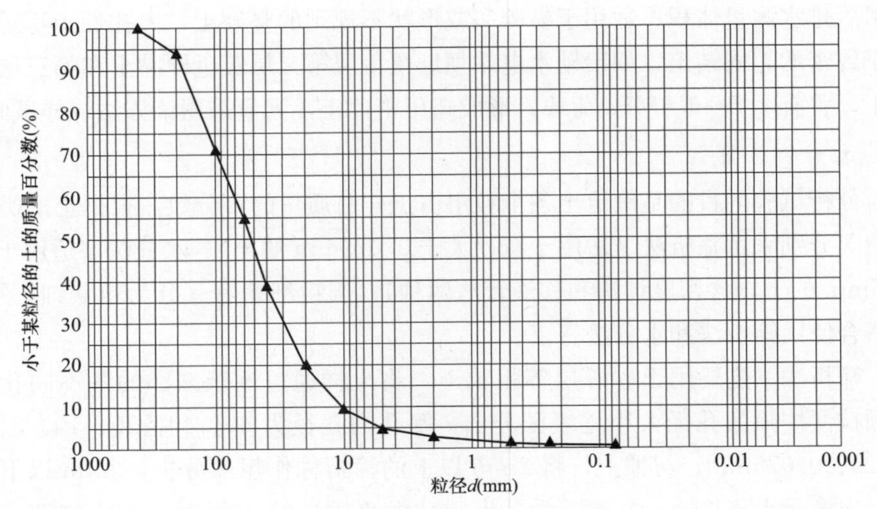

图 5-6　颗粒级配曲线

3. 含水率试验

土的含水率泛指土中水（强结合水、薄膜水、自由水）的质量与固体土颗粒的质量百分比，该指标主要用于换算土的干密度。

常用的试验方法有烘干法、酒精燃烧法、炒干法。对野外用明火有严格限制的区域，后两种方法在现场试验中已较少采用。

（1）烘干法。该方法适用于最大粒径不大于 60mm 的各类土，试验简便，结果稳定。该试验方法需要电力设备（烘箱），故目前惯常做法是现场取样，用塑料袋封装、编号，现场用台秤或天平及时称量，带回室内烘取；试样数量应有代表性，宜多不宜少。土中的自由水在 105～115℃时会蒸发掉，但事实上随着温度的升高，蒸发掉的水量仍有些变化，故 105～115℃只是目前规范用作测含水率设定的标准温度。

（2）酒精燃烧法。该方法适用于细粒土，试验前应检验酒精的纯度，规范要求不得低于 95%，试验过程中注意让试样颗粒均匀受到灼烧。因烘干法对烘干时间有限制，对一般的细粒土，如需快速地获得试验结果，酒精燃烧法时效上有优势。

（3）炒干法。该方法适用于最大粒径不大于 60mm 的粗粒类土，由于试验过程中温度不易控制，实际上主要用于无黏性粗粒土。

（二）荷载试验

1. 试验基本原理

通常覆盖层的荷载试验一般指静力平板荷载试验，它是在一定面积的承压板上，向覆盖层地基土逐级施加法向荷载，观测地基土的变形；可以评定覆盖层作为地基的承载力，预估基础的沉降量，计算地基土的变形模量；根据提供反力装置的不同可分为堆载式、锚拉桩式、试洞式和侧壁摩擦式。平板荷载试验反映承压板下 1.5～2.0 倍承压板直径（或宽度）的深度范围内地基土强度和变形的综合性状。

荷载试验适用于覆盖层的各个地层，但受前期勘探试验成本和开挖条件制约，荷载试验大多局限于在浅部（10m 以内）覆盖层开展。

图 5-7 所示为静力荷载试验装置。

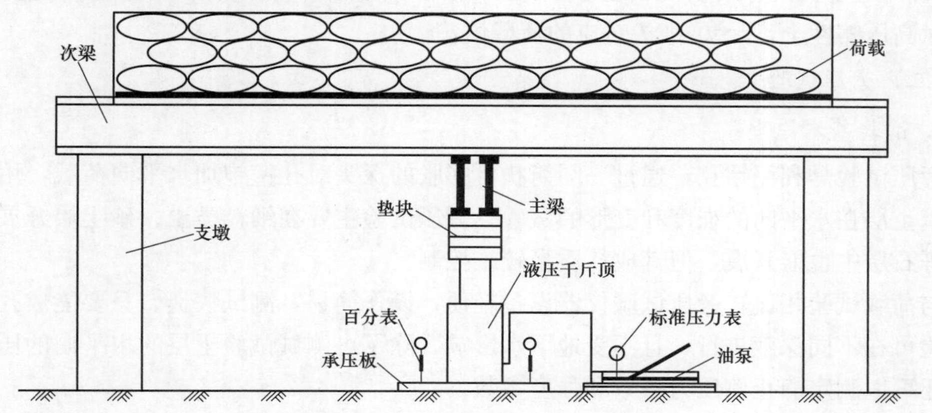

图 5-7　静力荷载试验装置示意图

冶勒水电站初步设计阶段，曾采用自制的钢筋锚拉混凝土桩承载设备开展试验。该设备总出力为2000kN(200t)，主要由十字形钢梁组成反力架，四方钻锚拉孔直径为15.6m，深10～11m；孔内分别插入完成∩形的四根ϕ20mm、总长18～20m的钢筋，浇筑成400号混凝土桩，单桩可承受拉力约450kN(45t)。

2. 试验成果整理

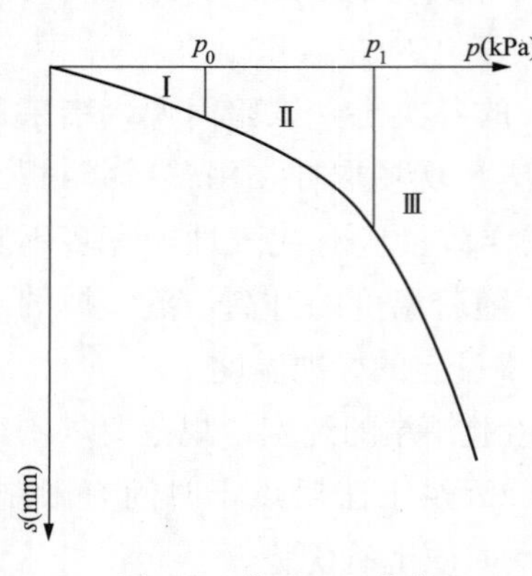

图5-8　典型p-s曲线

荷载试验主要是获取荷载-沉降量（p-s）关系曲线，典型的p-s曲线可分为三个阶段，如图5-8所示：①线性阶段，主要反映承压板下土体的压实；②剪切阶段，土体局部屈服，发生局部剪切破坏；③破坏阶段，土体中产生连续的剪切破坏滑面，承压板周边表现出隆起或裂缝，荷载增量极小，沉降急剧增大。如果p-s曲线产生翘曲，除去与土体本身处于压密阶段外，往往还与每级荷载增量施加过小有关。

变形模量计算公式为

$$E_0=\overline{m}(1-\mu^2)d\frac{\Delta p}{\Delta s} \tag{5-5}$$

式中：E_0为土的变形模量，kPa；$\overline{m}$为承压板形状系数，圆形板取0.785，方形板取0.886；μ为泊松比，漂卵砾石土取0.15～0.27，砂土取0.20～0.30，粉土取0.25～0.35，黏土取0.25～0.40；d为承压板直径（或宽度），cm；$\frac{\Delta p}{\Delta s}$为$p$-$s$曲线线性段斜率，kPa/cm。

承载力特征值确定：

(1) 曲线有明显的直线段，比例界限明确，取该比例界限对应的荷载值。

(2) 当满足终止加荷条件之一时，极限荷载为对应的前一级荷载，且该值小于比例界限荷载的1.5倍，取极限荷载值的一半。

(3) 以沉降标准取值：对低压缩性土和砂土，取$s=(0.01\sim0.015)d$对应的荷载值；对高压缩性土，$s=0.02d$对应的荷载值。

（三）旁压试验

1. 试验基本原理

旁压试验是利用钻孔，通过一圆筒状可膨胀的探头对孔壁施加水平向荷载，用以测定地基土层在水平向的强度和变形的试验。旁压试验主要在细粒类土、砂土层开展，在砂卵砾石层中也能开展，但其成孔质量较难控制。

与荷载试验相比，旁压试验仪器设备轻便，操作简易，测试快捷。只要能成孔，旁压试验可在不同深度进行，且不受地下水影响，除了可测试试验土层的水平向的压缩性外，还可以测定静止侧压力系数和强度参数。

旁压仪器如图5-9所示。

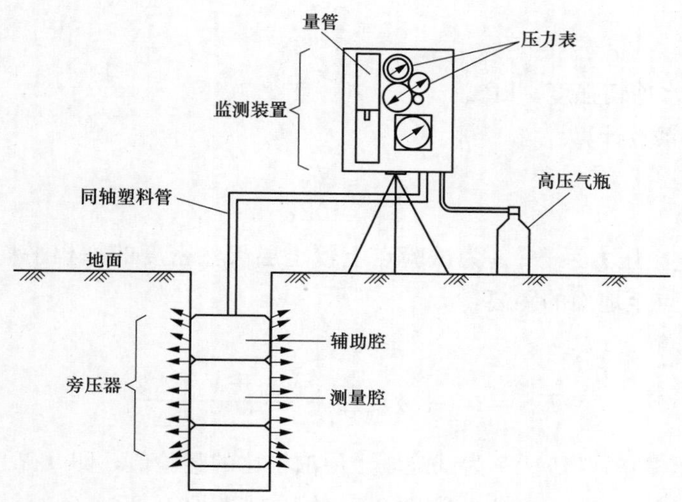

图 5-9　旁压仪器示意图

2. 试验成果整理

旁压试验的目的是获取旁压曲线，如图 5-10 所示。曲线上几个重要特征点及阶段划分：①原点 0 至直线段起点，对应压力 p_{om}，为土体压密阶段；②直线段 p_{om}-p_f，为线性变形阶段，p_f 为临塑压力；③曲线 p_f-p_l 为趋向虚纵轴 p_l 的渐进线，反映的是塑性变形阶段，p_l 为极限压力。V_0 为直线段反向延长线与纵坐标轴的交点，在旁压曲线上对应下来的压力就为初始水平土压力 p_0。

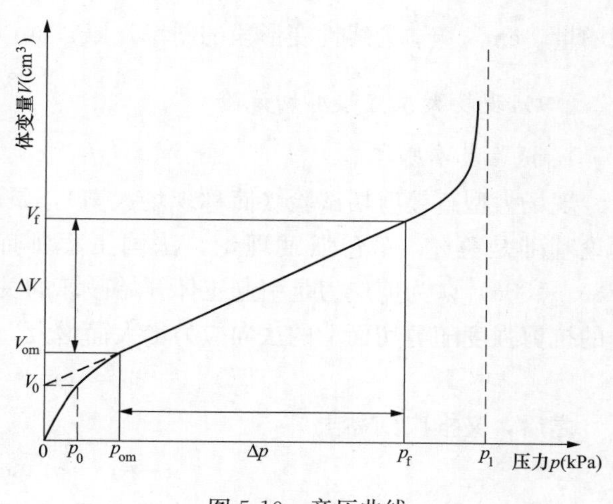

图 5-10　旁压曲线

地基承载力特征值计算：

(1) 临塑压力法

$$f_0 = p_f - p_0 \tag{5-6}$$

式中：f_0 为地基承载力特征值，kPa；p_f 为临塑压力，kPa；p_0 为初始水平土压力，kPa。

(2) 极限压力法

$$f_0 = \frac{p_l - p_0}{F} \tag{5-7}$$

式中：p_l 为极限压力，kPa；F 为安全系数。

不排水剪切强度计算

$$c_u = \frac{p_f p_0}{5.52} \tag{5-8}$$

式中：c_u为不排水剪切强度，kPa。

静止土压力系数计算

$$K_0 = \frac{p_0}{10Z\rho} \tag{5-9}$$

式中：K_0为静止土压力系数；ρ 为试验点上覆土层天然密度的加权平均值，g/cm^3；Z 为旁压器中腔中点至地面的距离，m。

旁压模量计算

$$E_m = 2(1+\mu)\left(V_c + \frac{V_{om} + V_f}{2}\right)\frac{\Delta p}{\Delta V} \tag{5-10}$$

式中：E_m为旁压模量，kPa；μ 为试验段土层泊松比的经验值，卵（碎）石土取 0.15～0.27，砂土取 0.25～0.30，粉土取 0.30，粉质黏土取 0.25～0.35，黏土取 0.25～0.42；V_c为旁压器中腔初始体积，cm^3；V_{om}为 p_{om}对应的体积增量，cm^3；V_f为 p_f对应的体积增量，cm^3；Δp 为旁压试验曲线上直线段的增量，kPa；ΔV 为相应于 Δp 的体积增量，cm^3；$\frac{\Delta p}{\Delta V}$为线性变形段的斜率，kPa/cm^3。

（四）现场大型直接剪切试验

1. 试验基本原理

现场大型直接剪切试验（简称现场大剪），是测试土体抗剪强度的方法之一。试验理论基础是莫尔-库仑强度理论。法国工程师库仑（Charles-Augustin de Coulomb，1736—1806）认为剪应力是引起土体开始破坏的关键，1776 年通过对砂土的试验发现，土的抗剪强度随剪切面上的法向应力增大而增大，得出了抗剪强度的表达式

$$\tau_f = \sigma \tan\varphi \tag{5-11}$$

之后，又推广到黏土

$$\tau_f = c + \sigma \tan\varphi \tag{5-12}$$

式中：τ_f为土的抗剪强度，kPa；σ 为剪切面上的法向应力，kPa；c 为凝聚力，kPa；φ 为内摩擦角，(°)；c 和 φ 统称抗剪强度参数。

2. 试验成果整理

绘制剪应力与水平位移关系曲线，剪应力计算公式为

$$\tau = \frac{Q}{A} \tag{5-13}$$

式中：τ 为剪应力，kPa；Q 为水平荷载，kN；A 为剪切面面积，m^2。

取剪应力与水平位移关系曲线上峰值或稳定值作为抗剪强度；如无明显峰值，取水平位移达到试样长度 10%的剪应力作为抗剪强度。

据上述取值，采用最小二乘法绘制抗剪强度与法向应力关系曲线，法向应力计算公式为

$$\sigma = \frac{P}{A} \tag{5-14}$$

式中：σ 为法向应力，kPa；P 为水平荷载，kN；A 为剪切面面积，m^2。

直线与横坐标轴夹角即为内摩擦角 φ，直线在纵坐标轴的截距则为凝聚力 c。

（五）现场管涌（流土）试验

1. 试验基本原理

根据勘探试验的经验，测试粗粒土的渗透特性常存在的矛盾有：对于弱胶结性的粗粒土层，不但在制取原状样技术上有困难，而且搬运过程中极易受到扰动；另外，土体的结构性对土的渗透特性影响特别大，尤其是土体有层理或薄夹层时，扰动样难以确定土体的渗透性。对于这种情况，只要土层有一定的凝聚力能够制样成型，为了获取其渗透系数 k_{20}、临界比降 i_k 和破坏比降 i_f，了解其渗透破坏形式，可进行现场管涌（流土）试验，又称为现场水平渗透变形试验。

该试验的理论基础是达西定律，即在层流情况下水在土中的渗流流速与水力比降成正比，表达式为

$$v = \frac{q}{A} = ki \tag{5-15}$$

式中：v 为平均流速，cm/s；q 为渗流的水量，cm^3/s；A 为垂直于渗流方向的试样截面面积，cm^2；k 为渗透系数，cm/s；i 为渗透比降。

2. 试验成果整理

各级水头下渗透比降和平均流速计算公式为

$$i = \frac{\Delta H}{L} \tag{5-16}$$

$$v = \frac{q}{A} \tag{5-17}$$

式中：i 为渗透比降；ΔH 为上下游测压管水头差，cm；L 为与水头差 ΔH 对应的渗径，cm；v 为平均流速，cm/s；q 为渗流的水量，cm^3/s；A 为垂直于渗流方向的试样截面面积，cm^2。

标准温度（20℃）时土的渗透系数为

$$k_{20} = \frac{v}{i}\frac{\eta_t}{\eta_{20}} \tag{5-18}$$

式中：k_{20} 为标准温度 20℃时土的渗透系数，cm/s；$\frac{\eta_t}{\eta_{20}}$ 为进出口水温平均值 t 时水的黏滞系数比。

试验时根据式（5-16）、式（5-17）的计算结果绘制渗透比降与渗流速度关系曲线，当曲线斜率开始变化，并观察到细颗粒开始跳动或被水流带出时，认为试样达到临界比降

$$i_{\mathrm{k}}=\frac{i_n+i_{n-1}}{2} \tag{5-19}$$

式中：i_{k}为临界比降，i_n为第n级水头下开始出现细粒或细颗粒群时的比降；i_{n-1}为出现细粒或细颗粒群时前一级的比降。

根据渗透比降与渗流速度关系曲线，开始出现管涌后，继续提高水头，细粒被不断冲走，渗流量变大，当水流重新变得清澈，或表土出现松动迹象时，试样失去抗渗强度，该比降为试样的破坏比降，即

$$i_{\mathrm{F}}=\frac{i_m+i_{m-1}}{2} \tag{5-20}$$

当发生流土破坏时，破坏时的比降不易测得时可取

$$i_{\mathrm{F}}=i_{m-1} \tag{5-21}$$

式中：i_{F}为破坏比降；i_m为第m级水头下破坏时的比降；i_{m-1}为破坏前一级的比降。

3. 原状样试样制备

对于有一定的黏结性的土层，可作短途运输，为方便试验及更好地控制试验条件，可以切取脱离体原状样，现场浇筑封装，搬运到室内开展试验。根据工程需要，可分别制取渗透水流垂直或平行于土层的试样，为方便挖取修整，试样宜为方形且尺寸不小于$30\mathrm{cm}^3\times30\mathrm{cm}^3\times30\mathrm{cm}^3$。

对渗流垂直于土层的试样：先在取样点挖出一长、宽、高均大于预定试样尺寸的土柱，高度上宜最少预留10cm。精修试样至预定尺寸并测记，底部铺垫板，四周架模，模板距试样约5cm，与试样齐高，根据需要预留测压孔。模板和试样间浇筑水泥砂浆，充分振捣排除气泡，环绕试样配置钢筋，重视养护。待水泥砂浆达到一定强度，可拆除模板，斜向下挖出试样底部部分土体，侧翻试样90°；精修试样两端，并测记截面面积，标注水流方向，两端用湿抹布或塑料薄膜蒙盖保护，防止含水散失。搬运时应轻提轻放，下部及四周宜垫隔振砂。

对渗流平行于土层的试样：先顺渗流方向挖出土条，土条要大于试样预定尺寸。精修两侧和顶面，两侧宽度等于试样宽度，高度大于预定试样宽度5cm，测记垂直于渗流方向的试样中部截面面积。立模浇筑两侧和顶部三方，两侧模板距试样5cm，模板高度大于预定试样10cm，顶面高于当前试样顶面5cm，长度为预定试样宽度，根据需要平行于渗流方向设置测压孔。水泥砂浆内宜配置∩形钢筋，两端设置连接钩。待水泥砂浆达到一定强度，可拆除模板切取试样顺水流的两端，并修平保护。斜向下挖出试样底部部分土体，翻转试样180°，试样底部朝上，将土体修正至两侧水泥砂浆下5cm，测记未浇筑两侧的试样截面面积，标注水流方向；扎连接钢筋，回填水泥砂浆至两侧齐平。保持该朝向搬运，轻提轻放，下部及四周宜垫隔振砂。

三、室内试验

（一）制样方法与技术要求

（1）为了解土体的密度、天然含水率、颗粒级配、界限含水率和砂性土的相对密

度、黏性土的矿物成分、化学成分、承载力、变形模量、抗剪强度等，一般在现场从钻孔、浅井和竖井坑中取样，以室内试验为主。

（2）深厚覆盖层室内试验试样主要包括原状样、扰动样，其中细颗粒一般要求取原状样、粗粒土取扰动样。

1）原状样的制备按下列步骤进行：

a. 应辨别土样上下和层次，无特殊要求时，切土方向与天然层次垂直。

b. 同一组试样间密度的差值不宜大于 0.03g/cm³，含水率差值不宜大于 2%。

c. 制样过程中，应观察土样情况，并对层次、结构、气味、颜色、杂质土及土质是否均匀、有无裂缝等进行描述。

2）扰动样的制备除按照土工试验规程操作外，还要符合下列要求：

a. 描述扰动土样的颜色、气味、夹杂物、土类及均匀程度，并充分拌匀，取代表性土样进行含水率测定。

b. 将风干的土样放在橡皮板上用木碾或利用碎土器碾散，碾散时不宜将土颗粒压碎。

c. 试样制备的数量视试验需要而定，同一组试样间的密度和含水率与要求的控制密度和控制含水率之差应分别在±0.01g/cm³和±1%范围以内。

3）称取过筛的风干土样计算加水量后加水，经充分拌匀后装入盛土容器内，润湿一昼夜，并测量含水率。

4）制备试样时，根据制样器容积和控制干密度称取土料，用击实法或静压力法将土料压入制样器内。根据试样厚度分 3～5 层填入，各层接触面应刨毛。

（3）粗粒土试验所用试样中最大粒径往往超过试验仪器设备的尺寸。目前处理超径的基本方法有剔除法、等量替代法和相似法三种。

1）剔除法。将超过仪器容许最大粒径以上的部分完全剔除掉，而把其余部分当作整体，再分别求出各粒组的含量。这种方法最简便，但超粒料的含量过多（>10%）时就不适用；因为去掉含量小于 5%～10%的超粒径，基本上接近于原级配，并且不均匀系数 C_u 变化很小，从而对粗粒土强度变化的影响不大。

2）等量替代法。用仪器容许最粗粒径（60mm）至以下的粗粒（20mm 或 5mm）部分等量替换超粒径，而保持其细粒含量不变，改变粗粒级配、不均匀系数 C_u 及曲率系数 C_c。工程界一般认为，经替代后所得的强度比剔除法更接近于实际，故此法被广为采用。

3）相似法。根据确定的容许最粗粒径，按照几何相似条件，使粒径等比例缩小。此方法增加了细粒含量，但能保持不均匀系数 C_u 和曲率系数 C_c 值不变。一般来讲，细粒含量增加不大于 15%～30%，对力学性质的影响是不明显的。

以上三种基本方法中，等量替代法和相似法都可采用。按国内的实践经验，等量替代法基本上保持了粗、细颗粒的含量比例，能反映出天然土的主要特征，因此对于粗粒土的力学性质试验多采用之。

（二）相对密度试验

1．试验方法及原理

相对密度试验主要获取土体最大及最小孔隙比，以判断和评价土体实际的密实程度。

针对砂土及无黏性粗粒土，常用相对密度试验方法见表5-2。

表5-2　常用相对密度试验方法

指　　标	试验方法
最大孔隙比	量筒倒转法、漏斗法、松砂器法
最小孔隙比	锤击振动法、振动加密法、表面振动法

（1）最大孔隙比试验方法。量筒倒转法、漏斗法、松砂器法是在保持土的原有级配并在颗粒均匀分布的条件下设法求得其最松状态的孔隙比。根据经验，量筒倒转法比其余两个方法可以得到满意的结果。究其原因：①全部颗粒都能得到重新排列的充分机会；②颗粒在重新排列过程中的自由落距较小，因而消除一部分由于自重冲击影响所引起的增密作用。漏斗法受漏斗管径的限制适用于较小颗粒的砂样，且颗粒自由落距较大，易使砂土结构增密。松砂器法因松动砂土范围较小，不能使全部颗粒重新排序，特别对级配不均匀的砂土，效果较差。

（2）最小孔隙比试验方法。表面振动法是较为理想的方法，特别是对于级配不均匀的砂土，能借助于大小颗粒所有的不同振动影响而紧密排列，但此法所需振动加速度较大（约为重力加速度的5倍），振动频率较高，同时在不受约束的条件下及振动加速度不够时，反而能将砂土振松。但对于粗粒无黏性土由于土体自身重力较大，不存在类似问题。因此砂土的最小孔隙比试验往往采用锤击振动法，粗粒无黏性土采用振动加密法（在试样上加一定的荷载，进行振动）。

振动台法系原标准规定的测定粗粒土最大干密度的唯一方法，国内于20世纪80年代开始表面振动法的研究，并应用于许多工程实际，振动台法与表面振动法均是采用振动测定土的最大干密度。前者是整个土样同时受到垂直方向的振动作用，而后者是振动作用自土体表面垂直向下传递。研究结果表明，对于无黏聚性自由排水土，这两种方法对最大干密度试验的测定结果基本一致，但前者试验设备及操作较复杂，后者相对容易，且更接近于现场振动碾压的实际状况。国内外研究成果表明，对于砂、卵、漂石及堆石料等无黏聚性自由排水土的最大干密度，一般采用振动法测定。

2．试验成果整理及分析

孔隙比

$$e_{\max}=\frac{\rho_{w}G_{s}}{\rho_{d\min}}-1 \tag{5-22}$$

$$e_{\min}=\frac{\rho_{w}G_{s}}{\rho_{d\max}}-1 \tag{5-23}$$

相对密度

$$D_r = \frac{e_{max} - e_0}{e_{max} - e_{min}} \tag{5-24}$$

式中：e_{max} 为土的最大孔隙比；e_{min} 为土的最小孔隙比；ρ_w 为水的密度，g/cm^3；G_s 为土粒比重；e_0 为天然孔隙比或填土的相应孔隙比。

根据相对密度进行砂土密实度判断，砂土密实度判断标准见表 5-3。

表 5-3　相对密度判定砂土密实度

D_r	$0 \leqslant D_r \leqslant 1/3$	$1/3 \leqslant D_r \leqslant 2/3$	$2/3 \leqslant D_r \leqslant 1$
密实度	松散	中密	密实

（三）压缩（固结）试验

1．试验方法及原理

土体的压缩是指土体在一定外力作用下发生体积减小、土层压缩的最终状态，与时间无关；而土体固结是指土体在外力作用下体积、孔隙水压力、有效应力等随时间变化的过程。一维压缩与固结试验是将试样放在没有侧向变形的厚壁压缩容器内，分级施加垂直压力，测记加压后不同时间的压缩变形，直到各级压力下的变形量趋于某一稳定标准为止。然后将各级压力下的变形与相应的压力绘制成压缩曲线，从而求得压缩指标，或者测定某级荷载下的沉降和时间的关系，确定固结系数。这种试验所用的金属容器可限制试样，使其始终不可能产生侧向膨胀，故也可称为无侧胀压缩试验。

压缩（固结）试验所用的大型土工压缩固结仪，如图 5-11 所示，试样最大粒径可达 200mm，垂直可加压至 6.4MPa，此种压缩固结仪利用计算机测控系统根据力变形位移测量单元反馈的信息自动对伺服液压站进行加压、补压，并且利用计算机测控系统自动记录试验过程中所有的测量数据，使整个固结试验能够自动完成，无须进行人工操作，大大降低了测试人员的劳动强度。同时，通过计算机测控系统可以很容易地实现高精度的分级加压及补压，使压力保持在相对稳定的范围，使得测试结果更加准确。该固结仪已广泛应用于长河坝等深厚覆盖层水电站的土工试验工作。

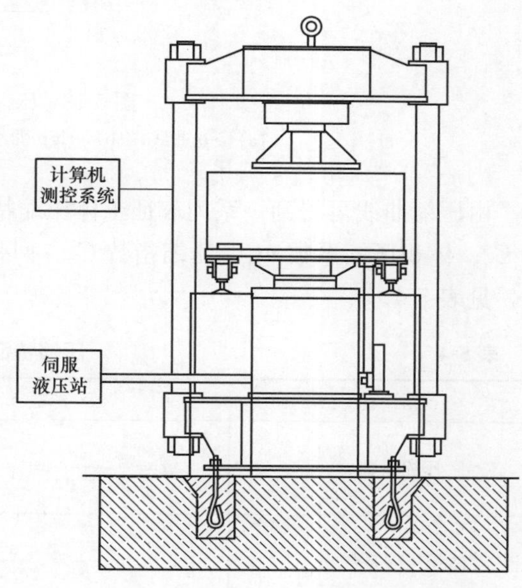

图 5-11　大型土工压缩固结仪

2．试验成果整理及分析

根据压缩（固结）试验可测得每级荷载 p_i 作用下的压缩量 s_i，从而求出相应的孔

隙比 e_i。由（p_i，e_i）可以绘出 e-p 曲线和 e-lg$p$ 曲线（如图 5-12 所示）。如果试验过程中进行卸荷后再加荷，可得到土样的回弹再压缩曲线，如图 5-12（c）所示，该曲线通常为一较窄的滞回圈，e-lg$p$ 曲线可近似为一条直线，该直线比同一荷载范围内的初始压缩曲线平缓得多。

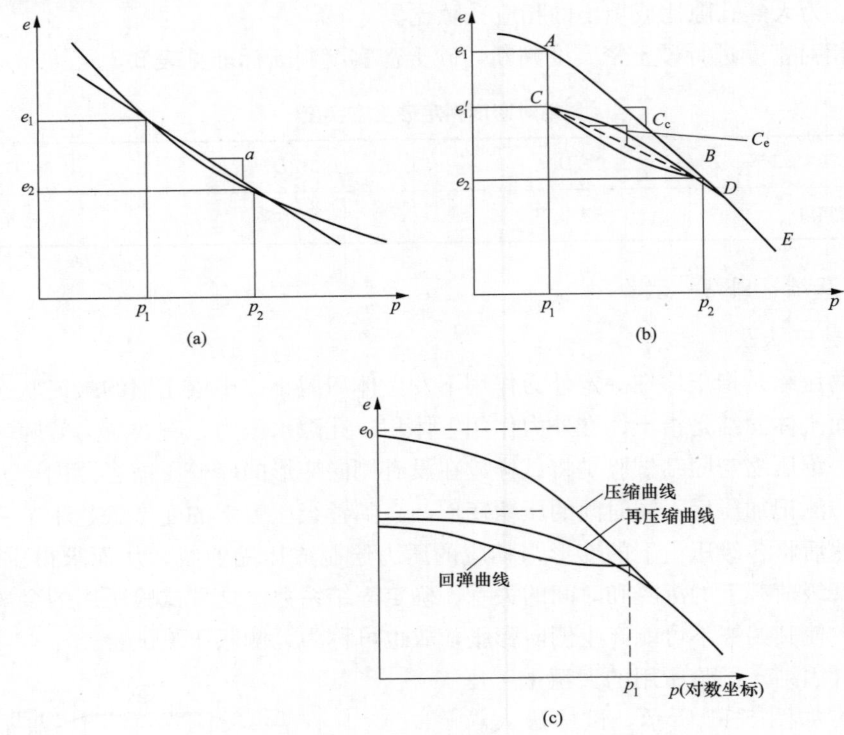

图 5-12　压缩特征曲线

（a）e-p 曲线；（b）e-lg$p$ 曲线；（c）e-p 回弹再压曲线

由压缩曲线可得到一系列表征土体压缩特性的参数，包括压缩系数 a、侧限压缩模量 E_s、体积压缩系数 m_v、压缩指数 C_c、回弹指数 C_e与原状土的先期固结压力 p_c指标等，见表 5-4。

表 5-4　　　　压缩特征参数

指　标	公　式	物理意义
压缩系数 a	$a=\dfrac{e_1-e_2}{p_1-p_2}=-\dfrac{\Delta e}{\Delta p}$	单位有效应力变化时孔隙比的变化。a 越大，表明土的压缩性越高
体积压缩系数 m_v	$m_v=\dfrac{\varepsilon_v}{p}=\dfrac{a}{1+e_0}$	单位有效应力变化时土的体应变或孔隙率的变化。m_v越大，则土的压缩性越高
侧限压缩模量 E_s	$E_s=\dfrac{1}{m_v}=\dfrac{\Delta p}{\Delta\varepsilon}$	无侧向膨胀条件下，垂直压力增量与垂直应变增量之比。E_s越大，表明土的压缩性越低

续表

指　标	公　式	物理意义
压缩指数 C_c	$C_c=\dfrac{e_1-e_2}{\lg\left(\dfrac{p_2}{p_1}\right)}=\dfrac{-\Delta e}{\Delta(\lg p)}$	初始加载时 e-$\lg p$ 曲线的直线段斜率。C_c 越大，表明土的压缩性越高
原状土先期固结压力 p_c	卡萨格兰德作图法求解	土历史上所承受的最大有效应力。可判断土层的应力状态和压密状态
固结系数 C_v	时间平方根法、时间对数法、三点法	反映土体的固结快慢

（四）直剪试验

1. 试验基本原理与方法

土的抗剪强度与剪切面上的法向应力有关，随着法向压力而增大，如图 5-13 所示。法国工程师库仑将抗剪强度作为法向应力的函数，提出了著名的库仑定律。

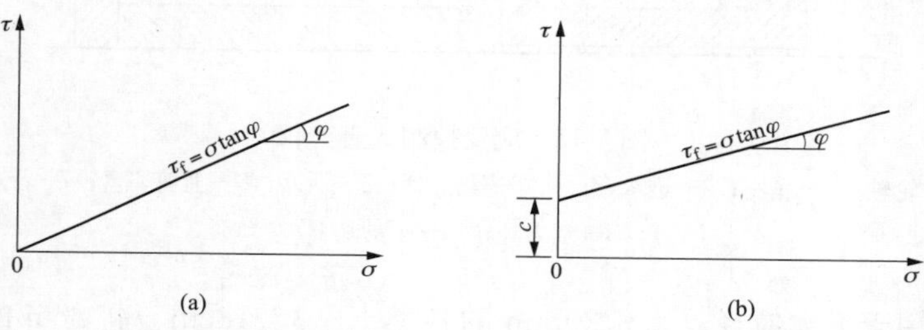

图 5-13　抗剪强度 τ_f 与法向应力 σ 的关系曲线

（a）漂卵砾石、砂土；（b）黏性土、粉土

为了绘制出土的抗剪强度 τ_f 与法向应力 σ 的关系曲线，一般需要采用至少 4 个相同的土样进行直剪试验。其方法是，分别对这些土样施加不同的法向应力，并使之产生剪切破坏，可以得到 4 组不同的 τ_f 和 σ 的数值。然后，以 τ_f 作为纵坐标轴、σ 作为横坐标轴，就可绘制出土的抗剪强度 τ_f 和法向应力 σ 的关系曲线，即

$$\tau_f=\sigma\tan\varphi+c\text{（砂土等无黏性土）}\tag{5-25}$$

$$\tau_f=\sigma\tan\varphi\text{（黏性土、碎石土等）}\tag{5-26}$$

式中：τ_f 为土的抗剪强度，kN/m^2；σ 为土试样所受的法向应力，kN/m^2；φ 为土的内摩擦角（°）；c 为黏性土或粉土的凝聚力，kN/m^2。

土的抗剪强度可分为：①最大抗剪强度，土体在破坏时的极限剪应力。②残余抗剪强度，土体达到强度破坏标准后，抗剪强度随应变增大而达到的最终值。③长期抗剪强度，土的蠕变破坏强度。其中，最大抗剪强度和残余抗剪强度曲线如图 5-14 所示。

应变控制式直剪仪（见图 5-15）由剪切盒、垂直加压设备、剪切传动装置、测力计、位移量测系统（百分表）组成。

根据规格型号及适用最大粒径的限制，目前使用的直剪仪又可分为：ϕ50cm、高 60cm 的大型直剪仪，适用于最大粒径 $d_{max}\leqslant$80mm 的粗粒土；ϕ30cm、高 20mm 的中

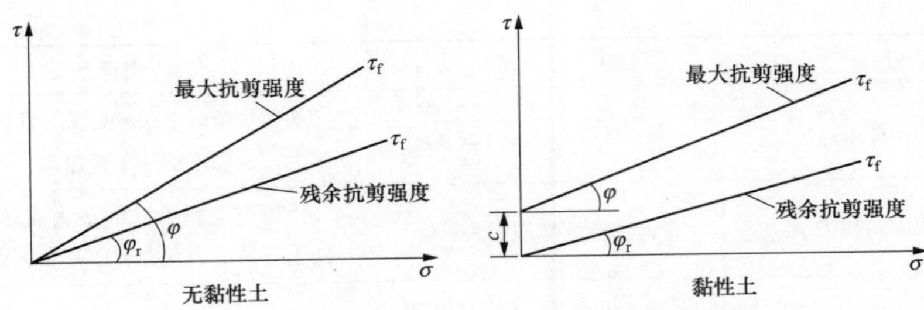

图 5-14　最大抗剪强度和残余抗剪强度曲线

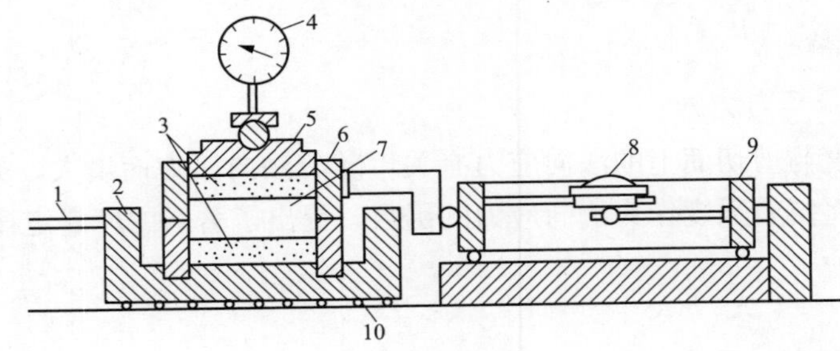

图 5-15　应变控制式直剪仪

1—轮轴；2—底座；3—透水石；4、8—测力计；5—活塞；6—上剪切盒；7—土样；9—量力环；10—下剪切盒

型直剪仪，适用于最大粒径 $d_{\max}\leqslant$20mm 的各类土；ϕ6.18cm、高 2cm 的小型直剪仪，适用于砂土、粉黏土等各种细粒土。

近年来研发的全自动控制应变式大型直剪仪（见图 5-16），可以检测 ϕ50cm×60cm 的土体，试验数据可用于岩土数值模拟分析。该系统能够全自动测试并得到试验结果，可通过计算机进行全自动试验过程控制，可以实时记录并显示试验数据和在线分析试验结果。应力直接通过经过校准的精密应力传感器测量，水平力最大可以达到 100kN，垂直应力最大可达 100kN。

图 5-16　全自动控制应变式大型直剪仪

为尽可能模拟现场覆盖层土体的剪切条件，按剪切的固结程度、剪切时的排水条件及加荷速率，直剪试验可分为快剪、固结快剪和慢剪、残余剪四种方法，不同剪切方法的适用条件见表 5-5。

表 5-5　　不同剪切方法的适用条件

剪切方法	固结条件	排水条件	剪切速率或历时	适用土层
快剪	不固结	不排水	剪切速率 0.5～0.8mm/s，要求 3～5min 内剪损；对淤泥质软土 30～50s 内剪损	土层较厚，广泛适用于漂卵砾石、砂层、渗透性较小的粉土、黏土层、特殊土（如淤泥质软土）等
固结快剪	固结，历时根据土性而定	排水		在自重或上覆压力下已完全固结的土层
慢剪	固结，3～16h	排水	1～4h	已经充分固结的粉、黏土层
残余剪	是	排水	剪切速率 0.02～0.04mm/min	适用于黏粒含量大于 60%或塑性指数大于 45%的黏土层

2. 试验成果整理及分析

直剪试验最终成果反映在抗剪强度的取值上，可分两种情况：①在应力-应变曲线中具有明显峰值的，如黏土、粉土层或部分较为松散的砂土层，取峰值作为抗剪强度值，如图 5-17 所示；②若没有明显峰值但具有稳定值，如砂卵砾石、致密的砂层等取剪应变 15%或试样直径的 1/15～1/10 相应的剪应力作为抗剪强度值，如图 5-18 所示。

以剪应力为纵坐标、剪切位移为横坐标，绘制剪应力与剪切位移关系曲线（见图 5-17），取曲线上剪应力的峰值为抗剪强度，无峰值时，取剪切位移 4mm 所对应的剪应力为抗剪强度。

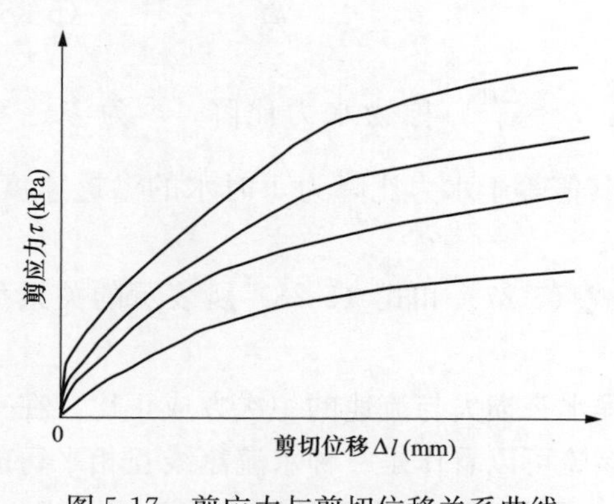

图 5-17　剪应力与剪切位移关系曲线（典型漂卵砾石）

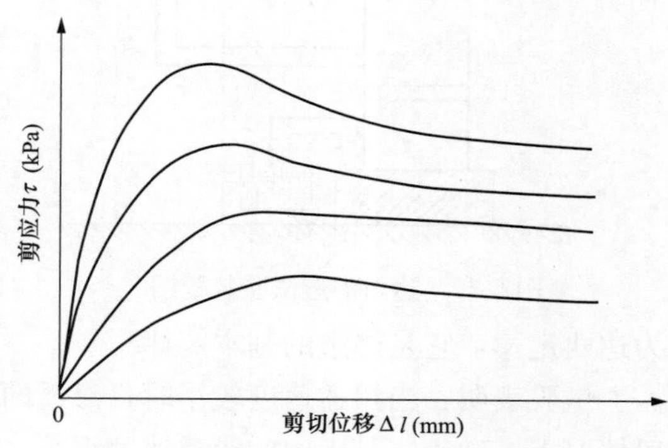

图 5-18　剪应力与剪切位移关系曲线（典型黏土）

以抗剪强度为纵坐标、垂直压力为横坐标，绘制抗剪强度与垂直压力关系曲线（见图 5-19），直线的倾角为内摩擦角，直线在纵坐标上的截距为凝聚力。

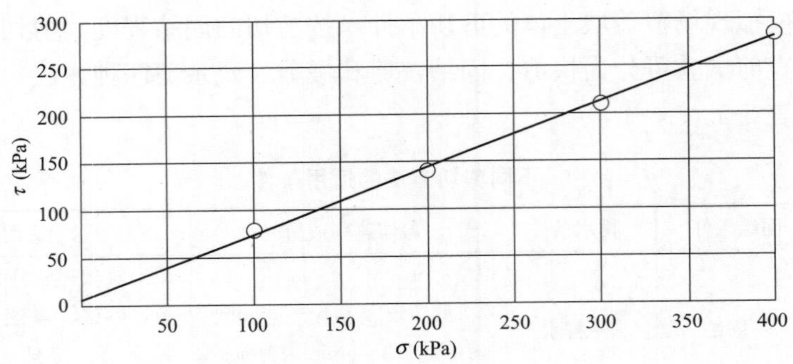

图 5-19 抗剪强度与垂直压力关系曲线

（五）渗透及渗透变形试验

1. 试验基本原理与方法

渗透变形又称为渗透破坏，是指在渗透水流的作用下，土体遭受变形或破坏的现象。土的渗透性是由于土的骨架颗粒之间存在的构造水的通道。土中孔隙水的运动与孔隙水的压力变化，是影响土的力学性质及控制各种水工建筑物设计与施工的主要因素。

为研究土的渗透性，法国科学家达西曾以图 5-20 所示装置进行了水力学试验。此后，达西分析了大量的试验资料，发现土中渗透的渗流量 q 与圆筒断面面积 A 及水头损失 Δh 成正比，与断面间距 l 成反比，即

$$q = kA\frac{\Delta h}{l} = kAi \tag{5-27}$$

或

$$v = \frac{q}{A} = ki \tag{5-28}$$

式中：$i = \frac{\Delta h}{l}$，称为水力比降；k 为渗透系数，其值等于水力比降为 1 时水的渗透速度，cm/s。

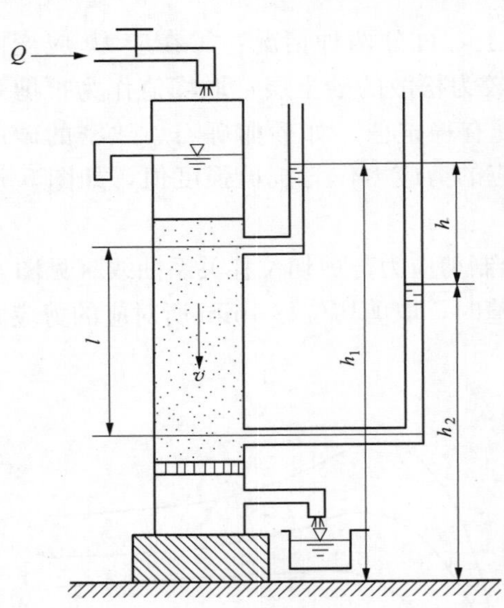

图 5-20 达西渗透试验装置图

式（5-27）和式（5-28）所表示的关系称为达西定律，它是渗透的基本定律。

试验表明，当渗透速度较小时，渗透的沿程水头损失与流速的一次方成正比。在一般情况下，砂土、黏土中的渗透速度很小，其渗流可以看作是一种水流流线互相平行的流动——层流，渗流运动规律符合达西定律，渗透速度 v 与水力比降 i 的关系可在 v-i 坐标系中表示成一条直线，如图 5-21（a）所示。粗颗粒土（如砾、卵石等）的试验结果如图 5-21（b）所示，由于其孔隙很大，当水力比降较小时，流速不大，渗流可认为是层流，v-i 关系呈线性变化，达西定律仍然适用。当水力比降较大时，流速增大，渗流将过渡为不规则的相互混杂的流动形式——紊流，这时 v-i 关系呈非线性变化，达西

定律不再适用。

少数黏土（如颗粒极细的高压缩性土、可自由膨胀的黏性土等）的渗透试验表明，它们的渗透存在一个起始水力比降 i_b，这种土只有在达到起始水力比降后才能发生渗透。这类土在发生渗透后，其渗透速度仍可近似地用直线表示，即 $v=k(i-i_b)$，如图 5-21（a）中曲线 2 所示。

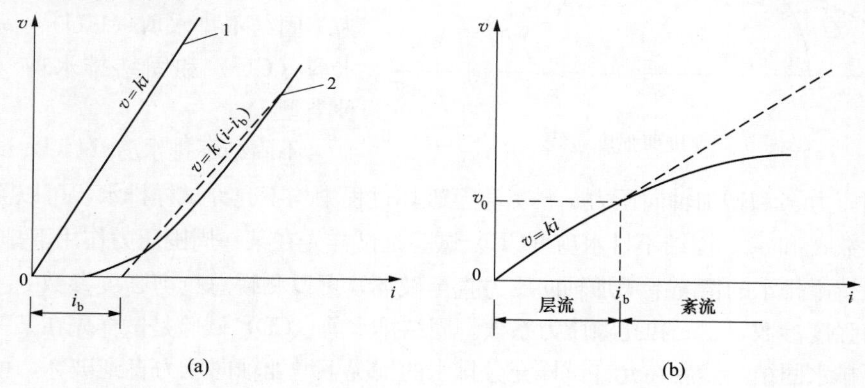

图 5-21　v-i 关系

（a）细粒土的 v-i 关系；（b）粗粒土的 v-i 关系

1—漂卵砾石、砂土、一般黏土；2—颗粒极细的黏土

2. 试验成果整理及分析

渗透变形试验完成后，需要计算渗透系数 k_{20}、临界比降 i_k、破坏比降 i_f。对于联合渗透试验，需要计算破坏比降比。

在双对数纸上，以渗透比降为纵坐标，渗透速度为横坐标，绘制渗透比降与渗透流速的关系图。

根据覆盖层土体破坏形式的不同，如对于漂卵砾石土等，通常的破坏形式为管涌型或过渡型，除了计算渗透系数外，还需要计算临界比降和破坏比降。发生管涌的临界水力比降目前尚无合适的公式可循，主要根据试验时肉眼观察细颗粒的移动现象和借助于水力比降 i 与流速 v 之间的变化来判断管涌是否出现。

（六）静三轴试验

相对于直剪试验，三轴压缩试验有以下优势：不假定破坏面，剪切破坏时的破裂面在试样的薄弱处；能精确求得试样剪切破坏的峰值和残值；能够控制试样含水率和排水状态，对非黏性土也能得到可靠的成果；可以求得土体的非线性本构模型参数，进行应力应变计算；能够控制试样应力路径，进行三轴伸长、等荷载三轴和等加荷比等试验。本文主要讨论常规三轴试验。

1. 试验原理及方法

三轴试验采用圆柱形试样，利用轴对称状态时土样剪切破坏时主应力与抗剪强度之间的关系，即极限平衡条件，通过对圆柱形试样先施加各向相等的周围压力 σ_3，然后在轴向施加偏应力 $\sigma_1-\sigma_3$，最终使土样发生剪切破坏。其破坏面上承受的剪应力即为抗剪强度。依据莫尔-库仑强度理论，对若干个土样进行剪切，作出破坏时的莫尔应力圆，

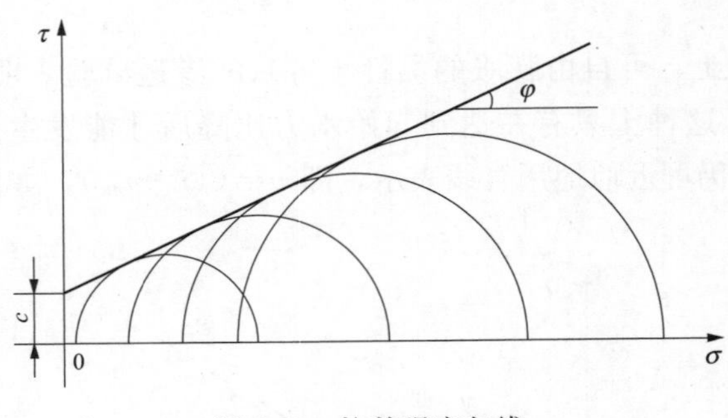

图 5-22　抗剪强度包线

这些圆的公切线即为抗剪强度包线。其在纵轴上的截距即为凝聚力 c，强度包线的倾角即为内摩擦角 φ。抗剪强度包线如图 5-22 所示。

根据排水条件的不同，该试验分为不固结不排水剪（UU）、固结不排水剪（CU）和固结排水剪（CD）3 种类型。

不固结不排水剪（UU）试验是在施加周围压力 σ_3 和增加轴向压力 $\sigma_1-\sigma_3$ 直至破坏过程中均不允许试样排水，可以测得总抗剪强度参数 c_u 和 φ_u。固结不排水剪（CU）试验是试样先在某一周围压力作用下排水固结，然后在保持不排水的情况下增加轴向压力直至破坏，可以测得总抗剪强度参数 c_{cu} 和 φ_{cu} 或有效抗剪强度参数 c'、φ' 和孔隙压力系数。固结排水剪（CD）试验是试样先在某一周围压力作用下排水固结，然后在允许试样充分排水的情况下增加轴向压力直到破坏，可以测得有效抗剪强度参数 c_d、φ_d 和变形参数。

常用的三轴仪，按照轴向应力控制方式的不同，可分为应变控制式三轴仪和应力控制式三轴仪两种。实际使用中多采用应变控制式三轴仪，如图 5-23 所示，主要包括反压力控制系统、周围压力控制系统、压力室、孔隙水压力测量系统和试验机等。

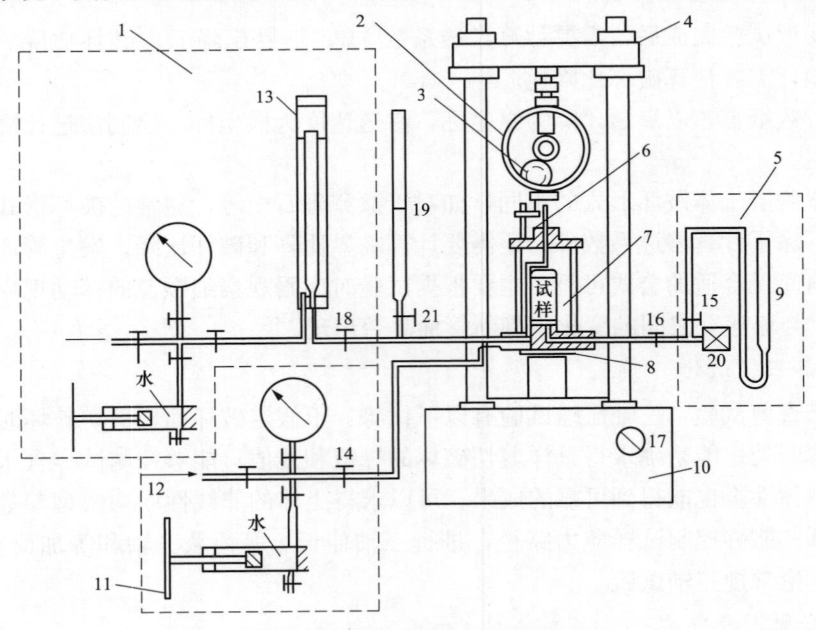

图 5-23　应变控制式三轴仪示意图

1—反压力控制系统；2—轴向测力计；3—轴向位移计；4—试验机横梁；5—孔隙压力测量系统；6—活塞；7—压力室；8—升降台；9—量水管；10—试验机；11—周围压力控制系统；12—压力源；13—体变管；14—周围压力阀；15—量管阀；16—孔隙压力阀；17—手轮；18—体变管阀；19—排水管；20—孔隙压力传感器；21—排水管阀

三轴试验影响因素及适用条件见表 5-6。

表 5-6　　　　三轴试验影响因素及适用条件

试验方法	力学指标	工况	土类	计算方法
UU	c_{uu}，φ_{uu}	施工	黏性土	总应力法计算稳定
UU 测孔压	c'，φ'		黏性土 S_r＜80％	有效应力法计算稳定
CU	c_{cu}，φ_{cu}	水位降落	黏性土	总应力法计算稳定
$\overline{CU}$	c'，φ'	施工	黏性土 S_r＞80％	有效应力法计算稳定
		稳定渗流和水位降落	黏性土	
CD	φ'，φ_0'，$\Delta\varphi'$	施工	无黏性土	
		稳定渗流和水位降落	无黏性土	
	c'，φ'	稳定渗流和水位降落	黏性土	
	c、φ、k、n、R_f、D、G、F、K_b、m	施工	无黏性土	计算应力应变本构关系
		稳定渗流和水位降落	无黏性土、黏性土	

2. 试验成果整理及分析

(1) 孔隙水压力系数的计算。孔隙水压力系数 A 和 B 由下列公式计算

$$A=\frac{u_d}{B(\sigma_1-\sigma_3)} \tag{5-29}$$

$$B=\frac{u_c}{\sigma_3} \tag{5-30}$$

式中：u_c和 u_d分别为试样在周围压力 σ_3和主应力差 $\sigma_1-\sigma_3$作用下产生的孔隙水压力，kPa。

(2) 强度参数的计算。以主应力差 $\sigma_1-\sigma_3$或有效主应力比 σ_1'/σ_3' 的峰点值作为破坏点。如 $\sigma_1-\sigma_3$和 σ_1'/σ_3' 均无峰值，应以应力路径的密集点或按一定轴向应变（一般可取 $\varepsilon_1=15\%$，经过论证也可根据工程情况选取破坏应变）相应的 $\sigma_1-\sigma_3$或 σ_1'/σ_3' 作为破坏强度值。

对于 UU、CU、CD 剪切试验，以法向应力 σ 为横坐标，剪应力 τ 为纵坐标。在横坐标上以 $(\sigma_{1f}+\sigma_{3f})/2$ 为圆心，$(\sigma_{1f}-\sigma_{3f})/2$ 为半径（下标 f 表示破坏时的值），绘制破坏总应力圆后，作诸圆包线。该包线的倾角为内摩擦角，包线在纵轴上的截距为凝聚力，见图 5-24。

对于$\overline{CU}$剪切试验，则可确定试样破坏时的有效应力。以有效应力 σ'为横坐标，剪应力 τ 为纵坐标，在横坐标轴上以 $(\sigma_{1f}'+\sigma_{3f}')/2$ 为圆心，以 $(\sigma_{1f}-\sigma_{3f})/2$ 为半径，绘制不同周围压力下的有效破坏应力圆后，作诸圆包线。包线的倾角为有效内摩擦角 φ'，包线在纵轴上的截距为有效凝聚力 c'。

(3) 本构模型参数计算。土体不是完全弹性体，除了时间效应以外，还具有非线性、弹塑性等特性。描述土的非线性应力-应变关系的模型很多，较普遍采用的为邓肯-张提出的双曲线模型。其主要实质在于假定土的应力-应变之间具有双曲线的性质。邓肯-张模型又细分为 E-μ 模型和 E-B 模型，其参数确定方法简述如下：

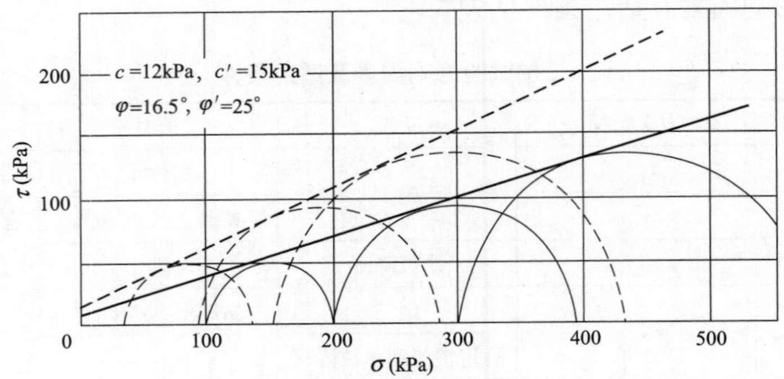

图 5-24　三轴试验剪强度包线

1）E-μ 模型。

a. 切线弹性模量

$$E_t = Kp_a\left(\frac{\sigma_3}{p_a}\right)^n \times \left[1-\frac{R_f(\sigma_1-\sigma_3)(1-\sin\varphi)}{2\cos\varphi+2c\sigma_3\sin\varphi}\right]^2 \tag{5-31}$$

$$R_f = \frac{(\sigma_1-\sigma_3)_f}{(\sigma_1-\sigma_3)_{ult}} \tag{5-32}$$

式中：E_t为切线弹性模量，kPa；σ_3为周围压力，kPa；p_a为大气压力，kPa；R_f为破坏比；φ 为土的内摩擦角，(°)；c 为土的凝聚力，kPa；K、n 为试验常数。

b. 切线泊松比

$$\mu = \frac{G-F\lg\left(\frac{\sigma_3}{p_a}\right)}{(1-A)^2} \tag{5-33}$$

$$A = \frac{D(\sigma_1-\sigma_3)}{Kp_a\left(\frac{\sigma_3}{p_a}\right)^n\left[1-\frac{R_f(\sigma_1-\sigma_3)(1-\sin\varphi)}{2c\cos\varphi+2c\sigma_3\sin\varphi}\right]} \tag{5-34}$$

式中：G、D、F 为试验常数；其余符号同上。

c. 试验常数 R_f、K、n、D、G、F 。σ_3为常量时，三轴试验的应力-应变关系近似为双曲线，即有

$$\sigma_1-\sigma_3 = \frac{\varepsilon_1}{\alpha+b\varepsilon_1} \tag{5-35}$$

变换坐标得

$$\frac{\varepsilon_1}{\sigma_1-\sigma_3} = a+b\varepsilon_1 \tag{5-36}$$

在以 $\varepsilon_1/(\sigma_1-\sigma_3)$ 为纵坐标，ε_1为横坐标的坐标系中，式（5-36）为以 a 为截距，b 为斜率的直线，从而可以求得：初始切线模量 $E_i=1/a$；主应力差极限值 $(\sigma_1-\sigma_3)_{ult}=1/b$ ，代入式（5-32）即可求得 R_f。

根据简布对压缩试验的研究表明，初始切线模量与固结压力存在以下关系

$$\lg\frac{E_i}{p_a} = \lg K + n\lg\frac{\sigma_3}{p_a} \tag{5-37}$$

K、n 可通过 $\lg\frac{E_i}{p_a}$-$\lg\frac{\sigma_3}{p_a}$ 关系图确定。

假定轴向应变 ε_a 与侧向应变 ε_r 呈双曲线关系，于是有

$$\frac{\varepsilon_r}{\varepsilon_a}=f+D\varepsilon_r \tag{5-38}$$

式中：f 为初始切线泊松比，同 μ_i。在 $\frac{\varepsilon_a}{\varepsilon_r}$-$\varepsilon_r$ 关系图中，可求得 D。

G、F 按照下式确定

$$\mu=G-F\lg\left(\frac{\sigma_3}{p_a}\right) \tag{5-39}$$

绘制 μ_i-$g\ \frac{\sigma_3}{p_a}$ 关系图，即可求得 G、F。

2）E-B 模型。E-B 模型切线弹性模量的求取方法与 E-μ 模型相同，切线体积模量按下式计算

$$B_t=K_b p_a\left(\frac{\sigma_3}{p_a}\right)^m \tag{5-40}$$

式中：B_t 为切线体积模量；K_b、m 为试验常数。

作 $\lg B_i$-$\lg\sigma_3$ 关系曲线图即可求得 K_b、m。其中

$$B_i=\frac{\sigma_1-\sigma_3}{3\varepsilon_v} \tag{5-41}$$

式中：B_i 为初始体积模量；ε_v 为与应力水平对应的体积应变。

（七）动三轴试验

1. 试验原理及方法

动三轴试验实质是在静态土力学的基础上，考虑地震、列车、波浪等动荷载的叠加作用，主要从土性条件、动力作用、应力状态和排水条件四个方面进行模拟。

(1) 土性条件。主要指土体的粒度、湿度、密度和结构。对于原状土样，需注意减少扰动；对于扰动土样，需要控制含水率和密度；对于饱和土，主要控制密度。

(2) 动力作用。主要模拟动力作用的波形、振幅、方向和持续时间。Seed 将地震随机波转化为等效谐波，谐波幅值剪应力 $\tau_a=0.65\tau_{max}$，谐波等效循环数为 N，按照地震等级确定（6.5、7、7.5、8 级时分别对应 8、12、20、30 次），频率通常采用 1～2Hz。

(3) 应力状态。主要是模拟土在静、动条件下实际所处的应力状态。由于地震作用在水平剪切波向上传播，故在任意深度 z 的水平面上，地震前正应力为自重应力，剪应力为零；地震时正应力为自重应力，剪切应力为动剪切应力。

在动三轴试验中，用等压固结时 45°面上的应力来模拟这种应力状态，即当 $\sigma_{1c}=\sigma_{3c}=\sigma_0$ 时，45°面上的法向应力 $\sigma_\alpha=\sigma_0$，$\tau_\alpha=0$；地震作用时，$\sigma_{1d}=\sigma_{1c}\pm\sigma_d$，$\sigma_{3d}=\sigma_{3c}\mp\sigma_d$，45°面上的法向应力 $\sigma_\alpha=\sigma_0$，$\tau_\alpha=\tau_d=\sigma_d/2$。这要求采用双向激振的动三轴仪才能实现。

实际使用中常用单向振动的动三轴来模拟这种应力状态，理论和实践表明：单向振

动三轴实际效果与双向作用时相同。单向振动应力状态为：振动时 $\sigma_1=\sigma_{1c}\pm\sigma_d$，$\sigma_3=\sigma_{3c}$，45°面上的应力 $\sigma_\alpha=\sigma_0\pm\sigma_d/2$，$\tau_\alpha=\tau_d=\sigma_d/2$。

（4）排水条件。主要模拟由于不同排水边界对于地震作用下孔压发展的实际速率的影响。动强度和动模量试验在不排水工况下进行，动残变试验在排水工况下进行。

图 5-25 所示为动三轴仪，可分为电液激振式和电磁激振式。

(a)

(b)

图 5-25　动三轴仪

（a）小型动三轴仪；（b）大型动三轴仪

动三轴试验适用土层见表 5-7。

表 5-7　　**动三轴试验适用土层**

适用土层	动模量和阻尼比	动强度	动残余变形
黏土	☆		★
粉土	★	☆	★
砂类土	★	★	★
砾类土	★	★	★
卵（碎）石土	☆		☆

注　★表示符适合，☆表示比较符适合。

2. 试验成果整理及分析

（1）动强度试验。动强度试验以试样动应变 $\varepsilon_d=5\%$或孔隙水压力等于周围压力作为破坏控制标准。动强度试验一般绘制成不同固结应力、不同固结比的动剪应力与振次关系曲线和破坏时动孔压与振次关系曲线。

根据需要也可以整理成为动凝聚力和动摩擦角。其求取方法为：绘制不同固结应力比下的 $\sigma_d/2\sigma_0$-$\lg N_f$曲线簇（见图 5-26），在给定振动次数 N_f下，可求得相应的动应力 $\sigma_d/2\sigma_0$，对于给定的 σ_0，可以算出 σ_d由 K_c 计算得到 σ_{1c}，进而绘制以 $\sigma_{1d}=\sigma_{1c}+\sigma_d$为大主应力，以 $\sigma_{3d}=\sigma_{3c}$为最小主应力的莫尔圆（见图 5-27）。对不同固结应力作出上述莫尔圆时，即可作出包线获得动凝聚力和动摩擦角。

（2）动残余变形试验。动残余体积应变增量 $\Delta\varepsilon_v$ 和残余剪切应变增量 $\Delta\gamma_s$ 按下式计算

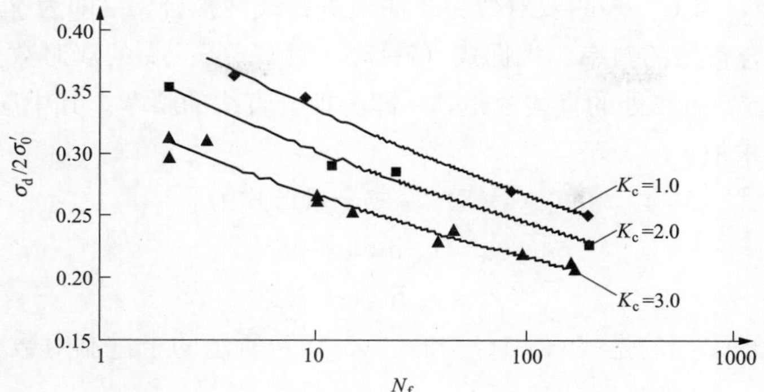

图 5-26　不同固结应力下的 σ_d-lgN_f 曲线簇

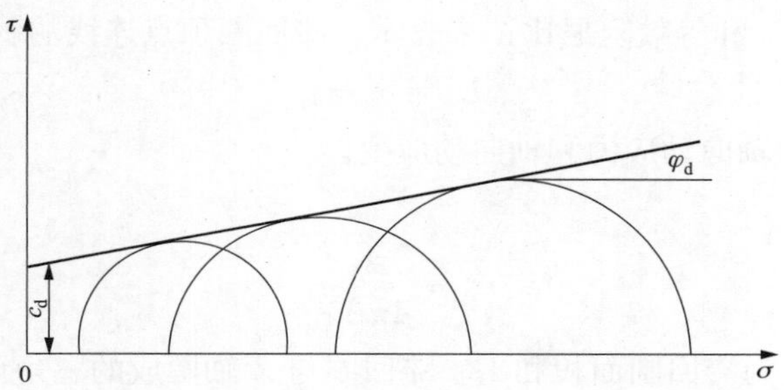

图 5-27　不同固结应力下的莫尔圆

$$\Delta\varepsilon_v = c_1 (\gamma_d)^{c_2} \exp(-c_3 S_1) \frac{\Delta N_1}{1+N_1} \tag{5-42}$$

$$\Delta\gamma_s = c_4 (\gamma_d)^{c_5} S_1 \frac{\Delta N_1}{1+N_1} \tag{5-43}$$

式中：ΔN_1 和 N_1 为等效振动次数的增量和累加量；c_1、c_2、c_3、c_4、c_5 为计算参数。

残余应变的发展大致符合半对数衰减规律，但初期的体积应变慢于半对数规律，而剪切应变则初期快、后期慢。设 c_{vr} 和 c_{dr} 分别为各试验曲线在半对数坐标上的斜率，则残余应变为

$$\varepsilon_{vr} = c_{vr} \lg(1+N) \tag{5-44}$$

$$\gamma_r = c_{dr} \lg(1+N) \tag{5-45}$$

其次，将 c_{vr} 和 c_{dr} 表示为动剪应变幅值 γ_d 的函数，用剪应力比或应力水平 $S_1(=\tau/\tau_f)$ 代替 K_c，可使表达更为清晰。因此，建议经验公式

$$C_{vr} = c_1 \gamma_d^{c_2} \exp(-c_3 S_1) \tag{5-46}$$

$$C_{dr} = c_4 \gamma_d^{c_5} S_1 \tag{5-47}$$

等向固结时 $S_1=0$，故式（5-46）、式（5-47）分别退化为 $C_{vr}=c_1\gamma_d^{c_2}$ 和 $C_{dr}=0$。

不同应力比（应力水平）对 C_{vr} 影响很小，故可假定 S_1 对 C_{vr} 无影响，即式（5-46）中的 $c_3=0$。

由式（5-46），对 C_{vr}-γ_d的双对数关系曲线进行线性拟合，c_1 即为 $\gamma_d=1\%$处的直线截距，c_2 即为拟合直线的斜率。根据式（5-47），对 C_{dr}/S_l-γ_d 的双对数关系曲线进行线性拟合，c_4 即为 $\gamma_d=1\%$处的直线截距，c_5 即为拟合直线的斜率。其中应力水平 S_l 根据静三轴试验结果求取。

应该指出，式（5-44）和式（5-45）写成全量形式为

$$\varepsilon_{vr}=c_{vr}\ln(1+N) \tag{5-48}$$

$$\gamma_r=c_{dr}\ln(1+N) \tag{5-49}$$

由于参数整理采用的是式（5-44）和式（5-45）所示的十进制对数坐标，故应将试验整理得到的 c_1、c_4 乘以 0.4343 倍。

（3）动模量及阻尼比试验。

1）动模量 E_d 和动剪模量 G_d。将轴向应力和轴向应变的滞回性和非线性近似地用等效线弹性动模量 E_d 和等效阻尼比 λ 来表示。滞回圈顶点连线的斜率为动模量 E_d，即

$$E_d=\sigma_d/\varepsilon_d \tag{5-50}$$

式中：σ_d和 ε_d分别为轴向动应力和轴向动应变。

阻尼比 λ 为

$$\lambda=\frac{A_L}{4\pi A_T} \tag{5-51}$$

式中：A_L和 A_T分别为滞回圈面积和 1/4 滞回圈与 x 轴围成的三角形面积。

假定材料符合线弹性关系，可将动模量 E_d转化为动剪模量 G_d，即

$$G_d=\frac{E_d}{2(1+\mu)} \tag{5-52}$$

且有

$$G_d=\tau_d/\gamma_d E_d=\sigma_d/\varepsilon_d \tau_d=\sigma_d/2 \tag{5-53}$$

得到动剪应变 γ_d

$$\gamma_d=(1+\mu)\varepsilon_d \tag{5-54}$$

模量比为

$$R_G=G_d/G_{do} R_E=E_d/E_{do} R_G=R_E \tag{5-55}$$

依据上述各式绘制曲线 G_d-γ_d、λ-γ_d、R_G-γ_d。

2）初始动模量 E_{do}、初始动剪模量 G_{do}。初始动模量 E_{do}、初始动剪模 G_{do}是 $\varepsilon_d\to 0$ 的模量，由于土体此时处于弹性状态，因此也称弹性模量或最大模量。所以在应变足够小的条件下求取的 E_d才能作为 E_{do}，这样才符合原本物理定义中将 $\varepsilon_d\to 0$ 的 E_d作为 E_{do}（E_{dmax}）的要求。

3）最大阻尼比 λ_{max}。阻尼比 λ 随变形增加而增加，按式（5-51）整理计算的结果，试验点离散性较大，因此采用 Hardin 的建议

$$\lambda=\lambda_{max}(1-R_G) \tag{5-56}$$

式中：模量比 R_G（或 R_E）由图查得或计算得到。λ_{max}的取值是，当 $\varepsilon_d>10^{-3}$时试验点变化较小，曲线趋于平缓，取其渐进线作为 λ_{max}。

4）K、K'、n。相同应变水平时，E_d或G_d随σ_{3c}增加而增加，且呈指数形式发展，其关系可表达为

$$E_{do}=K_{E1}p_a\left(\frac{\sigma_{3c}}{p_a}\right)^n \tag{5-57}$$

$$G_{do}=K_{G1}p_a\left(\frac{\sigma_{3c}}{p_a}\right)^n \tag{5-58}$$

初始剪应力明显影响动模量，一方面是初始剪应力τ_{fo}的作用，使土粒滑移，土骨架变形趋于更加稳定的状态；另一方面由于试样的平均应力$\sigma_m=\frac{1}{3}(\sigma_{1c}+2\sigma_{3c})$增加，$E_d$也随之增大。考虑这些因素，将式（5-57）、式（5-58）变为

$$E_{do}=K_{E2}p_a\left(\frac{\sigma_{3c}}{p_a}\right)^n(K_c)^m \tag{5-59}$$

$$G_{do}=K_{G2}p_a\left(\frac{\sigma_{3c}}{p_a}\right)^n(K_c)^m \tag{5-60}$$

其中，多数土体的$m=0.4\sim0.7$。

将式（5-57）、式（5-58）中的σ_{3c}换为σ_m，且考虑相同应变水平时，E_d或G_d随σ_m增加而增加，其规律呈指数形式增长，则表达为

$$E_{do}=K_{E1}p_a\left(\frac{\sigma_m}{p_a}\right)^n \tag{5-61}$$

$$G_{do}=K_{G1}p_a\left(\frac{\sigma_m}{p_a}\right)^n \tag{5-62}$$

第三节　联合现场及室内试验的邓肯-张本构模型参数

对于修建于覆盖层上的土石坝工程而言，其应力变形分析和综合评价结果的可靠性，主要取决于计算所采用的土体本构模型是否能真实地反映材料的应力应变特性，以及模型参数的确定是否能反映土体的原位情况。

由于结构、颗粒大小及级配等的改变，室内人工模拟试验确定的土静力、动力工程特性与原位土体实际的工程力学特性可能会存在较大的差别，因此，如何充分利用现场和室内试验各自的优势，将两者有机地结合起来，通过联合室内和现场试验来综合研究土体本构模型及确定模型参数已成为今后发展的一个重要方向。

一、密实度与变形模量相关性分析

下面结合双江口水电站砂卵石料，对现场和室内试验方法进行介绍。

1. 模型设计

室内模拟深厚覆盖层的旁压试验和动力触探试验在模型箱体中进行，由于砂砾石属于粗粒料，尺寸效应对试验成果的影响较大，同时还要承受较大的上覆压力，因此要求模型箱体具备一定的尺寸和较强的刚度，箱体内尺寸为0.84m×0.86m×1.05m，制作

材料采用 60mm 厚的钢板。

模型加压系统采用 4 个 50t 千斤顶组成的自反力系统，反力架在加压盖上对称布置，加压盖对角设置位移测量系统，在加压盖的几何中心预留旁压（或动探）孔。

2. 上覆压力选择

在模型试验中，现场砂砾石层的深度是通过在模型上方施加一定的上覆压力来实现的，上覆压力取值为第②、③层砂砾石的平均深度处的自重压力值。室内模型试验成果为了与现场原位测试数据相比较，第②、③层砂砾石的平均深度取在双江口水电站坝址区进行的现场旁压试验点的平均测试深度。

第②层砂砾石层旁压试验点 58 个，平均测试深度为 25.3m，最大测试深度为 39.4m。上覆压力值为平均测试深度乘以浮重力密度（干密度取 2.00g/cm^3，孔隙比按照 0.35 进行计算）得到 312kPa。为探讨上覆压力对试验成果的影响，同时反映最大埋置深度砂砾石的受力状态，第②层砂砾石的模型试验上覆压力取 300kPa 和 600kPa。

同理，第③层砂砾石层平均测试深度为 8.8m，最大测试深度为 18.3m。上覆压力值为平均测试深度乘以浮重力密度得到 110kPa，模型试验的上覆压力取 110kPa 和 220kPa。

3. 级配和密度选择

根据地质勘探资料，砂砾石第②、③层级配曲线如图 5-28 所示，考虑第③层级配的上包线、平均线与第②层级配的平均线、下包线基本相同，因此，模型料级配选定第②层的上包线、平均线、下包线及第③层的下包线 4 种级配。现场砂砾石有较大粒径，为保证试验成果的稳定性，剔除 60mm 以上的颗粒，进行当量换算所得级配即为模型试验材料的级配。

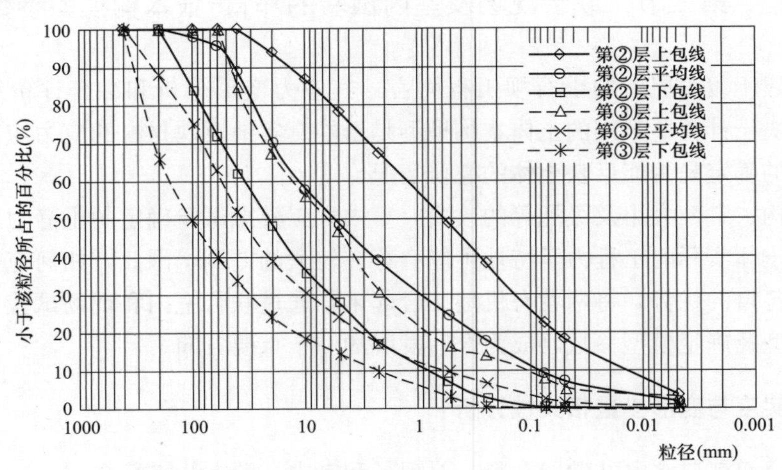

图 5-28 双江口水电站坝址区覆盖层砂砾石级配曲线

粗粒料粒径大，目前还无法对其实物试样进行力学性质试验，常采用缩尺后试验结果来推求实际材料的力学性质。缩尺主要会影响材料的轴向应变与体应变及弹性压缩模量（且影响局限于加荷情况），但对峰值强度无甚影响。国内外许多学者研究过径径比

（即最大允许粒径与试样直径之比 $d_{\max}/D$）的问题，目前采用值为0.2。常用的级配模拟方法主要有3种，即相似级配法、等质量替代法和剔除法。相似级配法虽可保持原始级配不均匀系数及曲率系数不变，但却使得细粒料含量增大，难免影响材料的工程性质；等质量替代法虽保持细粒料含量一定，但却造成粗颗粒含量均化，使粗细颗粒填充关系变差，也会影响材料的工程性质。剔除法仅适用于超径料含量较少的材料。由此可知，这3种方法都有其局限性。该次模型试验砂砾石超径料含量较少，级配采用剔除法。

4. 室内旁压试验

按照选取的级配配制砂砾石试样进行相对密度试验，测得该级配下的砂砾石最大干密度和最小干密度。计算当压实度为86.4%、88.6%、91.3%、95.3%时所对应的砂砾石密度，提出砂砾石装样的控制密度。

将旁压探头的保护管（开缝钢管）预埋于模型中间，并与加压盖和封盖中心圆孔对应，将模型总的砂砾石量分成6～8层（视装样密度而定），每层按照选取级配和控制密度进行配制和装样，逐层夯实。然后加水排气饱和，并加上加压盖，进行加压，压力分别模拟25.0m（300kPa）和50.0m（600kPa）深度的砂砾石，第③层模拟8.8m（110kPa）和17.6m（220kPa）深度的砂砾石，加压后将旁压探头置于保护管内，进行旁压试验，每组旁压试验做2级上覆压力。旁压试验在上级压力测试完后，卸掉旁压压力，重新加上覆压力，进行下一级压力的旁压试验，按照压力从小到大依次进行试验，直至完成。

为确定砂砾石料的旁压模量与材料的密度、级配、上覆压力的相关关系，采用不同密度和级配的双江口河谷覆盖层砂砾石料在室内制作了一系列河谷覆盖层模型，在模型上进行旁压试验。

大渡河双江口水电站坝址区内河谷覆盖层共进行了8孔103点旁压试验，较充分地反映了坝址区内河谷覆盖层各层土体的变形特性。经统计分析，坝址区河谷覆盖层旁压试验成果见表5-8。

表5-8　双江口水电站坝址区河谷覆盖层旁压试验成果

分层序号	地质分层	试验统计点数	旁压模量（MPa）
③	漂卵砾石	24	6.59～47.12 17.47（14.17）
②	（砂）卵砾石层	58	5.71～21.11 12.79（11.97）
①	漂卵砾石层	21	10.98～29.13 15.68（13.90）
汇总		103	5.71～47.12 14.47（13.47）

注　例如，$\frac{6.59 \sim 47.12}{17.47(14.17)}$ 代表的含义是 $\frac{\text{最小值} \sim \text{最大值}}{\text{平均值(标准值)}}$。

根据室内旁压模型试验所得成果，可以推测覆盖层第②、③层砂砾石的密度参数，见图5-29。采用平均级配线来体现第②、③层砂砾石的级配，利用现场旁压试验值的平均值和室内旁压试验密度与旁压值曲线来推求现场的砂砾石密度分别为 2.03、2.14g/cm^3。

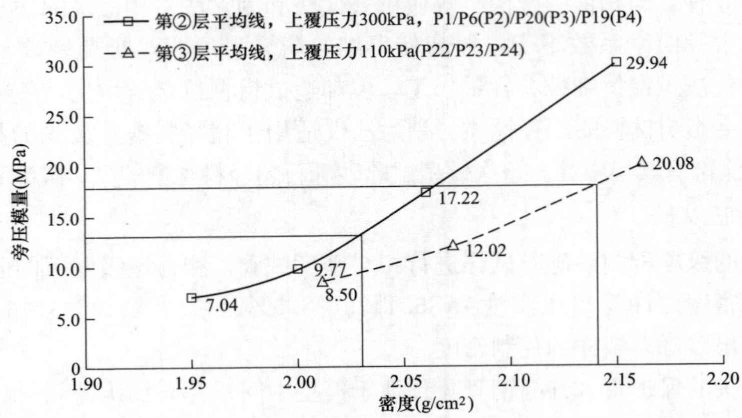

图 5-29　利用室内旁压试验成果推求现场砂砾石密度参数示意图

二、静力本构模型及其参数确定

目前，在土体的静力本构模型研究方面，主要分为非线性弹性模型及弹塑性模型两类。其中邓肯-张非线性弹性模型（包括 E-μ 及 E-B 模型），由于能反映土体的非线性变形特性，而且形式简单、参数确定方便，在长期实践中也积累了丰富的使用经验，因而在土石坝静力应力变形计算中得到了广泛的应用。

1. 邓肯-张 E-B 模型

邓肯-张模型基本假定是由康纳（Kondner）提出的土的应力-应变双曲线关系，即在周围压力 σ_3 为常数时的三轴压缩试验中，主应力差 $\sigma_1-\sigma_3$ 与轴向应变 ε_a 可以用下式表示

$$\sigma_1-\sigma_3=\frac{\varepsilon_a}{a+b\varepsilon_a} \tag{5-63}$$

理论上，$\frac{1}{a}=\lim\limits_{\varepsilon_a\to 0}\left\{\frac{\mathrm{d}(\sigma_1-\sigma_3)}{\mathrm{d}\varepsilon_a}\right\}$，为最大弹性模量；$\frac{1}{b}=\lim\limits_{\varepsilon_a\to\infty}(\sigma_1-\sigma_3)$，为最大强度。实际应用中常将方程式变换为直线的形式

$$\frac{\varepsilon_a}{\sigma_1-\sigma_3}=a+b\varepsilon_a \tag{5-64}$$

式中，a 和 b 可以通过对试验测得的应力-应变关系数据按线性回归分析得到，典型试验结果如图 5-30 所示。该模型假定，固结排水三轴压缩试验中主应力差与轴向应变之间的关系为双曲线，这种假定与实际情况存在较大的差别，特别是当试验密度较大、轴向应变较小（如 ε_a 为 1×10^{-2} 以下）时，情况则更为严重。可见，只有当应变 ε_a 大到一定程度时，这种线性关系才比较符合实际。因此，邓肯-张建议在实际使用时，取 0.7 与 0.95 破坏强度的两点来确定这条直线。这样确定的直线关系仅适合于 ε_a 较大（如 $\varepsilon_a\geqslant 2\times10^{-2}$）的情况，所确定的最大弹性模量$\frac{1}{a}$一般都会远小于小应变时的实测值（有时仅为实测值的 1/10）。因此，对于 ε_a 较小（如 $\varepsilon_a<2\times10^{-2}$）的情况，这种方法确定

的应力-应变关系是不符合实际的。特别是对于试样密度较大、结构较强的土体，情况更为严重。

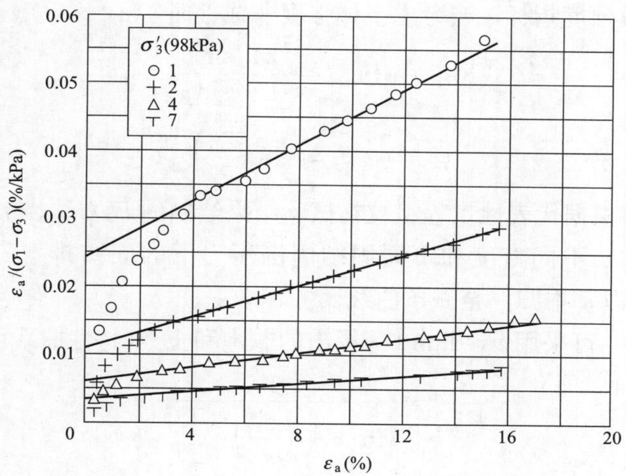

图 5-30　$\varepsilon_a/(\sigma_1-\sigma_3)$-$\varepsilon_a$ 关系典型试验曲线

大量计算经验表明，土石坝及地基中正常荷载下的应变都是较小的，一般为 10^{-4}～10^{-3}量级，很少达到 10^{-2}量级，因此在使用这一模型时，其不足之处是显而易见的。

2. 新静力本构模型

为了更合理地表示应变较小时土体的应力-应变关系，将 σ_3 为常数的三轴剪切试验结果用割线模量 $E_s=(\sigma_1-\sigma_3)/\varepsilon_a$ 与轴向应变 ε_a 的对数关系来表示，典型结果如图 5-31 所示。

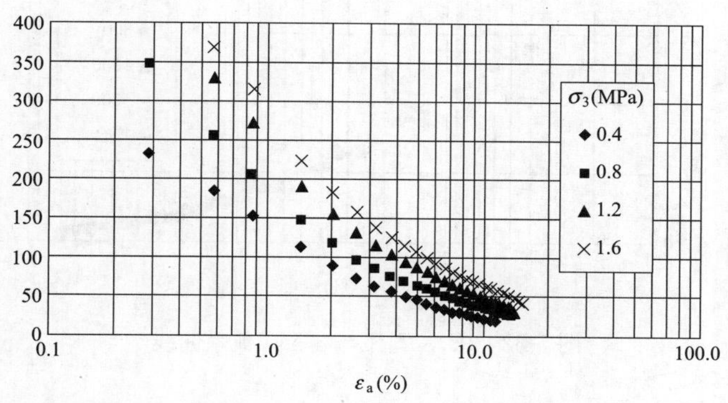

图 5-31　E_s-ε_a 关系曲线典型试验结果

为了考虑固结压力、干密度及级配等因素的影响，可进一步将 E_s-ε_a 曲线表示成 E_s/E_{max}与 $\varepsilon_a/\varepsilon_r$ 的关系曲线，用 E_{max}和 ε_r 进行归一化处理。这里 E_{max}为应变 ε_r 很低（如 1×10^{-5}）时的变形模量，称为最大弹性模量。这时土体处于线弹性阶段，切线模量 E_t 、割线模量E_s及 E_{max}理应是一致的。$\varepsilon_r=(\sigma_1-\sigma_3)_{max}/E_{max}$，称为轴向参考应变；$(\sigma_1-\sigma_3)_{max}$为破坏时的主应力差。根据莫尔-库仑定律，$(\sigma_1-\sigma_3)_{max}$可由下式确定

$$(\sigma_1-\sigma_3)_{\max}=\frac{2c'\cos\varphi'+2\sigma'_3\sin\varphi'}{1-\sin\varphi'} \tag{5-65}$$

φ' 及 c' 为有效强度指标，当考虑土体强度非线性时，$(\sigma_1-\sigma_3)_{\max}$ 可表示成

$$(\sigma_1-\sigma_3)_{\max}=\frac{2\sigma'_3\sin\varphi'}{1-\sin\varphi'} \tag{5-66}$$

$$\varphi'=\varphi'_0-\Delta\varphi\lg\left(\frac{\sigma'_3}{p_a}\right) \tag{5-67}$$

图 5-32 所示为根据代表性工程粗粒料试验结果绘制的 $E_s/E_{\max}$ 与 $\varepsilon_a/\varepsilon_r$ 的关系曲线。

由图 5-32 可知，不同密度和不同固结周围压力下的固结排水三轴剪切试验数据 $E_s/E_{\max}$-$\varepsilon_a/\varepsilon_r$ 可以基本归一至一条曲线。

归一后的曲线，可采用 Fredlund 等提出的非饱和土-水特性曲线函数的形式来描述

$$\frac{E_s}{E_{\max}}=\frac{1}{\left\{\ln\left[e+\left(\frac{\varepsilon_a}{\alpha\varepsilon_r}\right)^{\beta_1}\right]\right\}^{\beta_2}} \tag{5-68}$$

式中：α、β_1、β_2 为拟合参数。

图 5-32 中同时给出了试验结果与式（5-68）的拟合情况，可见拟合曲线与试验结果适线性很好。将 $E_s=(\sigma_1-\sigma_3)/\varepsilon_a$ 代入式（5-68），有

$$(\sigma_1-\sigma_3)=\frac{\varepsilon_a E_{\max}}{\left\{\ln\left[e+\left(\frac{\varepsilon_a}{\alpha\varepsilon_r}\right)^{\beta_1}\right]\right\}^{\beta_2}} \tag{5-69}$$

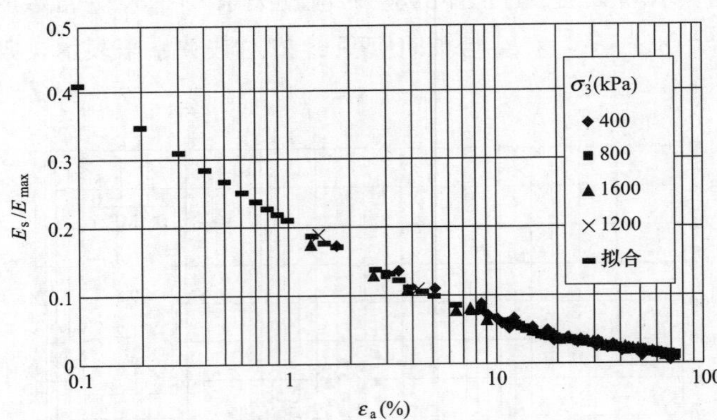

图 5-32　$E_s/E_{\max}$ 与 $\varepsilon_a/\varepsilon_r$ 关系曲线

此时，切线模量 E_t 为

$$E_t=\frac{d(\sigma_1-\sigma_3)}{d\varepsilon_a}=\frac{E_{\max}\left\{\ln\left[e+\left(\frac{\varepsilon_a}{\alpha\varepsilon_r}\right)^{\beta_1}\right]\right\}^{\beta_2}\left\{1-\frac{\beta_1\beta_2}{\left[e+\left(\frac{\varepsilon_a}{\alpha\varepsilon_r}\right)^{\beta_1}\right]\ln\left[e+\left(\frac{\varepsilon_a}{\alpha\varepsilon_r}\right)^{\beta_1}\right]}\cdot\left(\frac{\varepsilon_a}{\alpha\varepsilon_r}\right)^{\beta_1}\right\}}{\left\{\ln\left[e+\left(\frac{\varepsilon_a}{\alpha\varepsilon_r}\right)^{\beta_1}\right]\right\}^{2\beta_2}} \tag{5-70}$$

式（5-70）即为一种新的本构模型。在实际使用时，因为式中含有 ε_a，需对每一级荷载通过迭代法进行计算，即先假定 E_s 或 E_t 的值，进行有限元计算，得到各单元的 ε_a 后，再根据 ε_a 值确定 E_s 或 E_t，重复计算，最后使两次计算得到的 ε_a 值相等。

图 5-33 所示为根据式（5-70）通过反算得到的不同固结应力条件下的应力-应变关系曲线，结果表明新的模型与试验结果吻合很好。

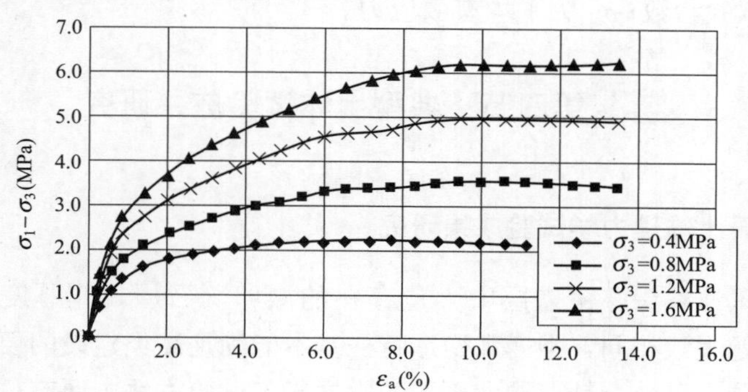

图 5-33　$(\sigma_1-\sigma_3)$-ε_a 关系曲线

3. 新模型中各参数的确定方法

由于受原状土取样、试样代表性及试验仪器尺寸等因素的限制，室内试验只能对人工模拟级配的试样进行重塑样试验。这种室内试验没有考虑实际土体的原位结构性及粒径缩尺的影响，同时试样的代表性及密度的离散性也会使试验结果与实际土体的工程力学特性产生显著差别。

考虑这些因素的影响，对于新的静力本构模型，提出了采用联合现场原位试验及室内模型试验结果，来综合确定模型参数的方法。

在新的静力本构模型中，需确定的模型参数包括最大变形模量 E_{max}、有效强度参数（φ' 及 c' 或 φ_0'、$\Delta\varphi$）、曲线特征参数（α、β_1 和 β_2）及体积模量 K_b、m。

E_s/E_{max}-$\varepsilon_a/\varepsilon_r$ 归一化的试验结果可由室内人工模拟料试验方法得到，用于归一的 E_{max} 应采用室内人工模拟料波速试验或共振柱试验确定。模型中的参数 α、β_1 和 β_2 则可根据室内试验结果通过采用阻尼最小二乘非线性优化拟合方法确定。

已有的研究成果表明，这种归一化曲线受结构性、颗粒大小及级配等因素的影响很小。因此，可以认为原位土体与室内模拟土料的 E_s/E_{max}-$\varepsilon_a/\varepsilon_r$ 归一化曲线关系是基本一致的。在此基础上，以土层实际的 E_{max} 代替室内试验的 E_{max} 值，联合式（5-66），就可以得到实际土体的静力本构关系。

土层实际的 E_{max} 可由现场波速试验（如跨孔法）获得的剪切波波速 v_s 及压缩波波速 v_p 来确定

$$G_{max}=\rho v_s^2 \tag{5-71}$$

$$E_{max}=2(1+\mu)G_{max} \tag{5-72}$$

$$\mu=(v_p^2-2v_s^2)/2(v_p^2-v_s^2) \tag{5-73}$$

E_{max} 也可由现场旁压试验结果，通过反分析确定。

通过对不同埋深土层的 E_{max} 实测结果进行整理，可将 E_{max} 表示为平均有效应力 σ_0' 的关系

$$E_{max}=Kp_a\left(\frac{\sigma_0'}{p_a}\right)^n \tag{5-74}$$

式中：K、n 为试验参数；σ_0' 为平均有效应力。

第四节　典型土体试验成果研究

一、漂卵砾石土物理力学试验成果研究

我国西南地区河谷深厚覆盖层中大量存在的漂卵砾石层，其厚度、埋深、结构特征、工程地质问题大致相同，强度和变形特征基本能满足高坝建设的要求，主要存在渗漏和渗透稳定问题。目前，针对漂卵砾石的常规土工试验方法主要有：对于覆盖层的浅部土层，可采用大型荷载试验获得土层承载力和变形模量，采用现场原位渗透及渗透变形试验获得土层临界比降、破坏比降及渗透系数（有时采用联合渗透和有上覆压力下的渗透变形试验），有时也用原位大剪成果复核变形计算；对于覆盖层的深部土层，多采用钻孔旁压或动力触探获得不同深度的变形模量或承载力。

结合大渡河流域泸定、深溪沟、长河坝、黄金坪、双江口、猴子岩等水电站深厚覆盖层基坑开挖，对覆盖层不同深度的土层进行现场及室内试验，其中猴子岩、长河坝、深溪沟等水电站利用坝基基坑开挖后的深部漂卵砾石层进行现场及室内试验。考虑常规试验一般在10m左右进行，故将浅部和深部的分界定在埋深10m（本节将埋深小于或等于10m统称为浅部漂卵砾石，埋深大于10m统称为深部漂卵砾石）。通过总结大量覆盖层试样的物理力学特性、渗透特性，并分析浅部土层和深部同类土层的相关关系，整理出一套能较准确反映坝基漂卵砾石覆盖层试验成果的统计值。

（一）基本物理性质成果统计

浅部探坑样、深部开挖样及钻孔样的物理性质成果共有549组试验值，包括天然湿密度、干密度、孔隙比、比重、颗粒级配。

1. 浅部土层物理性质

浅部漂卵砾石层试验成果进行统计汇总，其密实度统计成果见表5-9，漂卵砾石层物理力学性质试验统计成果见表5-10，浅部漂卵砾石土颗粒分析曲线见图5-34。

浅部土层干密度在1.89～2.41g/cm^{3}之间，平均为2.18g/cm^3，变异系数为0.042，变异性很小；在颗粒级配包络线特征中，大于200mm的漂石含量在0%～36.0%，平均为11.2%；200～60mm卵石含量在11.0%～25.9%，平均为25.0%；60～2mm砾石含量在32.0%～55.0%，平均为43.9%；2～0.075mm砂含量在6.5%～24.0%，平均为17.5%；小于0.075mm的细粒含量在0.5%～10.0%，平均为1.5%；小于5mm的颗粒含量在11.0%～42.0%，平均为23.6%。上包线、平均线、下包线分类定名分

别为卵石混合土、卵石混合土、混合土漂石。

表 5-9　　　　浅部漂卵砾石层密实度成果

评价指标	比重 G_s	干密度 ρ_d(g/cm^3)	孔隙比 e
统计组数	405	339	339
最大值	2.87	2.41	0.43
最小值	2.62	1.89	0.13
样本平均值	2.74	2.18	0.26
标准差	—	0.093	0.056
变异系数	—	0.042	0.21
变异性评价	—	很小	中等

表 5-10　　　　漂卵砾石层物理力学性质试验成果

项目	试验组数	物理性指标				比重 G_s	颗粒级配组成（%）					小于5mm含量（%）	不均匀系数 C_u	曲率系数 C_c	分类名称	
		湿密度 ρ_w (g/cm^3)	干密度 ρ_d (g/cm^3)	孔隙比 e	含水率 w （%）		>200mm	200～60mm	60～2mm	2～0.075mm	<0.075mm				典型土名	分类符号
上包线							0	11.0	55.0	24.0	10.0	42.0	200.0	1.9	卵石混合土	SlCb
平均线	405	2.23	2.18	0.26	2.3	2.74	11.2	25.0	43.9	17.5	1.5	23.6	96.2	3.0	卵石混合土	SlCb
下包线							36.0	25.9	32.0	6.5	0.5	11.0	41.2	2.2	混合土漂石	BSl

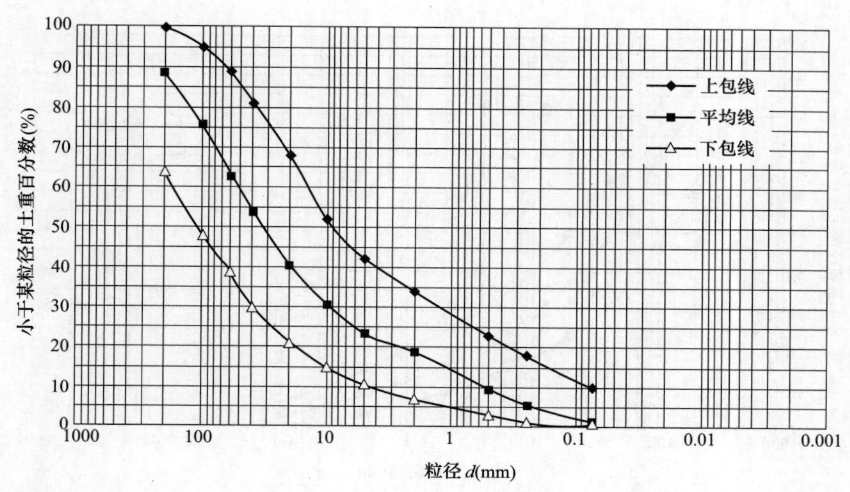

图 5-34　浅部漂卵砾石土颗粒分析曲线

2. 深部土层物理性质

进行深部漂卵砾石层试验成果统计汇总，漂卵砾石土密实度成果见表 5-11，漂卵砾石土物理力学性质试验成果见表 5-12，漂卵砾石土颗粒分析曲线见图 5-35。

表 5-11　　深部漂卵砾石土密实度成果

评价指标	比重 G_s	干密度 ρ_d(g/cm³)	孔隙比 e
统计组数	255	166	166
最大值	2.84	2.45	0.39
最小值	2.70	1.95	0.10
样本平均值	2.77	2.25	0.24
标准差		0.086	0.052
变异系数		0.038	0.22
变异性评价		很小	中等

表 5-12　　漂卵砾石土物理力学性质试验成果

项目	试验组数	物理性指标					颗粒级配组成（%）					小于5mm含量（%）	不均匀系数 C_u	曲率系数 C_c	分类名称	
		湿密度 ρ_w (g/cm³)	干密度 ρ_d (g/cm³)	孔隙比 e	含水率 w (%)	比重 G_s	>200mm	200~60mm	60~2mm	2~0.075mm	<0.075mm				典型土名	分类符号
上包线							0	17.0	50.5	21.5	5.0	32.5	101.8	1.4	卵石混合土	SlCb
平均线	255	2.29	2.25	0.23	2.0	2.77	17.4	22.0	40.8	14.4	1.2	22.1	77.2	2.0	卵石混合土	SlCb
下包线							40.0	26.1	29.0	8.5	0.5	13.0	72.7	2.5	混合土漂石	BSl

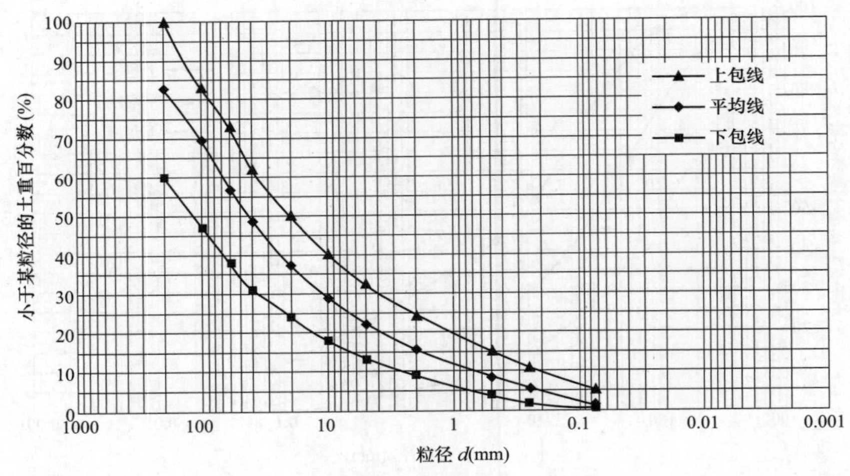

图 5-35　深部漂卵砾石土颗粒分析曲线

深部土层探坑样干密度在1.95～2.45g/cm³之间，平均为2.25g/cm³；包络线特征中，大于200mm的漂石含量在0%～40.0%，平均为17.4%；200～60mm卵石含量在17.0%～26.1%，平均为22.0%；60～2mm砾石含量在29.0%～50.5%，平均为40.8%；2～0.075mm砂含量在8.5%～21.5%，平均为14.4%；小于0.075mm的细粒含量在0.5%～6.0%，平均为1.2%；小于5mm的颗粒含量在13.0%～32.5%，平均为22.1%；上包线、平均线、下包线分类定名分别为卵石混合土、卵石混合土、混合土漂石。

3. 钻孔样物理性质

进行漂卵砾石土钻孔样试验成果统计汇总，密实度成果见表5-13，物理力学性质试验成果见表5-14，颗粒分析曲线见图5-36。

钻孔样干密度在1.73～2.30g/cm³之间，平均为2.11g/cm³；包络线特征中，大于200mm的漂石含量在0%～36.0%，平均为5.6%；200～60mm卵石含量在3.0%～26.0%，平均为24.4%。60～2mm砾石含量在31.0%～49.0%，平均为43.8%；2～0.075mm砂含量在6.5%～30.0%，平均为21.4%。小于0.075mm的细粒含量在0.5%～18.0%，平均4.7%；小于5mm的颗粒含量在11.0%～59.0%，平均为33.6%。上包线、平均线、下包线分类定名分别为粉土质砾、卵石混合土、混合土漂石。

表5-13　漂卵砾石土密实度成果

评价指标	比重 G_s	干密度 ρ_d（g/cm³）	孔隙比 e
统计组数	168	44	44
最大值	2.84	2.30	0.38
最小值	2.62	1.73	0.15
样本平均值	2.72	2.11	0.27
标准差		0.114	0.062
变异系数		0.054	0.23
变异性评价		小	中等

表5-14　漂卵砾石土物理力学性质试验成果

项目	试验组数	物理性指标				比重 G_s	颗粒级配组成（%）					小于5mm含量（%）	不均匀系数 C_u	曲率系数 C_c	分类名称	
		湿密度 ρ_w（g/cm³）	干密度 ρ_d（g/cm³）	孔隙比 e	含水率 w（%）		>200mm	200～60mm	60～2mm	2～0.075mm	<0.075mm				典型土名	分类符号
上包线								3.0	31.0	30.0	18.0	59.0	230.6	1.1	粉土质砾	GC
平均线	168	2.17	2.11	0.28	2.7	2.72	5.6	24.4	43.8	21.4	4.7	33.6	188.7	1.4	卵石混合土	SlCb
下包线							36.0	26.0	49.0	6.5	0.5	11.0	40.0	1.9	混合土漂石	BSl

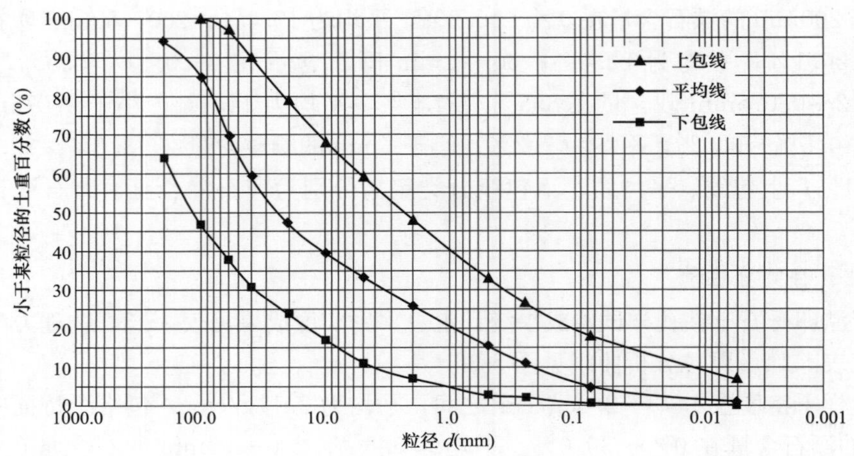

图 5-36 漂卵砾石土颗粒分析曲线

4. 物理性质成果对比分析

通过颗粒级配、密实度的最大值、最小值、平均值、标准差、变异系数等统计分析，表明浅部、深部及钻孔样的物理性质存在差异性。

(1) 颗粒级配。评价粗粒土的工程地质特性，离不开土体的颗粒级配。深部漂卵砾石级配由于勘测手段限制，难以采取直接取样的方式，往往通过钻孔取心来完成。而钻孔取心由于孔径小、取心率差等因素导致试验级配差异较大。

统计多个水电站工程覆盖层颗粒级配平均线，采用算数平均值为基础，按 90% 的保证率计算上、下包线，得出颗粒分析曲线，见图 5-37。浅部样、深部样、钻孔样小于 5mm 的颗粒分布百分比见表 5-15，其特征粒径见表 5-16。

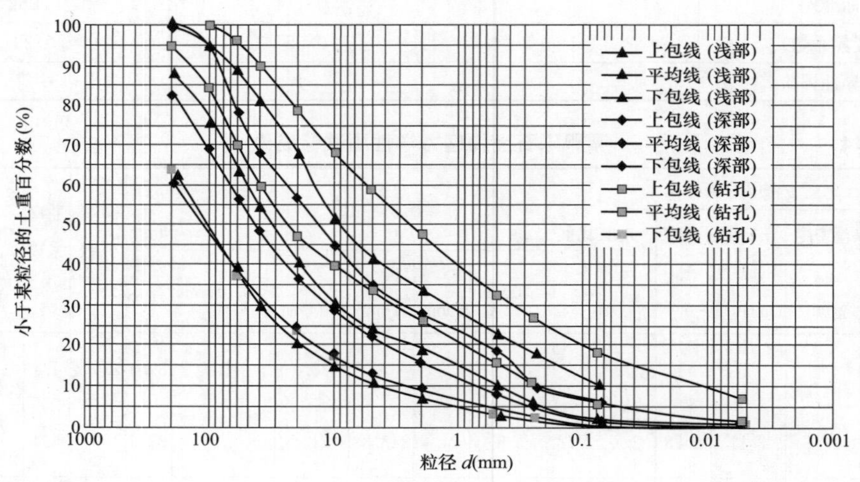

图 5-37 漂卵砾石土浅部、深部、钻孔取样物性颗分包络线对比

表 5-15　　深厚覆盖层浅部、深部、钻孔样小于 5mm 的颗粒分布百分比

土体类比	小于 5mm 的颗粒范围划分（%）				
	<15	15～25	25～35	35～45	>45
浅部样	7	58	27	7	1
深部样	11	58	30	2	0
钻孔样	11	23	26	17	23

表 5-16　　深厚覆盖层浅部、深部、钻孔样特征粒径

土体类别	包络线	d_{10}（mm）	d_{30}（mm）	d_{60}（mm）	不均匀系数 C_u	曲率系数 C_c
浅部样	上包线	0.1	1.5	15.0	200.0	1.9
	平均线	0.6	9.5	53.5	96.2	3.0
	下包线	4.3	40.0	175.0	41.2	2.2
深部样	上包线	0.2	4.1	36.7	166.0	2.1
	平均线	0.9	11.4	70.9	77.2	2.0
	下包线	2.8	37.1	200.0	72.7	2.5
钻孔样	上包线	0.024	0.4	5.6	230.6	1.1
	平均线	0.2	3.6	41.5	189.4	1.4
	下包线	4.3	37.1	176.5	41.5	1.8

统计成果表明：大渡河流域覆盖层漂卵砾石土，采用不同的取样方法，结构组成存在差异。

浅部、深部探坑样小于 5mm 的颗粒含量范围分别在 11.0%～42.0%、13.0%～32.5%，平均值分别为 23.6%、22.1%，而钻孔样小于 5mm 的颗粒含量在 11.0%～59.0%，平均为 33.6%；浅部、深部探坑样的漂石含量范围分别在 0%～36.0%、0%～40.0%，平均值分别为 11.2%、17.4%，而钻孔样小于 5mm 的颗粒含量在 0%～36.0%，平均为 5.6%；钻孔样漂石含量低于浅部、深部探坑取样 50%～70%，小于 5mm 的颗粒含量高 40%～50%。由图 5-38 可知，在浅部、深部砂卵石级配中，小于

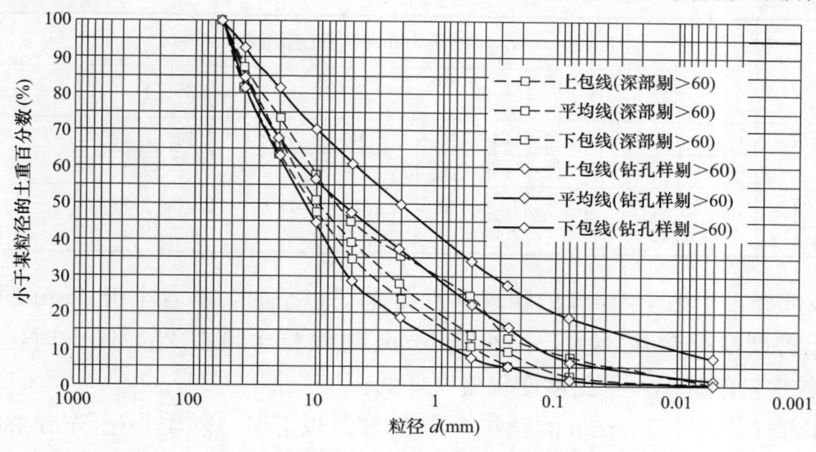

图 5-38　剔除 60mm 粒径深部与钻孔级配统计

5mm 的颗粒含量为 15%～35%时占总体样本数约 85%，而钻孔样小于 5mm 的颗粒含量为 15%～35%时占总体样本数约 49%，这说明深部样、浅部样级配差别不大，而钻孔样采用 ϕ91～ϕ168 的钻头取样级配略微偏细。

(2) 密实度。进行覆盖层漂卵砾石土深部样、浅部样和钻孔样密实度试验成果统计，统计成果见表 5-17。

表 5-17　深厚覆盖层漂卵砾石层密实度成果统计

评价指标	浅部（埋深≤10m）		深部（埋深>10m）		钻孔样	
	干密度 ρ_d (g/cm^3)	孔隙比 e	干密度 ρ_d (g/cm^3)	孔隙比 e	干密度 ρ_d (g/cm^3)	孔隙比 e
统计组数	339	339	166	166	44	44
最大值	2.41	0.43	2.45	0.39	2.30	0.38
最小值	1.89	0.13	1.95	0.10	1.73	0.15
样本平均值	2.18	0.260	2.25	0.24	2.11	0.27
标准差	0.093	0.056	0.086	0.052	0.114	0.062
变异系数	0.042	0.21	0.038	0.22	0.054	0.23
变异性评价	很小	中等	很小	中等	小	中等

统计成果表明：浅部土体干密度在 1.89～2.41g/cm^{3}之间，平均为 2.18g/cm^3，变异系数为 0.042，变异性很小；深部土体干密度在 1.95～2.45g/cm^{3}之间，平均为 2.25g/cm^3，变异系数为 0.038，变异性很小；钻孔样干密度在 1.73～2.30g/cm^{3}之间，平均为 2.11g/cm^3，变异系数为 0.054，变异性小。深部土体干密度由于埋深、构造等因素的影响，比浅部土体干密度高约为 3%～5%，比钻孔样高约 7%。

浅部样、深部样、钻孔样的干密度值变异性均很小，仅钻孔样变异系数略大，这与试验条件、取心情况有关。进行浅部样、深部样干密度与小于 5mm 的颗粒含量相关关系统计，统计成果见表 5-18，其密度随小于 5mm 的颗粒含量变化趋势见图 5-39。

表 5-18　浅部、深部漂卵砾石干密度与小于 5mm 的颗粒含量相关关系

土体类别	小于 5mm 的颗粒范围划分（%）				
	<15	15～25	25～35	35～45	>45
浅部样干密度 (g/cm^3)	$\frac{2.03～2.31}{2.20}$	$\frac{2.01～2.41}{2.20}$	$\frac{1.86～2.39}{2.15}$	$\frac{1.81～2.29}{2.11}$	—
深部样干密度 (g/cm^3)	$\frac{2.03～2.37}{2.26}$	$\frac{2.01～2.45}{2.24}$	$\frac{2.10～2.43}{2.24}$	$\frac{2.10～2.32}{2.19}$	—

对于浅部样，当小于 5mm 的颗粒含量在 25%以下时，随着小于 5mm 的颗粒含量的提高，干密度变化幅度不大，当小于 5mm 的颗粒含量在 25%以上时，随着小于 5mm 的颗粒含量的提高，干密度变化略有降低。

对于深部样，当小于 5mm 的颗粒含量在 35%以下时，随着小于 5mm 的颗粒含量的提高，干密度变化幅度不大，当小于 5mm 的颗粒含量在 35%以上时，随着小于

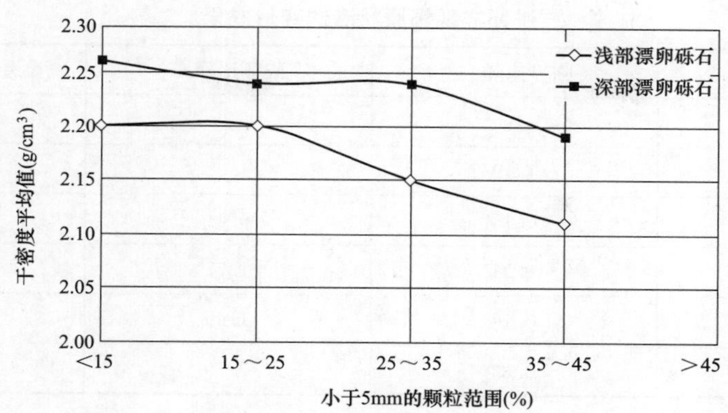

图 5-39　深、浅部漂卵砾石密度随小于 5mm 的颗粒含量变化趋势

5mm 的颗粒含量的提高，干密度变化略有降低。可见，深部漂卵砾石干密度均高于浅部。

根据浅部砂卵石实测干密度与开挖深部砂卵石实测干密度，汇制干密度与深度关系图，见图 5-40。

根据大量原始数据资料，经拟合得出如下相关关系

$$\rho_d = 0.039\ln(h) + \rho_0 \tag{5-75}$$

式中：ρ_d为深度为 h 时的干密度，g/cm³；h 为土样埋深，m，适用范围为 1～300m；ρ_0为地表实测的干密度，g/cm³。

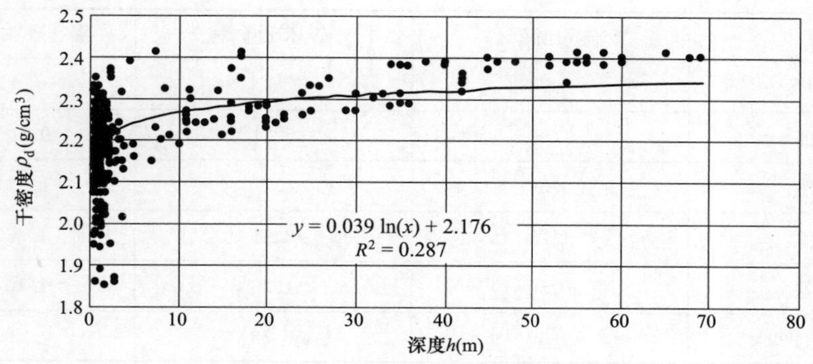

图 5-40　干密度与深度关系

（二）力学性质成果统计

统计了多组漂卵砾石层浅部探坑样、深部开挖样的力学性质成果，包括渗透稳定性、强度特性、压缩变形特性等。

1. 渗透稳定特性

开展了大渡河流域深溪沟、猴子岩、双江口、长河坝、硬梁包、巴底、金川等水电工程漂卵砾石土浅部样和深部样室内及现场渗透试验，进行了渗透试验成果统计，试验成果见表 5-19～表 5-22。

表 5-19　　浅部样现场原状渗透变形成果

项目	临界比降 i_k	破坏比降 i_f	渗透系数 k_{20}（cm/s）
统计组数	49	49	49
最大值	1.19	4.08	2.01×10^{-1}
最小值	0.15	0.41	1.09×10^{-3}
平均值	0.54	1.77	2.76×10^{-2}
标准差	0.18	1.40	1.12×10^{-1}
变异系数	0.33	0.79	0.36

表 5-20　　浅部样室内扰动渗透变形成果

项目	临界比降 i_k	破坏比降 i_f	渗透系数 k_{20}(cm/s)
统计组数	74	74	77
最大值	0.54	1.98	1.30×10^{0}
最小值	0.06	0.13	1.69×10^{-3}
平均值	0.19	0.52	1.62×10^{-1}
标准差	0.10	0.41	1.03×10^{-1}
变异系数	0.53	0.79	1.40

表 5-21　　深部样现场原状渗透变形成果

项目	临界比降 i_k	破坏比降 i_f	渗透系数 k_{20}(cm/s)
统计组数	6	6	12
最大值	1.91	5.31	9.50×10^{-2}
最小值	0.59	1.27	1.21×10^{-3}
平均值	1.29	3.51	4.36×10^{-2}
标准差	0.50	1.33	4.10×10^{-2}
变异系数	0.39	0.38	0.89

表 5-22　　深部样室内扰动渗透变形成果

项目	临界比降 i_k	破坏比降 i_f	渗透系数 k_{20}(cm/s)
统计组数	36	36	39
最大值	1.08	2.54	8.21×10^{-1}
最小值	0.13	0.29	2.33×10^{-3}
平均值	0.43	1.02	1.03×10^{-1}
标准差	0.29	0.62	1.90×10^{-1}
变异系数	0.66	0.62	1.90

由表 5-19 和表 5-20 可知：

（1）现场试验（原状）浅部渗透变形渗透系数范围值为 $1.09\times10^{-3}\sim2.01\times10^{-1}$ cm/s，平均值为 2.76×10^{-2} cm/s。临界比降 i 范围值为 0.15～1.19，平均值为 0.54；破坏比降范围值为 0.41～4.08，平均值为 1.77。室内试验（扰动）浅部渗透变形渗透系数范围值为 $1.69\times10^{-3}\sim1.30\times10^{0}$ cm/s，分布范围较广，平均值为 1.62×10^{-1} cm/s。临界比降范围值为 0.29～2.54，平均值为 1.09；破坏比降范围值为 0.13～1.98，平均值为 0.52。

（2）现场试验（原状）深部成果数量相对较少。渗透变形渗透系数范围值为 $1.21\times10^{-3}\sim9.50\times10^{-2}$ cm/s，平均值为 4.36×10^{-2} cm/s。临界比降范围值为 0.59～1.91，平均值为 1.29；破坏比降范围值为 1.27～5.31，平均值为 3.51。室内试验（扰动）深部渗透变形渗透系数范围值为 $2.33\times10^{-3}\sim8.21\times10^{-1}$ cm/s，平均值为 1.90×10^{-1} cm/s。临界比降范围值为 0.13～1.08，平均值为 0.43；破坏比降范围值为 0.29～2.54，平均值为 1.02。

2. 强度特性

开展了大渡河流域猴子岩、双江口、长河坝、龙头石及西藏 M 等水电站工程坝址覆盖层。漂卵砾石土浅部样、深部样室内和现场力学试验、强度试验，并对成果进行汇总统计。试验成果见表 5-23～表 5-26。

表 5-23　浅部样直剪试验成果

项　目	直剪试验（室内浅部）（饱、固、快）		直剪试验（现场浅部）（天然、快）	
	凝聚力 c（kPa）	内摩擦角 φ(°)	凝聚力 c（kPa）	内摩擦角 φ(°)
统计组数	67	67	29	29
最大值	105	46.7	88	40.6
最小值	30	33.0	10	28.8
平均值	66.7	40.6	46.5	35.5
标准差	21.40	3.80	27.30	3.80
变异系数	0.44	0.09	0.59	0.11

表 5-24　浅部样三轴试验（CD）成果

试样编号	非线性参数		线性参数		E-μ、E-B 模型参数							
	φ_0 (°)	$\Delta\varphi$ (°)	φ (°)	c (kPa)	K	n	R_f	D	G	F	k_b	m
统计组数	25	27	29	27	26	28	29	29	29	29	19	21
最大值	49.3	11.9	41.7	50	1403	0.40	0.96	6.6	0.38	0.122	724	0.98
最小值	41.5	3.2	36.5	10	603	0.23	0.71	3.2	0.18	−0.163	93	0.14
平均值	45.7	6.0	39.3	26.1	985.5	0.32	0.80	4.9	0.26	0.0	309.2	0.5
标准差	2.08	2.12	1.40	10.9	260.4	0.06	0.07	0.90	0.06	0.07	202.2	0.24
变异系数	0.05	0.35	0.04	0.42	0.26	0.18	0.08	0.18	0.21	−2.16	0.65	0.52

表 5-25　　深部样直剪试验成果

项目	直剪试验（室内深部）（饱、固、快）	
	凝聚力 c(kPa)	内摩擦角 φ(°)
统计组数	33	33
最大值	140	47.6
最小值	40	38.7
平均值	81.6	42.5
标准差	23.65	2.02
变异系数	0.29	0.05

表 5-26　　深部样三轴试验（CD）成果

试样编号	非线性参数		线性参数		E-μ、E-B 模型参数							
	φ_0 (°)	$\Delta\varphi$ (°)	φ (°)	c (kPa)	K	n	R_f	D	G	F	k_b	M
统计组数	13	13	13	13	13	13	13	13	13	13	13	13
最大值	53.4	9.8	40.6	263	1515	0.39	0.78	9.4	0.33	0.117	560	0.31
最小值	46.2	5.0	37.2	108	569	0.28	0.69	4.4	0.27	0.076	196	0.21
平均值	49.5	7.0	38.4	184.1	1077.0	0.3	0.7	7.2	0.3	0.1	381.9	0.3
标准差	2.18	1.53	1.02	49.21	284.7	0.03	0.03	1.38	0.02	0.01	104.7	0.03
变异系数	0.04	0.22	0.03	0.27	0.26	0.09	0.03	0.19	0.06	0.11	0.27	0.11

由表 5-23～表 5-26 可知：

（1）室内直剪试验（扰动）浅部内摩擦角 φ 为 33°～46.7°，平均值为 40.6°。现场大剪成果（浅部）统计成果表明，内摩擦角 φ 为 28.8°～40.6°，平均值为 35.5°。

（2）室内直剪试验（扰动）深部内摩擦角 φ 为 38.7°～47.6°，平均值为 42.5°。

（3）三轴试验统计成果表明，浅部非线性参数 φ_0 为 41.5°～49.3°，平均值为 45.7°；$\Delta\varphi$ 为 3.2°～11.9°，平均值为 6.0°。线性参数 φ 为 36.5°～41.7°，平均值为 39.3°；咬合力 c 为 10～57kPa，平均值为 26.1kPa。E-μ 模型参数 K 值为 603～1403，平均值为 985.5。

（4）三轴试验统计成果表明，深部非线性参数 ϕ_0 为 46.2°～53.4°，平均值为 49.5°；$\Delta\varphi$ 为 5.0°～9.8°，平均值为 7.0°。线性参数 φ 为 37.2°～40.6°，平均值为 38.4°；c 为 108～263kPa，平均值为 184.1kPa。E-μ 模型参数 K 值为 569～1515，平均值为 1077。

（5）现场直剪试验强度值略小于室内试验；浅部略小于深部。三轴试验强度值浅部略小于深部。

3. 压缩变形特性

开展了大渡河流域猴子岩、双江口、长河坝、泸定、深溪沟等水电站工程坝址覆盖层漂卵砾石土深部样、浅部样现场和室内变形试验，并进行了试验成果汇总统计，试验成果见表 5-27～表 5-32。

表 5-27　　**浅部样室内压缩试验成果**

室内	压缩试验（饱和）（0.1～0.2MPa）	
	压缩系数 a_v（MPa^{-1}）	压缩模量 E_s（MPa）
统计组数	60	60
最大值	0.028	131.7
最小值	0.005	46.7
平均值	0.015	88.7
标准差	0.005	23.70
变异系数	0.35	0.27

表 5-28　　**深部样室内压缩试验成果**

室　内	压缩试验（饱和）（0.1～0.2MPa）	
	压缩系数 a_v（MPa^{-1}）	压缩模量 E_s（MPa）
统计组数	35	35
最大值	0.022	192.6
最小值	0.006	55.5
平均值	0.01	98.6
标准差	0.00	38.76
变异系数	0.32	0.39

表 5-29　　**浅部样旁压试验成果**

项目	试验深度 H（m）	极限压力 p_L（kPa）	承载力基本值（极限荷载法）f_0（kPa）	旁压模量 E_m（MPa）	变形模量 E_0（MPa）
统计组数	10	10	10	10	10
最大值	15.0	3640	954	47.6	148.0
最小值	3.1	2400	606	22.7	87.4
平均值		2880	741	29.7	108.1

表 5-30　　**深部样旁压试验成果**

项目	试验深度 H（m）	极限压力 p_L（kPa）	承载力基本值（极限荷载法）f_0（kPa）	旁压模量 E_m（MPa）	变形模量 E_0（MPa）
统计组数	31	31	31	37	37
最大值	54.7	6400	1629	69.3	218.8
最小值	10.9	2120	506	19.8	84.7
平均值		3546	916	37.02	134.77
标准差		1106.5	281.7	12.9	36.6
变异系数		0.33	0.32	0.37	0.29

表 5-31 浅部样荷载试验成果

项 目	荷载试验		
	比例界限 f_{pk}（MPa）	变形模量 E_0（MPa）	相应沉降量 s（mm）
统计组数	43	41	41
最大值	0.98	77.8	7.6
最小值	0.25	29.3	2.7
平均值	0.63	47.1	5.2
标准差	0.16	12.40	1.50
变异系数	0.26	0.26	0.29

表 5-32 深部样荷载试验成果

项目	试验深度 H(m)	荷载试验		
		比例界限 f_{pk}（MPa）	变形模量 E_0(MPa)	相应沉降量 s(mm)
E2-1	20.0	0.50	90.2	2.1
SE2	28.0	>1.29	108.4	6.1
SE3	28.0	>1.29	97.3	6.8
H①-1-1	75.0	0.85	125.3	2.9
H①-2-1	75.0	0.75	128.7	2.3
H①-3-1	80.0	0.85	166.1	2.2
H①-4-1	82.0	0.7	149.2	1.8
最大值		>1.29	166.1	1.8
最小值		0.50	90.2	6.8
平均值		0.89	123.6	3.4

由表 5-27～表 5-32 可知：

（1）压缩试验（浅部）成果表明，漂卵砾石层均具低压缩性。压缩模量 E_s＝46.7～131.7MPa，平均值为 88.7MPa。压缩试验（深部）成果表明，漂卵砾石层均具低压缩性。压缩模量 E_s＝55.5～192.6MPa，平均值为 98.6MPa。

（2）旁压试验（浅部）统计成果表明，承载力基本值 f_0＝606～954kPa，平均值为 741kPa；旁压模量为 22.7～47.6MPa，平均值为 29.7 MPa，对应变形模量为 87.4～148.0MPa，平均值为 108.1MPa。旁压试验（深部）统计成果表明，承载力基本值 f_0＝506～1629kPa，平均值为 916kPa；旁压模量为 19.8～69.3MPa，平均值为 37.0MPa，对应变形模量为 84.7～218.8MPa，平均值为 134.8MPa。

（3）荷载试验（浅部）统计成果比例界限 f_{pk}＝0.25～0.98MPa，平均值为 0.63MPa；变形模量为 29.3～77.8MPa，平均值为 47.1MPa。荷载试验（深部）统计成果比例界限 f_{pk}＝0.50～1.29MPa，平均值为 0.89MPa；变形模量为 90.2～166.1MPa，平均值为 90.2MPa。

（4）压缩试验值浅部略小于深部；旁压试验值浅部小于深部；荷载试验值浅部小于

深部。

（三）成果分析

在上述漂卵砾石层物理力学性质成果统计基础上，进行了渗透与渗透稳定性、强度特性、压缩变形特性等分析。

1. 渗透与渗透稳定性对比分析

（1）对深部样和浅部样渗透试验成果进行统计汇总，见表 5-33～表 5-36。

表 5-33　现场试验浅部样、深部样渗透系数分布百分比

土体类别	渗透系数范围划分（cm/s）			
	$>10^0$	$10^0\sim10^{-1}$	$10^{-1}\sim10^{-2}$	$10^{-2}\sim10^{-3}$
浅部样（%）	0.0	5.5	63.6	30.9
深部样（%）	0.0	0.0	58.3	41.7

由表 5-33 可知，浅部和深部渗透系数平均值基本都在 10^{-2} cm/s 数量级，差别不大，但浅部的渗透系数值较分散。

表 5-34　浅部样、深部样现场试验临界比降成果

临界比降（浅部样）	临界比降（深部样）
0.15～1.19/0.54/49	0.59～1.91/1.29/6

注　范围/平均值/统计组数。

由表 5-34 可知，深部漂卵砾石土成果基本是浅部的 2 倍左右。结合物性成果看，深部的密实度更大，因此临界比降大大高于浅部是合理的。

表 5-35　浅部样、深部样室内试验渗透系数分布百分比

土体类比	渗透系数范围划分（cm/s）			
	$>10^0$	$10^0\sim10^{-1}$	$10^{-1}\sim10^{-2}$	$10^{-2}\sim10^{-3}$
浅部样（%）	3.8	44.3	44.3	7.6
深部样（%）	0.0	37.5	50.0	12.5

由表 5-35 可知，室内试验浅部样渗透系数主要分布数量级为 $10^0\sim10^{-2}$ cm/s，占比达 88.6%。深部样渗透系数主要分布数量级为 $10^0\sim10^{-2}$ cm/s，占比达 87.5%。浅部样和深部样的渗透系数平均值本都在 10^{-1} cm/s 数量级，差别不大，但浅部的渗透系数值较分散。

表 5-36　浅部样、深部样室内试验临界比降成果

浅部样临界比降	深部样临界比降
0.06～0.54/0.19/74	0.13～1.08/0.43/36

注　范围/平均值/统计组数。

由表 5-36 可知，深部临界比降为浅部的 2 倍左右，但总体比降值不高。

（2）现场渗透变形试验和室内试验对比分析。国内对无黏性土渗透变形试验的研究成果主要集中在砂土，漂卵砾石现场试验的成果相对较少，因此相关的参数标准提出主要依据砂土制定，而且大多是室内试验。大量漂卵砾石层现场和室内渗透变形试验成果对比表明，现场渗透变形和室内试验在成果上存在较大差异，主要反映在抗渗透变形破坏的两个重要指标渗透系数和临界比降上。

（3）漂卵砾石渗透变形现场与室内对比分析。统计了现场渗透与渗透变形试验成果49组、室内渗透与渗透变形试验成果77组，见表5-37。

表5-37　浅部样现场与室内渗透与渗透变形试验成果

项目	现场			室内		
	临界比降 i_k	破坏比降 i_f	渗透系数 k_{20} (cm/s)	临界比降 i_k	破坏比降 i_f	渗透系数 k_{20} (cm/s)
统计组数	49	49	49	74	74	77
最大值	1.19	4.08	2.01×10^{-1}	0.54	1.98	1.30×10^{0}
最小值	0.15	0.41	1.09×10^{-3}	0.06	0.13	1.69×10^{-3}
平均值	0.54	1.77	2.76×10^{-2}	0.19	0.52	1.62×10^{-1}
标准差	0.18	1.40	1.12×10^{-1}	0.10	0.41	1.03×10^{-1}
变异系数	0.33	0.79	0.36	0.53	0.79	1.40

由表5-37可知，现场试验浅部渗透系数主要分布数量级为$10^{-1}\sim10^{-2}$cm/s，其次为$10^{-2}\sim10^{-3}$cm/s。室内试验浅部和深部渗透系数主要分布数量级为$10^{0}\sim10^{-1}$cm/s，其次为$10^{-1}\sim10^{-2}$cm/s。现场试验浅部渗透系数低于室内约1个数量级。现场试验浅部临界比降大约为室内试验浅部2倍以上。室内扰动试样比现场原状试样具有更强的透水性和更低的临界比降。因此，从理论分析的角度分析，其主要有三个原因：①原状漂卵砾石层是河床长期沉积的产物、物质组成复杂，其中含有少量化学胶结物质，具有天然沉积特性。结构受扰动后，某些化学胶结物质或者细颗粒流失，室内试验难以复原。②漂卵砾石层原状试样最大粒径大于200mm，而室内试验最大粒径一般为80mm或者60mm。一般情况下，室内制样密度难以达到现场制样密度，与统计成果一致（现场密度大于室内制样密度）。因此，室内试样有效透水孔隙率大于现场原状试样孔隙率。③室内试验是在现场覆盖层物性试验资料基础上，级配经过缩尺处理后制样。

2. 强度特性对比分析

进行了浅部样、深部样现场与室内强度试验成果统计，见表5-38。

表5-38　浅部样、深部样内摩擦角成果

浅部样内摩擦角 φ（°）	深部样内摩擦角 φ（°）
33.0～46.7/40.6/67（浅部样直剪） 28.8～40.6/39.3/29（浅部样直剪现场） 36.5～41.7/39.3/29（浅部样三轴）	38.7～47.6/42.5/33（深部样直剪） 37.2～40.6/38.4/13（深部样三轴）

注　范围/平均值/统计组数。

由表5-38可知，直剪试验内摩擦角φ深部值高于浅部平均值约2°，线性参数φ深部值与浅部值基本相当。非线性参数 φ_0 深部值高于浅部平均值约 4°。

对比三轴试验与直剪试验成果，三轴试验线性参数 φ 平均值低于直剪试验内摩擦角 φ，这是因为直剪试验限制了土体的侧向变形，而三轴试验在剪切过程中有剪涨或剪缩情况能较好地模拟现场实际变形情况。土的抗剪强度不仅与土的粒径大小、颗粒形状、矿物成分、含水率、孔隙比等有关，还与土体受剪时土的排水条件、剪切速率及原始结构应力有关。

3. 压缩变形特性对比分析

进行了浅部样、深部样室内与现场变形试验成果汇总统计，见表 5-39、表 5-40 和图 5-41 及表 5-41、表 5-42。

表 5-39　　深厚覆盖层砂卵石室内压缩试验成果

项　目	压缩试验浅部样（饱和）（0.1～0.2MPa）		压缩试验深部样（饱和）（0.1～0.2MPa）	
	压缩系数 a_v（MPa^{-1}）	压缩模量 E_s（MPa）	压缩系数 a_v（MPa^{-1}）	压缩模量 E_s（MPa）
统计组数	60	60	35	35
最大值	0.028	131.7	0.022	192.6
最小值	0.005	46.7	0.006	55.5
平均值	0.015	88.7	0.01	98.6
标准差	0.005	23.70	0.00	38.76
变异系数	0.35	0.27	0.32	0.39

由表 5-39 可知，漂卵砾石层均具低压缩性。浅部压缩模量 $E_{s0.1\sim0.2MPa}=46.7\sim131.7$MPa，平均值为 88.7MPa；深部压缩模量 $E_{s0.1\sim0.2MPa}=55.5\sim192.6$MPa，平均值为 98.6MPa。深部平均压缩模量高于浅部约 11%。

表 5-40　　旁压试验成果

项目	浅部样					深部样				
	试验深度 H(m)	极限压力 p_L(kPa)	承载力基本值（极限荷载法）f_0(kPa)	旁压模量 E_m (MPa)	变形模量 E_0 (MPa)	试验深度 H(m)	极限压力 p_L(kPa)	承载力基本值（极限荷载法）f_0(kPa)	旁压模量 E_m (MPa)	变形模量 E_0 (MPa)
统计组数	10	10	10	10	10	38	38	38	37	37
最大值	15.0	3640	954	47.57	148.02	54.7	6400	1629	69.3	218.8
最小值	3.1	2400	606	22.73	87.4	10.9	2120	506	19.8	84.7
平均值		2880	741	29.70	108.06		3404.1	879.8	35.2	128.3
标准差							1106.5	281.7	12.9	36.6
变异系数							0.33	0.32	0.37	0.29

由表 5-40 和图 5-41 可知，浅部砂卵石承载力基本值平均值为 741kPa，深部为

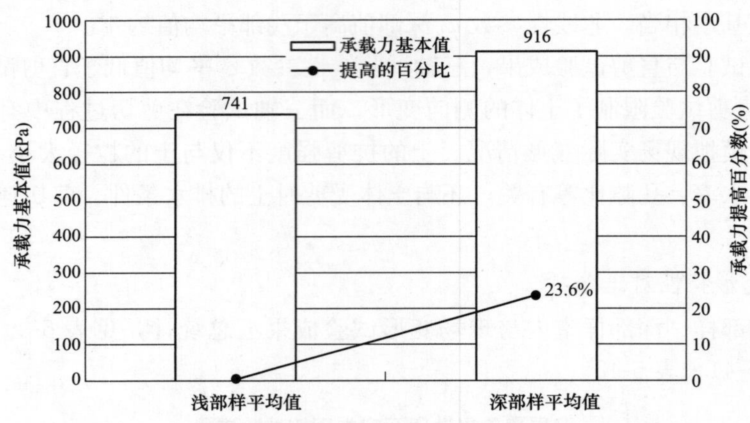

图 5-41　浅部样与深部样旁压试验承载力基本值对比

916kPa，深部比浅部提高约 23.6%。浅部旁压模量平均值为 29.7MPa，深部为 37.0MPa，深部比浅部提高约 24.6%。浅部变形模量平均值为 108.1MPa，深部为 134.8MPa，深部比浅部提高约 24.7%。

表 5-41　　荷载试验成果（浅部样）

项　目	比例界限 f_{pk}(MPa)	变形模量 E_0(MPa)	相应沉降量 s(mm)
统计组数	43	41	41
最大值	0.98	77.8	7.6
最小值	0.25	29.3	2.7
平均值	0.63	47.1	5.2
标准差	0.16	12.4	1.50
变异系数	0.26	0.26	0.29

表 5-42　　现场大型荷载试验成果（深部样）

项　目	试验深度 H(m)	荷载试验		
		比例界限 f_{pk}(MPa)	变形模量 E_0(MPa)	相应沉降量 s(mm)
E2-1	20.0	0.50	90.2	2.1
SE2	28.0	>1.29	108.4	6.1
SE3	28.0	>1.29	97.3	6.8
H①-1-1	75.0	0.85	125.3	2.9
H①-2-1	75.0	0.75	128.7	2.3
H①-3-1	80.0	0.85	166.1	2.2
H①-4-1	82.0	0.7	149.2	1.8
最大值		>1.29	166.1	1.8
最小值		0.50	90.2	6.8
平均值		0.89	123.6	3.4

由表 5-41、表 5-42 可知，现场荷载试验（浅部）比例界限 f_{pk} = 0.25～0.98MPa，平均值为 0.63kPa。变形模量为 29.3～77.8MPa，平均值为 47.1MPa。相应沉降量为 2.7～7.6mm，平均值为 5.2mm。

现场荷载试验（深部）比例界限 f_{pk} = 0.50～1.29MPa，平均值为 0.89kPa。变形模量为 90.2～166.1MPa，平均值为 123.6MPa。相应沉降量为 1.8～6.8mm，平均值为 3.4mm。深部比浅部提高约 32.8%，见图 5-42。

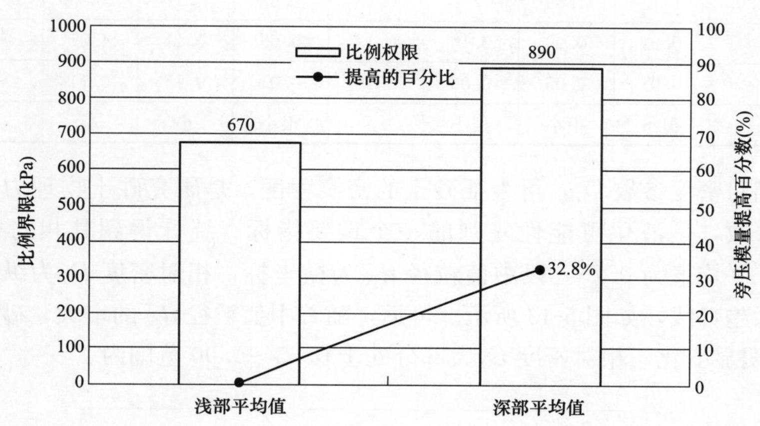

图 5-42　浅部样与深部样荷载试验比例极限对比图

现场荷载试验（深部）成果与旁压试验（深部）成果变形模量值吻合度较高，在一定程度上相互印证了上述两种试验方法在深厚覆盖层变形参数测试中的成果可靠性。

漂卵砾石层强度与变形参数一般能满足工程需要，存在的主要工程地质问题是渗漏及抗渗透变形能力。

二、砂土物理力学试验成果研究

砂土层物理力学性质试验成果分为中、粗砂和粉（细）砂两类进行研究，其中，中、粗砂主要研究其常规物理力学性质，对粉（细）砂除了其常规的物理力学性质外，还需研究其动力特性。

砂土层的主要物理力学性质参数有颗粒级配组成、中值粒径、有效粒径、相对密度、强度参数、压缩系数、压缩模量、渗透系数等。

（一）基本物理性质成果统计与分析

统计了砂层土样物理性质试验成果，包括相对密度、颗粒分析、含水率、密度、孔隙比、比重等项目。其成果见表 5-43～表 5-48。

表 5-43　　　　相对密度试验成果

项目	取样深度(m)	最小干密度 ρ_{dmin} (g/cm^3)	最大干密度 ρ_{dmax} (g/cm^3)	天然干密度 ρ_d (g/cm^3)	相对密度 D_r	比重 G	孔隙比 e	孔隙率 n (%)	中值粒径 d_{50} (mm)	有效粒径 d_{10} (mm)
统计组数	69	81	81	81	81	81	81	81	76	76
平均	76.9	1.33	1.86	1.70	0.75	2.70	0.60	37.07	0.505	0.101
最大	259.0	1.51	2.03	1.91	0.98	2.80	0.96	49.09	1.951	0.346
最小	12.0	1.15	1.69	1.40	0.33	2.63	0.42	29.78	0.087	0.004
标准差		0.09	0.09	0.10	0.12	0.03	0.11	4.07	—	—
变异系数		0.07	0.05	0.06	0.16	0.01	0.18	0.11	—	—
变异评价		很小	很小	很小	小	很小	小	小	—	—

砂土的相对密度参数 D_r，可表征砂土的密实程度，是研究砂土物理力学特性一个极其重要的参数，是液化可能性复判的一个重要指标。统计得到其相对密度范围为 0.33～0.98，平均值为 0.75。以中值粒径 d_{50} 为横坐标，相对密度 D_r 为纵坐标，建立相关线性关系趋势线，如图 5-43 所示。可见，随着中值粒径 d_{50} 的增大，砂土层的相对密度 D_r 并无明显变化。相对密度 D_r 大部分处于 0.55～0.90 范围内。

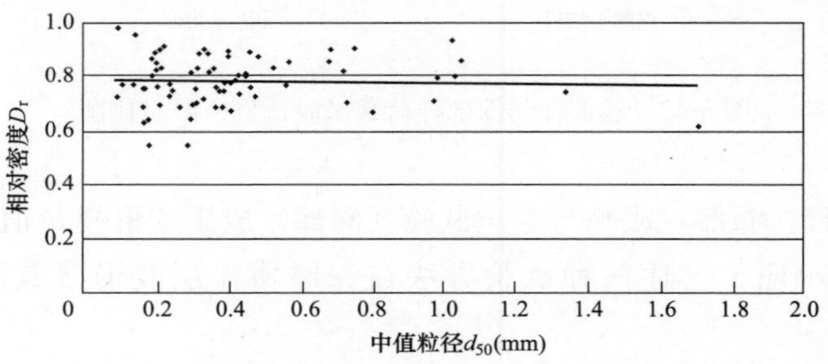

图 5-43　D_r-d_{50} 关系曲线

表 5-44　　　　中、粗砂相对密度试验成果

项目	取样深度(m)	最小干密度 ρ_{dmin} (g/cm^3)	最大干密度 ρ_{dmax} (g/cm^3)	干密度 ρ_d (g/cm^3)	相对密度 D_r	比重 G	孔隙比 e	孔隙率 n (%)	中值粒径 d_{50} (mm)	有效粒径 d_{10} (mm)
统计组数	50	57	57	57	57	57	57	57	57	57
平均	85.30	1.35	1.88	1.71	0.74	2.70	0.58	36.59	0.643	0.113
最大	259.00	1.51	2.03	1.88	0.92	2.80	0.81	44.69	1.951	0.346
最小	12.00	1.16	1.73	1.51	0.33	2.64	0.44	30.71	0.263	0.004
标准差		0.09	0.08	0.09	0.13	0.03	0.10	3.71		
变异系数		0.06	0.04	0.05	0.17	0.01	0.16	0.10		
变异评价		很小	很小	很小	小	很小	小	小		

由表5-44可知，中、粗砂天然干密度为1.51～1.88g/cm³，平均值为1.71g/cm³；相对密度为0.33～0.92，平均值为0.74。中、粗砂约81%处于密实状态，即相对密度D_r>0.67；约19%处于中密状态，即相对密度D_r=0.33～0.67。

表5-45　　粉（细）砂相对密度试验成果

项目	取样深度 (m)	最小干密度 ρ_{dmin} (g/cm³)	最大干密度 ρ_{dmax} (g/cm³)	干密度 ρ_d (g/cm³)	相对密度 D_r	比重 G	孔隙比 e	孔隙率 n (%)	中值粒径 d_{50} (mm)	有效粒径 d_{10} (mm)
统计组数	24	24	24	24	24	24	24	24	24	24
平均	59.26	1.28	1.82	1.67	0.78	2.70	0.63	38.22	0.180	0.071
最大	228.65	1.41	1.99	1.91	0.98	2.78	0.96	49.09	0.239	0.325
最小	21.42	1.15	1.69	1.40	0.55	2.63	0.42	29.78	0.087	0.004
标准差		0.07	0.09	0.12	0.11	0.04	0.13	4.72		
变异系数		0.05	0.05	0.07	0.13	0.01	0.21	0.12		
变异评价		很小	很小	很小	小	很小	中等	小		

由表5-45可知，粉（细）砂天然干密度为1.40～1.91g/cm³，平均值为1.67g/cm³；相对密度为0.55～0.98，平均值为0.78。粉（细）砂约87%处于密实状态，即相对密度D_r>0.67；约13%处于中密状态，即相对密度D_r=0.33～0.67。

表5-46　　砂土物性试验成果

项目	取土深度 (m)	天然状态土的物理性指标				比重 G_s	特征粒径		不均匀系数	曲率系数
		湿密度 ρ (g/cm³)	干密度 ρ_d (g/cm³)	孔隙比 e	含水率 w (%)		d_{10} (mm)	d_{50} (mm)	C_u	C_c
统计组数	547	211	211	211	512	559	559	559	559	559
平均值	87.3	1.89	1.68	0.624	8.2	2.7	0.086	0.47	18.5	1.4
最大值	249.6	2.27	2.10	0.980	33.9	2.94	0.346	1.95	224.7	13.6
最小值	10.6	1.43	1.35	0.324	0.1	2.61	0.002	0.08	1.7	0.1
标准差	68.4	0.14	0.14	0.141	7.2	0.04	0.058	0.35	30.9	1.3
变异系数	0.78	0.08	0.08	0.23	0.88	0.01	0.67	0.74	1.67	0.94
变异性	很大	很小	很小	中等	很大	很小	很大	很大	很大	很大

注　砂层取土深度为10.6～249.6m，平均值为87.3m。

由表5-46可知：

（1）砂层干密度为1.35～2.10g/cm³，平均值为1.68g/cm³；孔隙比为0.324～0.980，平均值为0.624；含水率为0.1%～33.9%，平均值为8.2%；比重为2.61～2.94，平均值为2.70。

（2）砂层中小于5mm的含量为55.8%～100%，平均值为94.3%；2～0.25mm的

含量为 0.6%～90.4%，平均值为 46.5%；0.25～0.075mm 的含量为 1.5%～90.2%，平均值为 29.5%。砂层颗分曲线如图 5-44 所示。

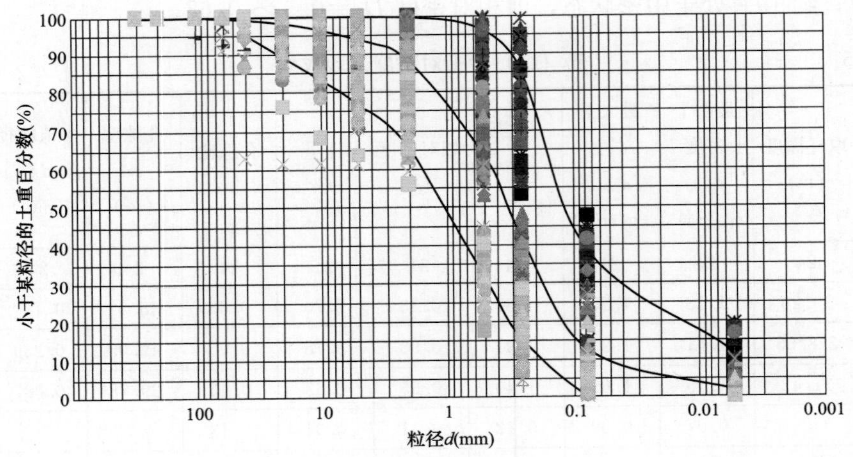

图 5-44　砂土颗分曲线

(3) 砂层有效粒径 d_{10} = 0.02～0.346mm，平均值为 0.086mm；中值粒径 d_{50} = 0.08～1.95mm，平均值为 0.47mm。

表 5-47　　中粗砂物性试验成果

项目	取土深度(m)	天然状态土的物理性指标				比重 G_s	特征粒径		不均匀系数	曲率系数
		湿密度 ρ (g/cm³)	干密度 ρ_d (g/cm³)	孔隙比 e	含水率 w (%)		d_{10} (mm)	d_{50} (mm)	C_u	C_c
统计组数	389	134	134	134	383	401	401	401	401	401
平均值	98.3	1.90	1.71	0.589	6.7	2.70	0.101	0.59	17.4	1.2
最大值	248.4	2.27	2.10	0.901	29.2	2.94	0.346	1.95	219.9	13.6
最小值	10.6	1.43	1.42	0.324	0.1	2.61	0.003	0.26	1.7	0.1
标准差	70.1	0.16	0.13	0.12	5.6	0.04	0.056	0.35	29.5	1.3
变异系数	0.71	0.08	0.08	0.21	0.84	0.02	0.558	0.59	1.7	1.1
变异性	很大	很小	很小	中等	很大	很小	很大	很大	很大	很大

注　中粗砂取土深度为 10.6～248.4m，平均值为 98.3m。

由表 5-47 可知：

(1) 中、粗砂层干密度为 1.42～2.10g/cm³，平均值为 1.71g/cm³；孔隙比为 0.324～0.901，平均值为 0.589；含水率为 0.1%～29.2%，平均值为 6.7%；比重为 2.61～2.94，平均值为 2.70。

(2) 砂层小于 5mm 的含量为 55.8%～100%，平均值为 92.9%；2～0.25mm 的含量为 17.5%～90.4%，平均值为 54.7%；0.25～0.075mm 的含量为 1.5%～44.6%，

平均值为 21.8%。中粗砂颗分曲线如图 5-45 所示。

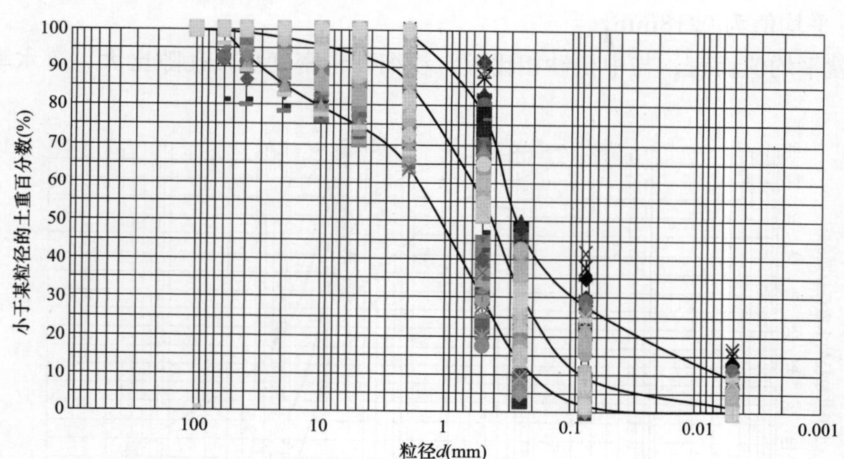

图 5-45　中粗砂颗分曲线

(3) 中粗砂层有效粒径 $d_{10}=0.03\sim0.346$mm，平均值为 0.101mm；中值粒径 $d_{50}=0.26\sim1.95$mm，平均值为 0.59mm。

表 5-48　粉细砂物性试验成果

项目	取土深度 (m)	天然状态土的物理性指标				比重 G_s	特征粒径		不均匀系数 C_u	曲率系数 C_c
		湿密度 ρ (g/cm³)	干密度 ρ_d (g/cm³)	孔隙比 e	含水率 w (%)		d_{10} (mm)	d_{50} (mm)		
统计组数	158	77	77	77	129	158	158	158	158	158
平均值	60.4	1.89	1.62	0.684	12.93	2.70	0.048	0.18	21.3	1.8
最大值	11.9	2.23	1.99	0.980	33.90	2.80	0.097	0.25	224.7	6.5
最小值	249.6	1.70	1.35	0.374	0.40	2.63	0.002	0.08	2.2	0.6
标准差	57.8	0.12	0.14	0.15	9.25	0.04	0.04	0.04	34.1	1.22
变异系数	0.96	0.06	0.09	0.22	0.72	0.01	0.75	0.24	1.60	0.68
变异性	很大	很小	很小	中等	很大	很小	很大	中等	很大	很大

注　粉细砂取土深度为 11.9～249.6m，平均值为 60.4m。

由表 5-48 可知：

(1) 粉细砂干密度为 1.35～1.99g/cm³，平均值为 1.62g/cm³；孔隙比为 0.374～0.980，平均值为 0.684；含水率为 0.4%～33.9%，平均值为 12.93%；比重为 2.63～2.80，平均值为 2.70。

(2) 粉细砂层小于 5mm 的含量为 77.9%～100%，平均值为 97.7%；2～0.25mm 的含量为 0.6%～47.3%，平均值为 25.9%；0.25～0.075mm 的含量为 5.8%～90.2%，平均值为 49.0%。粉细砂颗分曲线如图 5-46 所示。

（3）有效粒径 d_{10}＝0.02～0.97mm，平均值为 0.048mm；中值粒径 d_{50}＝0.08～0.25mm，平均值为 0.18mm。

（4）就平均值而言，与中粗砂相比较，粉细砂干密度小，孔隙比大，含水率大，比重接近。

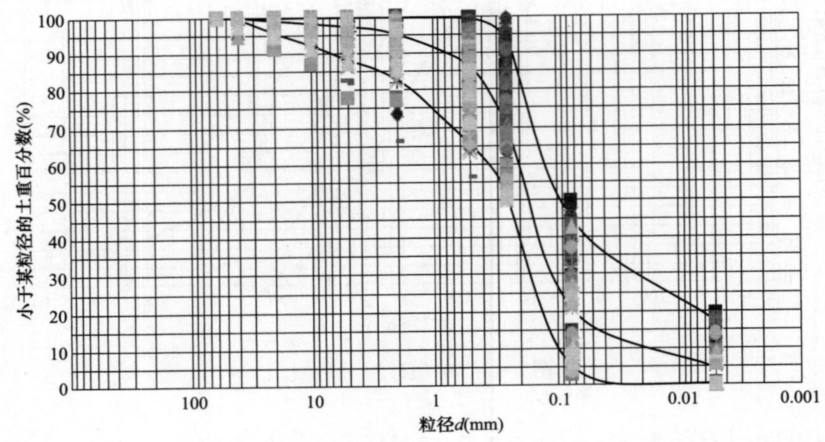

图 5-46　粉细砂颗分曲线

对砂土的物理力学性质分析时，d_{50} 和 d_{10} 是两个重要的粒径参数值。d_{50} 中值粒径称为平均粒径，用来判断砂土颗粒粒径的大小、颗粒级配优劣，也可初步判断其抗液化性质，一般中值粒径 d_{50} 在 0.1mm 左右的粉细砂抗液化性最差。d_{10} 称为有效粒径，可用于了解砂土层的渗透性质。

根据粗、中、粉（细）砂的颗粒特征粒径界限绘制砂土层的中值粒径 d_{50} 分布图，如图 5-47 所示。

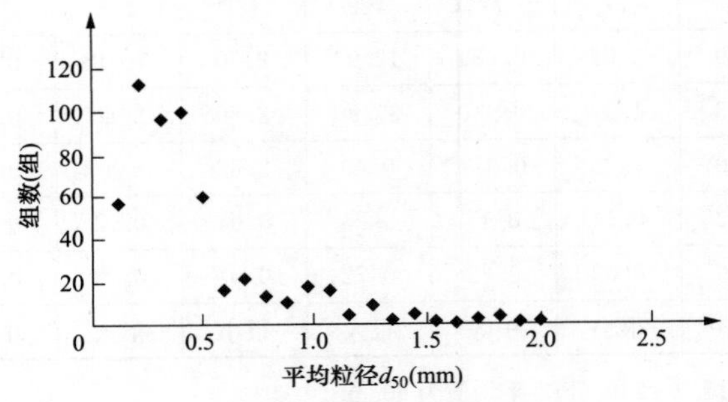

图 5-47　中值粒径 d_{50} 分布

由图 5-47 可知，粗砂范围即中值粒径 d_{50}＝2～0.5mm，占比为 26%；中砂范围即中值粒径 d_{50}＝0.5～0.25mm，占比为 46%；细砂粉砂范围即中值粒径 d_{50}＝0.25～0.075mm，占比为 28%。可见，覆盖层砂土层主要以中、粗砂为主，约占 70%，粉（细）砂约占 30%。

（二）力学性质试验成果分析

在上述砂层物理力学性质成果统计基础上，进行了常规力学性质试验、三轴剪切试验成果分析等。

1. 常规力学性质试验

汇总统计了砂土力学试验成果，见表 5-49。

表 5-49　砂土力学性试验成果

项目	制样条件 干密度 ρ_d (g/cm³)	取样深度 (m)	相对密度 D_r	中值粒径 d_{50} (mm)	有效粒径 d_{10}(mm)	压缩试验 (0.1～0.2MPa) 压缩系数 a_v (MPa⁻¹)	压缩试验 (0.1～0.2MPa) 压缩模量 E_s (MPa)	渗透试验 渗透系数 k_{20} (cm/s)	直剪试验（饱、固、快） 凝聚力 c (kPa)	直剪试验（饱、固、快） 内摩擦角 φ (°)
统计组数	65	56	64	59	59	67	67	52	66	66
平均	1.70	89.4	0.75	0.553	0.106	0.150	12.4	4.38×10^{-3}	12	26.4
最大	1.88	237.1	0.91	1.951	0.346	0.427	21.5	4.09×10^{-2}	23	28.9
最小	1.51	12.3	0.33	0.160	0.009	0.068	3.7	1.13×10^{-5}	2	20.8
标准差	0.10		0.13			0.073	4.3	1.11×10^{-2}	5	2.1
变异系数	0.06		0.17			0.49	0.35	2.53	0.45	0.08
变异评价	很小		小			很大	大	很大	很大	很小

由表 5-49 可知，砂土层相对密度 D_r＝0.33～0.91，平均值为 0.75，基本处于中密～密实状态；其压缩系数 $a_{v0.1\sim0.2}$＝0.068～0.427MPa^{-1}，平均值为 0.106MPa^{-1}，相应的压缩模量 E_s＝3.7～21.5MPa，具有低到中压缩性；其凝聚力 c＝2～23kPa，平均值为 12kPa，内摩擦角 φ＝20.8°～28.9°，平均值为 26.4°，具有中到中高抗剪强度；其渗透系数 k_{20}＝4.09×10^{-2}～1.13×10^{-5} cm/s，平均值为 4.38×10^{-3} cm/s，具有强到弱透水性。

汇总统计了中、粗砂层力学试验成果，见表 5-50。

表 5-50　中、粗砂力学试验参数统计

项目	制样条件 干密度 ρ_d (g/cm³)	取样深度 (m)	相对密度 D_r	中值粒径 d_{50} (mm)	有效粒径 d_{10}(mm)	压缩试验 (0.1～0.2MPa) 压缩系数 a_v (MPa⁻¹)	压缩试验 (0.1～0.2MPa) 压缩模量 E_s (MPa)	渗透试验 渗透系数 k_{20} (cm/s)	直剪试验（饱、固、快） 凝聚力 c (kPa)	直剪试验（饱、固、快） 内摩擦角 φ (°)
统计组数	45	40	45	45	45	46	46	35	46	46
平均	1.72	96.62	0.74	0.66	0.123	0.14	13.2	6.29×10^{-3}	11	26.6
最大	1.88	237.10	0.90	1.95	0.346	0.43	21.5	4.09×10^{-2}	23	28.9
最小	1.51	12.30	0.33	0.26	0.023	0.07	3.7	1.17×10^{-5}	2	20.8
标准差	0.09		0.14	0.39	0.081	0.07	4.2	1.31×10^{-2}	5	2.3
变异系数	0.05		0.19	0.59	0.66	0.50	0.32	2.05	0.46	0.08
变异评价	很小		小	很大	很大	很大	大	很大	很大	很小

由表 5-50 可知，中、粗砂压缩压缩系数为 0.07～0.43MPa^{-1}，平均值为 0.14MPa^{-1}，相应的压缩模量为 3.7～21.5MPa，平均值为 13.2MPa，具有低到中压缩

性，主要以中压缩为主，约占 76%；其凝聚力为 2 ～23kPa，平均值为 11kPa，内摩擦角为 20.8°～28.9°，平均值为 26.6°，具有中到中高抗剪强度，主要以中强抗剪强度为主，约占 84%；其渗透系数为 $4.09\times10^{-2}\sim1.17\times10^{-5}$cm/s，平均值为 6.28×10^{-3}cm/s，具有强到弱透水性，平均属中等透水性。

汇总统计了粉细砂层力学试验成果，见表 5-51。

表 5-51　　粉（细）砂力学试验参数统计

项目	制样条件 干密度 ρ_d (g/cm³)	取样深度 (m)	相对密度 D_r	中值粒径 d_{50} (mm)	有效粒径 d_{10}(mm)	压缩试验 (0.1～0.2MPa) 压缩系数 a_v (MPa⁻¹)	压缩试验 (0.1～0.2MPa) 压缩模量 E_s (MPa)	渗透试验 渗透系数 k_{20} (cm/s)	直剪试验（饱、固、快） 凝聚力 c (kPa)	直剪试验（饱、固、快） 内摩擦角 φ (°)
统计组数	20	16	19	14	14	21	21	17	21	21
平均	1.65	71.37	0.78	0.20	0.055	0.18	10.6	2.35×10^{-4}	15	25.9
最大	1.78	228.70	0.91	0.24	0.095	0.32	18.4	1.80×10^{-3}	23	28.8
最小	1.52	21.40	0.50	0.16	0.009	0.09	4.9	1.13×10^{-5}	5	21.7
标准差	0.09	56.04	0.10	0.02	0.034	0.08	4.0	4.54×10^{-4}	5	1.7
变异系数	0.05		0.13	0.12	0.62	0.43	0.38	2.05	0.33	0.07
变异评价	很小		小	小	很大	很大	大	很大	大	很小

由表 5-51 可知，粉（细）砂压缩系数为 0.09～0.32MPa⁻¹，平均值为 0.18MPa⁻¹，相应的压缩模量为 4.9～18.4MPa，平均值为 10.6MPa，具有低到中压缩性，主要以中压缩为主，约占 95%；其凝聚力为 5～23kPa，平均值为 15kPa，内摩擦角为 21.7°～28.8°，平均值为 25.9°，具有中等抗剪强度，约占 81%；其渗透系数为 $1.80\times10^{-3}\sim1.13\times10^{-5}$cm/s，平均值为 2.35×10^{-4}cm/s，具有强到弱透水性，平均属中等透水性。

对中、粗砂和粉细砂力学试验成果进行对比分析，见表 5-52。

表 5-52　　中、粗砂与粉（细）砂力学试验成果对比

项目	制样条件 干密度 ρ_d (g/cm³)	取样深度 (m)	相对密度 D_r	中值粒径 d_{50} (mm)	有效粒径 d_{10}(mm)	压缩试验 (0.1～0.2MPa) 压缩系数 a_v (MPa⁻¹)	压缩试验 (0.1～0.2MPa) 压缩模量 E_s (MPa)	渗透试验 渗透系数 k_{20} (cm/s)	直剪试验（饱、固、快） 凝聚力 c (kPa)	直剪试验（饱、固、快） 内摩擦角 φ (°)
中、粗砂平均	1.72	96.62	0.74	0.66	0.123	0.14	13.2	6.29×10^{-3}	11	26.6
粉（细）砂平均	1.65	71.37	0.78	0.20	0.055	0.18	10.6	2.35×10^{-4}	15	25.9
差值	0.07		−0.04			−0.04	2.60	6.16×10^{-3}	−4	0.7
差值占大值比	4.1%		5.1%			22.2%	19.7%	96.2%	26.7%	2.6%
平均值相比	1.04		0.95			0.78	1.25	27.19	0.73	1.03

由表5-52可知，中、粗砂在力学变形与抗剪强度方面，参数略优于粉（细）砂，渗透系数两者平均值均具有中等透水性，但中、粗砂比粉（细）砂大一个量级。

图5-48示出了砂层相对密度和内摩擦角相关线性关系，可见，内摩擦角主要集中在21°～29°，相对密度大部分处于密实状态，主要变化范围为0.5～0.9，表现出随相对密度增大，砂土层的内摩擦角 φ 增大的规律。

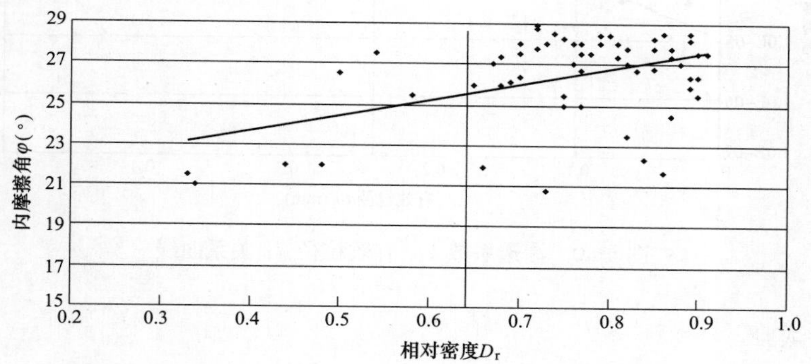

图5-48　内摩擦角 φ-相对密度 D_r 关系曲线

图5-49示出了砂层相对密度和渗透系数相关线性关系，可见，渗透系数分布较为分散，量级主要集中在 $10^{-5}\sim10^{-3}$。当砂土层处于密实状态时（$D_r>0.67$），渗透系数量级主要集中在 $10^{-5}\sim10^{-4}$；当砂土层处于中密状态时（$0.33<D_r<0.67$），渗透系数量级主要集中在 $10^{-4}\sim10^{-2}$，表现出随着对密度增大，砂土层的渗透系数量级变小的规律。

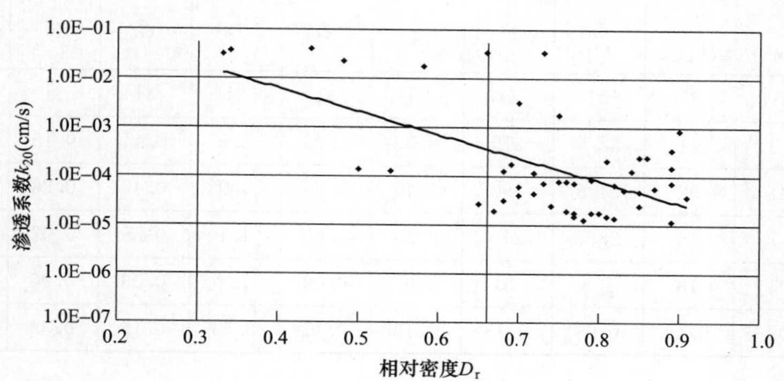

图5-49　渗透系数 k_{20}-相对密度 D_r 关系曲线

图5-50示出了砂层有效粒径和渗透系数相关线性关系，可见，当砂土层的有效粒径 d_{10} 小于0.1mm时，渗透系数量级主要集中在 $10^{-5}\sim10^{-4}$；当砂土层的有效粒径 $d_{10}=0.1\sim0.25$mm时，渗透系数量级主要集中在 $10^{-5}\sim10^{-3}$；当砂土层的有效粒径 $d_{10}>0.25$mm时，渗透系数量级主要集中在 10^{-2}，表现出随着有效粒径增大，砂土层的渗透系数量级变大的规律。

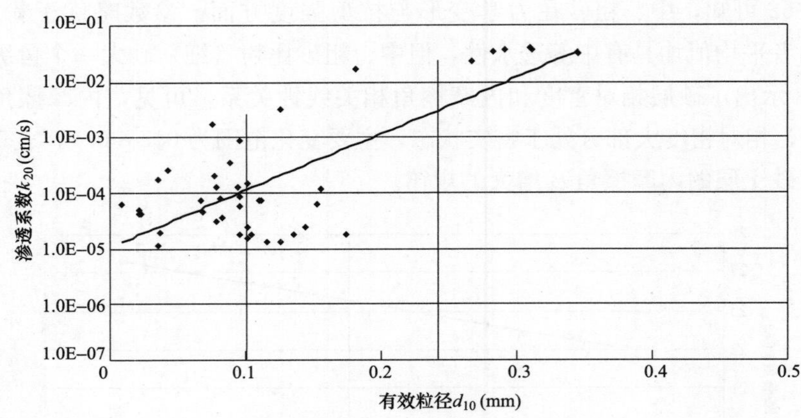

图 5-50　渗透系数 k_{20}-有效粒径 d_{10} 关系曲线

2. 三轴试验

除常规物理力学试验研究外，针对深厚覆盖层建高土石坝，还需要对砂土进行三轴试验，以提供坝基设计与分析的抗剪强度和应力应变参数。一般来说，砂土的透水性能较好，三轴压缩试验宜采用固结排水工况。

统计了砂土三轴剪切试验成果，见表 5-53。可见，$K=240\sim390$，平均值为 315；$K_b=66\sim173$，平均值为 131；$K/K_b=2.4$，随着 φ 值的增大，K 值也相应增大。

表 5-53　　　　砂土三轴试验成果

项目	控制密度	线性指标		邓肯-张参数							
	ρ_d (g/cm³)	c (kPa)	φ (°)	K	n	R_f	D	G	F	K_b	m
组数	30	31	31	31	31	31	31	31	31	31	31
平均值	1.73	41	32.5	315	0.39	0.79	2.6	0.41	0.15	131	0.34
最大值	1.81	92	34.5	390	0.49	0.96	5.9	0.49	0.26	173	0.48
最小值	1.67	15	28.7	240	0.26	0.65	1.1	0.26	0.07	66	0.30
标准差	0.04	18	1.4	40	0.07	0.09	1.4	0.06	0.06	33	0.05
变异系数	0.02	0.43	0.04	0.13	0.18	0.12	0.53	0.15	0.39	0.25	0.16

三、黏性土物理力学试验成果研究

对西藏 M 工程、大渡河猴子岩、泸定、硬梁包等大型水电工程埋深 20m 以下黏性土开展了试验，汇总统计了相应的试验成果。

（一）基本物理性质成果统计与分析

统计了黏性土层物理性质试验成果，包括干密度、含水率、孔隙比、液限、塑限、塑性指数、比重及颗粒级配特征含量。其成果见表 5-54。

表 5-54　　　　黏性土物理力学性质试验成果

统计量名称	黏性土基本物理性质指标							颗粒级配特征含量（%）		
	干密度 ρ_d (g/cm³)	含水率 w (%)	孔隙比 e	液限 w_L (%)	塑限 w_p (%)	塑性指数 I_p	比重 G_s	黏粒含量		
								<5	0.075	<0.005
最大值	1.71	36.7	0.940	51.0	30.0	24.0	2.80	100.00	100.00	56.50
平均值	1.55	22.8	0.743	33.2	19.1	14.1	2.69	99.67	88.16	24.69
最小值	1.38	4.4	0.547	21.0	10.5	8.0	2.58	94.19	51.30	6.00
标准差	0.07	7.6	0.074	6.1	3.5	3.1	0.1	—	—	—
变异系数（%）	4.36	31.28	9.92	18.77	18.85	22.36	2.0	—	—	—

由表 5-54 可知，黏性土的干密度为 1.38～1.71g/cm³，平均值为 1.55g/cm³；干密度为 1.50～1.60g/cm³，占统计组数的近 60%。液限为 21.0%～51.0%，平均值为 33.2%；塑限为 10.5%～30.0%，平均值为 19.1%；塑性指数为 8.0～24.0，平均值为 14.1。黏粒含量为 6.0%～56.5%，平均值为 24.7%；黏粒含量为 15%～30%，占统计组数的近一半。

液限、塑限是反映黏性土具有不同软硬状态或稀稠状态的重要含水率界限指标，根据目前试验室的测定方法，同类型土的这两项指标往往有着良好的线性关系，如图 5-51 所示，两者的相关系数达到 0.95，线性式（5-76）可供试验室资料校正或设计拟定，即

$$w_p = 0.5381 w_L + 1.2689 \tag{5-76}$$

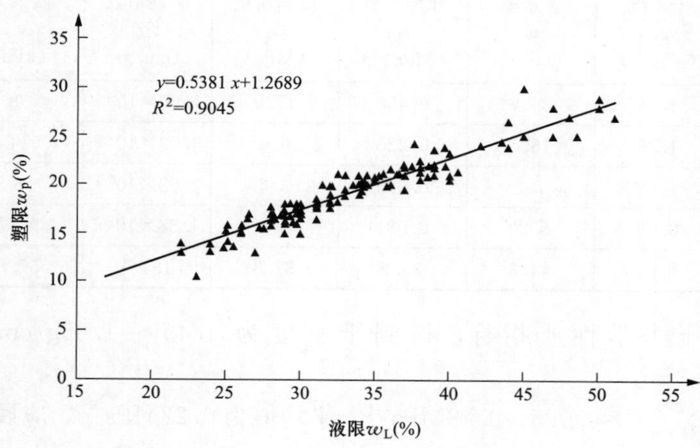

图 5-51　液限 w_L-塑限 w_p 关系

研究表明，黏土矿物均存在一定的亲水性，黏粒含量的多少可直接影响土亲水性的强弱，而塑性指数能综合反映土颗粒的大小、矿物成分、土粒表面与结合水相互作用对土的可塑性影响，黏粒含量与塑性指数也存在大致正相关性，根据深厚覆盖层的相关数据，绘制成图 5-52。

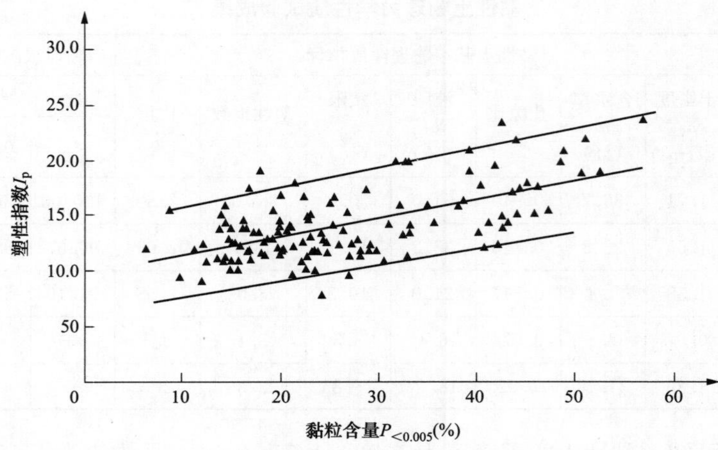

图 5-52　黏粒含量 $P_{<0.005}$-塑性指数 I_p 关系

（二）力学性质试验成果统计与分析

1. 常规力学性质试验

统计了西藏 M 水电站、猴子岩水电站坝基覆盖层深部的黏性土力学性质成果，见表 5-55。

表 5-55　　黏性土力学性质试验成果

项目	控制指标		压缩试验		渗透试验	直剪试验	
	干密度 ρ_d (g/cm³)	含水率 w (%)	压缩系数 a_v (MPa⁻¹)	压缩模量 E_s (MPa)	渗透系数 k_{20} (cm/s)	凝聚力 c (kPa)	内摩擦角 φ (°)
最大值	1.65	36.7	0.480	17.9	1.60×10^{-4}	28	29.0
平均值	1.56	18.5	0.220	9.0	3.02×10^{-5}	14	24.4
最小值	1.45	7.2	0.095	3.6	2.62×10^{-7}	8	16.6
标准偏差 σ	0.06	8.20	0.081	3.4	4.58×10^{-5}	9.57	2.58
变异系数（%）	3.62	44.3	36.9	37.8	151.1	57.8	10.7

统计黏性土力学性质指标，得到干密度为 1.45～1.65g/cm³，平均值为 1.56g/cm³。

压缩系数 $a_{v0.1\sim0.2}$ =0.095～0.48MPa⁻¹，平均值为 0.22MPa⁻¹，应属于中～低压缩土。其中低压缩土 $a_{v0.1\sim0.2}$ =0.095MPa⁻¹ 共 2 组，占统计组数的近 5%。而中压缩土 $a_{v0.1\sim0.2}$ =0.102～0.48MPa⁻¹共42 组，占统计组数的近95%。在 0.1～0.2MPa 压力下，压缩模量 $E_{s0.1\sim0.2}$=4.0～18.0MPa，平均值为 9.0MPa。其中压缩模量 $E_{s0.1\sim0.2}$<4MPa 共 2 组，占统计组数的近 5%；压缩模量 $E_{s0.1\sim0.2}$ =4.0～15.0MPa 共 38 组，占统计组数的近 86%；$E_{s0.1\sim0.2}$>15MPa 共 4 组，占统计组数的近 9%。

渗透系数 k_{20}=1.6×10^{-4}～2.6×10^{-7}cm/s，平均值为 3.0×10^{-5}cm/s。其中渗透系数 k_{20}=10^{-4}～10^{-5}cm/s 属弱透水的 19 组，占统计组数的近 43%；渗透系数 k_{20}=

$10^{-5}\sim1\times10^{-6}$cm/s 属微透水的 14 组，占统计组数的近 32%；渗透系数 $k_{20}<1\times10^{-6}$cm/s 属极微透水的 6 组，占统计组数的近 14%。

饱和固结快剪强度 $c=8\sim50$kPa，平均值为 10kPa；$\varphi=15.7°\sim29.0°$，平均值为 24.4kPa。其中 $\varphi=15°\sim20.0°$共 2 组，占统计组数的近 5%；$\varphi=22°\sim25.0°$共 22 组，占统计组数的近 50%；$\varphi=25°\sim29.0°$共 20 组，占统计组数的近 45%。

综上所述，深部黏性土具有中～低压缩性、弱～极微透水与中～低抗剪强度的工程性质。

2. 三轴试验

统计了坝基覆盖层深部黏性土的三轴试验成果（包括不固结不排水剪、固结不排水剪、固结排水剪），见表 5-56～表 5-58。

表 5-56　黏性土不固结不排水剪（UU）试验成果

试验编号	控制密度 ρ_d(g/cm³)	施加围压 σ_3(kPa)	总抗剪强度参数	
			c_u (kPa)	φ_u (°)
ZK730-15	1.52	100～400	105	10.5
ZK722-13	1.60	100～400	161	10.5

表 5-57　黏性土固结不排水剪（CU）试验成果

试验编号	控制密度 ρ_d (g/cm³)	施加围压 σ_3 (kPa)	孔隙水压力系数		总抗剪强度参数		有效抗剪强度参数	
			B	A	c_{cu} (kPa)	φ_{cu} (°)	c' (kPa)	φ' (°)
ZK722-13	1.60	100～400	0.95	0.08	64	29.0	49	32.0
ZK721-17	1.59	100～400	0.97	0.02	64	30.0	52	32.5
ZK720-14	1.61	100～400	0.97	0.01	49	30.5	33	33.0
ZK730-15	1.52	100～400	0.95	0.21	39	27.5	27	31.0

表 5-58　黏性土固结排水剪（CD）试验成果

试验编号	控制密度 ρ_d (g/cm³)	施加围压 σ_3 (kPa)	线性抗剪强度参数		E-μ、E-β 模型参数							
			C_d (kPa)	φ_d (°)	R_f	K	n	G	F	D	K_b	m
ZK730-15	1.52	100～400	47	31.5	0.96	200	0.23	0.33	0.17	1.9	99	0.27
ZK722-13	1.60	100～400	36	32.5	0.72	210	0.50	0.41	0.27	1.9	100	0.23
MZK06-25	1.51	200～600	75	27.0	0.81	170	0.33	0.40	0.16	3.4	93	0.38
MZK07-26	1.53	200～600	75	24.5	0.72	130	0.31	0.45	0.10	1.9	90	0.36
ML4-18	1.47	200～600	31	33.5	0.82	260	0.43	0.31	0.11	1.4	83	0.42
ZKH10-17	1.53	200～800	54	24.9	0.83	200	0.30	0.44	0.21	2.4	115	0.29
ZKM40-16	1.54	200～800	47	28.8	0.77	190	0.34	0.32	0.15	5.0	109	0.30
最大值	1.60	—	75	33.5	0.96	260	0.50	0.45	0.27	5.0	115	0.42
平均值	1.53	—	52	29.0	0.80	194	0.35	0.38	0.17	2.6	98	0.32
最小值	1.47	—	31	24.5	0.72	130	0.23	0.31	0.10	1.4	83	0.23

可见，深部黏性土 $K=130\sim260$，$K_b=83\sim115$，$K/K_b=1.4\sim3.1$，平均值为 2.0。

3. 深部旁压试验

旁压试验是现代原位测试方法之一，可以直接在土层中进行，具有原位、测试深度大等特点，用于确定坝基黏性土的旁压模量与承载力，是坝基沉降分析的重要指标。统计了硬梁包水电站、西藏 M 水电站的 21 组黏性土旁压试验成果，见表 5-59。

表 5-59 钻孔旁压试验成果

范围	深度 H (m)	初始压力 p_0 (kPa)	临塑压力 p_f (kPa)	极限压力 p_L (kPa)	承载力特征值（kPa）f_{ak}（安全系数为 3）		旁压模量 E_m (MPa)	变形模量 E_0 (MPa)
					临塑荷载法	极限荷载法		
最大值	>20	300	950	1590	660	637	14.8	22.2
平均值		163	576	951	413	290	5.8	8.7
最小值		60	380	600	280	163	3.0	4.5

注 变形模量 E_0 据公式 $E_m=\alpha E_0$ 推算（α 取为 0.67）。

由表 5-59 可知，黏土层的旁压模量 $E_m=3.0\sim14.8$MPa，平均值为 5.8MPa；按照临塑荷载法确定的承载力为 280～650kPa，平均值为 413kPa；按照极限荷载法，安全系数为 3，确定的承载力为 163～637kPa，平均值为 290kPa。

第六章

深厚覆盖层工程地质岩土组研究

深厚覆盖层岩土组划分是通过对岩土体地质特征、物理力学特性、工程地质特性的研究，将复杂多变的岩土层进行地质概化，把工程地质性质相类似的土层（连续分布、透镜体）划分为一个工程地质单元。因此，对覆盖层工程地质岩土组进行研究与划分具有十分重要的工程意义。

第一节　覆盖层空间展布特征

一、厚度特征

河谷覆盖层厚度多变，体现在顺河向、横河向厚度均变化较大。对河谷覆盖层厚度的确定，要以钻孔和坑探的资料为主，参考物探的成果确定。有钻孔勘探资料的部位或附近位置应根据钻孔勘探资料确定河谷覆盖层厚度，在缺乏河床钻孔和坑探资料的情况下应根据河谷覆盖层厚度变化特征，将勘探与物探资料结合起来综合分析，对河谷覆盖层厚度进行确定。

河谷覆盖层的分布与构造运动、河谷地貌特征、气候特征有关，在我国可划分为4个区域：以冰川、冰缘和重力堆积作用为主导的青藏高原及过渡区；以风力和剥蚀堆积作用为主导的西北干燥区；以流水侵蚀作用为主导的东部山地丘陵区；以流水堆积作用为主导的冲积平原区。

不同地区河谷覆盖层厚度是不同的，造成厚度变化的原因有构造升降、气候变化、崩滑流、堰塞作用等。在河段地壳稳定的前提下，河谷覆盖层有一定厚度范围。尽管各条河流或同条河流上不同河段冲积物厚度不尽相同，但不同于构造下沉或气候变迁所引起的堆积。

我国东部丘陵、平原地区属新构造活动稳定或下降区，河谷覆盖层厚度较为稳定。而新构造持续上升强烈的西南高原、高山峡谷区河谷覆盖层变化较大。

大渡河流域河谷深厚覆盖层在河流纵剖面上呈“条带状”连续稳定分布，而非“串珠状”断续分布，说明该流域河谷深厚覆盖层在空间上具有连续区域性分布的特征。总体上，覆盖层厚度都超过30m，从下游向上游有增大的趋势，大渡河上游金川河段覆盖层厚度达130m；中游泸定、石棉、汉源一带，峡谷与带状盆地相间，厚度达80～90m；

下游河段，纵向上起伏不平，河谷覆盖层最厚达 70m。在大岗山一带，由于处于构造隆升段，覆盖层厚度突然减小，整个流域覆盖层厚度在河床纵剖面上呈 W 形。这个特点在西部其他河流内也比较突出。

岷江流域河谷深厚覆盖层主要发育在中上游河段，下游至上游呈增厚趋势，岷江流域紫坪铺、鱼嘴两处覆盖层厚度小于 30m，在汶川中坝河段覆盖层厚度为 104m。

金沙江流域河谷覆盖层厚度变化较大，如虎跳峡宽谷河段覆盖层厚度为 250m，新庄街河段覆盖层厚度为 37.7m，龙街河段覆盖层厚度为 60m，乌东德河段覆盖层厚度为 73m，溪洛渡河段覆盖层厚度为 40m，向家坝河段覆盖层厚度为 81m。

二、展布特征

河谷深厚覆盖层分布广，主要分布在各级阶地、古河道、河漫滩和现代河床。一般河谷中心附近覆盖层底板高程最低，两侧相对较高；总体上河谷覆盖层底板形态均呈 U 形或 V 形（见图 6-1)；纵向上有一定起伏的“鞍”状地形。

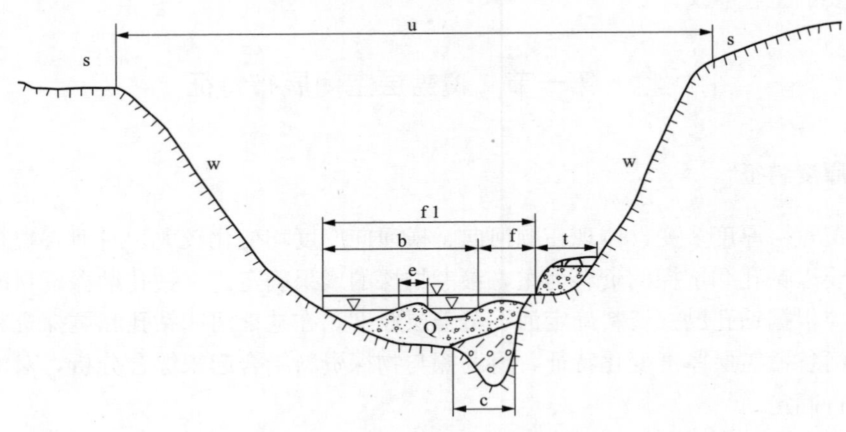

图 6-1 河谷形态图

u—河谷；f1—谷底；b—河床；f—河漫滩；t—阶地；e—沙洲；s—谷肩；w—谷坡；c—深切槽；Q—砂砾石层

1. 河流冲积物的堆积形式

河流的侵蚀与堆积作用，在时间与空间上是紧密结合的，并以某一种形式相互伴随，同时发生。因此，在河谷的任何一个发展阶段中都可形成冲积物，其在河床中的分布有特定的规律性，总体分为浅滩、河漫滩、阶地。

(1) 浅滩。河床浅滩或边滩是冲积物的初始阶段，冲积物以砂、砾石为主。

1) 对于顺直河床，在长度等于 10 倍河床宽度的河段范围内，即使其弯曲率 P（河道长度与该河道两点间的直线距离之比）小到可以忽略不计，其主流线也总是弯曲的，河床总是力图向侧方移动，在那些不完全为枯水期河床所占据的谷底两侧，即交替出现砾石浅滩或边滩。

2) 弯曲型河床是常见的河型，一般以 $P>1.3$ 作为曲流河道的标志。由于河道弯曲，横向环流作用和似螺旋状水流作用强烈，冲刷凹岸，并在凸岸形成典型的边滩，沉积砂砾石。

3）分汊型河床的特点是，河身宽窄相间，河床迁移快，河道不断分汊而又汇合，汊河间沉积砾石滩或砂滩，滩地的位置与高度均不固定，常常向下游及一侧移动，河岸也经常受到侵蚀后退。

（2）河漫滩。随着侧向侵蚀的发展，河谷不断展宽，边滩、浅滩不断加宽、加高，面积越来越大，变为雏形河漫滩。洪水期洪水淹没雏形河漫滩，并由于水流浅、流速低引起泥砂的沉积，使雏形河漫滩堆覆一层粉砂黏土而发展成为河漫滩。对于山区河流，特别是高山峡谷，河床的横向移动困难，谷底狭窄，洪水在漫滩上的流速仍然很大，泥砂难以沉积，则形成砂砾石的河漫滩。

（3）阶地。在河流的某一发展阶段内，如果发生地壳上升运动或气候变化，引起河流下切，侵蚀基准面不断下降，使原来的河床或漫滩相应抬升，直至不被洪水淹没的高度，便形成了阶地。如此反复便出现多级河谷阶地。当地壳沉降时，早期形成的河流阶地被新的冲积物所掩埋，阶地形态和结构与前述阶地完全不同，称为掩埋阶地。在地壳长期连续下降的地区，各种堆积物连续叠覆，并不形成阶地。

根据阶地的形态和结构，可划分出侵蚀、基座和堆积阶地。对于堆积阶地，又可依其冲积层厚度与下切深度的关系，分为嵌入、内叠、上叠和掩埋阶地。

深切河槽多数是由水流下蚀作用所形成。而另有一些深槽的成因复杂，其中部分与冰川刨蚀、冰下水流的冲蚀有关。有的深槽是断陷谷长期下沉所形成，还有个别的为岩溶区地下河、漏斗塌陷造成。不同成因的深槽有着不同的形态、分布和规模。

水流下蚀作用所形成的深槽分布在河床的一侧或两侧，在平面上呈狭窄的长槽，宽深比有时可达1∶3。深槽一侧或两侧壁陡峭，甚至出现斜坡与凹崖腔。例如，大渡河新华村段深槽自山谷出口分为两支，右深槽即现河床，槽底比一般基岩谷底低30m，内部充塞砂砾石层。左岸岸边的埋藏深槽，宽30～40m，深70m，横剖面呈“坛子形”，纵剖面在不足1km的长度内起伏约40m，左右两个深槽在下游汇合，使深槽之间形成一个岛状基岩滩地。

2. 河谷横剖面形态

按照河谷横剖面的形态，河谷可划分出V形谷、U形谷和宽谷三类。河谷形态不同，河流地质作用也不相同。前者以侵蚀为主，后者以冲积为主。

V形谷是山地中河谷的主要形态（见图6-2）。其谷底狭窄，岸坡高峻，水流湍急，河谷形态较平直。河流以垂直侵蚀作用为主，堆积物多分布在河床中。按其切割程度，又将岸壁陡峭或近于直立，谷缘与谷底宽度几乎一致，谷底全部被河床占据或有局部浅滩的V形谷，为障谷；岸坡陡峭，谷底存在岩滩或雏形河漫滩的V形谷，为峡谷。

U形谷也是河谷的主要形态之一，它是以侧向侵蚀为主，谷底较宽，河床约占其中的一半，河漫滩宽大，阶地不发育。

宽谷主要是平原与丘陵河谷的主要形态，指横剖面宽阔的河谷。

3. 河谷纵剖面形态

山区河谷覆盖层以下的基岩谷底，是不均匀、不平整的，从流域和河段来看，基岩谷底顺水流方向总体呈下降趋势，局部由于构造运动或冰川作用可见反翘和门坎现象。

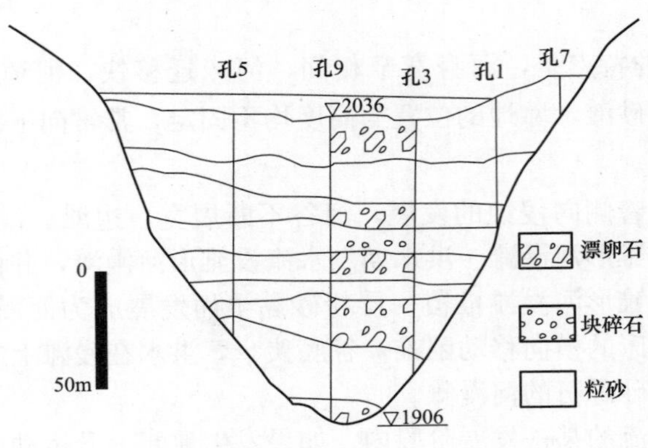

图 6-2 仁宗海水电站坝址区 V 形谷

第二节 覆盖层物质组成、结构及层次特征

一、物质组成

一般而言，覆盖层粗颗粒由近源的软岩、硬岩与远源的硬岩形成。物质成分主要由第三纪之前的岩浆岩、沉积岩、变质岩等基岩经过内、外地质作用脱离母岩形成，稍早的第四纪覆盖层颗粒也可能作为物源。

物质成分随着搬运介质、距离及堆积方式的不同，差异很大。一般地，短距离搬运的近源堆积，物质成分与原岩一致，软岩、硬岩都可能有，颗粒粗大，颜色单调；而远距离搬运的远源堆积，物质成分复杂，母岩多为岩浆岩、变质岩等，颗粒坚硬，粒径较小，颜色混杂。

覆盖层颗粒粒组可划分为巨粒组：漂（块）石、卵（碎）石，粗粒组：砾石、砂，细粒组：粉粒、黏粒。

二、结构特征

由于覆盖层物质成分的复杂性、沉积作用的多期次性、不连续性，覆盖层具有颗粒级配、颗粒形态、颗粒排列、颗粒密实度、上下层关系、胶结等结构特征。

（1）颗粒级配。覆盖层组分粒度分布范围宽，颗粒大小不均一。

（2）颗粒形态。沉积作用动力条件强弱决定覆盖层建造的优劣，如以重力作用为主形成的崩坡积堆积体，组成物质大小混杂，粗颗粒呈棱角、次棱角状；经长距离搬运的，一般磨圆度较好。

（3）颗粒具有一定的排列。成因不同，排列方向和分选性均有一定的差异，如崩坡积堆积体排列方向性差、分选性差、成分单一，而冲洪积堆积具有一定的方向性、磨圆度较好、成分多样。

（4）颗粒密实度。架空结构多见，冰川堆积与全新世沉积的表部冲积层、崩积层等常有架空现象。架空结构组成颗粒以漂卵石、砾石为主，卵砾石间有空隙，级配不连续。架空结构依其产状有层状架空层、散管状架空层和星点状架空层。架空层在山区河流和山前河流的冲积砂砾石层中几乎普遍存在。架空层是强烈的透水层，渗透系数达500～1000m/d以上，常给地基处理与基坑排水造成很大困难。

密实度一般分为松弛、稍密、中密、密实。第四纪覆盖层一般形成不久或正在形成，成岩作用微弱，绝大部分松散，少数半固结半成岩，颗粒粗细不均，密实度差异较大。

（5）上下层关系。覆盖层的层、层面是表征结构的主要内容，层是在搬运动力基本稳定的条件下形成的一个沉积单位。同一个层中沉积物都属于同一个相。不同的层既可以是不同岩相条件的产物，也可以是同一岩相条件下由于动力条件变化引起。靠近河床部位主要为河流冲积相，层次较平缓，砂层呈夹层或透镜状分布。两岸覆盖层层次起伏变化大，多有交互沉积、尖灭等现象，可能出现崩坡积、泥石流堆积、滑坡堆积、残积等多种成因的堆积。

（6）胶结。深厚覆盖层由于地质建造不同、空间展布不同，其组成成分含泥、钙、铁不同，胶结程度也不同。南桠河冶勒水电站河谷覆盖层形成于中更新世、晚更新世。其中：

弱胶结卵砾石层［Q_2^2（Ⅰ）］，为泥钙质弱胶结。

粉质壤土层［Q_3^{2-1}（Ⅲ）］，呈超固结微胶结状态。

弱胶结卵砾石层［Q_3^{2-2}（Ⅳ）］，以空隙式泥钙质弱胶结为主，存在溶蚀现象。

粉质壤土夹炭化植物碎屑层［Q_3^{2-3}（Ⅴ）］，胶结程度相对较差。

三、层次特征

一个层与上、下相邻层的界面称层面，层面是一种不连续面。层面是由于相或动力条件的变化，使沉积作用间断或沉积物质突变所造成。水力流速高，粗颗粒相对集中，流速低；细颗粒相对集中，形成明显的韵律结构。层理是单层间的界面。它是在同一沉积环境下，由于搬运物质的脉动变化造成的，单层厚度为以毫米（mm）或厘米（cm）计的最小沉积单位。层理的形态很多，在冲积砂砾石与河漫滩内，分别以斜层理和水平层理为主。

沉积作用间断是指在同一岩相条件下，动力作用发生短暂间隔，形成沉积物的不同层位，例如河床周期性洪水，即可以形成不同层的冲积物。

沉积物质突变是在沉积作用连续的情况下，由于搬运介质能量变化所形成。

河谷覆盖层在大多数情况下，都与下伏前第四系地层呈不整合或假整合关系；由于其堆积物直接置于河流水下，更易遭受外力地质作用，且由于其结构松散，使其不断被破坏和改造，或受水流的冲刷，具有明显的移动性。

四、构造特征

新构造运动在覆盖层地层中稍有表现，仅在构造运动强烈地区可见（见图6-3～

图 6-7)。例如，叶巴水电站工程区在俄巴村以南、惹达村西南玉曲河西岸，发育拔河高150m左右的高级阶地（相当于Ⅴ级阶地），在该阶地下部砾石层中发育走向NW的2条断层，均倾向西南，其中东侧的断层错断砾石层2m左右，西侧的断层错断砾石层0.7m左右。根据研究区内河流阶地的形成时代可以判断，该段断裂在晚更新世以来仍在活动。再往南约200m，在阶地下部发育两条断层。东侧的断层走向近东西，倾向北，倾角为43°，断层附近可见砾石层沿断层面呈定向排列，西侧的断层走向近310°，倾向北东，倾角为66°，断层切割阶地中的黑色和黄色砂层，并上延进入上部的砾石堆积层中。

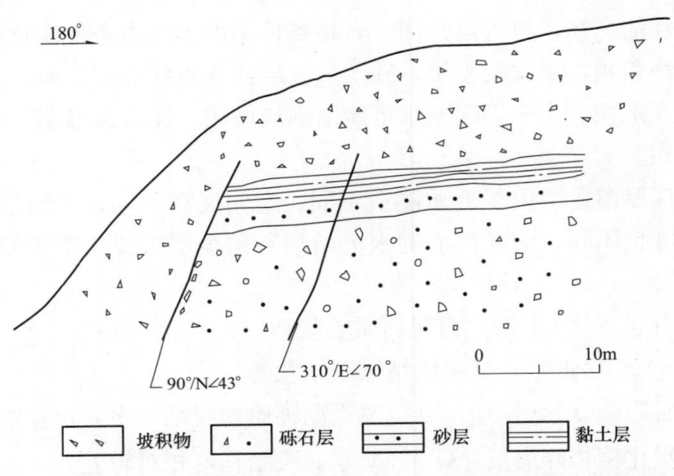

图 6-3　惹达村西南玉曲河西岸洛隆—八宿断裂断错阶地剖面图

图 6-4　惹达村西南玉曲河西岸洛隆—八宿断裂断错阶地

惹达村可见该断裂露头，在Ⅲ级阶地内发育两条平行的断层（见图 6-5），走向350°，倾向北。该断裂错断了阶地的砂层及含砾砂层，断距为10～20cm，但是其上覆坡积物未被错断。

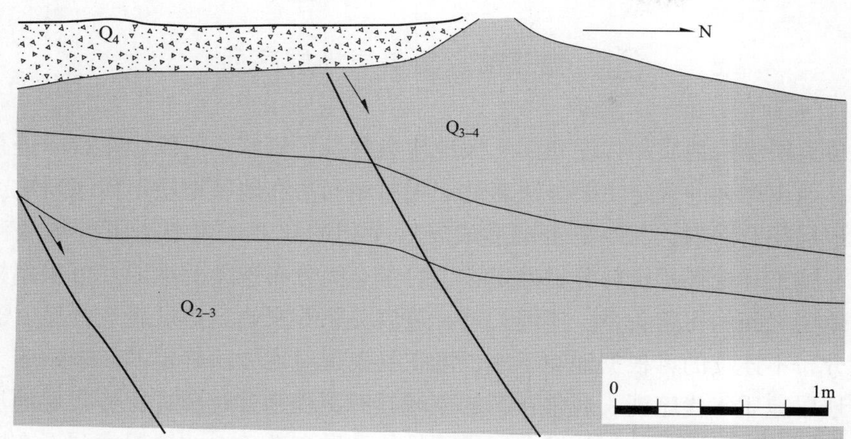

图 6-5　惹达村洛隆—八宿断裂断错阶地剖面图

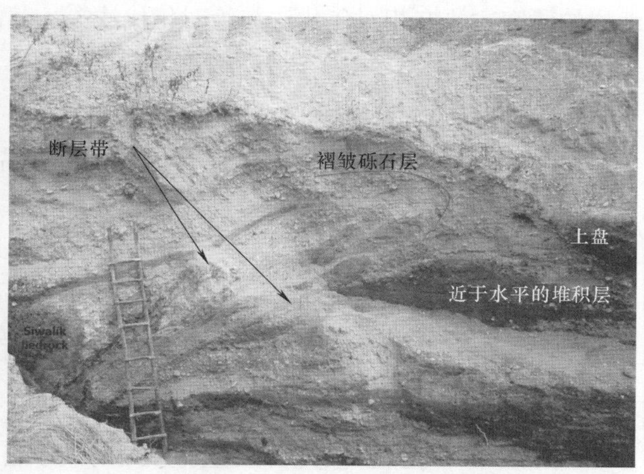

图 6-6　米什米地区 MBT 通过处探槽开挖揭示第四系覆盖层逆冲变形现象

图 6-7　果果塘大型探槽内小逆冲断层

第三节　覆盖层地层序列

建立覆盖层土层地质年代序列需从大地构造背景，流域、河段、左右岸进行覆盖层对比研究。地层序列的确定主要方法有地层相对序列法和地层地质年代序列法。

（1）地层相对序列。深厚覆盖层形成先后序列的建立，主要由野外地质测绘、钻孔、坑探、施工开挖揭示资料分析确定：①对于空间分布连续的地层，可采用接触关系法，根据地层之间的覆盖关系、掩埋关系、过渡关系等来确定地层新老顺序。②对于覆盖层岩组分布不连续的可根据地貌学法、堆积物夹层对比方法确定其新老顺序。

（2）地层地质年代序列。通常在新的流域开展工程勘察时要进行覆盖层地层年代法测试，了解覆盖层沉积年代。按覆盖层堆积物的地质年龄建立的地层序列，在野外相对地层顺序研究和地层时代研究的基础上，通过地质样品的年代学测定，根据其年龄值建立地层序列。年代地层的研究主要有相对年代法与绝对年代法等，其测定方法和成果应用见表 6-1。

表 6-1　覆盖层地质年龄测定方法和成果应用

测定分类	测定方法	成果应用
相对年代法	气候法、沉积法、古生物法、地貌学法、地球物理法、古地磁学法、海水含盐度法	结果受人为因素等影响可能存在较大的差异，用于对地质年代的估计
绝对年代法	^{14}C法、热释光法、光释光法、电子自旋共振（ESR）、裂变径迹法、U 系子体法	目前较常见的放射性同位素测定方法，用于较准确地测定地质年代

第四节　工程地质岩土组划分原则方法

工程地质岩组是一个工程地质特性相近、相似的覆盖层地质单元。岩土组划分是为了对覆盖层土体进行评价、利用和处理。

一、岩土组划分原则和方法

覆盖层工程地质岩组的划分一般按以下原则进行：

（1）遵循多元、分层、综合、系统相统一。

（2）遵循整体与局部相结合。

（3）遵循微观、细观与宏观相结合。

（4）遵循岩组划分具有工程地质意义。

（5）遵循同一岩组具有相同或相近工程地质特性。

（6）对于分布规模较小、与工程布置位置有关的工程特性较差土层或特殊土层，可单独划分出岩组。

岩土组划分是在一定的地质测绘、勘察、试验、测试等工作的基础上进行，具体方法如下：

（1）研究工程区域大地构造背景，河流流域、河段、工程区段的河谷演化历史，了解工程区河谷堆积侵蚀特性。

（2）在研究各地质测绘点和勘探点的覆盖层堆积特征的基础上，根据覆盖层分布、厚度、埋深、颜色、颗粒级配、颗粒形态、颗粒排列、颗粒岩性、密实（胶结）程度、架空现象、上下层接触特性等进行单层划分。

（3）重视软土层、粉细砂层、膨胀土层、黄土层、冻土层、架空层等特殊土和工程特性较差土层的细化研究。

（4）对比分析上、下游工程覆盖层各单层在河谷纵向和横向空间展布的变化特征。

（5）在综合地质测绘、勘探、物探、试验测试成果的基础上，根据覆盖层各单层堆积时代、堆积特性、物理力学特性、分布规模、工程特性等进行工程地质岩组划分。

二、岩土组划分流程

根据工程实践将覆盖层岩组划分的技术路线归纳，如图 6-8 所示。

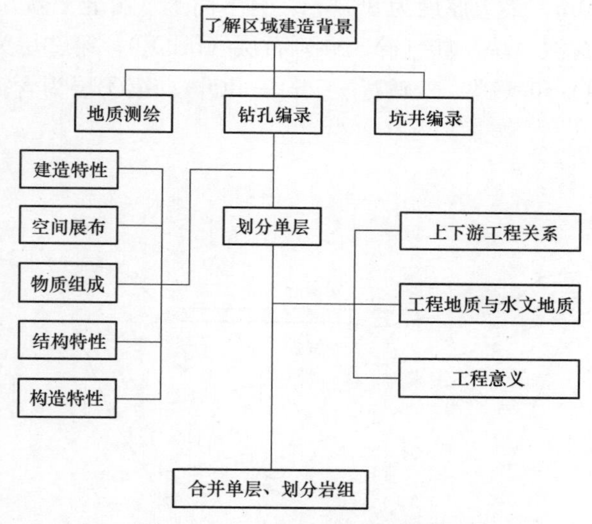

图 6-8　岩土组划分技术路线图

第五节　典型工程岩组层次划分

根据大渡河流域水电工程勘察实践，大渡河流域河谷覆盖层总体具有颗粒粗大、架空明显、结构复杂、规律性差、透水性强，且均一性差等堆积特点，同时夹有多层砂层透镜体，厚度变化大，各层物理力学性质差异较大。

一、大渡河流域典型工程覆盖层岩组划分成果

瀑布沟水电站坝基河谷覆盖层根据钻孔岩心样资料、岩性组合、沉积韵律、含水透水层特征，确定地层层序和年代，建立工程地质岩组，最终确定了大坝深厚覆盖层共

四层（见图 6-9），由下向上分别是：①漂卵石层（Q_3^2）；②卵砾石层（Q_4^{1-1}）；③含漂卵石层夹砂层透镜体（Q_4^{1-2}）；④漂（块）卵石层（Q_4^2）。

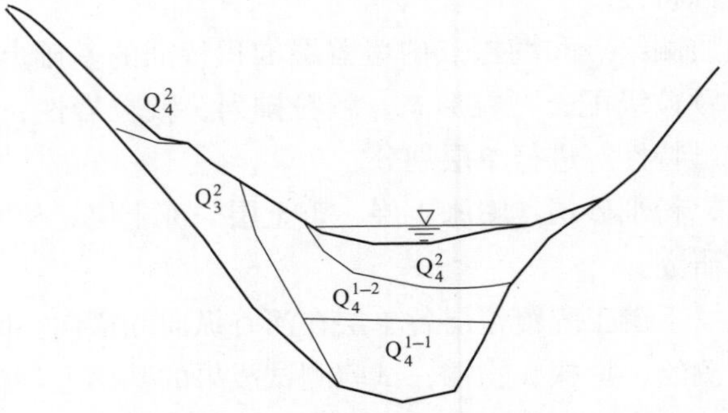

图 6-9　瀑布沟水电站坝址区覆盖层分层示意图

猴子岩水电站坝基覆盖层平面总体顺河展布，垂直于河流的横剖面总体呈倒梯形，上宽下窄，主要是按成因类型和工程地质特性进行分层。据钻孔揭示，坝址区河谷覆盖层一般厚度为 60～70m，最大厚度为 85.5m，自下而上（由老至新）可分为四大层（见图 6-10）：第①层为含漂（块）卵（碎）砂砾石层（$fglQ_3^2$）；第②层为黏质粉土（$1Q_3^3$）；第③层为含泥漂（块）卵（碎）砂砾石层（$pl+alQ_4^1$）；第④层为含孤漂（块）卵（碎）砂砾石层（alQ_4^2）。

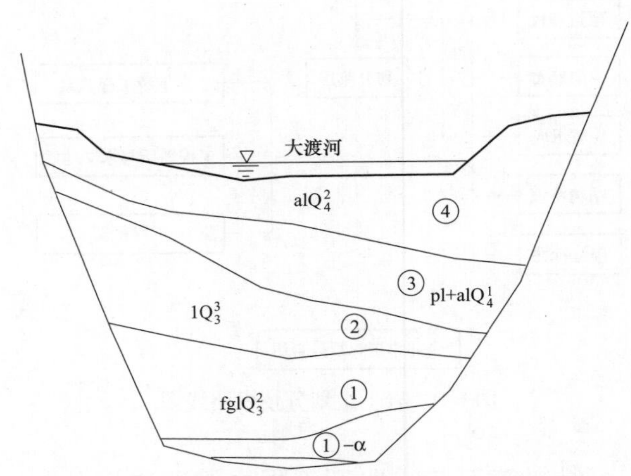

图 6-10　猴子岩水电站河谷覆盖层分层示意图

黄金坪水电站河谷覆盖层厚度一般为 56～130m，最大厚度达 133.92m（ZK5），右岸河谷覆盖层厚度一般为 33～100m，最大厚度达 101.30m(ZK3)。根据河谷覆盖层成层结构特征和工程地质特性，自下而上（由老至新）可分为 3 层（见图 6-11）：第①层为漂（块）卵（碎）砾石夹砂土（$fglQ_3$）；第②层为漂（块）砂卵（碎）砾石层（alQ_4^1），在该层中部及顶部有四层砂层②-a、②-b、②-c、②-d 分布；第③层为漂（块）砂卵砾石层（alQ_4^2）。据钻孔揭示，在该层中部及顶部有两层砂层③-a、③-b

分布。

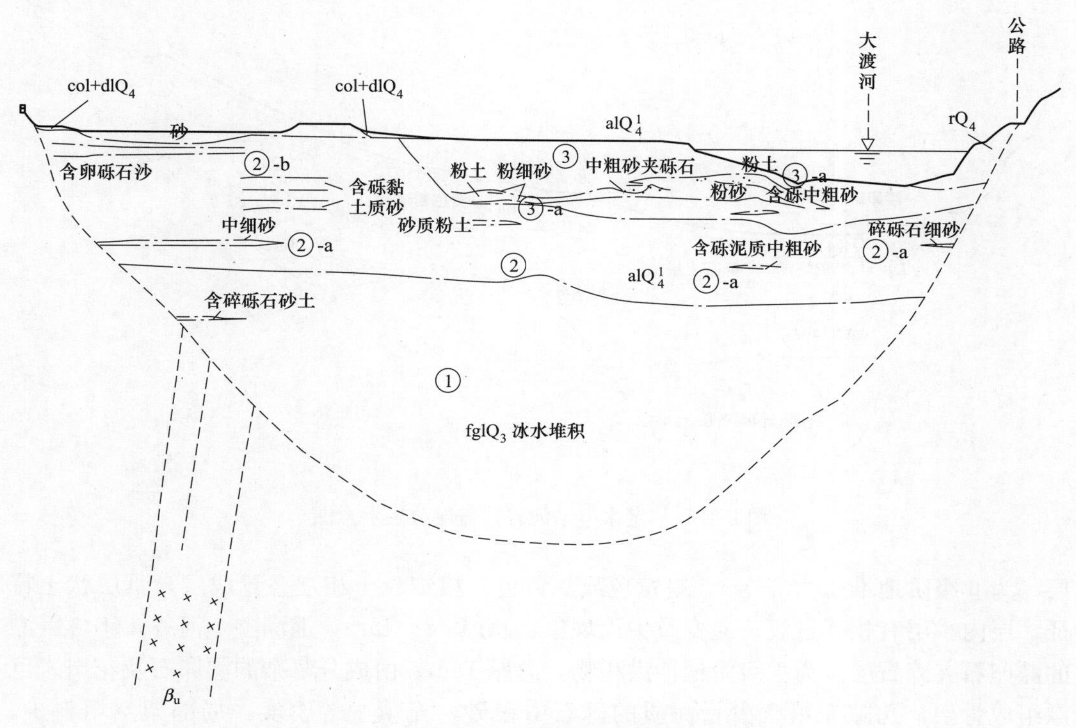

图 6-11 黄金坪水电站河谷覆盖层分层示意图

泸定水电站坝址区河谷覆盖层深厚，层次结构复杂。据钻孔揭示，河谷覆盖层厚度一般为 120～130m，最大厚度为 148.6m（SZK16 孔），按其物质组成、层次结构、成因、形成时代和分布情况等，自下而上（由老至新）可划为四层七个亚层（见图 6-12）：第①层为漂（块）卵（碎）砾石层。第②层为晚更新世晚期冰缘冻融泥石流、冲积混合堆积（fgl＋alQ$_3$），主要分布于河床中下部及右岸谷坡。根据其物质组成及结构特征，可分为三个亚层，即②-1 亚层，漂（块）卵（碎）砾石层夹砂层透镜体；②-2 亚层，碎（卵）砾石土层；②-3 亚层，粉细砂及粉土层。第③层为全新世早中期冲、洪积堆积（al＋plQ$_4$），按其物质组成分为两个亚层，即③-1 亚层，含漂（块）卵（碎）砾石层；③-2 亚层，砾质砂层。第④层为漂卵砾石层系全新世现代河流冲积堆积（alQ$_4$）。

二、其他流域典型工程覆盖层岩组划分成果

岷江流域河谷覆盖层结构复杂，粗细粒土相互叠置成层。太平驿水电站闸址区闸区位于岷江支流福堂坝沟与彻底关沟间的顺直河段上，临江坡高 500～600m，谷坡出露晋宁—澄江期黑云母花岗岩，谷底宽约 240m，堆积厚 86m 的深厚覆盖层，自下而上分为五大层：①漂卵石夹块碎石层。由成分漂卵石夹块碎石组成骨架，含大孤石。孔隙充填密实程度不均一，具架空结构。②块碎石层。块碎石成分单一，为近源花岗岩，孔隙充填密实度差，架空结构较发育，渗透性强～极强。③块碎石土、砂层及漂卵石夹砂互

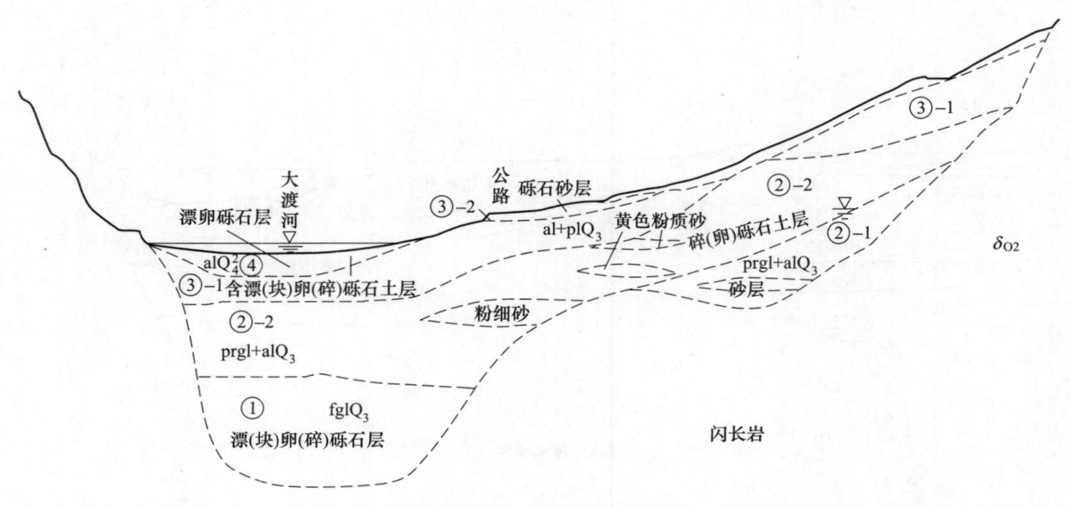

图 6-12　泸定水电站河谷覆盖层分层示意图

层。为Ⅱ级阶地堆积物（Q_3），呈黄色或灰黄色，粗细粒土相互叠置成层，具层状土特征，层内小层有相互过渡、递变及尖灭现象，总厚 18～45m，铺满整个河谷。④含巨漂的漂卵石夹碎石层。为Ⅰ级阶地冲洪积物，总厚 18m。由成分复杂的漂卵石及花岗岩巨漂组成骨架，孔隙充填含少量泥质的砾石中粗砂，充填中等密实，局部架空填料少。⑤漂卵石夹块碎石层。为近代河床及漫滩堆积层，层厚小于 6.5m，由卵石夹块碎石组成骨架，孔隙充填中粗砂，透水性强。

白水江流域河谷覆盖层成因和层次结构较为单一，总体为冲洪积堆积的含漂（块）卵碎砾石砂土层。中、下部以含漂（块）碎砾石土为主，碎石、角砾含量相对较高，少见砂和卵石；上部以含漂砂卵砾石为主，卵砾石含量相对较高，磨圆度相对较好。但上、下部的物质组成和结构呈渐变过渡，无明显的分层特征，不同的组成物质及结构在空间展布上也不具成层性。例如，多诺水电站坝基河谷覆盖层厚度一般为 20～30m，局部厚达 41.7m。根据覆盖层物质组成的宏观总体差异，结合生成时代的不同综合分析，从工程岩组的角度，大致划分为两层：①以洪积为主体的含漂（块）碎砾石土层（Q_4^{al+pl}），揭示厚度为 8.52～41.7m，分布于河床及Ⅰ级阶地的中、下部，阶地上部则为含漂砂卵砾石层。②现代河床冲积堆积的含漂砂卵砾石层（Q_4^{al}），揭示厚度为 1.5～9.8m。

第七章

深厚覆盖层物理力学性质与参数研究

深厚覆盖层物理力学性质与参数研究，是对覆盖层土体物理、水理、强度、变形、渗漏与渗透、抗冲、动力等方面的性质研究的基础上，提出工程设计使用的地质参数。

第一节　物理、水理性质

土体物理性质主要取决于组成土的固体颗粒、孔隙中水和气体这三相所占体积和质量的比例关系，反映这种关系的指标称为土的物理性质指标。土体的物理性质指标是土体最基本的指标，不仅可以描述土的物理性质和其所处的状态，而且在一定程度上反映土体的力学性质。

一、物理、水理性质指标

土体的物理性质指标包括颗粒级配组成和土的基本物理状态指标。土体颗粒级配组成通过试验对土体中各粒组含量予以测定；土所处的基本物理状态指标包括土的密度、比重、含水率及孔隙比、饱和度等，其中土的密度、比重、含水率可通过现场或室内试验予以直接测定，其他指标可根据上述指标予以计算。

（1）土中某粒组的土粒含量为该粒组中土粒质量与干土总质量之比，以百分数表示。水电工程上广泛采用的粒组有漂（块）石粒、卵（碎）石粒、砾粒、砂粒、粉粒和黏粒。

（2）土的密度为单位体积土的质量；土的干密度是单位体积内土粒的质量；土的饱和密度是土中孔隙完全被水充满，土处于饱和状态时单位体积土的质量；土的浮密度是单位体积内土粒的质量与同体积水质量之差。

（3）土的比重为土粒的质量与同体积 4℃时纯水的质量之比，无因次。

（4）土的含水率为土中水的质量与土粒的质量之比，以百分数表示。

（5）土的孔隙比为土中孔隙的体积与土粒的体积之比；土的孔隙率为土中孔隙的体积与土的总体积之比，或单位体积内孔隙的体积，以百分数表示。

（6）土的饱和度为土中孔隙水的体积与孔隙体积之比，以百分数表示。

（7）无黏性土的密实度，即无黏性土在天然条件下的紧密程度，一般用其相对密度指标表示，可通过室内相对密度试验测定。同时，采用现场标准贯入试验或圆锥动力触探成果，也可用以评价无黏性土的密实度。

黏性土的水理性质主要指标为土体的界限含水率，即土体由一种状态转入另一种状态（固态、半固态、可塑、流动状态）时的分界含水率，以及通过界限含水率计算得到的指标，包括塑性指数、液性指数等。

覆盖层主要物理、水理特性指标及常用试验方法见表 7-1。

表 7-1 覆盖层主要物理、水理特性指标及常用试验方法

<table>
<tr><th>指标类型</th><th colspan="2">参数类型</th><th>常用试验方法</th></tr>
<tr><td rowspan="12">基本物理性质</td><td rowspan="4">基本物理状态指标</td><td>颗粒含量百分比</td><td>筛分法测定（大于 0.075mm）
比重计法或移液法（小于 0.075mm）</td></tr>
<tr><td>土体密度</td><td>试坑注水法、试坑注砂法、环刀法等</td></tr>
<tr><td>比重</td><td>比重瓶、虹吸筒法</td></tr>
<tr><td>含水率</td><td>燃烧法</td></tr>
<tr><td rowspan="6">计算物理指标</td><td>干密度</td><td rowspan="6">依基本物理指标计算所得</td></tr>
<tr><td>饱和密度</td></tr>
<tr><td>浮密度</td></tr>
<tr><td>孔隙比</td></tr>
<tr><td>孔隙率</td></tr>
<tr><td>饱和度</td></tr>
<tr><td colspan="2">相对密度</td><td>相对密度试验</td></tr>
<tr><td colspan="2">密实度</td><td>标准贯入试验、圆锥动力触探</td></tr>
<tr><td>水理性质</td><td colspan="2">液限含水率
塑限含水率
塑性指数、液性指数</td><td>联合测定法
蝶式仪法
搓条法</td></tr>
</table>

二、物理、水理性质参数

土的物理力学参数选取应以试验成果为依据，对于物理、水理性质参数，应以试验的算术平均值作为标准值，经充分考虑地质代表性、分析试验成果的可信度，在试验标准值的基础上提出土体物理力学参数地质建议值。

对四川省、西藏自治区河流流域部分工程覆盖层试验数据为基础，分别统计了 549 组砂卵砾石类土、560 组砂土、150 组细粒土试验成果，见表 7-2。

土体的物理性质参数，不仅能直观地描述土体某方面的物理状态，也能在一定程度上反映土体的力学性状，以干密度指标为例，如图 7-1～图 7-3 所示，总体上土体随着干密度的增大，其承载能力、抗变形能力及抗剪能力均有所增大。土体干密度一定程度上反映了土体的密实程度与土体粗颗粒母岩的密度。

表 7-2　覆盖层土体部分试验成果统计

项目	干密度（平均值）（g/cm³）	孔隙比平均值	液限（平均值）（%）	塑限（平均值）（%）	塑性指数（平均值）
砂卵砾石类土	1.89～2.45	0.26	—	—	—
砂土	1.35～2.10（1.68）	0.61	—	—	—
细粒土	1.38～1.71（1.38）	0.74	21.0～51.0（33.2）	10.5～30.0（19.1）	8.0～24.0（14.1）

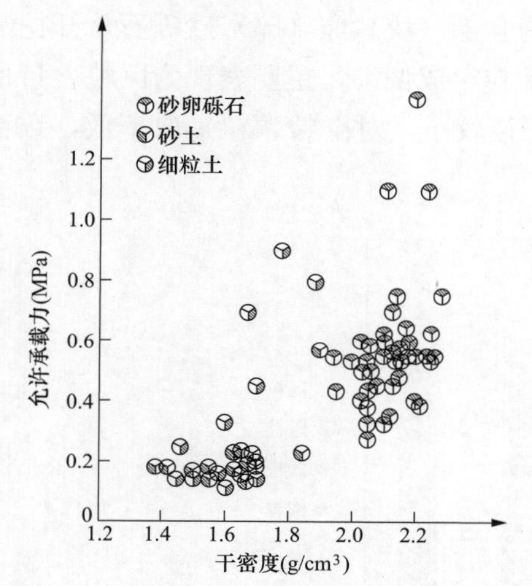

图 7-1　干密度与允许承载力建议值相关统计

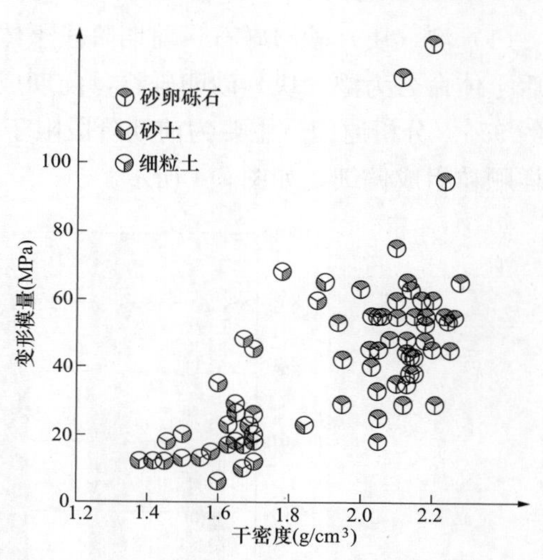

图 7-2　干密度与变形模量建议值相关统计

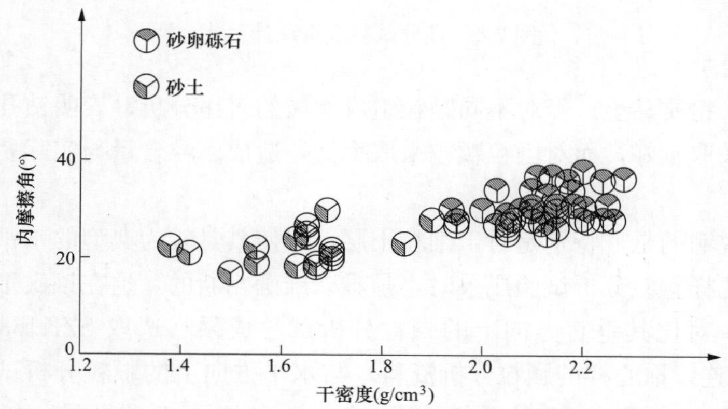

图 7-3　粗粒土干密度与内摩擦角建议值相关统计

三、深厚覆盖层典型土体参数对比分析

对深厚覆盖层土体性质的研究，受限于实际条件，工程勘察前期阶段主要依托钻孔样研究为主，在长河坝、猴子岩等水电工程具深厚覆盖层的深基坑开挖的过程中，分别

对基坑原位样与前期钻孔样进行了试验对比研究。选取的代表性土体分别为漂（块）砂卵砾石（位于猴子岩水电站工程坝址区河床部位，顶面埋深28.5～41.19m，厚11.44～39.44m）、砂层（位于长河坝水电站工程坝址区河床部位，顶板埋深3.30～25.7m，厚0.75～12.5m）及粉质黏土（位于猴子岩水电站工程坝址区河床部位，顶面埋深6.2～41.20m，厚0.67～29.45m）。

经对三种典型深埋土体前期钻孔样和基坑开挖样的试验成果进行对比，其物理、水理特性主要指标的差异及初步分析如下。

1. 颗粒组成

（1）漂（块）砂卵砾石。前期阶段土体命名为含漂（块）卵（碎）砂砾石，开挖复核后土体命名为漂（块）砂卵砾石，前期成果中颗粒组成偏细，主要表现为巨粒含量偏低约9%。分析原因，主要为前期阶段限于钻孔孔径较小，对巨粒颗粒采取率低，致钻孔样颗粒组成偏细，如图7-4所示。

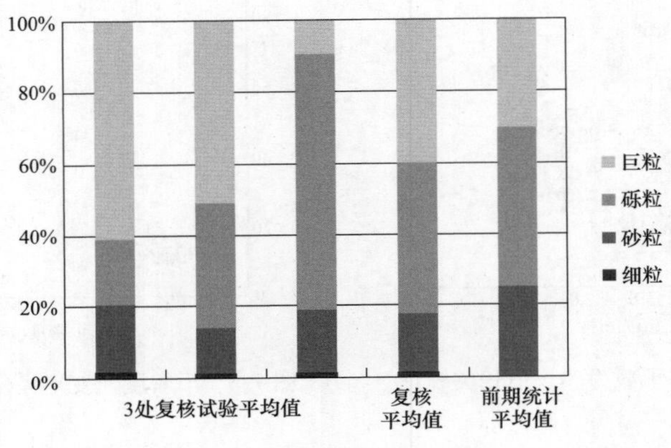

图7-4 颗分试验成果统计对比

（2）砂层、粉质黏土。经对不同颗粒组成物质的对比分析，表明钻孔样对砾粒及小于砾粒的颗粒采取较好，而对巨粒颗粒采取率低，造成巨粒含量与实际相比偏低，影响成果的准确性。

可进一步说明的是，特别是对于细粒土层，即使其具较为典型的水平层状构造，当前期仅根据钻孔样颗粒分析试验成果时，是难以准确判断的，这在该次细粒土典型层中表现较为明显，对比其垂直方向上的颗粒分析试验成果（选取SZK163钻孔31.67～45.55m段7组连续取心样的颗粒分析资料）与水平方向上的颗粒分析试验成果（选取15组开挖期基本位于同一高程的颗粒分析资料），可以明显看出差异，如图7-5和图7-6所示。

2. 干密度

（1）漂（块）砂卵砾石。前期钻孔样扰动影响较大，巨粒颗粒采取率低，使得室内试验值存在一定差异，总体偏小。

（2）砂层、粉质黏土。两期次试验成果基本相当。

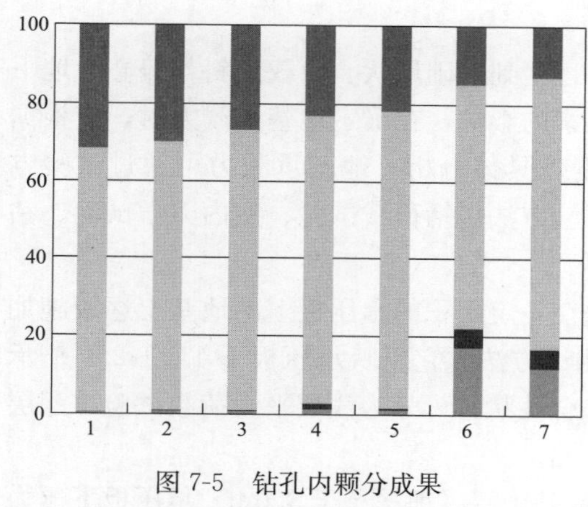

图 7-5　钻孔内颗分成果

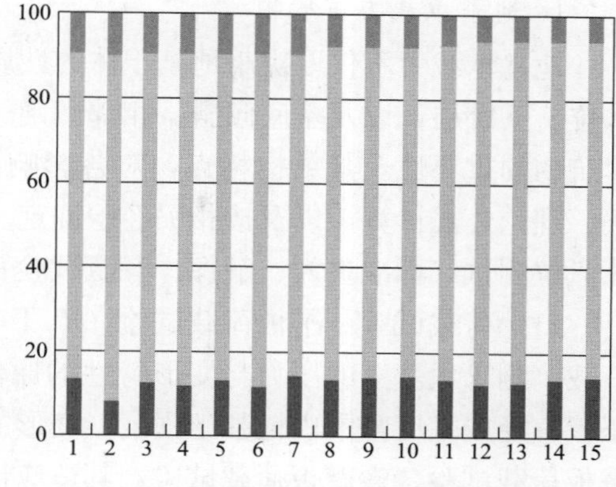

图 7-6　基坑同一高程颗分试验成果统计对比

经对不同颗粒组成物质的干密度指标进行对比分析，表明钻孔样对砂层、细粒土，经室内试验是能够真实表达其干密度指标的；而对于漂（块）砂卵砾石层等粗粒土，因钻孔对巨粒颗粒采取差，造成巨粒含量与实际相比偏低，将使干密度试验值偏低。

3. 粗粒土密实度

（1）漂（块）砂卵砾石。前期阶段经超重型动力触探测试，判定为中密～密实；开挖复核后经现场判断及室内物性试验结果，判定为中密～密实；两期次结果一致。

（2）砂层。前期阶段经标准贯入测试、室内物性试验、相对密度试验，为中密～密实；开挖复核后经物性试验、相对密度试验，判定为松散。分析原因，主要受复核样失水松散、卸荷回弹等因素影响。因此，前期标准贯入试验能够反映砂层的密实度。

经对不同颗粒组成物质的粗粒土密实度进行对比分析，表明前期阶段经原位动力触探，能够反映粗粒土的密实度。

4. 黏性土稠度

粉质黏土。前后两期次试验成果均表明该层以可塑为主，表明通过钻孔样能够准确地反映细粒土的稠度。

第二节　力 学 特 性

一、强度特性

（一）地基承载力

在上部建筑物荷载作用下，当荷载相对较小时，地基土中应力处在弹性平衡状态；当荷载进一步增大，地基中开始出现某点或一定区域内各点在其某一方向上剪应力达到土的抗剪强度时，则地基土体内局部形成塑性区；当荷载持续增大，地基出现较大范围的塑性区时，将显示地基承载力不足而失去稳定。

持力层土能够承受基底传来的单位面积的最大压力称为地基的极限承载力，以极限承载力除以安全系数，即为地基的允许承载力。

1. 地基承载力试验值

地基承载力不仅取决于地基土体的性质，还受到基础形状、荷载倾斜与偏心、地下水位、下卧层，以及基底倾斜、相邻基础等因素的影响，在确定地基承载力时，应根据建筑物的重要性及其结构特点，对各影响因素作具体分析。地基承载力可通过试验方法、理论公式计算，以及按相关经验确定。试验方法包括荷载试验、室内力学试验、钻孔原位测试（标准贯入、触探、旁压试验）等。

（1）荷载试验。平板荷载试验（PLT）是在一定面积的承压板上向地基土逐级施加荷载，测求地基土的压力与变形特性的原位测试方法。它反映承压板下 1.5～2.0 倍承压板直径或宽度范围内地基土强度、变形的综合性状；可分为浅层平板荷载试验、深层平板荷载试验、螺旋板荷载试验，其适应性不同。

1）浅层平板荷载试验，适用于确定浅部地基土层（埋深小于 3.0m）承压板下压力主要影响范围内的承载力和变形模量。

2）深层平板荷载试验，适用于埋深等于或大于 3.0m 和地下水位以上的地基土，常用于确定深部地基土及大直径桩桩端土层在承压板下应力主要影响范围内的承载力及变形模量。

3）螺旋板荷载试验，是将一螺旋形的承压板用人力或机械旋入地面以下的预定深度，通过传力杆向螺旋形承压板施加压力，测定承压板的下沉量；适用于深层地基土或地下水位以下的地基土，其测试深度可达 10～15m。

采用平板荷载试验，可通过强度控制法和相对沉降控制法确定地基承载力特征值。

（2）理论公式。

1）极限承载力公式。极限承载力公式是 Prandtl 于 1921 年提出的，以后经 A. S. K. Buisman（1940 年）、Terzaghi（1943 年）、E. E. DeBeer（1967 年）和 A. S. Vesic（1970 年）修正、补充，形成了目前国内外常用的极限承载力公式，即

$$f_u = c_k N_c \zeta_c + \gamma_0 d N_d \zeta_d + \frac{1}{2}\gamma b N_b \zeta_b \tag{7-1}$$

$$N_d = e^{\pi\tan\varphi}\tan^2\left(\frac{\pi}{4}+\frac{\varphi}{2}\right),\ N_c = (N_d - 1)\cot\varphi,\ N_b = 2(N_d + 1)\tan\varphi$$

式中：f_u为极限承载力，kPa；N_d、N_c、N_b为承载力系数；ζ_c、ζ_d、ζ_b为基础形状系数，按表 7-3 确定。

表 7-3　基础形状系数

基础形状	ζ_c	ζ_d	ζ_b
条形	1.00	1.00	1.00
矩形	$1+\frac{b}{l}\frac{N_d}{N_c}$	$1+\frac{b}{l}\tan\varphi$	$1-0.4\frac{b}{l}$
圆形和方形	$1+\frac{N_d}{N_c}$	$1+\tan\varphi$	0.6

注　l 为基础底面长度（m）。

2）《水闸设计规范》（NB/T 35023—2014）地基容许承载力公式。

a. 在竖向对称荷载作用下，可按限制塑性区开展深度的方法计算土质地基的容许

承载力，即

$$[R]=N_{b}\gamma_{b}B+N_{d}\gamma_{d}D+N_{c}c \tag{7-2}$$

$$N_{b}=\frac{\pi}{4(\cot\varphi-\pi/2+\varphi)} \tag{7-3}$$

$$N_{d}=\frac{\pi}{\cot\varphi-\pi/2+\varphi}+1 \tag{7-4}$$

$$N_{c}=\frac{\pi}{\cot\varphi(\cot\varphi-\pi/2+\varphi)} \tag{7-5}$$

式中：[R] 为按限制塑性区开展深度计算的土质地基容许承载力，kPa；γ_b为基底面以下土的重力密度，kN/m^3，地下水位以下取浮重力密度；γ_d为基底面以上土的重力密度，kN/m^3，地下水位以下取浮重力密度；B 为基底面宽度，m；D 为基底埋深，m；c 为地基土的凝聚力，kPa；N_b、N_d、N_c为承载力系数；φ 为地基土的内摩擦角，(°)。

b. 在竖向荷载和水平向荷载共同的作用下，可按汉森公式计算土质地基允许承载力，即

$$[R']=\frac{1}{k}(0.5\gamma_{b}BN_{\gamma}S_{\gamma}i_{\gamma}+qN_{q}S_{q}d_{q}i_{q}+cN_{c}S_{c}d_{c}i_{c}) \tag{7-6}$$

$$N_{\gamma}=1.5(N_{q}-1)\tan\varphi \tag{7-7}$$

$$N_{q}=e^{\pi\tan\varphi}\tan^{2}\left(45^{\circ}+\frac{\varphi}{2}\right) \tag{7-8}$$

$$N_{c}=(N_{q}-1)\cot\varphi \tag{7-9}$$

$$S_{\gamma}=1-0.4(B/L) \tag{7-10}$$

$$S_{q}=S_{c}=1+0.2(B/L) \tag{7-11}$$

$$d_{q}=d_{c}=1+0.35(D/B) \tag{7-12}$$

$$i_{\gamma}=i_{q}^{2} \tag{7-13}$$

$$i_{q}=\frac{1+\sin\varphi\sin(2\alpha-\varphi)}{1+\sin\varphi}e^{-\left(\frac{\pi}{2}+\varphi-2\alpha\right)\tan\varphi} \tag{7-14}$$

$$i_{c}=i_{q}-\frac{1-i_{q}}{N_{q}-1} \tag{7-15}$$

$$\alpha=\frac{\varphi}{2}+\arctan\frac{\sqrt{1-(\tan\delta\cot\varphi)^{2}}-\tan\delta}{1+\dfrac{\tan\delta}{\sin\varphi}} \tag{7-16}$$

$$\tan\delta=\frac{\tau}{P+C\cot\varphi} \tag{7-17}$$

式中：[R'] 为按汉森公式计算的土质地基允许承载力，kPa；k 为地基承载力安全系数，可取 2～3（大型水闸或松软地基取大值，中、小型水闸或坚实地基取小值）；q 为基底面以上的有效边荷载，kPa；N_γ、N_q、N_c 为承载力系数；S_γ、S_q、S_c 为形状系数，对于条形基础，$S_\gamma=S_q=S_c=1$；d_q、d_c 为深度系数；i_γ、i_q、i_c 为倾斜系数；L 为基底面长度，m；P 为作用在基底面上的竖向荷载，kPa；τ 为作用在基底面上的水平向荷载，kPa。

当 $\varphi=0$ 时，$N_\gamma=0$，$N_q=i_\gamma=i_q=1$；$N_c=\pi+2$；i_c可按式（7-18）计算，即

$$i_c = \frac{\pi - \arcsin\frac{\tau}{C} + 1 + \sqrt{1 - \left(\frac{\tau}{C}\right)^2}}{\pi + 2} \tag{7-18}$$

（3）经验关系。根据（超）重力触探、标准贯入试验、静力触探试验、基本物性指标等，可对土体的地基承载力进行经验确定，根据《水力发电工程地质手册》相关经验值见表7-4～表7-10。需注意的是，在利用此类经验关系时，需详细了解该类经验关系的区域、地层及数据修正等背景特点，以分析其适用条件。

表7-4　粗粒土允许承载力（*R*）经验值　MPa

土的名称		密实度		
		稍密	中密	密实
卵石		0.3～0.4	0.5～0.8	0.8～1.0
碎石		0.2～0.3	0.4～0.7	0.7～0.9
圆砾		0.2～0.3	0.3～0.5	0.5～0.7
角砾		0.15～0.2	0.2～0.4	0.4～0.6
砾砂、粗砂、中砂		0.16～0.22	0.24～0.34	0.7～0.9
细砂、粉砂	稍湿	0.12～0.16	0.16～0.22	0.3
	很湿		0.12～0.16	0.2

注　本表适用于当基础宽度小于或等于3m、埋深小于或等于0.5m时的地基土。

表7-5　大渡河、岷江流域砂卵砾石极限承载力标准值

超重型动力触探锤击数 N_{120}	4	5	6	7	8	9	10	12	14	16	18	20
极限承载力（kPa）	700	800	1000	1160	1340	1500	1640	1800	1950	2040	2140	2200

注　本表适用于当基础宽度小于或等于3m、埋深小于或等于0.5m时的地基土。

表7-6　砂土的允许承载力（*R*）与标准贯入锤击数（*N*）关系

标准贯入锤击数 N	10～15	15～30	30～50
允许承载力 R(MPa)	0.14～0.18	0.18～0.34	0.34～0.50

注　本表适用于当基础宽度小于或等于3m、埋深小于或等于0.5m时的地基土。

表7-7　黏性土的允许承载力（*R*）与孔隙比（*e*）关系

孔隙比 e	塑性指数（I_p）								
	<10			≥10					
	液性指数（I_L）								
	0	0.50	1.00	0	0.25	0.50	0.75	1.00	1.20
	允许承载力[R](MPa)								
0.5	0.35	0.31	0.28	0.45	0.41	0.37	(0.34)		
0.6	0.30	0.26	0.23	0.38	0.34	0.31	0.28	(0.25)	
0.7	0.25	0.21	0.19	0.31	0.28	0.25	0.23	0.20	0.16
0.8	0.20	0.17	0.15	0.26	0.23	0.21	0.19	0.16	0.13
0.9	0.16	0.14	0.12	0.22	0.20	0.18	0.16	0.13	0.10
1.0		0.12	0.10	0.19	0.17	0.15	0.13	0.11	
1.1					0.15	0.13	0.11	0.10	

注　1. 本表适用于当基础宽度小于或等于3m、埋深小于或等于0.5m时的地基土。
2. 表中有括号者仅供插值使用。

表 7-8　　黏性土的允许承载力（*R*）与标准贯入锤击数（*N*）关系

标准贯入锤击数 N	3	5	7	9	11	13	15	17	19	21	23
允许承载力 $[R]$(MPa)	0.12	0.18	0.20	0.24	0.28	0.32	0.36	0.42	0.50	0.58	0.66

注　本表适用于当基础宽度小于或等于 3m、埋深小于或等于 0.5m 时的地基土。

表 7-9　　标准贯入锤击数与地基承载力的关系

序号	回归式	适用范围	备注
1	$p_0=23.3N$	黏性土、粉土	不作杆长修正
2	$p_0=56N-558$	老堆积土	
	$p_0=19N-74$	一般黏性土、粉土	
3	$N=3\sim23$，$p_0=4.9+35.8N_{me}$	第四系冲、洪积黏土、粉质黏土、粉土	
	$N=23\sim41$，$p_0=31.6+33N_{ma}$		
	$N=23\sim41$，$p_0=20.5+30.9N_{ma}$		
4	$N=3\sim18$，$f_k=80+20.2N$	黏性土、粉土	
	$N=18\sim22$，$f_k=152.6+17.48N$		
5	$f_k=72+9.4N^{1.2}$	粉土	
	$f_k=-212+222N^{0.3}$	粉细砂	
	$f_k=-803+850N^{0.1}$	中、粗砂	
6	$f_k=\dfrac{N}{0.00308N+0.01504}$	粉土	
	$f_k=105+10N$	细、中砂	
7	$N=8\sim37$，$p_0=33.4N+360$	红土	
	$N=8\sim37$，$f_k=5.3N+387$	老堆积土	
8	$f_k=12N$	黏性土、粉土	

注　1. p_0 为荷载试验比例界限。

2. f_k为地基承载力（kPa）。

3. 标准贯入锤击数 N_{ma}是用手拉绳方法测得的，其值比机械化自动落锤方法所得 N_{me}略高，换算关系：$N_{ma}=0.74+1.12N_{me}$，适用范围：$2<N_{me}<23$。

表 7-10　　砂土静力触探承载力经验公式

序号	回归式	适用范围
1	$f_0=0.02p_s+0.0595$	粉细砂，$1<p_s<15$
2	$f_0=0.036p_s+0.0766$	中粗砂，$1<p_s<10$
3	$f_0=0.0917\sqrt{p_s}-0.023$	水下砂土
4	$f_0=(0.025\sim0.033)p_s$	砂土

注　p_s 为单桥探头的比贯入阻力（MPa）；f_0 为承载力（kPa）。

2. 地基承载力地质建议值

承载力参数的取值方法：根据现场荷载试验成果取值时，由其比例极限确定特征值；根据钻孔动力触探、标准贯入试验、静力触探试验、旁压试验等测试成果取值时，以试验成果的算术平均值作为标准值；根据土工试验成果，以计算方法确定。

根据水工建筑物地基的工程地质条件，在试验标准值的基础上，地质工程师经充分考虑地质代表性，分析试验成果的可信度，提出土体物理力学参数地质建议值。

根据部分工程数据统计（见图 7-7），河床部位的巨粒类土（漂石、块石、卵石、碎石）允许承载力地质建议值多为 400～800kPa，砾石土多为 250～400kPa，砂土多为 150～250kPa，细粒土多为 80～150kPa。工程实践表明，影响土体允许承载力性质的因素，并非仅与其物质组成相关，如冶勒水电站的深埋细粒土层（形成年代 Q3），其允许承载力可达 900kPa。故在地质建议值取值时，应充分考虑土体的形成年代、埋藏环境、密实度等影响因素。

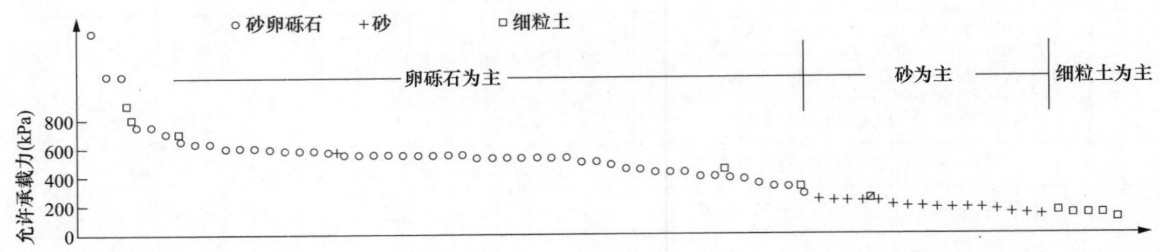

图 7-7 部分工程允许承载力地质建议值统计

（二）土体抗剪强度

土体的抗剪强度是指土体对于外荷载所产生的剪应力的抵抗能力，主要指标为土体的内摩擦角和凝聚力。

1. 土体抗剪强度试验值

对于粗粒土，可取扰动样进行室内和原位试验；对于细粒土，如黏性土，由于扰动对其强度影响很大，因而应取原状样确定抗剪强度。常用的试验方法为直接剪切试验、三轴压缩试验和十字板剪切试验。直接剪切试验是测定预定剪破面上抗剪强度的最简便和最常用的方法，在直剪试验过程中，一般不能量测孔隙水压力，也不能控制排水，所以只能以总应力法来表示土的抗剪强度。为了考虑固结程度和排水条件对抗剪强度的影响，根据加荷速率的快慢将直接剪切试验划分为快剪、固结快剪、慢剪和反复剪四种试验类型。

三轴压缩试验直接量测的是试样在不同恒定周围压力下的抗压强度，然后利用莫尔-库仑破坏理论间接推求土的抗剪强度。三轴压缩仪是目前测定土体抗剪强度较为完善的仪器。三轴压缩试验根据试样的固结和排水条件的不同，可分为不固结不排水（UU）试验、固结不排水（CU）试验和固结排水（CD）试验，分别与直接剪切试验中的快剪、固结快剪和慢剪相对应。

十字板剪切试验适用于饱和软黏土，特别适用于难以取样或土样在自重作用下不能保持原有形状的软黏土，是目前国内广泛应用的抗剪强度原位测试方法，其优点是试验时对土的扰动性小。

2. 抗剪强度地质建议值

在试验值的基础上，根据水工建筑物地基的工程地质条件，地质工程师经充分考虑地质代表性，分析试验成果的可信度，按照下列原则和方法提出土体抗剪强度地质建议值。

(1) 土的抗剪强度采用试验峰值的小值平均值作为标准值；当采用有效应力进行稳定分析时，对三轴压缩试验成果，采用试验的平均值作为标准值。

(2) 当采用总应力进行稳定分析的标准值时，一般符合以下要求：

1) 当地基为黏性土层且排水条件差时，采用饱和快剪强度或三轴压缩试验不固结不排水剪切强度；对软土可采用原位十字板剪切强度。

2) 当地基黏性土层薄而其上下土层透水性较好或采取了排水措施时，采用饱和固结快剪强度或三轴压缩试验固结不排水剪切强度。

3) 当地基土层能自由排水，透水性能良好，不容易产生孔隙水压力时，采用慢剪强度或三轴压缩试验固结排水剪切强度。

4) 当地基土采用拟静力法进行总应力动力分析时，采用振动三轴压缩试验测定的总应力强度。

(3) 当采用有效应力进行稳定分析的标准值时，一般符合以下要求：对于黏性土类地基，应测定或估算孔隙水压力，以取得有效应力强度；当需要进行有效应力动力分析时，地震有效应力强度可采用静力有效应力强度作为标准值；对于液化性砂土，应测定饱和砂土的地震附加孔隙水压力，并以专门试验的强度作为标准值。

(4) 对于无动力试验的黏性土和紧密砂砾等非液化土的强度，采用三轴压缩试验饱和固结不排水剪测定的总强度和有效应力强度中的最小值作为标准值。

(5) 具有超固结性、多裂隙性和胀缩性的膨胀土，承受荷载时呈渐进破坏，根据所含黏土矿物的性状、微裂隙的密度和建筑物地段在施工期、运行期的干湿效应等综合分析后选取标准值。具有流变特性的强、中等膨胀土，取流变强度值作为标准值；弱膨胀土、含钙铁结核的膨胀土或坚硬黏土，可以峰值强度的小值平均值作为标准值。

(6) 软土采用流变强度值作为标准值。对高灵敏度软土，采用专门试验的强度值作为标准值。

(7) 混凝土（闸）坝基础底面与地基土间的抗剪强度：对黏性土地基，内摩擦角标准值可采用室内饱和固结快剪试验内摩擦角值的90%，凝聚力标准值可采用室内饱和固结快剪试验凝聚力值的20%～30%；对砂性土地基，内摩擦角标准值可采用内摩擦角试验值的85%～90%，不计凝聚力值。

需说明的是，上述方法适用于传统的极限平衡计算方法，当工程设计中采用分项系数法、数值分析时，需对相关参数，根据试验及统计成果进一步研究确定。

在前期研究阶段，当无抗剪强度试验时，根据《水力发电工程地质手册》，相关经验取值见表7-11～表7-13。

表 7-11　砂土内摩擦角（φ）与孔隙比（e）关系

孔隙比 e	内摩擦角 φ(°)			
	砾砂、粗砂	中砂	细砂	粉砂、黏质粉土
0.8	—	—	26	22
0.7	36	33	28	24
0.6	38	36	32	28
0.5	41	38	34	30

表 7-12　砂土内摩擦角（φ）与标准贯入锤击数（$N_{63.5}$）关系

标准贯入锤击数 $N_{63.5}$	内摩擦角 φ(°)	
	细砂	粉砂、黏质粉土
4	20	16
5	22	18
6	24	20
7	26	22
8	28	24

表 7-13　黏性土和粉土抗剪强度与液性指数关系

土类 液性指数	黏土		粉质黏土		粉土	
	φ (°)	c (MPa)	φ (°)	c (MPa)	φ (°)	c (MPa)
<0	22	0.10	25	0.06	28	0.02
0～0.25	20	0.07	23	0.04	26	0.015
0.25～0.50	18	0.04	21	0.025	24	0.01
0.50～0.75	14	0.02	17	0.015	20	0.005
0.75～1.00	8	0.01	13	0.01	18	0.002
>1.00	≤6	≤0.005	≤10	≤0.005	≤14	0

根据部分工程数据统计，河床部位的巨粒类土（漂石、块石、卵石、碎石）内摩擦角地质建议值多为25°～38°，砂土多为18°～28°，细粒土多为15°～22°，细粒土凝聚力地质建议值多为10～40kPa。在地质建议值取值时，也应充分考虑土体的形成年代、埋藏环境、颗粒组成、颗粒级配、密实度等影响因素。

3. 深厚覆盖层钻孔样和基坑开挖样抗剪强度对比分析

在长河坝工程进行的覆盖层土体前期钻孔样和基坑开挖样的抗剪强度试验成果对比表明，对于漂（块）砂卵砾石，经不同试验方法进行的复核试验小值平均值为36.7°～40.7°，前期室内试验值偏低。对于砂层，两期次试验值基本相当。对于粉质黏土，前期阶段内摩擦角小值平均值为19.7°，凝聚力小值平均值为13.5kPa，开挖复核后土体内摩擦角试验小值平均值为21.3°，凝聚力试验小值平均值为19.7kPa，前期试验值偏低。

可见，砂层抗剪强度成果基本相当，而漂（块）砂卵砾石等粗粒土及粉质黏土一般偏低，其原因有所不同，前者主要受钻孔样对巨粒颗粒采取差，致颗粒偏细，加之室内试验时采取等量替代制样等因素影响，而后者主要与钻孔样扰动或破坏了土体原有结构有关。

同时，根据对多个工程的试验资料收集，目前对漂（块）砂卵砾石等粗粒土的 c 值（咬合力）取值为0kPa的情况，与大量试验成果不符，多作为安全储备有待进一步研究。

二、压缩特性

地基土内各点承受土自重引起的自重应力，一般情况下，天然地基土在其自重应力下已经压缩稳定。但是，当建筑物通过其基础将荷载传给地基之后，将在地基中产生附加应力，这种附加应力会导致地基土体体积缩小或变形，从而引起建筑物基础的竖向位移，即沉降。如果地基土体各部分的竖向变形不相同，则在基础的不同部位将会产生沉降差，使建筑物基础发生不均匀沉降。基础的沉降量或沉降差过大，常常影响建筑物的正常使用，甚至危及建筑物的安全。这就要求在设计时，必须预估建筑物基础可能产生的最大沉降量和沉降差。

覆盖层的压缩变形特性就是土体在压力作用下体积发生变小或变形的性能，主要研究其压缩系数、压缩模量、变形模量等指标。

（一）压缩特性试验值

表征覆盖层压缩特性的指标包括压缩系数、压缩模量、变形模量、压缩指数、回弹再压缩指数和旁压模量等。各种土在不同条件下的压缩特性有很大差别，必须借助室内试验和现场原位测试方法进行研究。其中，室内压缩试验有固结试验和三轴压缩试验，现场原位测试有荷载试验、动力触探试验、标准贯入试验、旁压试验、静力触探试验等。

固结试验中的试样，在试验过程中被置于刚性的护环内，故试样只能在竖向产生压缩，而不可能产生侧向变形，故又称单向固结试验或侧限固结试验，可用于测定土体的压缩系数、压缩模量、变形模量、压缩指数、回弹再压缩指数等参数，以及表征土体历史应力状态（超固结、正常固结、欠固结）的前期固结应力、超固结比等参数。土的变形模量表示在无侧限条件下应力与应变之比，相当于理想弹性体的弹性模量（但由于土体不是理想弹性体，故称为变形模量），其大小是对土体抵抗弹塑性变形能力的反映，常用于地基瞬时沉降的估计。它可用室内三轴压缩试验、现场荷载试验、旁压试验，以及动力触探试验方法获取。其中浅层平板荷载试验是在浅层地基土体承载力和变形模量测试中，较为常用和可靠的试验方法。而动力触探试验和旁压试验是覆盖层勘察中常用的原位测试方法，其根据试验成果（锤击数或压力变形关系）、公式计算或依据经验关系获得所需参数。

（二）压缩特性地质建议值

水电工程中，一般取 0.1～0.3MPa 压力段确定压缩系数并用 a_{1-3} 表示。建筑工程一般采用 0.1～0.2MPa 压力段确定压缩系数并用 a_{1-2} 表示。

压缩模量从压缩试验的压力-变形曲线上，以建筑物最大荷载下相应的变形关系选取试验值或按压缩试验的压缩性能，根据其固结程度选定试验值，以试验成果值的算术平均值作为标准值。对于高压缩性软土，宜以试验的压缩模量的大值平均值作为标准值。

变形模量从有侧胀条件下土的压力-变形曲线上，以建筑物最大荷载下相应的变形关系表示，以试验成果值的算术平均值作为标准值。

在前期研究阶段，当无试验或试验成果不足时，以下经验关系可供参考，见表 7-14～表 7-18。

表 7-14　砂土压缩模量经验值

密实程度	粗砂	中细	细砂		粉砂			粉土		
			稍湿	饱和	稍湿	很湿	饱和	稍湿	很湿	饱和
密实（$D_r \geqslant 0.67$）	48	42	36	31	21	17	14	16	12	9
中密（$0.33 < D_r < 0.67$）	36	31	25	19	17	14	9	12	9	5

注　引自《水利水电工程地质手册》（1985 年），压缩模量单位为 MPa。

表 7-15　黏土、粉质黏土状态压缩模量经验值

土的状态	坚硬	硬塑	可塑	软塑	流塑
液性指数 I_L	$I_L \leqslant 0$	$0 < I_L \leqslant 0.25$	$0.25 < I_L \leqslant 0.75$	$0.75 < I_L \leqslant 1$	$I_L > 1$
压缩模量（MPa）	16～59	5～16			1～5

注　引自《水利水电工程地质手册》（1985 年）。

表 7-16　砂土的变形模量经验值

土类	泊松比 μ	变形模量 E（MPa）		
		$e=0.41 \sim 0.50$	$e=0.51 \sim 0.60$	$e=0.60 \sim 0.70$
粗砂	0.15	45.2	39.3	32.4
中砂	0.20	45.2	39.3	32.4
细砂	0.25	36.6	27.6	23.5
粉土	0.30～0.35	13.8	11.7	10.0

注　1. 引自《土工原理与计算》（第二版），压缩模量单位为 MPa。

2. e 为土体的孔隙比。

表 7-17　　标准贯入锤击数 N 与 E_0、E_s(MPa) 经验关系

序号	关系式	适用范围
1	$E_0=2.2N$	$4<N<30$，花岗岩残积土
2	$E_s=4.6+0.21N$	$3\leqslant N\leqslant 15$，一般黏性土
3	$E_0=7.4306+1.0658N$	黏性土，粉土
4	$E_0=2.6156+1.4135N$	武汉地区黏性土，粉土
5	$E_s=10.22+0.276N$	唐山新市区粉、细砂，地下水位为－3～－4m
6	$E_s=7.1+0.49N$	地下水位以下细砂
7	$E_0=2.0+0.6N$	

表 7-18　　静力触探试验比贯入阻力 p_s 与 E_0、E_s (MPa) 经验关系

序号	回归式	适用范围
1	$E_s=3.72p_s+1.26$	$0.3\leqslant p_s<5$
2	$E_0=9.79p_s-2.63$	$0.3\leqslant p_s<3$
	$E_0=11.77p_s-4.69$	$3\leqslant p_s<6$
3	$E_s=3.63\ (p_s+0.33)$	$p_s<5$
4	$E_s=2.17p_s+1.62$	$0.7<p_s<4$，北京近代土
	$E_s=2.12p_s+3.85$	$1<p_s<9$，北京老土
5	$E_s=1.9p_s+3.23$	$0.4\leqslant p_s<3$
6	$E_s=2.94p_s+1.34$	$0.24<p_s<3.33$
7	$E_s=3.47p_s+1.01$	无锡地区 $p_s=0.3$～3.5
8	$E_s=6.3p_s+0.85$	贵州地区红黏土

《建筑地基基础设计规范》(GB 50007—2011) 规定，在采用压缩系数进行评价时，当 $a_{1-2}\geqslant 0.5\text{MPa}^{-1}$ 时，为高压缩性土；当 $0.1\text{MPa}^{-1}\leqslant a_{1-2}<0.5\text{MPa}^{-1}$ 时，为中压缩性土；$a_{1-2}<0.1\text{MPa}^{-1}$，为低压缩性土。《水力发电工程地质手册》中在采用压缩模量进行评价时，当 $E_s<4$MPa 时，为高压缩性土；压缩模量介于 4～15MPa 时，为中压缩性土；当 $E_s>15$MPa 时，为低压缩性土。

根据部分水电工程数据统计，河床部位的巨粒类土（漂石、块石、卵石、碎石）变形模量地质建议值多为 30～80MPa，砾石土多为 15～30MPa，砂土多为 10～20MPa，细粒土压缩模量多 5～15MPa。

（三）深厚覆盖层前期试验和开挖原位试验压缩特性对比分析

对于深埋覆盖层而言，前期研究中可选用的试验方法有限，上述试验方法中，荷载试验可行性差，同时由于钻孔样的代表性、旁压试验的深度适用性，以及重力触探的经验公式适用性等问题，都给深部土体压缩特性的研究带来困扰。下面对前述典型工程深厚覆盖层前期勘测阶段与开挖阶段压缩试验成果进行对比分析。

1. 漂（块）砂卵砾石

前期勘测阶段，采用超重型重力触探试验得到其变形模量平均值为 56.1MPa，旁

压试验得到变形模量平均值为66.5MPa，室内压缩试验得到压缩模量平均值为70.0MPa。开挖阶段，基坑内现场荷载试验得到变形模量加权平均值为85.7MPa。

前期勘测阶段，超重型力触探测试变形模量平均值偏低是因为经验公式换算的局限性；旁压试验变形模量平均值偏低是因为最大测试深度仅为50m，取样代表性不足；室内压缩试验平均值偏低的原因是受取样扰动的影响。

2. 砂层

前期勘测阶段，标准贯入试验得到砂层压缩模量平均值为15.54MPa，室内压缩试验得到压缩模量平均值为13.0MPa。开挖阶段，基坑内现场荷载试验得到砂层变形模量平均值为12.9MPa。前期勘测阶段与开挖阶段变形模量平均值基本相同。

3. 粉质黏土

前期勘测阶段，标准贯入试验得到压缩模量平均值为14.2MPa，室内压缩试验得到压缩模量平均值为9.2MPa。开挖阶段，室内压缩试验得到压缩模量平均值为11.0MPa，基坑内现场荷载试验得到变形模量平均值为16.6MPa。前期勘测阶段与开挖阶段，粉质黏土标准贯入试验与现场荷载试验成果差异较小，基坑样与前期钻孔样的室内压缩试验成果也基本相当，都小于标准贯入试验成果。其主要原因是粉质黏土层埋深大，取样和开挖对土样形成卸荷回弹。

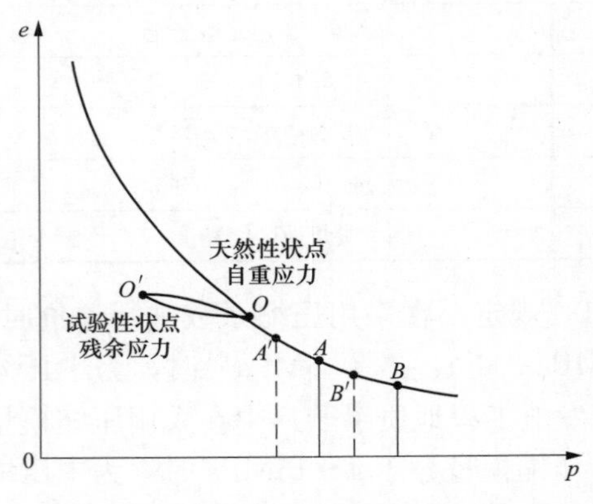

图7-8　粉质黏土压缩试验曲线示意图

粉质黏土压缩试验曲线如图7-8所示，对于深埋正常固结黏土层，在上覆土体的自重压力和天然状态下逐步固结，其天然状况位于O点，则附加应力0.1～0.2MPa段的压缩模量取值段位于AB段。

在试验过程中，无论钻孔取心，还是开挖后现场取样，均存在土体的卸荷回弹问题，即实际土样的应力状态为图7-8上所示的O'点，由此，实际上室内土样的压缩试验经历了回弹再压缩的过程，此时，加荷的附加应力0.1～0.2MPa试验段，其土体应力小于实际所求范围，如图7-8所示的$A'B'$段，导致室内试验所求的压缩模量与实际相比一般偏小。

该工程试验用钻孔土样的残余应力取为原始状态的50%。图7-8中O、O'两点的应力值可大致估算如下：O点基本相当于上覆土体的自重应力，为400～600kPa；O'点代表土样的残余应力，取为自重应力的50%，即200～300kPa，因此采用试验值$E_{s(0.2\sim0.3)}$来代表真实值$E_{s(0.1\sim0.2)}$。

根据土工试验规程，进行了附加应力为0.2～0.4MPa段的压缩试验，得到该层压缩模量的试验平均值为15.58MPa。同理，对开挖卸荷后的土样进行校正，同样可用试验值$E_{s(0.2\sim0.4)}$代替真实值$E_{s(0.1\sim0.2)}$，得到其压缩模量试验平均值为16.51MPa。可见，钻孔样与开挖后土样的室内压缩模量试验值基本相当。

三、渗透特性

（一）渗透系数

土体本身具有连续的孔隙，如果存在水位差的作用，水就会透过土体孔隙而发生孔隙内的流动，土体所具有的这种被水透过的性能称为土的渗透性。水在土体孔隙中的流动，由于土体孔隙的大小和性状十分不规则，因而是非常复杂的现象，因此，研究土体的渗透性，只能用平均的概念。1856 年，达西（Darcy）提出著名的达西定律，即 $u=ki$，其中 k 为渗透系数，其物理意义是当水力比降 $i=1$ 时的渗透速度，单位为 cm/s。通过确定渗透系数 k 来反映土体渗透性的强弱，一般通过试验进行研究。

测定渗透系数 k，目前常用的方法包括现场孔内抽水试验、注水试验及室内试验，几种典型土体的渗透系数经验值见表 7-19 和表 7-20。

表 7-19　　土体渗透性分级及室内试验相应的试验方法

<table>
<tr><td>渗透系数 k (cm/s)</td><td>1</td><td>10^{-1}</td><td>10^{-2}</td><td>10^{-3}</td><td>10^{-4}</td><td>10^{-5}</td><td>10^{-6}</td><td>10^{-7}</td><td>10^{-8}</td><td>10^{-9}</td></tr>
<tr><td>渗透性分级</td><td>极强</td><td colspan="2">强</td><td colspan="2">中等</td><td>弱</td><td>微</td><td colspan="3">极微</td></tr>
<tr><td>代表性土体</td><td colspan="4">卵、砾、中粗砂</td><td colspan="3">细砂、粉土</td><td colspan="3">黏土</td></tr>
<tr><td rowspan="3">试验方法</td><td colspan="3">常水头试验测定</td><td colspan="7"></td></tr>
<tr><td></td><td colspan="7">变水头试验测定</td><td colspan="2"></td></tr>
<tr><td colspan="5"></td><td colspan="5">时间–沉降曲线测定</td></tr>
</table>

表 7-20　　几种土的渗透系数

土类	渗透系数 k（cm/s）	土类	渗透系数 k（cm/s）
黏土	$<1.2\times10^{-6}$	细砂	$1.2\times10^{-3}\sim6.0\times10^{-3}$
粉质黏土	$1.2\times10^{-6}\sim6.0\times10^{-5}$	中砂	$6.0\times10^{-3}\sim2.4\times10^{-2}$
黏质粉土	$6.0\times10^{-5}\sim6.0\times10^{-4}$	粗砂	$2.4\times10^{-2}\sim6.0\times10^{-2}$
黄土	$3.0\times10^{-4}\sim6.0\times10^{-4}$	砾砂	$6.0\times10^{-2}\sim1.8\times10^{-1}$
粉砂	$6.0\times10^{-4}\sim1.2\times10^{-3}$		

1. 孔内抽水试验渗透系数计算

根据试验地段的地质条件，结合抽水孔结构和试验方法选用相应的公式进行计算，参考公式见表 7-21～表 7-26。其中稳定流抽水试验要求抽水孔抽水量与动水位同时相对稳定，并有一定相对稳定的延续时间。而非稳定流抽水试验是保持抽水量固定而观测地下水位随时间的变化，或保持水位降深固定而观测抽水量随时间的变化。完整孔是进水段长度贯穿整个含水层厚度的抽水孔。而非完整孔是进水段长度仅为含水层厚度一部分的抽水孔。

表 7-21　　稳定流完整孔单孔抽水试验渗透性参数计算

示意图	计算公式	适用条件	公式提出者	备注
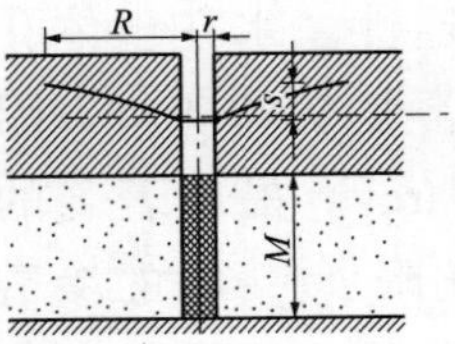	$k=\dfrac{0.366q}{sM}\lg\dfrac{R}{r}$	承压水	裘布依(Jules Dupuit)	k 为渗透系数，m/d； R 为影响半径，m； r 为抽水孔半径，m； s 为抽水孔水位降深，m； q 为抽水孔涌水量，m^3/d； M 为承压含水层厚度，m
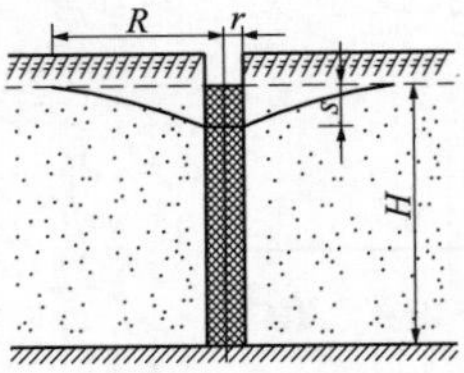	$k=\dfrac{0.732q}{(2H-s)s}\lg\dfrac{R}{r}$	潜水	裘布依(Jules Dupuit)	H 为潜水含水层厚度，m
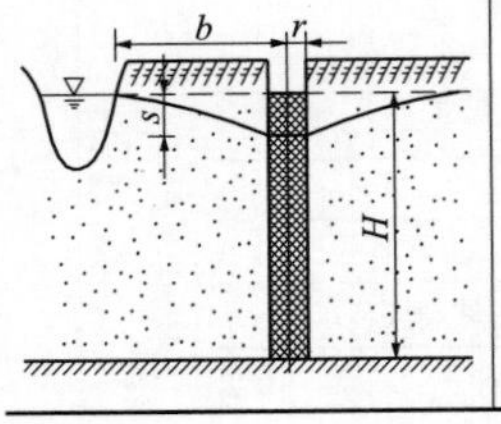	$k=\dfrac{0.732q}{(2H-s)s}\lg\dfrac{2b}{r}$	(1) 潜水； (2) 靠近河流； (3) $b<(2\sim3)H$	弗尔格伊米尔	b 为抽水孔中心与河边距离，m

表 7-22　　稳定流完整孔多孔抽水试验渗透性参数计算

示意图	计算公式	适用条件	公式提出者	备注
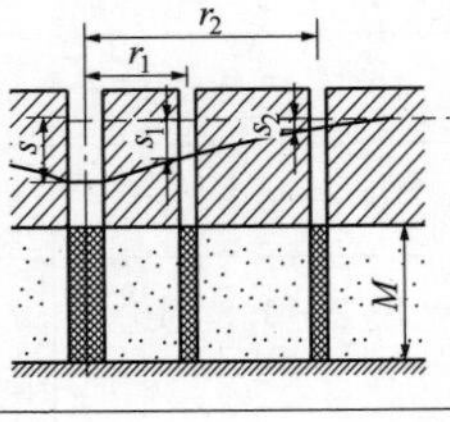	$k=\dfrac{0.366q}{M(s_1-s_2)}\lg\dfrac{r_2}{r_1}$	承压水	裘布依(Jules Dupuit)	s_1、s_2 为观测孔水位降深，m； r_1、r_2 为观测孔至抽水孔距离，m
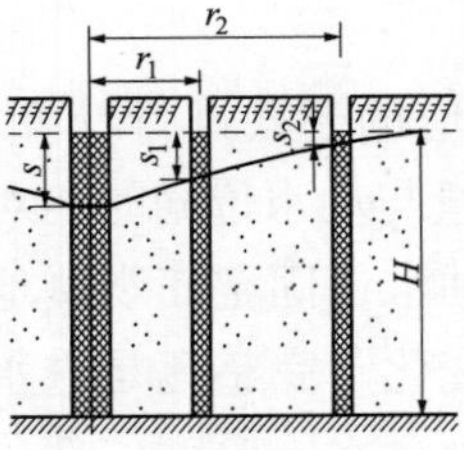	$k=\dfrac{0.732q}{(2H-s_1-s_2)(s_1-s_2)}\lg\dfrac{r_2}{r_1}$	潜水	裘布依(Jules Dupuit)	
	$k=\dfrac{0.732q}{(2H-s)s}\lg\sqrt{\dfrac{4b^2+r_1^2}{r_1^2}}$	(1) 潜水； (2) 靠近河流； (3) 观测线平行岸边； (4) 一个观测孔	裘布依(Jules Dupuit) 弗尔格伊米尔	

续表

示意图	计算公式	适用条件	公式提出者	备注
	$k=\frac{0.732q}{(2H-s_1-s_2)(s_1-s_2)}\times\left(\frac{1}{2}\lg\frac{4b^2+r_1^2}{4b^2+r_2^2}+\lg\frac{r_2}{r_1}\right)$	（1）潜水； （2）靠近河流； （3）观测线平行岸边； （4）两个观测孔	裘布依 (Jules Dupuit) 弗尔格伊米尔	
	$k=\frac{0.732q}{(2H-s_1)s_1}\lg\frac{2b-r_1}{r_1}$	（1）潜水； （2）靠近河流； （3）观测线垂直于岸边，观测孔位于近河一边； （4）一个观测孔	裘布依 (Jules Dupuit) 弗尔格伊米尔	
	$k=\frac{0.732q}{(2H-s_1-s_2)(s_1-s_2)}\times\lg\frac{r_2(2b-r_1)}{r_1(2b-r_2)}$	（1）潜水； （2）靠近河流； （3）观测线垂直于岸边，观测孔位于近河一边； （4）两个观测孔	裘布依 (Jules Dupuit) 弗尔格伊米尔	

表 7-23　　稳定流非完整孔单孔抽水试验渗透性参数计算

示意图	计算公式	适用条件	公式提出者	备注
	$k=\frac{0.366q}{ls}\lg\frac{al}{r}$ $\alpha=1.6$　吉林斯基 $\alpha=1.32$　巴布什金	（1）承压水，潜水； （2）过滤器紧接含水层顶板或底板； （3）$l<0.3M$，$l<0.3H$	吉林斯基 巴布什金	l 为过滤器长度，m

续表

示意图	计算公式	适用条件	公式提出者	备注
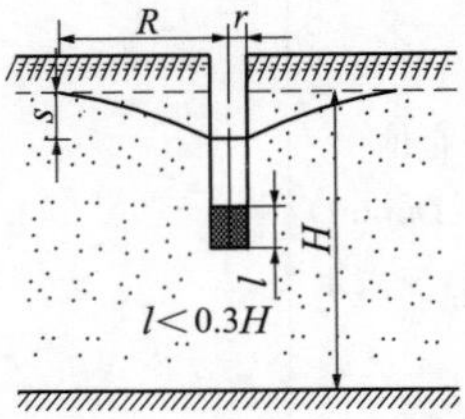 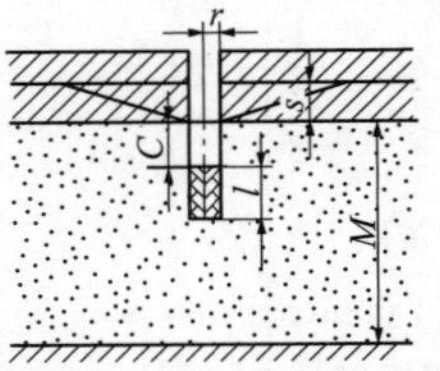	$k=\frac{0.366q}{ls}\lg\frac{0.66l}{r}$	（1）承压水，潜水； （2）过滤器置于含水层中部； （3）应用于河床抽水 C 值不应小于3m； （4）$l<0.3M$ 或 $l<0.3H$	巴布什金	
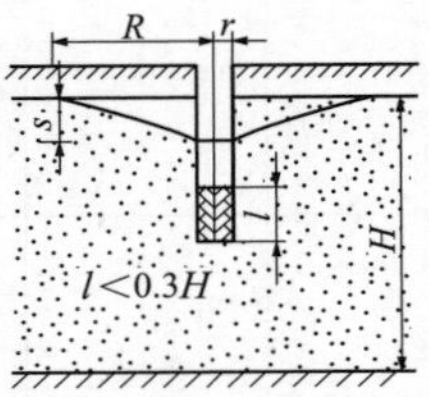	$k=\frac{0.732q}{s\left(\frac{l+s}{\lg\frac{R}{l}}+\frac{l}{\lg\frac{0.66l}{r}}\right)}$	（1）潜水； （2）非淹没式过滤器； （3）$l<0.3H$	巴布什金	
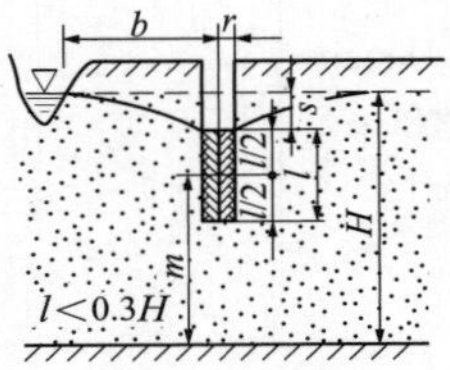	$k=0.732q\div\left[s\left(\frac{l+s}{\lg\frac{2b}{r}}+\frac{l}{\lg\frac{0.66l}{r}+0.25\frac{l}{m}\lg\frac{b^2}{m^2+0.14}}\right)\right]$	（1）潜水； （2）非淹没式过滤器； （3）靠近河流； （4）含水层厚度有限； （5）$b>m/2$	巴布什金	m 为底板到过滤器中点长度，m
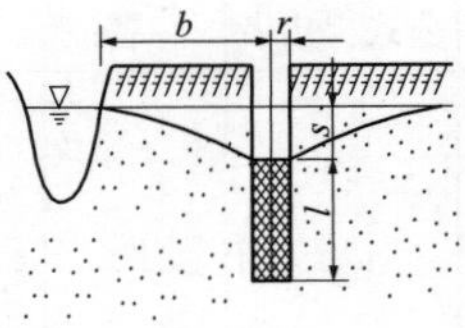	$k=\frac{0.732q}{s\left(\frac{l+s}{\lg\frac{2b}{r}}+\frac{l}{\lg\frac{0.66l}{r}-0.11\frac{l}{b}}\right)}$	（1）潜水； （2）非淹没式过滤器； （3）靠近河流； （4）含水层厚度很大； （5）$b<l$	巴布什金	
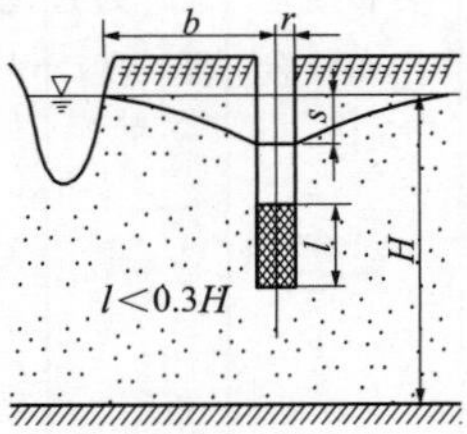	$k=\frac{0.16q}{ls}\left(2.3\lg\frac{0.66l}{r}-\mathrm{arsh}\frac{0.45l}{b}\right)$	（1）潜水； （2）靠近河流； （3）过滤器在含水层中部； （4）$l<0.3H$	巴布什金	

续表

示意图	计算公式	适用条件	公式提出者	备注
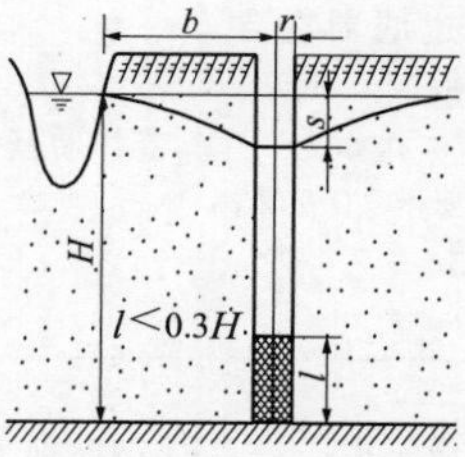	$k=\frac{0.16q}{ls}\left(2.3\lg\frac{1.32l}{r}-\text{arsh}\frac{0.9l}{b}\right)$	（1）潜水； （2）靠近河流； （3）过滤器在含水层底板； （4）$l<0.3H$	巴布什金	
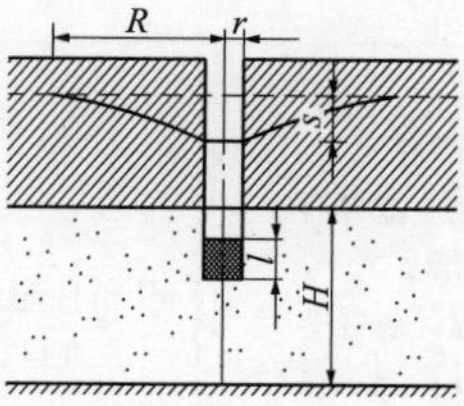	$k=\frac{q}{2\pi sM}\left(\ln\frac{R}{r}+\frac{M-l}{l}\ln\frac{1.12M}{\pi r}\right)$	（1）承压水、潜水，用于潜水含水层时，将 M 换成 H 或 $\frac{H+h}{2}$； （2）$l>0.2M$		
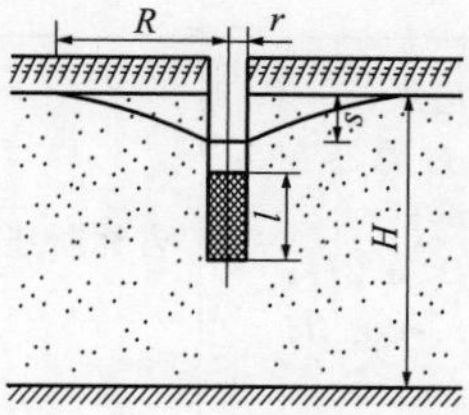	$k=\frac{0.366q}{(s+l)s}\lg\frac{R}{r}$	（1）潜水； （2）过滤器在含水层中部	斯卡巴拉诺维奇	
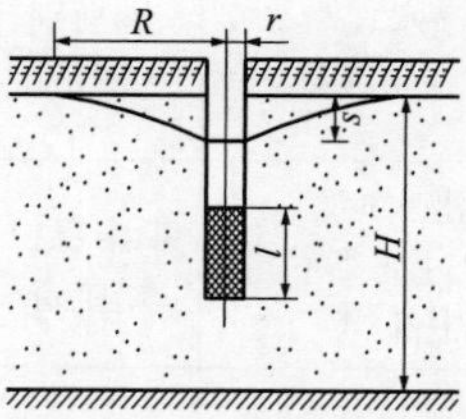	$k=\frac{0.732q}{(H+l)s}\lg\frac{R}{r}$	（1）潜水； （2）过滤器在含水层下部	多布诺沃里斯基	

表 7-24　　稳定流非完整孔多孔抽水试验渗透性参数计算

示意图	计算公式	适用条件	公式提出者
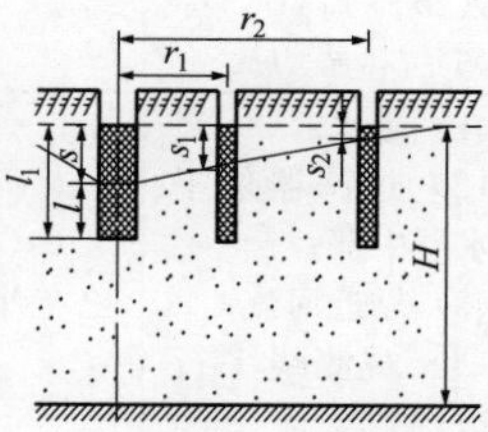	$k=\frac{0.16q}{l_0(s_1-s_2)}\left(\text{arsh}\frac{l_0}{r_1}-\text{arsh}\frac{l_0}{r_2}\right)$ 式中　$l_0=l_1-0.5(s_1+s_2)$	（1）潜水； （2）抽水孔为非淹没式过滤器； （3）$l<0.3H$； （4）$s<0.3l_1$； （5）$r_1=0.3r_2$，$r_2\leqslant 0.3H$	吉林斯基

续表

示意图	计算公式	适用条件	公式提出者
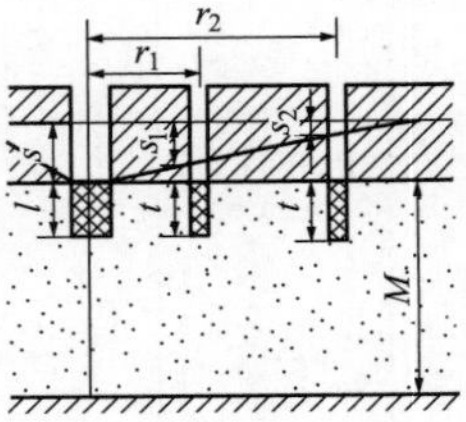	$k=\frac{0.16q}{l(s_1-s_2)}\left(\operatorname{arsh}\frac{l}{r_1}-\operatorname{arsh}\frac{l}{r_2}\right)$	(1) 承压水； (2) 过滤器在含水层顶板； (3) $l<0.3M$； (4) $r_2\leqslant 0.3M$，$r_1=0.3r_2$； (5) $t=l$	吉林斯基
	$k=\frac{0.16q}{l(s_1-s_2)}\left[\left(\operatorname{arsh}\frac{l}{r_1}-\operatorname{arsh}\frac{l}{r_2}\right)-\frac{l}{M}\left(\operatorname{arsh}\frac{M}{r_1}-\operatorname{arsh}\frac{M}{r_2}-\ln\frac{r_2}{r_1}\right)\right]$	(1) 承压水； (2) $l>0.3M$	纳斯别尔格
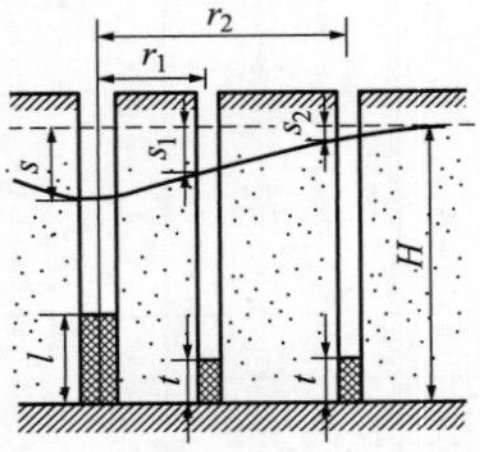	$k=\frac{0.16q}{l(s_1-s_2)}\left(\operatorname{arsh}\frac{l}{r_1}-\operatorname{arsh}\frac{1}{r_2}\right)$	(1) 潜水； (2) 过滤器在含水层底部； (3) $l<0.3H$； (4) $r_2<0.3H$； (5) $t\leqslant 0.5H$	巴布什金
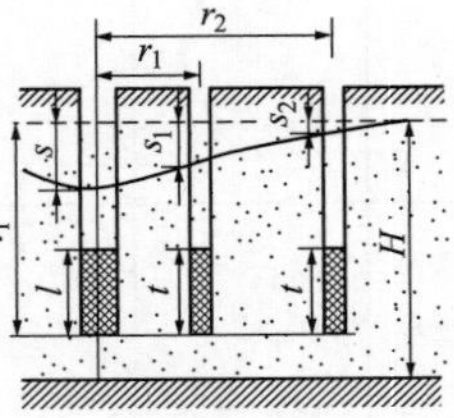	$k=\frac{0.08q}{l_0(s_1-s_2)}\times\left[\left(\operatorname{arsh}\frac{0.4l_0}{r_1}+\operatorname{arsh}\frac{1.6l_0}{r_1}\right)-\left(\operatorname{arsh}\frac{0.4l_0}{r_2}+\operatorname{arsh}\frac{1.6l_0}{r_2}\right)\right]$ $l_0=l_1-0.5(s_1+s_2)$	(1) 潜水； (2) 过滤器在含水层中部； (3) $l<0.3H$； (4) $r_2<0.3H$； (5) $t=l$	吉林斯基
	$k=\frac{q}{2\pi l_0(s_1-s_2)}\left[\left(\operatorname{arsh}\frac{l_0}{r_1}-\operatorname{arsh}\frac{l_0}{r_2}\right)-\frac{l_0}{H}\left(\operatorname{arsh}\frac{H}{r_1}-\operatorname{arsh}\frac{H}{r_2}-\ln\frac{r_2}{r_1}\right)\right]$	(1) 潜水； (2) $l>0.5H$	纳斯别尔格
	$k=\frac{0.366q}{(2s-s_1-s_2+l)(s_1-s_2)}\lg\frac{r_2}{r_1}$	(1) 潜水； (2) 过滤器位于含水层中部	斯卡巴拉诺维奇
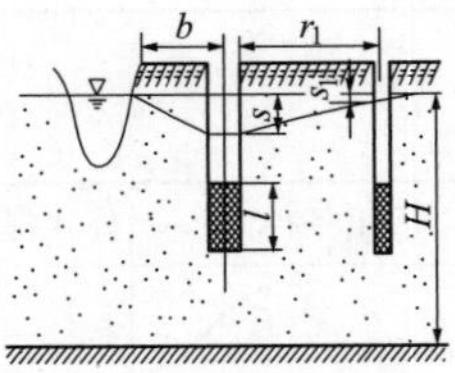	$k=\frac{0.16q}{ls_1}\left(\operatorname{arsh}\frac{l}{r_1}-\operatorname{arsh}\frac{l}{2b\pm r_1}\right)$	(1) 潜水； (2) 过滤器位于含水层中部； (3) 靠近河流； (4) 观测线垂直岸边且在远河一侧 ($2b+r_1$) 或近河一侧 ($2b-r_1$)； (5) $l<0.3H$	巴布什金
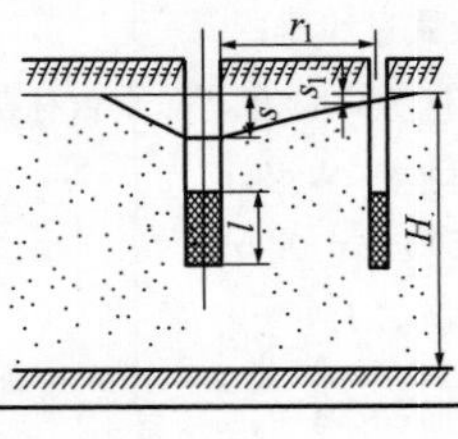	$k=\frac{0.16q}{ls_1}\left(\operatorname{arsh}\frac{l}{r_1}-\operatorname{arsh}\frac{l}{\sqrt{4b^2+r_1^2}}\right)$	(1) 潜水； (2) 过滤器位于含水层中部； (3) 靠近河流； (4) 观测线平行岸边； (5) $l<0.3H$	巴布什金

表 7-25　轴向各向异性含水层非稳定流抽水试验水文地质参数计算

示意图	计算公式	适用条件	确定参数的工作步骤
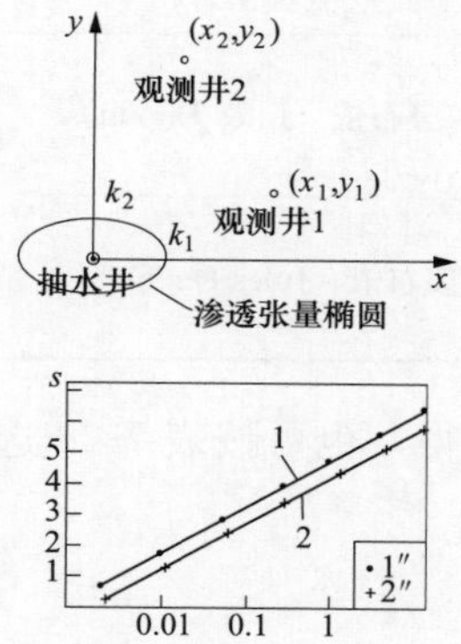 y; (x_2,y_2); 观测井2; k_2; (x_1,y_1); 观测井1; k_1; 抽水井; x; 渗透张量椭圆; s; 1; 2; 5; 4; 3; 2; 1; 0.01; 0.1; 1; •1″; +2″	$k=\sqrt{k_xk_y}=\frac{1}{2}\times\frac{q}{4\pi M}\left(\frac{1}{i_1}+\frac{1}{i_2}\right)$ $\alpha=\frac{x_1^2[t_2]-x_2^2[t_1]}{y_2^2[t_1]-y_1^2[t_2]}$ $k_x=\sqrt{\alpha}k$；$k_y=k/\sqrt{\alpha}$	轴向各向异性含水层中完整孔定流量非稳定流抽水，设坐标原点位于抽水孔上，取坐标轴方向与主渗透方向一致，有两个与抽水孔不在同一直线上的观测孔 1 和 2，其在全局坐标系中两点的坐标分别为（x_1，y_1）和（x_2，y_2）	（1）分别做观测孔 1 和 2 的 s-ln$t$ 关系曲线图； （2）由 s-ln$t$ 关系曲线图求出两直线的斜率 i_1、i_2 及 $s=0$ 时的截距为 $[t_1]$、$[t_2]$； （3）计算平均渗透性参数 k 和主渗透性参数 k_x、k_y

表 7-26　非轴向各向异性含水层非稳定流抽水试验渗透性参数计算

示意图	计算公式	适用条件	确定参数的工作步骤
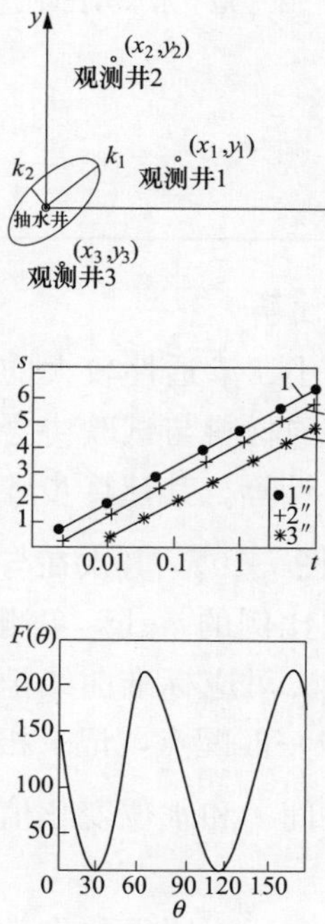 y; (x_2,y_2); 观测井2; (x_1,y_1); k_2; k_1; 观测井1; 抽水井; x; (x_3,y_3); 观测井3; s; 6; 5; 4; 3; 2; 1; 1; 2; 3; •1″; +2″; *3″; 0.01; 0.1; 1; t; $F(\theta)$; 200; 150; 100; 50; 0; 30; 60; 90; 120; 150; θ	$k=\sqrt{k_xk_y}=\frac{1}{3}\cdot\frac{q}{4\pi M}\left(\frac{1}{i_1}+\frac{1}{i_2}+\frac{1}{i_3}\right)$ $f(\theta)=[t_1]^2(p_{y2}p_{x3}-p_{y3}p_{x2})+[t_1][t_2](p_{y3}p_{x1}-p_{y1}p_{x3})+[t_1][t_3](p_{y1}p_{x2}-p_{y2}p_{x1})$ 其中 $p_{yk}=(-x_k\sin\theta+y_k\cos\theta)^2$， $p_{xk}=(x_k\cos\theta+y_k\sin\theta)^2$ $\begin{cases}\left[\frac{(x_1\cos\theta+y_1\sin\theta)^2}{k_x}+\frac{(-x_1\sin\theta+y_1\cos\theta)^2}{k_y}\right]\mu^*=2.25M[t_1]\\\left[\frac{(x_2\cos\theta+y_2\sin\theta)^2}{k_x}+\frac{(-x_2\sin\theta+y_2\cos\theta)^2}{k_y}\right]\mu^*=2.25M[t_2]\\\left[\frac{(x_3\cos\theta+y_3\sin\theta)^2}{k_x}+\frac{(-x_3\sin\theta+y_3\cos\theta)^2}{k_y}\right]\mu^*=2.25M[t_3]\end{cases}$	非轴向各向异性含水层中完整孔定流量非稳定流抽水，设坐标原点位于抽水孔上，假定主渗透方向与坐标轴夹角为 θ，有 3 个与抽水孔不在同一直线上的观测孔，其在全局坐标系中的坐标分别为（x_1，y_1）、（x_2，y_2）和（x_3，y_3）	（1）分别作 3 个观测孔的 s-ln$t$ 关系曲线； （2）由 s-ln$t$ 关系曲线图求出三直线的斜率 i_1、i_2、i_3 及 $s=0$ 时的截距为 $[t_1]$、$[t_2]$、$[t_3]$； （3）作 $F(\theta)$-θ 关系曲线（如图），从图中找出令 $F(\theta)=[f(\theta)]^2$ 取最小值的点，所对应的 θ 值即为主渗透方向与坐标轴夹角； （4）解方程组求得 k_x、k_y 和 μ^*

当利用观测孔中的水位降深资料时，计算稳定流多孔抽水试验影响半径，可选用表7-27中相应的公式。

表 7-27 稳定流多孔抽水试验影响半径计算

计算公式	适用条件	公式提出者
$\lg R=\dfrac{s_1\lg r_2-s_2\lg r_1}{s_1-s_2}$	(1) 承压水； (2) 两个观测孔	裘布依 (Jules Dupuit)
$\lg R=\dfrac{s_1(2H-s_1)\lg r_2-s_2(2H-s_2)\lg r_1}{(s_1-s_2)(2H-s_1-s_2)}$	(1) 潜水； (2) 两个观测孔	裘布依 (Jules Dupuit)

计算稳定流单孔抽水试验的影响半径时，可采用经验数据取得，也可按表7-28选用相应的公式计算。

表 7-28 稳定流单孔抽水试验影响半径计算

计算公式	适用条件	公式提出者	备　注
$R=10s\sqrt{k}$	(1) 承压水； (2) 概略计算	吉特尔特	
$R=2s\sqrt{Hk}$	(1) 潜水； (2) 概略计算	库萨金	t—时间，d； μ—给水度； λ—地下水水力比降
$R=\sqrt{\dfrac{12t}{\mu}}\sqrt{\dfrac{qk}{\pi}}$	(1) 潜水； (2) 完整孔	柯泽尼	
$R=3\sqrt{\dfrac{kHt}{\mu}}$	潜水	威伯	
$R=\dfrac{q}{2kH\lambda}$	(1) 承压水； (2) 概略计算	凯尔盖	

2. 孔内振荡式渗透试验渗透系数计算

(1) 对承压含水层或贮水系数较小、渗透性较大的潜水含水层的渗透性参数，可采用美国材料与试验协会标准中的Kipp几何模型（见图7-9）计算。其计算步骤为：首先准备 w'-$\lg\hat{t}$ 标准曲线图（见图7-10）。其次在与标准曲线相同模的半对数纸上绘制同比例的 w-$\lg t$ 实测曲线。再次拟合实测曲线与标准曲线。对应标准曲线记录相应的 ζ、α 值，在标准曲线上选取一匹配点，记录相应的 w'、$\hat{t}$ 值；对应实测曲线记录时间 t 和水位变化值 w，并按下列公式计算渗透系数：

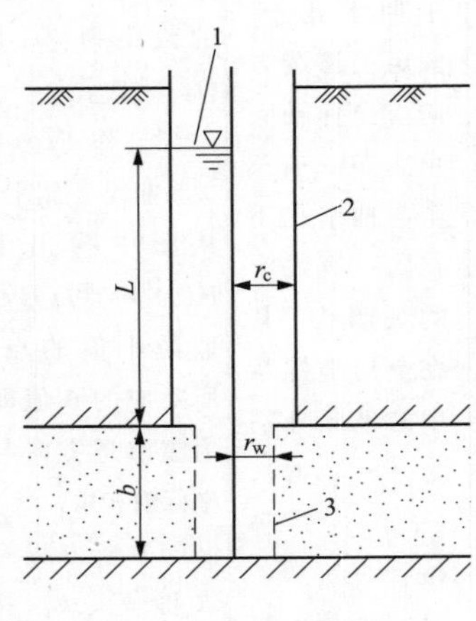

图 7-9 Kipp几何模型
1—初始水位；2—套管；3—滤管

弹性贮水系数按式（7-19）计算，计算所得的有效水柱长度与由系统几何特性所得的有效长度应吻合，相

差不应超过 20%，即

$$S=(r_c^2)/(2r_w^2\alpha) \tag{7-19}$$

式中：S 为弹性贮水系数，m^{-1}；r_c 为钻孔水位升降段的套管半径，m；r_w 为过滤器半径，m；α 为无量纲储水系数。

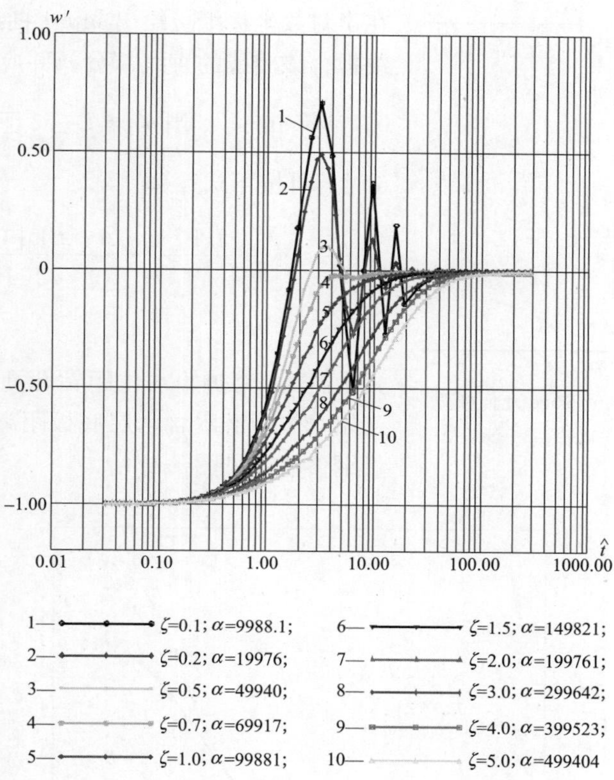

图 7-10　无量纲 w'-$\lg\hat{t}$ 标准曲线图

有效静态水柱长度应按下式计算

$$L_e=(t/\hat{t})^2 g \tag{7-20}$$

式中：L_e 为有效静态水柱长度，m；t 为选取匹配点对应的实测曲线记录时间，s；$\hat{t}$ 为选取匹配点对应的标准曲线无量纲时间；g 为重力加速度，m/s^2。

无量纲惯性参数应按下式计算

$$\beta=[(\alpha\ln\beta)/8\zeta]^2 \tag{7-21}$$

式中：β 为无量纲惯性参数；ζ 为阻尼系数。

导水系数和渗透系数应按下式计算

$$T=[(\beta g)/L_e]^{\frac{1}{2}}r_w^2 S \tag{7-22}$$

$$k = T/b \tag{7-23}$$

式中：T 为导水系数，m^2/s；k 为渗透系数，m/s；b 为含水层厚度，m。

(2) 潜水含水层中振荡式渗透试验参数可采用 Bouwer and Rice 几何模型（见图 7-11）计算。

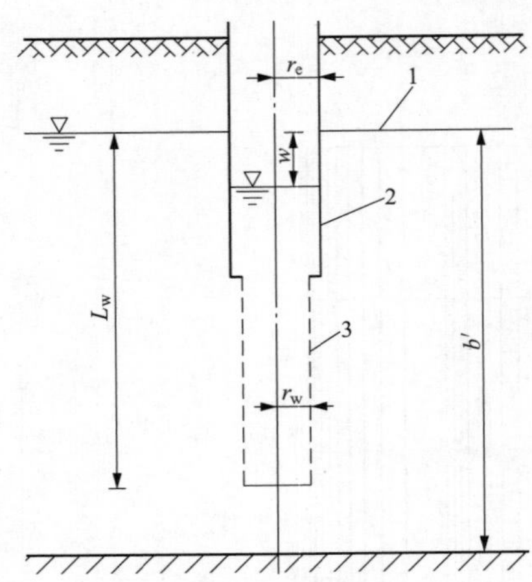

图 7-11 Bouwer and Rice 几何模型

1—初始水位；2—套管；3—滤管

渗透试验参数计算应按下列步骤进行：首先应在半对数坐标纸上绘出 lg$w$-t 曲线。其次用一条直线拟合该曲线的直线部分，并应延长该直线至 $t=0$。计算 $\ln\frac{r_e}{r_w}$：当 $b' \neq L_w$，且 $\ln(b'-L_w)/r_w < 6$ 时，可按下式计算

$$\ln\frac{r_e}{r_w} = \left\{\frac{1.1}{\ln(L_w/r_w)} + \frac{A + B\ln[(b'-L_w)/r_w]}{b/r_w}\right\}^{-1} \tag{7-24}$$

式中：L_w 为初始水位距钻孔孔底距离，m；b' 为初始水位距潜水含水层底板距离，m；A、B 为无量纲参数（见图 7-12）。

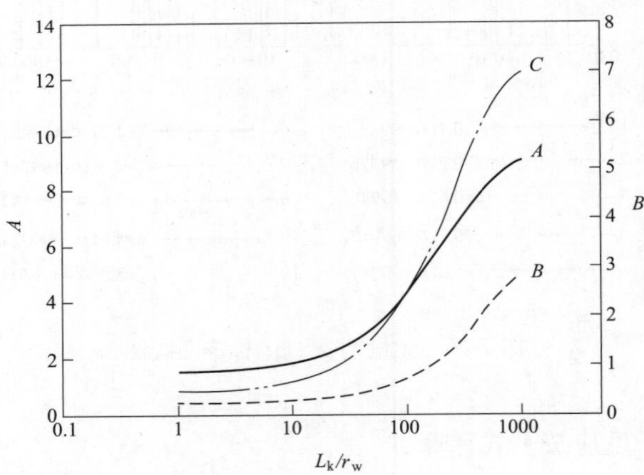

图 7-12 无量纲参数 A、B 和 C 与 L_k/r_w 的关系

当 $b' \neq L_w$，且 $\ln(b'-L_w)/r_w \geqslant 6$ 时，可按下式计算

$$\ln\frac{r_e}{r_w} = \left[\frac{1.1}{\ln(L_w/r_w)} + \frac{A+6B}{b/r_w}\right]^{-1} \tag{7-25}$$

当 $b' = L_w$ 时，可按下式计算

$$\ln\frac{r_e}{r_w} = \left[\frac{1.1}{\ln(L_w/r_w)} + \frac{C}{b/r_w}\right]^{-1} \tag{7-26}$$

式中：C 为无量纲参数（见图 7-12）。

最后，在直线上找一点，记下 w_0、w 和 t 的值，并按下式计算水文地质参数

$$k=\frac{r_c^2\ln(r_e/r_w)}{2b}\frac{1}{t}\ln\frac{w_0}{w_t} \tag{7-27}$$

$$T=\frac{b'r_c^2\ln(r_e/r_w)}{2b}\frac{1}{t}\ln\frac{w_0}{w_t} \tag{7-28}$$

3. 孔内注水试验渗透系数计算

（1）定水头标准注水试验。当试验段位于地下水位以下，且岩土体为均质各向同性时，试验水头应根据试验水位与地下水位的关系确定，当 $l/r>8$ 时，渗透系数按下式计算

$$k=\frac{6.1q}{lH}\lg\frac{l}{r} \tag{7-29}$$

当 $l/r>8$，试验段顶部为隔水层时，渗透系数应按下式计算

$$k=\frac{6.1q}{lH}\lg\frac{2l}{r} \tag{7-30}$$

式中：k 为岩土层的渗透系数，cm/s；q 为注入流量，L/min；l 为试验段长度，cm；H 为水头高度，cm；r 为试验段钻孔半径，cm。

当试验段位于地下水位以下，且岩土体为非均质各向异性时，试验水头应根据试验水位与地下水位的关系确定，形状系数应根据不同试验条件选取，渗透系数按下式计算

$$k=\frac{16.67q}{AH} \tag{7-31}$$

式中：A 为形状系数，cm。

当试验段位于地下水位以上，岩土体为均质各向同性，且 $50<H/r<200$、$H\leqslant 1$ 时，试验水头根据试验段与注水水位的关系确定，土层渗透系数应按下式计算

$$k=\frac{7.05q}{lh}\lg\frac{2l}{r} \tag{7-32}$$

（2）降水头标准注水试验。当试验段位于地下水位以下，且岩土体为均质各向同性时，应确定某时刻相应的试验水头，当 $l/r>8$ 时，渗透系数按下式计算

$$k=\frac{0.0523r^2}{2\pi l}\frac{\ln(H_1/H_2)}{t_2-t_1}\ln\frac{l}{r} \tag{7-33}$$

当 $l/r>8$，试验段顶部为隔水层时，渗透系数按下式计算

$$k=\frac{0.0523r^2}{2\pi l}\frac{\ln(H_1/H_2)}{t_2-t_1}\ln\frac{2l}{r} \tag{7-34}$$

式中：H_1、H_2 分别为在 t_1、t_2 时刻相应的试验水头，cm；t_1、t_2 分别为注水试验某

时刻的试验时间，min。

当试验段位于地下水位以下，且岩土体为均质各向异性时，应确定某时刻相应的试验水头，土层渗透系数应按下式计算

$$k=\frac{0.0523r^2}{A}\frac{\ln(H_1/H_2)}{t_2-t_1} \tag{7-35}$$

（二）渗透系数地质建议值

依据渗透系数试验成果，开展试验数据的整理分析工作，包括数据组数、平均值、大值平均值、小值平均值、标准差、变异系数等。在数据整理时，应根据试验方法、土层划分情况分别整理，当同层土体中，依据地质条件判断或试验数据存在明显差别时，可按不同土层（在立面上）或土区（在平面上）分别整理，对于试验数据中的不合理数据，基于地质工程师的分析判断（试样代表性、试验过程中异常等），采取补充试验验证或根据误差分析的概念予以舍弃，并确定土层的渗透系数标准值，在进一步分析试验地段的地质条件、试验方法、试验成果质量的基础上，最终确定地质建议值。

在水电工程中，根据土体结构、渗流状态，渗透系数一般采用室内试验或抽水试验的大值平均值作为标准值；用于供水工程计算的渗透系数，采用抽水试验的平均值作为标准值。在确定地质建议值时，由于河谷覆盖层多具成层特性，其渗透特性在水平方向与垂直方向可能存在差异，在参数取值时应重视该方面的分析与研究。

（三）深厚覆盖层钻孔样与原位样试验渗透系数对比分析

针对漂（块）砂卵砾石，两期次渗透系数试验值均为 $i\times10^{-3}\sim i\times10^{-2}$cm/s，结果较为一致。针对砂层，前期阶段分析判断室内试验成果偏低，选用钻孔抽水试验渗透系数成果为 6.86×10^{-3}cm/s，开挖期现场渗透试验复核成果为 $i\times10^{-3}\sim i\times10^{-2}$cm/s，两期成果基本一致，针对粉质黏土层，前期阶段分析现场注水试验成果偏低，选用室内试验渗透系数成果为 $1.4\times10^{-6}\sim2.3\times10^{-5}$cm/s ，开挖期复核试验中渗透系数成果总体为 $i\times10^{-6}\sim i\times10^{-5}$cm/s，两期成果基本一致。

经对不同颗粒组成物质的对比分析，表明通过钻孔对不同土体进行渗透特性研究时，需采取现场抽水、注水试验和室内试验综合判断，其中对砂卵砾石等粗粒土层，因室内试验试样制备过程中的超径颗粒的等量替代、试验过程中的边壁接触等因素影响，一般使室内试验值偏大，而对细粒土研究中，由于对现场标准注水试验的要求较高，人为因素影响较大，应以室内试验成果为准。

同时，各试验方法以测定土体的综合渗透系数为主，在大量工程勘察过程中，部分深埋土体因各向异性特征而对渗透性的影响，工程设计中尚研究不足，如太平驿工程中，根据试验成果，深部覆盖层的水平方向与垂直方向渗透系数相差近 10 倍。又如猴子岩工程中的黏质粉土层，无论是宏观现象（见图 7-13），还是通过颗粒分析试验成果（水平方向与垂直方向），均表明其具各向异性特征，而对于该类土体渗透性的各向异性特征而言，对工程具有实际的应用价值，在具体工程中尚需

深入研究。

图 7-13　深埋黏质粉土成层现象

（四）渗透比降

渗流对土体作用的孔隙水压力可以分为两种，即静水压力或浮力和动水压力或渗透力。对于静水压力或浮力，在有渗流的土体内，只要孔隙彼此连通并全部被水充满，则由于各点孔隙水压力的存在，全部土体将受到浮力作用。对于动水压力或渗透力，是由于在饱和土体存在水头差时，水体在土体间孔隙流动时，将沿渗流方向给予土体施以拖曳力，促使土体或土粒有前进的趋势。

以上两个渗流作用力，关系到土体的渗透变形及渗透稳定性，虽然静水压力所产生的浮力不直接破坏土体，但能使土体的有效质量减轻，降低了抵抗破坏的能力，因而是一个消极的破坏力。至于动水压力所产生的渗透力，则是一个积极的破坏力，它与渗透破坏的程度成直接的比例关系。由土的颗粒组成、密度和结构状态等因素共同控制，按照渗透水流所引起的土体局部破坏特征，渗透变形类型一般分为流土型、管涌型及过渡型。

土体抵抗渗透破坏的能力，称为抗渗强度，通常以土体濒临渗透破坏时的水力比降表示，一般称为临界水力比降，以 J_{cr} 表示，工程中常通过试验或理论计算公式予以确定。

1. 临界水力比降的确定

通过室内或现场开展渗透变形试验，是确定土体临界水力比降最直接的方法，其中室内渗透变形试验利用垂直渗透变形仪可开展扰动土样和原状土样的研究，现场渗透变形试验适用于原状样研究，其试验成果均主要依据土体渗透比降与渗透速度关系，结合试验人员观察记录，以确定土体的临界水力比降。

对于渗透变形试验成果，应根据试验方法、土层划分情况分别整理，包括数据的平均值、大值平均值、小值平均值、标准差、变异系数等，对于试验数据中的不合理数据，应开展原因分析（试样代表性、试验过程中异常等），并基于地质工程师的分析判断，采取补充试验验证或根据误差分析的概念予以舍弃。

此外，根据理论分析，对于流土而言，当溢出部位土体（土粒群）受到的渗流力、浮力及自重作用达到极限平衡，以及对于管涌型土而言，渗流场中单个土粒受到的渗流力、浮力及自重作用达到极限平衡时，此时的水力比降即为对应的临界水力比降，以此理论分析为基础，推求流土型的临界水力比降可由下式确定

$$J_{cr}=(G_s-1)(1-n) \tag{7-36}$$

管涌型或过渡型临界水力比降由下式确定

$$J_{cr}=2.2(G_s-1)(1-n)^2\frac{d_5}{d_{20}} \tag{7-37}$$

管涌型也可采用下式计算

$$J_{cr}=\frac{42d_3}{\sqrt{\frac{k}{n^3}}} \tag{7-38}$$

式中：G_s 为土粒比重；n 为土的孔隙率；d_5、d_{20} 分别为小于该粒径的含量占总土重的5%和20%的颗粒粒径，mm。k 为土的渗透系数，cm/s；d_3 占总土重 3%的土粒粒径，mm。

两层土之间的接触冲刷临界水力比降 J_{KHg} 可按下式计算

$$J_{KHg}=\left(5.0+16.5\frac{d_{10}}{d_{20}}\right)\frac{d_{10}}{d_{20}} \tag{7-39}$$

黏性土流土临界水力比降的确定可按下式计算

$$J_{ccr}=\frac{4c}{\gamma_w D_0}+1.25(G_s-1)(1-n) \tag{7-40}$$

$$c=0.2w_L-3.5 \tag{7-41}$$

式中：c 为土的抗渗凝聚力，kPa；γ_w 为水的重力密度，kN/m^3；D 取 1.0m；w_L 为土的液限含水量，%。

由式（7-36）～式（7-41）可知，通过土体物理力学性状推求土体的临界水力比降，所涉及的参数均可通过室内试验取得，当研究地层性状较均一时，可按该层物性试验成果统计数据进行总体计算分析；当研究土层性状存在一定差异时，特别是对工程存在不同的影响时，可根据各组物性试验情况，分层、分区进行计算，以求得研究土层整体或局部的临界水力比降。

2. 允许水力比降的确定

在工程应用时，为保证建筑物安全，通常将土体临界水力比降 J_{cr} 除以 1.5～2.0 的安全系数得到允许水力比降 J_P。对水工建筑物危害较大时，取 2.0 的安全系数，对于特别重要的工程也可用 2.5 的安全系数。当无试验资料时，无黏性土的允许水力比降可参照表 7-29 选用。

表 7-29 无黏性土允许水力比降

允许水力比降	渗透变形类型					
	流土型			过渡型	管涌型	
	$C_u \leqslant 3$	$3 < C_u \leqslant 5$	$C_u \geqslant 5$		级配连续	级配不连续
J_P	0.25～0.35	0.35～0.50	0.50～0.80	0.25～0.40	0.15～0.25	0.10～0.20

当无相关试验数据时，对于山区河流含砂漂卵砾石地层管涌的允许水力比降，可根据实测的渗透系数 k 经验参考类比：

当 $k \geqslant 1.15 \times 10^{-1}$ cm/s 时，　　取 $J_P = 0.07$

当 1.15×10^{-1} cm/s $> k \geqslant 8.05 \times 10^{-2}$ cm/s 时，　　取 $J_P = 0.07 \sim 0.1$

当 8.05×10^{-2} cm/s $> k \geqslant 3.45 \times 10^{-2}$ cm/s 时，　　取 $J_P = 0.1 \sim 0.12$

当 3.45×10^{-2} cm/s $> k \geqslant 1.15 \times 10^{-2}$ cm/s 时，　　取 $J_P = 0.12 \sim 0.15$

当 $k \leqslant 1.15 \times 10^{-2}$ cm/s 时，　　取 $J_P \geqslant 0.15$

（五）深厚覆盖层典型土体参数对比分析

漂（块）砂卵砾石，前期通过物性指标判断土体渗透变形破坏模式为过渡型～管涌型，复核试验表明该层变形破坏模式为过渡型～管涌型，结果较为一致。砂层前期依经验数据选取允许水力比降为 0.15～0.18，而在复核试验中，现场渗透试验与室内渗透试验成果相差较大，且数据离散性大。依室内渗透变形试验成果，其允许水力比降为 0.18。粉质黏土两期次试验成果均表明该层渗透变形类型为流土型，在两期次试验成果中，破坏比降成果相差较大，且数据离散性大。

经对比，依据土体物性和室内试验，对不同土体的渗透变形类型进行判别的结果较为一致，且经复核试验表明成果较为准确。根据公式法确定的临近水力比降成果较为一致，但土体的水力比降试验成果均存在规律性差、数据离散性大等特点。

四、抗冲特性

覆盖层土体由于自身土体结构、重力等因素抵抗水流冲刷作用的能力称为抗冲特性，一般用抗冲流速来表征其抗冲特性。

根据水力学与土力学的基本概念，在考虑均匀流的条件下，土体的抗冲流速（起动流速），对于粗粒土，主要与土的粒径、颗粒比重及内摩擦角有关。对于黏土等细粒土，主要与土的凝聚力有关。但鉴于实际工况的复杂性，目前对抗冲流速的取值主要根据室内模型试验、野外现场观测及工程经验确定。

室内模型试验运用的装置主要是明渠水槽和环形水槽。其中，由于普通明渠水槽对黏性泥沙控制试验条件比较困难，也难以满足较强的起动条件，可使用封闭的水槽装置进行试验。同时，部分科研单位也采用转筒或淹没射流冲蚀的方法开展了试验研究。

野外现场观测，包括对天然河道和已建工程的现场观测，通过对土体宏观冲刷情况的分析，研究特定土体的抗冲流速。

土体抗冲流速也可以根据工程经验确定，《水力发电工程地质手册》中给出了土质渠道抗冲刷流速经验取值，见表 7-30。

表 7-30　　　　土质渠道抗冲刷流速　　　　m/s

渠道土质	一般水深渠道	宽浅渠道
砂土	0.35～0.75	0.3～0.6
砂质粉土	0.4～0.7	0.35～0.6
细砂质粉土	0.55～0.8	0.45～0.7
粉土	0.65～0.9	0.55～0.8
黏质粉土	0.7～1.0	0.6～0.9
黏土	0.65～1.05	0.6～0.95
砾石	0.75～1.3	0.6～1.0
卵石	1.2～2.2	1.0～1.9

第三节　动 力 特 性

覆盖层动力特性是指覆盖层在冲击荷载、波动荷载、振动荷载和不规则荷载等动荷载作用下表现出来的力学特性，包括动力变形特性和动力强度特性。覆盖层的动力性质试验有现场波速测试和室内试验。

现场波速测试应用广泛，在确定与波速有关的岩土参数，进行场地类别划分，为场地地震反应分析和动力机器基础进行动力分析提供地基土动力参数，检验地基处理效果等方面都普遍应用。

室内试验是将覆盖层试样按照要求的湿度、密度、结构和应力状态置于一定的试样容器中，然后施加不同形式和不同强度的动荷载，测出在动荷载作用下试样的应力和应变等参数，确定覆盖层的动模量、动阻尼比、动强度等动力性质指标。室内试验主要有动三轴试验、共振柱试验、动单剪试验、动扭剪试验、振动台试验五种，每种试验方法在动应变大小上都有相应的适用范围，在水电工程应用上常用的是动三轴试验、振动台试验。

动三轴试验采用饱和固结不排水剪，适用于砂类土和细粒类土。它是从静三轴试验发展而来的，利用与静三轴试验相似的轴向应力条件，通过对试样施加模拟的动主应力，同时测得试样在承受施加的动荷载作用下所表现的动态反应。

振动台试验适用于饱和砂类土和细粒类土，它是专用于土的液化性状研究的室内大型动力试验。

在覆盖层动力特性研究中，对水电工程而言，尤其需关注砂土液化特性及软土震陷特性。

一、液化特性

饱和砂土在地震、动荷载或其他外力作用下，受到强振动而失去抗剪强度，使砂粒处于悬浮状态，致使地基失效的作用或现象称为砂土液化。

砂土液化的危害性主要有地面下沉、地表塌陷、地基土承载力丧失和地面流滑等。

（一）砂土液化的影响因素

砂土液化的影响因素包括土体的形成年代、土性条件（颗粒组成、松密程度等）、土体埋藏条件（埋深、地下水等）和地震动荷载（地震烈度、地震历时等），见表 7-31。

表 7-31　　砂土液化的影响因素

因素			指标	对液化的影响
地层年代	地质时代		—	形成年代越晚的砂层越易液化
土质条件	颗粒特征	粒径	平均粒径 d_{50}	细颗粒较容易液化，平均粒径在 0.1mm 左右的粉细砂抗液化能力最差
		级配	不均匀系数 C_u	不均匀系数越小，抗液化越差，黏性土含量越高，越不容易液化
		形状	—	圆粒形砂比棱角形砂容易液化
	密度		孔隙比 e 相对密度 D_r	密度越高，液化可能性越小
	渗透性		渗透系数 k	渗透性越低的砂土越容易液化
	结构性	颗粒排列 胶结程度 均匀性	—	原状土比结构破坏土不易液化，老砂层比新砂层不易液化
	压密状态		超固结比 OCR	超压密砂土比正常压密砂土不易液化
	标准贯入锤击数		标准贯入锤击数 N	标准贯入锤击数越少，砂土越容易液化
	剪切波速		剪切波速 v_{st}	剪切波速越大，砂土越容易液化
	水理性		相对含水量 液性指数 I_L	饱和砂土的相对含水量和液性指数越大，砂土越容易液化
埋藏条件	上覆土层		上覆土层有效压力 σ_u 静止土压力系数 K_0	上覆土层越厚，土的上覆有效压力越大，就越不容易液化
	排水条件	孔隙水向外排出的渗透路径长度	液化砂层的厚度	排水条件良好有利于孔隙水压力的消散，能减小液化的可能性
		边界土层的渗透性		
	地下水位		—	工程正常运行后，地下水位以上的非饱和砂土不会液化
	地震历史		—	遭遇过历史地震的砂土比未遭遇地震的砂土不易液化，但曾发生过液化又重新被压密的砂土，却容易重新液化
动荷载条件	地震烈度	振动强度	地面加速度 a_{max}	地震烈度越高，地面加速度越大，就越容易液化
		持续时间	等效循环次数	振动时间越长，或振动次数越多，就越容易液化

（二）砂土液化评价及指标

工程实践中砂土液化评价方法相对较多，不同行业和不同规范对砂土液化判别的规定有所不同，在不同方法中，涉及了砂土不同的物理力学参数，主要包括：

（1）在采用粒径法进行判别时，其涉及的参数主要为土体的颗粒组成，可通过室内颗粒分析试验获取。

（2）在采用剪切波速法进行判别时，其涉及的参数主要为土层的剪切波速 v_s（m/s），可通过孔内原位波速测试获取。

（3）在采用标准贯入锤击数法进行判别时，其涉及的参数主要为土层的标准贯入锤

击数 $N_{63.5}$，可通过孔内标准贯入试验获取。

（4）在采用相对密度法进行判别时，其涉及的参数主要为土体的相对密度 D_r，可通过室内土工试验获取。

（5）在采用相对含水量法进行判别时，其涉及的参数主要为土体的相对含水量 w_U，其计算式为

$$w_U=\frac{w_S}{w_L} \tag{7-42}$$

式中：w_S为少黏性土的饱和含水量，%；w_L为少黏性土的塑限含水量，%，均通过室内土工试验获取。

（6）在采用液性指数法进行判别时，其涉及的参数主要为土体的液性指数 I_L，可通过室内土工试验获取。

（7）在采用剪应力对比法进行判别时，其涉及的参数主要为土体的周期剪应力 τ_c及抗地震液化剪应力 τ_s。其中，水平地面下任一深度饱和无黏性土的地震剪应力 τ_c，可按下式估算

$$\tau_c=0.65\frac{a_{\max}}{g}\gamma_c\sum\rho\Delta h \tag{7-43}$$

式中：τ_c为地震剪应力，kPa；$a_{\max}$为地面最大水平地震加速度，可根据地基设计地震动参数确定，也可按地震设防烈度 7、8 度和 9 度分别选取 0.1g、0.2g 和 0.4g；γ_c为水平地震剪应力随深度 h 折减系数，可由折减系数 γ_c与深度 h 关系曲线按表 7-32 选取（深度 12～30m 为近似值）；ρ 为无黏性土上覆土层的实际密度（地下水位以下用饱和密度），t/m^3；Δh 为无黏性土上覆土层分层高度，m。

表 7-32　　地震剪应力随深度折减系数 γ_c 值

深度 h(m)	0	1	2	3	4	5	6	7	8
γ_c	1	0.996	0.990	0.982	0.978	0.968	0.956	0.940	0.930
深度 h(m)	9	10	12	16	18	20	24	26	30
γ_c	0.917	0.900	0.856	0.740	0.680	0.620	0.550	0.530	0.500

同一深度饱和无黏性土的抗地震液化剪应力 τ_s，可按下式估算

$$\tau_s=0.65\frac{\tau_d}{\sigma'_{3c}}C_r\sum\rho'\Delta h \tag{7-44}$$

式中：τ_s 为抗地震液化剪应力，kPa；$\frac{\tau_d}{\sigma'_{3c}}$ 为在等效应力循环周期作用下室内动三轴试验的动剪应力比；C_r为应力条件修正系数，可由修正系数与相对密度 D_r 关系曲线按表 7-33 选取；ρ'为无黏性土上覆土层的有效密度（工程运行后处于地下水位以下用浮密度），t/m^3；Δh 为无黏性土上覆土层分层高度，m。

表 7-33　　　　应力条件修正系数 C_r 值

相对密度 D_r	0.4	0.5	0.6	0.7	0.8	0.9	1.0
C_r	0.55	0.58	0.61	0.64	0.68	0.71	0.74

（8）在采用动剪应变幅法进行判别时，其涉及的参数主要为饱和无黏性土体的动剪应变幅 γ_e，可按下式估算

$$\gamma_e = 0.87\frac{a_{max}Z}{v_s^2(G/G_{max})}\gamma_c \tag{7-45}$$

或

$$\gamma_e = 0.65\frac{a_{max}Z}{v_s^2(G/G_{max})}\gamma_c \tag{7-46}$$

式中：γ_e为地震力作用下地层深度的动剪应变幅，%；a_{max}为地面最大水平地震加速度，可根据地基设计地震动参数确定，也可按地震设防烈度 7、8 度和 9 度分别选取 $0.1g$、$0.2g$ 和 $0.4g$；Z 为估算点距地面深度，m；v_s 为饱和无黏性土实测横波速度，m/s，可根据钻孔跨孔声波测试获取；G/G_{max}为动剪模量比（近似 0.75）；γ_c为深度折减系数，可参考表 7-32 选取。

（9）在采用静力触探贯入阻力法进行判别时，其涉及的参数主要为比贯入阻力 p_s（MPa），可通过静力触探试验获取。

在砂土液化研究方面，针对以上试验参数的成果整理，应首先分析各组试验值的代表性及合理性，对于试验数据中的疑似不合理数据，应优先采取补充试验予以验证，或通过分析判断，当认识充分、结论明确时，可予以舍弃。其次，需对各试验数据按分层整理，并对各层内数据按试验点的空间分布位置（平面及纵向）分别按序整理，分析其空间变化规律，为砂层液化分区评价提供基础。

二、软土震陷特性

软土震陷是软土在地震快速而频繁的加荷作用下，土体结构受到扰动，导致软土层塑性区的扩大或强度的降低，从而使建筑物产生附加沉降。

软土是指天然孔隙比大于或等于 1.0，且天然含水量大于液限的细粒土，包括淤泥、淤泥质土、泥炭、泥炭质土、软黏性土等。

1. 软土震陷影响因素

产生软土震陷的外因是地震作用，综合国内外研究及相关规范的规定或说明，对于软土地区，当地震设防烈度大于 7 度时，需研究软土的震陷问题。

产生软土震陷的内因主要是软土所具有的特殊物理力学特性所致，主要表现如下：

（1）含水量高，孔隙比大。因为软土的主要成分是黏粒，其矿物晶粒表面带有负电荷，它与周围介质的水分和阳离子相互作用并吸附形成水膜，在不同的地质环境中沉积形成各种絮状结构。所以这类土的含水量和孔隙比都比较高，一般含水量为 35%～80%，孔隙比为 1.2。软土的高含水量和大孔隙比不但反映了土中的矿物成分与介质相互作用的性质，同时反映了软土的抗剪强度与压缩性的大小，含水量越高，

土的抗剪强度越小，压缩性越大。

(2) 抗剪强度低。根据土工试验结果，我国软土的天然不排水抗剪强度一般小于20kPa，其变化范围为5～25kPa，有效内摩擦角为20°～35°，固结不排水剪内摩擦角为12°～17°。正常固结软土层的不排水抗剪强度往往是随埋深的增大而增加，每米的增长率为1～2kPa。在荷载的作用下，如果地基能够排水固结，软土的强度将产生显著的变化，土层的固结速率越快，软土的强度增加越快，加速软土层的固结速率是改善软土强度特性的一个有效途径。

(3) 压缩性高。一般正常固结的软土层的压缩系数为0.5～1.5MPa^{-1}，最大可以达到4.5MPa^{-1}，压缩指数为0.35～0.75。天然状态的软土层大多属于正常固结状态，但有部分属于超固结状态和欠固结状态。

(4) 渗透性小。软土的渗透系数一般为10^{-8}～10^{-6}cm/s，所以固结速率很慢。当软土层的厚度超过10m时，要使土层达到较大的固结度往往需要5～10年或者更久。

(5) 结构性明显。软土一般为絮状结构，尤其以海相黏土更为明显。这种土一旦受到扰动，土的强度显著降低，甚至呈流动状态。

(6) 流变性明显。在荷载作用下，软土承受剪应力的作用产生缓慢的剪切变形，并可能导致抗剪强度的衰减，在主固结沉降完毕后还可能继续产生较大的次固结沉降。

2. 参数研究及成果整理

对于软土震陷特性的研究，在实际工程设计中多分步开展，首先需开展软土震陷的可能性判别，经判别在强震时存在发生震陷的情况下，进入软土震陷量估算。

在震陷可能性判别，需首先明确判别研究土体为软土，一般需开展室内试验，确定土体的孔隙比、天然含水量及有机质含量等参数，明确土体类别。其次，对于强震区软土，确定其承载力特征值及等效剪切波速等参数，当试验成果具备一定数量时，需对各试验数据按试验点的空间分布位置（平面及纵向）分别按序整理，分析其空间变化规律，为分区评价提供基础。

在软土震陷量估算研究，由于目前无论是在理论上，还是在实际应用上，对于软土震陷量的准确计算仍不够充分，对于一般工程，该阶段多以确定原状土的震陷系数E_{PNi}为研究内容，由动三轴试验研究确定，而对于重要工程的重要部位，需开展专题研究。

第四节 土体物理力学参数取值原则

覆盖层土体物理力学参数取值的总体原则，应遵循各参数取值应以试验成果为依据，以整理后的试验值作为标准值，根据土体性状、试样代表性、实际工作条件与试验条件的差别，对标准值进行调整，提出地质建议值。工程设计采用值一般应由设计、地质、试验三方共同研究确定。

据此原则，地质工程师应首先收集了解工程区域地质背景、土体成因类型等资料，以及枢纽布置方案、工程荷载作用方向及大小，地基、边坡等设计概况，初步进行不同阶段的试验布置。

其次，随着设计工作的逐渐深入，采用工程地质测绘、物探、勘探等手段，逐步完善工程区内土体地质单元划分等工作。此时，应根据工程区内的土体特点及工程需要，细化并完善土体试验设计，包括试验方法、试验数量及试验布置等。

再次，对于土体试验成果，应及时收集土体试验样品的原始结构、颗粒成分、含水率、应力状态、试验方法、加荷方式等相关资料，并分析试验成果的可信程度。若试验成果可信程度较低，必要时应及时补充试验予以验证。此时，还应及时按土体类别、工程地质单元、层位等采用数理统计法整理试验成果（一般需包括统计组数、最大值、最小值、平均值、大值平均值、小值平均值、标准差、变异系数），在充分论证的基础上舍去不合理的离散值。

最后，根据统计整理的试验成果确定土体物理力学参数标准值。根据水工建筑物地基的工程地质条件，在试验标准值基础上提出土体物理力学参数地质建议值。根据水工建筑物荷载、分析计算工况等特点确定土体物理力学参数设计采用值。

对于深埋土体地质建议值，应以试验成果为依据，合理考虑深埋土体埋深效应、钻孔样扰动及试验代表性等对土体特性的影响，通过加强深埋土体地质条件的全面分析后，对力学参数可适当提高。

当规划与预可行性研究阶段，试验组数较少时，可根据工程经验参考表 7-34 选用土体参数建议值。表 7-35 列出部分工程土体物理力学参数地质建议值，可供相似工程在参数选取时参考。

表 7-34　各类土体建议参数值表

<table>
<tr><th colspan="4">土体类别</th><th>允许承载力</th><th>压缩模量</th><th>变形模量</th><th>抗剪强度</th><th>渗透系数</th><th>允许渗透</th></tr>
<tr><th colspan="3">室内土工定名</th><th>野外地质定名</th><th>f_0（MPa）</th><th>E_s（MPa）</th><th>E_0（MPa）</th><th>f（MPa）</th><th>（cm/s）</th><th>比降</th></tr>
<tr><td colspan="2" rowspan="4">细粒类土</td><td>高液限黏土</td><td rowspan="2">黏土</td><td rowspan="2">0.08～0.12</td><td rowspan="2">4～7</td><td rowspan="2">3～5</td><td rowspan="2">0.20～0.45</td><td rowspan="2">$<10^{-5}$</td><td rowspan="2">0.35～0.90</td></tr>
<tr><td>低液限黏土</td></tr>
<tr><td>高液限粉土</td><td rowspan="2">粉土</td><td rowspan="2">0.12～0.18</td><td rowspan="2">7～12</td><td rowspan="2">5～10</td><td rowspan="2">0.25～0.40</td><td rowspan="2">10^{-5}～10^{-4}</td><td rowspan="2">0.25～0.35</td></tr>
<tr><td>低液限粉土</td></tr>
<tr><td rowspan="6">粗粒土</td><td rowspan="3">砂类土</td><td>细粒土质砂</td><td rowspan="3">砂</td><td rowspan="3">0.18～0.25</td><td rowspan="3">12～18</td><td rowspan="3">10～15</td><td rowspan="3">0.40～0.50</td><td rowspan="3">10^{-4}～10^{-3}</td><td rowspan="3">0.22～0.35</td></tr>
<tr><td>含细粒土砂</td></tr>
<tr><td>砂</td></tr>
<tr><td rowspan="3">砾类土</td><td>细粒土质砾</td><td rowspan="3">砾石</td><td rowspan="3">0.25～0.40</td><td rowspan="3">18～35</td><td rowspan="3">15～30</td><td rowspan="3">0.50～0.55</td><td rowspan="3">10^{-3}～10^{-2}</td><td rowspan="3">0.17～0.30</td></tr>
<tr><td>含细粒土砾</td></tr>
<tr><td>砾</td></tr>
<tr><td colspan="2" rowspan="3">巨粒类土</td><td>巨粒混合土</td><td rowspan="3">漂石、块石、卵石、碎石</td><td rowspan="3">0.40～0.70</td><td rowspan="3">35～65</td><td rowspan="3">30～60</td><td rowspan="3">0.55～0.65</td><td rowspan="3">$>10^{-2}$</td><td rowspan="3">0.1～0.25</td></tr>
<tr><td>混合巨粒土</td></tr>
<tr><td>巨粒土</td></tr>
</table>

注　1. 当渗流出口处设滤层时，表列允许渗透比降数值可加大 30%。

2. 该表引自《水闸设计规范》（NB/T 35032—2014）。

表 7-35　深厚覆盖层典型工程土体物理力学参数地质建议值

工程名称（最大厚度）	分层及土名	干密度 ρ_d (g/cm³)	允许承载力 R (MPa)	变形模量 E_0 (MPa)	抗剪强度		渗透及渗透变形指标	
					凝聚力 C (MPa)	内摩擦角 φ (°)	允许水力比降 J_P	渗透系数 k (cm/s)
猴子岩水电站（85m）	④：孤漂（块）砂卵（碎）砾石	2.02～2.04	0.45～0.55	35～45	0	26～28	0.10～0.12	1.9×10^{-2}～6.6×10^{-2}
	③：含泥漂（块）卵（碎）砂砾石	2.10～2.15	0.40～0.50	30～40	0	24～26	0.15～0.18	7.6×10^{-3}～1.6×10^{-2}
	③-a：含砾粉细砂	1.60～1.65	0.17～0.18	16～18	0	18～19		
	②：黏质粉土	1.55～1.60	0.15～0.17	14～16	0	16～18	0.50～0.60	1.4×10^{-6}～2.3×10^{-5}
	①：含漂（块）卵（碎）砂砾石	2.10～2.15	0.50～0.60	40～50	0	28～30	0.15～0.18	2.7×10^{-3}～3.7×10^{-2}
	①-a：卵砾石中粗砂（透镜状）	1.66～1.68	0.18～0.20	16～18	0	18～20		
长河坝水电站（80m）	③：漂（块）卵砾石	2.10～2.18	0.50～0.60	35～40	0	30～32	0.10～0.12	5.0×10^{-2}～2.0×10^{-1}
	②-c：砂层	1.50～1.60	0.15～0.20	10～15	0	21～23	0.20～0.25	6.9×10^{-3}
	②：含泥漂（块）卵（碎）砂砾石	2.10～2.20	0.45～0.50	35～40	0	28～30	0.12～0.15	6.5×10^{-2}～2.0×10^{-2}
	①：漂（块）卵（碎）砾石	2.14～2.22	0.55～0.65	50～60	0	30～32	0.12～0.15	2.0×10^{-2}～8.0×10^{-2}
瀑布沟水电站（180m）	④：漂（块）卵石	2.28	0.70～0.80	60～70	0	35～38	0.10～0.13	7.0×10^{-2}～1.0×10^{-1}
	③：含漂卵石层	2.17	0.60～0.70	60	0	35～37		
	③：上游砂层透镜体	1.69	0.20～0.25	20～25	0	29～31	0.30～0.40	
	③：下游砂层透镜体	1.65	0.15	15～20	0	24～26	0.3～0.4	
	②：卵砾石层	2.03	0.60	50～60	0	32～35	0.10～0.15	4.6×10^{-2}～8.1×10^{-2}
	①：漂卵石层	2.14	0.70～0.80	60～65	0	36～38		9.2×10^{-2}～1.0

续表

工程名称（最大厚度）	分层及土名	干密度 ρ_d (g/cm³)	允许承载力 R (MPa)	变形模量 E_0 (MPa)	抗剪强度		渗透及渗透变形指标	
					凝聚力 C (MPa)	内摩擦角 φ (°)	允许水力比降 J_P	渗透系数 k (cm/s)
小天都水电站（70m）	⑧：块碎石		0.40		0	28～31		
	⑦：块碎石土	2.03～2.07	0.30～0.35	20～30	0	24～26	0.12～0.17	1.5×10^{-2}
	⑥：漂卵石夹砂	2.07～2.31	0.45～0.54	40～50	0	26～29	0.12～0.13	4.1×10^{-2}
	⑤：漂（块）卵（碎）石夹砂	2.06～2.14	0.50～0.60	50～60	0	29～31	0.30～0.35	3.8×10^{-3}～4.2×10^{-2}
	④-2：粉土质砂	1.56～1.78	0.10～0.15	7～14	0	18～19	0.30～0.40	3.5×10^{-4}～3.8×10^{-4}
	④-1：粉土	1.49～1.70	0.10～0.12	5～7	0.010	11～14		1.1×10^{-6}～7.6×10^{-4}
冶勒水电站（420m）	第五组粉质壤土	1.67	0.60～0.80	45～50	0.06	32	4.00～5.00	3.0×10^{-6}～1.5×10^{-5}
	第四组卵砾石	2.11	1.00～1.20	120～130	0.06	37	1.00～1.10	5.8×10^{-3}～1.2×10^{-2}
	第三组卵砾石	2.20	1.30～1.50	130～140	0.07	38	1.10～1.60	3.5～9.2×10^{-3}
	第三组粉质壤土	1.78	0.80～1.00	65～70	0.12	34	6.10～7.10	1.2～6.9×10^{-6}
	第二组碎石土	2.24	1.00～1.20	90～100	0.06	36	3.80～4.80	2.3～3.5×10^{-5}
	第二组粉质壤土	1.88	0.70～0.90	55～65	0.12	33	10.40	1.2×10^{-7}～15×10^{-6}
	第一组卵砾石		1.30～1.50	130～140	0.07	38	1.10～1.60	1.15～5.75×10^{-3}
多诺水电站（42m）	③：崩坡积块碎石土	2.05	0.25～0.30	15～20	0	25～27	0.1～0.12	5.16×10^{-3}
	②：含漂砂卵砾石	2.1	0.30～0.35	30～40	0	27～29	0.07～0.1	1.0×10^{-1}
	①：含漂（块）碎砾石土	2.15	0.50～0.55	50～60	0	25～27	0.15～0.2	4.27×10^{-3}
福堂水电站（93m）	⑥：块碎石土		0.30～0.40	30～40	0	23～25	0.10～0.12	5.8×10^{-2}～8.1×10^{-2}
	⑤：漂卵石层	2.20	0.5～0.6	55～65	0	30～31	0.10～0.12	3.5×10^{-2}～9.3×10^{-2}
	④：微含粉质土砂、含砂粉质土	1.45	0.12～0.15	10～13	0	18～20	0.20～0.25	1.12×10^{-3}～2.3×10^{-3}

续表

工程名称（最大厚度）	分层及土名	干密度 ρ_d (g/cm³)	允许承载力 R (MPa)	变形模量 E_0 (MPa)	抗剪强度		渗透及渗透变形指标	
					凝聚力 C (MPa)	内摩擦角 φ (°)	允许水力比降 J_P	渗透系数 k (cm/s)
福堂水电站（93m）	③：漂卵石层	2.20	0.50～0.60	55～65	0	30～31	0.12～0.15	
	②：粉质砂土粉质土	1.70	0.12～0.15	10～13	0	18～20	0.25～0.30	3.4×10^{-5}～1.2×10^{-3}
	②：含卵砾石中细砂		0.15～0.20	13～15	0	20～22	0.12～0.15	4.1×10^{-3}～2.3×10^{-2}
	①：含块（漂）碎（卵）石层		0.35～0.45	40～50	0	27～29	0.12～0.15	2.9×10^{-2}～5.8×10^{-2}
太平驿水电站（86m）	Ⅴ：漂卵石夹块碎石层	2.06	0.49～0.69	49～59	0	27～29	0.15	1.2×10^{-2}～2.3×10^{-3}
	Ⅳ：含巨漂的漂卵石夹碎石层	2.06	0.49～0.69	49～59	0	27～29	0.30～0.35	5.8×10^{-3}～1.0×10^{-2}
	Ⅳ：砂层透镜体	1.36～1.48	0.15～0.20	10～13	0	22～23	0.20～0.30	1.2×10^{-3}～2.3×10^{-3}
	Ⅲ：块碎石、砂层及漂卵石夹砂互层	2.16～2.26	0.39	29	0	27～28	1.10～1.30	3.5×10^{-4}～4.6×10^{-3}
	Ⅲ：砂层透镜体	1.31～1.46	0.15～0.20	10～13	0	22～23	0.30	1.2×10^{-3}～2.3×10^{-3}
	Ⅱ：块碎石层		0.49	29～39	0	29	0.07	1.2×10^{-1}～2.3×10^{-1}
	Ⅰ：漂卵石夹块碎石层		0.49～0.69	49～59	0	29～31	0.10～0.20	5.8×10^{-2}～1.2×10^{-1}
	dl＋plQ：块碎石	2.10～2.13	0.29～0.39	29	0	27		
阴坪水电站（100m）	⑧：褐黄色粉砂质壤土		0.15～0.20	8～10	0.002	13～15	0.50～1.00	1.0×10^{-5}～1.0×10^{-4}
	⑦：砂卵砾石		0.40～0.50	40～50	0	30～32	0.10～0.12	1.0×10^{-2}～1.0×10^{-1}
	⑥：深灰色粉砂质壤土		0.18～0.20	8～10	0.003	16～18	1.00～2.00	1.0×10^{-5}～1.0×10^{-4}
	⑤：砂层		0.14～0.18	14～16	0	19～21	0.20～0.25	1.0×10^{-3}～1.0×10^{-2}
	④：深灰色粉砂质壤土		0.20～0.25	8～12	0.006	16～18	1.00～2.00	1.0×10^{-5}～1.0×10^{-4}
	③：块碎石土		0.35～0.40	40～50	0	28～30	0.10～0.12	1.0×10^{-2}～1.0×10^{-1}
	②：深灰色粉砂质壤土		0.25～0.30	8～12	0.006	17～19	1.00～2.00	1.0×10^{-5}～1.0×10^{-4}
	①：含漂砂卵砾石		0.50～0.60	50～60	0	30～35	0.10～0.12	1.0×10^{-2}～1.0×10^{-1}

第八章

深厚覆盖层工程地质评价

深厚覆盖层工程地质评价，主要是研究覆盖层地基利用标准、地基承载与变形稳定、地基抗滑稳定、地基渗漏与渗透稳定、砂土液化、软土震陷等问题，并提出工程处理建议。

第一节　覆盖层地基利用

一、覆盖层地基利用标准

大量水电工程实践表明，不同水工建筑物深厚覆盖层地基（天然或工程处理后）应满足变形稳定、抗滑稳定、抗渗透稳定、抗液化稳定和震陷的要求，总体利用标准如下：

(1) 心墙坝地基。对坝高超过 250m 的超高土石坝，一般挖除心墙、反滤、过渡部位覆盖层，其余部位坝基可置于以粗颗粒为主的较密实土体上，表面 1～2m 厚的粗粒土予以挖除，对坝基应力影响范围内的砂层及粉黏土层也予以挖除。

坝高为 70～250m 的高心墙土石坝，持力层可置于以粗颗粒为主的力学强度较高的土体上，心墙基底下一般进行一定深度的固结灌浆；堆石区等地基表面 1～2m 厚的粗粒土予以压实或挖除，对坝基应力影响范围内的砂层及粉黏土层也予以挖除或采取工程处理措施。

坝高小于 70m 的心墙土石坝，持力层可置于以粗颗粒为主的力学强度较高的土体上，对坝基应力影响范围内的砂层及粉黏土层也予以挖除或采取工程处理措施。

(2) 面板堆石坝地基。坝高小于 100m 的面板堆石坝，覆盖层中以粗颗粒为主的土体基本满足坝基承载及变形要求，通常需要对表面 1～2m 厚的粗粒土予以处理，经论证后的趾板也可以置于覆盖层上。

坝高大于 100m 的面板堆石坝，其建基面的选择在坝轴线以上区域与坝轴线以下区域有所不同。主堆石区结构松散至较松散覆盖层土体通常予以清除。结构较密实的覆盖层可作为坝基予以保留，砂层、粉黏土层等软弱地基通常需要挖除。一般要求坝高超过 135m 的面板坝趾板宜置于基岩上。坝高小于 135m 的面板坝趾板经论证可置于覆盖层上，通过防渗墙与基岩连接。对坝轴线以下坝基覆盖层的要求可适当放宽。

但坝轴线下游坝基下砂层、粉黏土层等软弱地基通常予以挖除，或采取工程处理措施，以增强地基承载力、抗滑稳定及砂土抗液化能力。

（3）闸坝地基。具有良好均一性和密实性的粗颗粒为主的土体，其承载力较高，可作为闸基直接利用。深厚覆盖层中的浅部砂层、黏土层等细颗粒集中层采取工程处理措施后也可作为闸基持力层。

由于深厚覆盖层一般属多层地基，各层渗透性不均一，相邻层渗透系数相差很大，其接触面上可能存在接触冲刷、接触流土及接触管涌等问题，可采用全封闭式防渗墙处理；当闸基中下部存在连续相对隔水层时，在保证闸基安全的前提下，也可考虑利用相对隔水层作为防渗的依托层，采用悬挂式防渗墙处理，以降低工程造价。

（4）厂、渠、堰基。厂基可选择具有良好均一性和密实性的粗颗粒为主的土体作为持力层。浅表部砂层、黏土层等细颗粒集中层采取工程处理措施后也可作为持力层。

渠基对地基要求较低，一般能满足防冲刷要求即可，往往把表部砂层、黏土层等细颗粒集中层进行处理。

围堰一般高度不高且为临时性工程，堰基对覆盖层地基要求较低，覆盖层可直接作为持力层，通常不进行专门的地基处理，仅进行防渗处理。

（5）深基坑边坡。河谷深厚覆盖层中的深基坑，往往存在基坑边坡的局部稳定性、整体稳定性、坑底和侧壁的渗透稳定性等问题。水电工程深基坑一般分别按照水上和水下各层的开挖稳定坡比进行放坡，并做好分级开挖的动态控制及基坑抽排水时的反滤处理措施等。对于分布有细颗粒集中层，如砂层透镜体，力学性质差，对深基坑边坡开挖稳定性起至关重要控制作用，需采取专门的工程处理措施。

二、覆盖层地基利用实例

近20年来在深厚覆盖层筑坝方面进行了大量工程实践，对覆盖层的利用进行了系统研究，部分代表性工程挡水建筑物地基利用情况见表8-1。

表8-1　　挡水建筑物地基利用工程实例

工程名称	深厚覆盖层地基概况	建筑物及规模	坝基土体利用情况
双江口水电站	河谷覆盖层厚48～57m，局部可达67.8m，物质组成以漂卵砾石及含漂卵砾石层为主，夹多层砂层透镜体	心墙堆石坝，最大坝高312m	堆石区部位，对浅部砂层透镜体进行挖除处理，针对深部砂层透镜体采取坝脚压重方式处理。心墙部位，挖除覆盖层
长河坝水电站	河谷覆盖层厚60～80m，物质组成以漂（块）卵砾石层为主，浅部分布有规模较大的砂层透镜体	心墙堆石坝，最大坝高240m	对浅部砂层透镜体予以挖除，坝体堆石区及心墙部位均建于粗粒土上，采用全封闭防渗墙进行覆盖层地基的防渗、抗渗处理

续表

工程名称	深厚覆盖层地基概况	建筑物及规模	坝基土体利用情况
瀑布沟水电站	河谷覆盖层厚40～75m，物质组成以卵砾石层为主，夹多层砂层透镜体	心墙堆石坝，最大坝高186m	对浅部砂层透镜体予以挖除，对于深部砂层透镜体采用增设压重体方式进行处理。坝体堆石区及心墙部位均建于粗粒土上，采用全封闭防渗墙进行覆盖层地基的防渗、抗渗处理
泸定水电站	河谷覆盖层厚60～149m，坝基土体层次复杂，除主要的漂卵砾石外，还广泛分布砾石砂、粉细砂及粉土等不利土体	心墙堆石坝，最大坝高84m	对浅部砂层、粉土层予以挖除，对于深部不利土体采用坝体上、下游增设压重体方式进行处理。坝体堆石区及心墙部位均建于粗粒土上，采用悬挂式防渗墙进行覆盖层地基的防渗、抗渗处理
黄金坪水电站	河谷覆盖层厚56～134m，物质组成以粗颗粒的漂卵砾石为主，分布多个砂层透镜体，多埋藏较浅	心墙堆石坝，最大坝高85.5m	对浅部砂层透镜体予以挖除，对相对较深部位的砂层透镜体进行振冲处理。坝体堆石区及心墙部位均建于粗粒土上，采用全封闭式防渗墙进行覆盖层地基的防渗、抗渗处理
冶勒水电站	河谷覆盖层厚度大于420m，土体层次复杂，以弱胶结卵砾石层为主、同时出露块碎石土、粉质壤土，以及粉质壤土夹炭化植物碎屑层	沥青混凝土心墙堆石坝，最大坝高125.5m	坝基置于形成时代早、力学性状好的层次上，利用土体内相对隔水层加防渗墙进行覆盖层地基的防渗、抗渗处理
猴子岩水电站	河谷覆盖层厚40～70m，局部可达85m，土体层次复杂，以粗颗粒的砂卵砾石层为主，局部夹杂砂层透镜体，同时河床中部出露一层连续的、厚度达30m的黏质粉土层，力学性状差	面板堆石坝，最大坝高223.5m	中部黏质粉土物理性状差，予以挖除后趾板置于基岩上，主堆石区下部分布砂层透镜体，经挖除后也置于基岩上，次堆石区部位置于下部砂卵砾石层上
多诺水电站	河谷覆盖层厚度约40m，物质组成以粗颗粒为主，上部的含漂卵砂砾石层及块碎石土层，局部具架空结构，力学性能相对较差，中下部的含漂块碎砾石土层，力学性状相对较好	面板堆石坝，最大坝高112.5m	对上部性状相对较差的土体进行挖除，利用中下部土体，经震动碾压处理后，作为堆石区及趾板地基。采用防渗墙进行覆盖层地基的防渗、抗渗处理
金康水电站	河谷覆盖层厚度大于90m，上部出露含卵砾石砂土层和粉细砂及粉质壤土，深部为冰水堆积的粗粒土	混凝土闸坝，最大闸高20m	对上部力学性状差的土体进行振冲碎石桩进行处理后，作为持力层。采用混凝土防渗墙结合钢筋混凝土铺盖联合进行覆盖层地基的防渗、抗渗处理

续表

工程名称	深厚覆盖层地基概况	建筑物及规模	坝基土体利用情况
小天都水电站	河谷覆盖层最大厚度 96m，土体层次复杂，物质组成包括漂卵石夹砂、块碎石土、砂层透镜体等	混凝土闸坝，最大闸高 39m	对表部土体进行固结灌浆后作为基础持力层，对可能液化砂层透镜体采取固灌后置换灌浆进行处理。采用防渗墙进行覆盖层地基的防渗、抗渗处理

由表 8-1 可知：

（1）一般水电站坝基可直接利用较密实的粗粒土，表部和浅部的松散土体、砂层、粉土层通常进行挖除处理；中下部砂层和粉土层多采用振冲处理。

（2）双江口水电站砾石土心墙堆石坝的心墙、反滤、过渡区等部位的覆盖层采取全挖除处理，坝体置于基岩上；长河坝、瀑布沟、冶勒、黄金坪、泸定等水电站心墙直接置于覆盖层上。

（3）猴子岩水电站面板堆石坝趾板、坝轴线上游主堆石区部位的覆盖层采取全挖除处理，坝体置于基岩上；多诺水电站面板堆石坝趾板置于覆盖层上，并对其进行了地基处理。

（4）小天都、金康等水电站闸坝深厚覆盖层中的浅部砂层、黏土层等细颗粒集中层采取工程处理措施后可直接作为闸基。

第二节　地基承载与变形稳定

地基土体在外荷载作用下，由于地基土的压缩变形而引起的建筑物基础沉降或沉降差，如果沉降或沉降差过大，超过建筑物的允许范围，则可能引起上部结构开裂、倾斜，甚至破坏。同时，如果荷载过大，超过地基的承载力，将使地基产生滑动破坏，即地基的承载力不足以承受如此大的荷载将导致建筑物丧失使用功能，甚至倒塌。地基承载与变形稳定评价，即通过对地基土体地质边界条件分析、物理力学参数的选取，计算方法的应用，根据控制标准的要求，对地基土体承载与抗变形能力是否满足工程安全和正常使用的要求进行分析评价。

一、地基承载与变形稳定的定性分析

（一）地基承载力的确定

确定地基土的容许承载力时，应考虑的影响因素：①土的堆积年代；②土的成因类型；③土的物理、力学性质；④地下水的作用程度；⑤建筑物的性质、荷载条件及基础类型。承载力确定方法有试验方法、理论计算法和经验法等，详见第七章第二节。

（二）变形稳定性分析

地基变形是在外荷载作用下，使地基土压密变形，从而引起基础和上部建筑物的沉

降。为此，合理确定地基土的承载能力及变形控制标准，是地基变形问题评价的两个重要方面。

在进行变形稳定评价时，应确定产生变形的土体边界条件、变形失稳模式、各土层的厚度、结构特征、空间分布、变形（压缩）模量和承载力参数，并根据已有经验公式进行计算，综合评价地基变形稳定性。

影响地基变形稳定因素的分析研究，应从土体不同层次的成因类型、岩性特征及内部结构的均一性、密实（或固结、胶结）程度、厚度变化及展布状况，承载、变形及强度参数，以及谷底基岩面形态等方面进行，并应注意研究易导致地基不均匀沉降的下列情况：

（1）地基内部结构均一性差，漂卵石层内的粗、细颗粒分布不均，或局部细颗粒集中，或局部粗颗粒明显架空，且土粒的岩性、风化程度和强度差异较大。

（2）地基固结程度差，结构疏松且不均一，砂砾石层内细粒含量较多，骨架作用不显著，承载力不高，变形模量较低。

（3）地基层次复杂，在地基附加应力所涉及深度范围内，含有较多的厚薄不等、分布不均、易变形的黏性土、淤泥类土和易液化的砂性土等特殊土。

（4）谷底基岩面形态起伏强烈，且有深槽、深潭分布，河谷覆盖层的层次、厚度变化大。

二、变形验算方法

1. 地基压缩层厚度的确定

（1）按基础宽度估算。水工建筑物常根据经验，按基础宽度 b 粗略估算压缩层厚度，即

$$h=ab \tag{8-1}$$

式中：h 为压缩层厚度，m；b 为基础宽度，m；a 为系数，$a=1.5\sim2.5$。

（2）按应力分布情况计算。以地基中某一深度处附加应力与自重应力的比例确定压缩层的计算深度，常取附加应力与土自重应力之比等于 0.2～0.25。

2. 基础最终沉降量的计算（分层总和法）

$$s=\sum_{i=1}^{n}s_i=\sum_{i=1}^{n}\frac{e_{1i}-e_{2i}}{1+e_{1i}}h_i=\sum_{i=1}^{n}\frac{1}{E_i}\frac{\sigma_{zi}-\sigma_{z(i-1)}}{2}h_i \tag{8-2}$$

式中：s 为基础最终沉降量，cm；s_i 为第 i 层土的压缩量，cm；e_{1i} 为第 i 层土在平均自重应力作用下压缩稳定时的孔隙比；e_{2i} 为第 i 层土在平均自重应力和平均附加应力共同作用下压缩稳定时的孔隙比；h_i 为第 i 层土的厚度，cm；n 为压缩层范围内土层的数目；E_i 为相应于第 i 层土 a_i 压力变化范围内（即一段压缩曲线上）的压缩模量，MPa；a_i 为相应于第 i 层土压力变化范围内的压缩系数，从平均自重应力到平均自重应力与平均附加应力之和这一段压缩曲线中查得；σ_{zi} 为第 i 层土底部处垂直附加应力，kPa；$\sigma_{z(i-1)}$ 为第 $i-1$ 层底部垂直附加应力，kPa。

3. 简单土层的沉降量估算

对压缩层较薄（厚度 $h<0.5b$）的均质土地基，可用下式简单估算

$$S=\frac{ap}{1+e}h \tag{8-3}$$

或

$$S=\frac{ph}{E} \tag{8-4}$$

式中：h 为压缩层厚度，cm；p 为基础底面平均压力，kN；a 为压缩系数，水工建筑采用 a_{1-3}；e 为土的天然孔隙比；E 为土在侧限条件下的压缩模量，kPa。如对压缩层较薄的多层土用式（8-3）和式（8-4）估算时，E、a、e 采用各层的加权平均值。有时也采用荷载试验得出的变形模量 E_s 代替 E 进行估算。

4. 有限元分析地基变形稳定

有限元已广泛应用在坝体（坝基）应力、应变、沉降计算等方面。有限元是以弹塑性理论为依据，借有限单元法离散化特点，计算复杂的几何与边界条件、施工与加荷过程、土的应力-应变关系的非线性及应力状态进入塑性阶段等情况，计算要点如下：

（1）将地基离散化为有限个单元代替原来的连续结构。

（2）利用土的本构关系，对每个单元建立刚度矩阵。

（3）由虚位移原理，将各单元的刚度矩阵结合为整个土体的总刚度矩阵 $[K]$，得到总矢量荷载 $\{R\}$ 与节点位移矢量 $\{\delta\}$ 之间的关系：$[K]\{\delta\}=\{R\}$。

（4）解上式，求得节点位移。

（5）根据节点位移，计算单元的应力与应变。

最常用的本构关系是线弹性模型；此外，还有双线性弹性模型、其他非线性弹性模型、弹塑性模型等。

土石坝应力和变形的有限元计算采用较多的数学模型有非线性弹性和弹塑性两大类，黏弹塑性模型也有采用，线性弹性模型一般已不采用。我国最常见的是邓肯-张等人提出的非线性弹性模型（包括 E-μ 和 E-β 模型）和南京水利科学研究院沈珠江提出的双屈服面弹性模型。

三、承载与变形控制标准

根据《水闸设计规范》（NB/T 35023—2014）、《水电站厂房设计规范》（NB/T 35011—2013）要求，在各种计算情况下，土基上闸坝、地面厂房的平均基底压力不大于地基容许承载力，最大基础底面应力不大于地基容许承载力的 1.2 倍。

根据《水闸设计规范》（NB/T 35023—2014）要求，土质地基上水闸的允许最大沉降量和最大沉降差，应以保证水闸安全和正常使用为原则，根据具体情况研究确定，天然土质地基上水闸地基最大沉降量不宜超过 150mm，相邻部位的最大沉降差不宜超过 50mm，表 8-2 列出了典型工程对地基承载评价与应用情况。

根据《碾压式土石坝设计规范》（DL/T 5395—2007）要求，土石坝竣工后的坝顶总沉降量（坝基覆盖层和坝体总沉降量）不宜大于坝高的1%，特殊坝基的总沉降量应视具体情况而定。表8-3列出了典型土石坝工程对地基变形稳定评价与应用情况。

表8-2　典型闸坝工程地基承载评价与应用情况

工程名称	闸坝坝高（m）	河谷覆盖层特性	地基承载评价	应用情况
小天都水电站	39	首部枢纽区覆盖层最大厚度达96m，地基土主要由③、⑤层漂（块）卵（碎）石夹砂土（fglQ_3）、④层细粒土层（lQ_3）、⑥层漂卵石夹砂土（alQ_4）、⑦层孤块碎石土层（col＋dlQ_4）和⑧层孤块碎石层（colQ_4）组成	④层（lQ_3）承载性能较差，小于150kPa，但埋深于35.2m以下。其上⑤层漂（块）卵（碎）石夹砂土（fglQ_3）、⑥层漂卵石夹砂土（alQ_4），均具较高承载能力，约500kPa，但本工程规模较大，为目前覆盖层上所建最高闸坝，基底应力较大，天然地基承载力尚不能完全满足要求	对冲积堆积漂卵石进行固结灌浆后建基，运行监测表明地基稳定
金康水电站	20	河谷覆盖层厚度大于90m，上部出露含卵砾石砂土层和粉细砂及粉质壤土，厚度大于20m，深部为冰水堆积的粗粒土	深部冰水堆积的粗粒土，承载力高，允许承载力大于500kPa，上部砂土、粉细砂及粉质壤土层承载力有限，小于250kPa，但该层厚度大于20m，采取挖除回填，工程量大，考虑工程规模，重点研究上部土体地基处理	对上部低承载土体进行碎石桩处理后建基，运行监测表明地基稳定
大岩洞水电站	36	闸址区河谷覆盖层物质组成主要为冲积含泥卵（碎）砾石层（alQ_4）	基础持力层为含泥卵（碎）砂砾石层，属软基建闸，岩性结构较为均一，允许承载力大于500kPa	闸基持力层为冲积堆积含泥卵（碎）砂砾石层，运行监测表明地基稳定
太平驿水电站	29.10	闸基深厚覆盖层厚86m，由五大层组成，深部Ⅰ、Ⅱ层漂卵石夹块碎石层、块碎石层总厚小于60m，上部Ⅲ、Ⅳ层块碎石土、砂层及漂卵石夹砂互层，土体结构相对较密实	闸基Ⅲ层铺满整个闸区河谷，土体结构紧密，岩性结构较为均一，允许承载力约为392kPa	闸基持力层为漂卵石层，运行监测表明地基稳定

表 8-3　典型土石坝地基变形稳定评价与应用

工程名称	坝型规模	河谷覆盖层特性	地基变形稳定评价	工程应用情况
瀑布沟	心墙堆石坝（186m）	河谷覆盖层厚度一般为 40～60m，最厚达 77.9m。依工程特征划分为 4 层，主要由漂卵石、卵砾石层夹砂层透镜体组成	坝基部位的漂卵石、卵砾石层抗变形能力强，变形模量大于 50MPa，局部分布的砂层透镜体抗变形能力相对较弱，多小于 25MPa，需重点研究砂层透镜体对地基沉降的不利影响	对表浅部砂层透镜体进行挖除，对深部砂层透镜体经变形验算后在堆石坝坝基内予以保留。运行监测表明，坝体累计沉降为 1055.21mm，大坝工作状态总体正常
长河坝	心墙堆石坝（240m）	坝区河谷覆盖层厚 60～70m，局部达 79.3m。依工程特征划分为 3 层，主要由漂（块）卵（碎）砾石夹砂层透镜组成	坝基部位的漂（块）卵（碎）砾石抗变形能力强，变形模量大于 35MPa，②－c 砂层厚度 0.75～12.5m，顶板埋深 3.30～25.7m，对坝基变形及不均匀变形有不利影响	对上部②－c 等砂层透镜体进行挖除后，建基于漂（块）卵（碎）砾石上，运行监测表明，坝基覆盖层累计沉降为 680.98 mm，大坝工作状态总体正常
猴子岩	面板堆石坝（223.5m）	坝址区河谷覆盖层一般厚 60～70m，最大厚度为 85.5m。自下而上可分为四大层：第①层为含漂（块）卵（碎）砂砾石层，第②层为黏质粉土，第③层为含泥漂（块）卵（碎）砂砾石层，第表部第④层为含孤漂（块）卵（碎）砂砾石层（alQ_4^2）。局部存在砂层透镜体	对于堆石坝而言，该工程中第①、③、④层漂（块）卵（碎）砂砾石层具有较高的抗压缩变形能力，变形模量大于 30MPa，但河床中部②层黏质粉土厚度及分布变化较大，抗变形能力弱，压缩模量小于 16MPa，对坝基变形及不均匀变形有不利影响	堆石区挖除②层黏质粉土及以上土体，下部含漂（块）卵（碎）砂砾石层予以利用，趾板区建基于基岩，运行监测表明，坝基覆盖层累计沉降为 97.50mm，大坝工作状态总体正常
冶勒	沥青混凝土心墙堆石坝（125.5m）	坝基由第四系中、上更新统的卵砾石层、粉质壤土和块碎石土组成，属冰水—河湖相沉积层，最大厚度大于 420m	坝基河床浅表部为厚 5～10m 的冲积漂卵砾石层，结构松散，抗变形能力相对较差，浅部第三岩组顶部的卵砾石层中夹厚 0.5～17.5m 的粉质壤土透镜体，厚度变化大，与邻近土体抗变形能力差异大，对坝基不均匀变形存在不利影响，其下分布的漂卵石及超固结微胶结粉质壤土层抗变形能力强，变形模量大于 100MPa	对坝基河床浅表部松散冲积漂卵砾石层及浅部的粉质壤土透镜体进行挖除后，建基于密实的漂卵石及超固结微胶结粉质壤土层上，多年运行巡视表明，大坝未见明显的沉降变形、坝坡开裂和坝体位移现象，大坝工作状态总体正常

第三节　地基抗滑稳定

在外荷载的作用下，土体中任一截面将同时产生法向应力和剪应力，其中法向应力作用将使土体发生压密，而剪应力作用可使土体发生剪切变形。当土体一点某截面上由外力所产生的剪应力达到土的抗剪强度时，它将沿着剪应力作用方向产生相对滑动，该点便发生剪切破坏。水工建筑物除防止基础沉降过大而影响安全使用外，还要避免地基发生滑动破坏。

地基土的抗滑能力与其成分、结构及其受力（如挡水建筑物不仅有自身对地基土的附加应力，还有库水的水平推力及泥沙压力）方式有关。在进行抗滑稳定性评价时应重点研究控制坝基抗滑稳定的多层次粗细粒沉积物相间组合的土基中，尤其是持力层范围内黏性土、砂性土等软弱土层埋深、厚度、分布和性状，确定土体稳定分析的边界条件，分析可能滑移模式，确定计算所需的土体物理力学参数，根据现有公式选择合适的稳定性分析方法进行计算，综合评价抗滑稳定问题，提出地质处理建议。

一、抗滑稳定性定性评价

1. 滑动破坏类型

根据滑动面的深度有表层滑动、浅层滑动和深层滑动，滑面形态分为圆弧滑动和非圆弧滑动等类型。

2. 地基滑动形式的分析

（1）大坝沿坝基接触面做浅层滑动形式。大坝沿坝基接触面做浅层滑动多由于地质条件未能查清、接触面抗剪强度取值不准或设计不周、施工质量低劣等原因造成。

（2）大坝深层滑动现象较少，产生深层滑动的条件大多是夹有软弱夹层等不利组合，为此应重视以下问题研究：

应特别注意不同层次（当夹有多层软弱夹层时）的工程地质性质上的差异，软弱层次是深层滑动的主要部位，其埋深、厚度、展布状况、物理力学指标等，以及软硬层次交接面处的强度指标，是地质研究的重点。

从闸坝的工作状态引起地基土的应力变化可知，蓄水时，地基的附加应力最大集中区在坝体轴线偏下游部分，剪应力则明显在下游基础角附近最大，因此，对于这些部位的地基性能应予以特别重视。

临空面的出现是影响地基稳定性的重要因素，对大坝下游地基保护的好坏（如冲刷坑的状况）很重要，所以也需要研究各类土性的抗冲性能。

二、地基抗滑稳定验算

1. 闸坝坝基抗滑稳定计算

（1）土基上闸坝抗滑稳定。根据《水闸设计规范》（NB/T 35023—2014）应按式（8-5）或式（8-6）计算

$$K_c = \frac{f\sum G}{\sum H} \tag{8-5}$$

$$K_c = \frac{\tan\varphi_0 \sum G + c_0 A}{\sum H} \tag{8-6}$$

式中：K_c为闸坝基底面的抗滑稳定安全系数；f 为闸坝基底面与地基之间的摩擦系数，可根据具体设计的工程试验取值，未做试验时可参照相关规定采用；$\sum H$ 为作用在闸坝上的全部水平方向荷载，kN；φ_0 为闸坝基础底面与土质地基之间的内摩擦角，(°)，可根据具体设计的工程试验取值，未做试验时可参照相关规定采用；c_0 为闸坝基础底面与土质地基之间的凝聚力，kPa，可根据具体设计的工程试验取值，未做试验时可参照相关规定采用。黏土地基上的大型水闸，沿闸坝基底面的抗滑稳定安全系数宜按式(8-6)计算。

(2) 土基上沿闸坝基底面抗滑稳定安全系数的容许值，见表8-4。

表 8-4　　土基上沿闸坝基底面抗滑稳定安全系数的容许值

荷载组合		水闸级别			
		1	2	3	4、5
基本组合		1.35	1.30	1.25	1.20
特殊组合	Ⅰ	1.20	1.15	1.10	1.05
	Ⅱ	1.10	1.05	1.05	1.00

注　1. 特殊组合Ⅰ适用于施工情况、检修情况及校核洪水位情况。
　　2. 特殊组合Ⅱ适用于地震情况。

(3) 当土质地基持力层内存在有软弱土层时，应对地基的整体稳定性进行计算，可采用折线滑动、圆弧滑动或折线与圆弧的组合形式滑动进行计算（见表8-5），整体稳定安全系数容许值见表8-6、表8-7。

2. 土石坝坝坡及覆盖层地基抗滑稳定计算

坝坡（含覆盖层地基）抗滑稳定计算可采用刚体极限平衡法，对于均质坝体（基）宜采用计及条块间作用力的简化毕肖普法，对于有软弱夹层的坝坡（基）稳定分析可采用满足力和力矩平衡的摩根斯顿-普赖斯等方法。

(1) 圆弧滑动。简化毕肖普法

$$K = \frac{\sum\{[(m \pm V)\sec\alpha - ub\sec\alpha]\tan\varphi' + c'b\sec\alpha\}[1/(1+\tan\alpha\tan\varphi'/K)]}{\sum[(m \pm V)\sin\alpha + M_C/R]} \tag{8-7}$$

瑞典圆弧法

$$K = \frac{\sum\{[(m \pm V)\cos\alpha - ub\sec\alpha - Q\sin\alpha]\tan\varphi' + c'b\sec\alpha\}}{\sum[(m \pm V)\sin\alpha + M_C/R]} \tag{8-8}$$

表 8-5 抗滑稳定验算公式

滑动类型	图示	计算条件		计算公式
沿接触面滑动	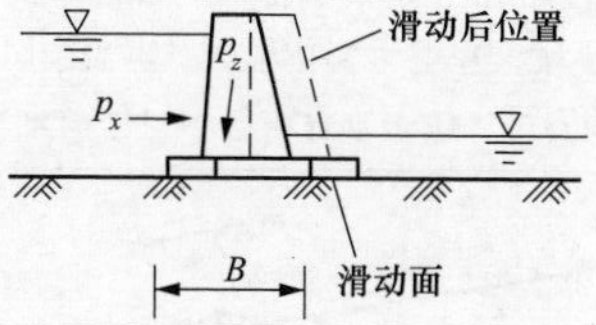	砂类土		$K=\dfrac{Bp_zf+p_b}{Bp_x+p_a}$
		黏性土		$K=\dfrac{B(C+p_2f)+p_b}{Bp_x+p_a}$
深层滑动（圆弧法）	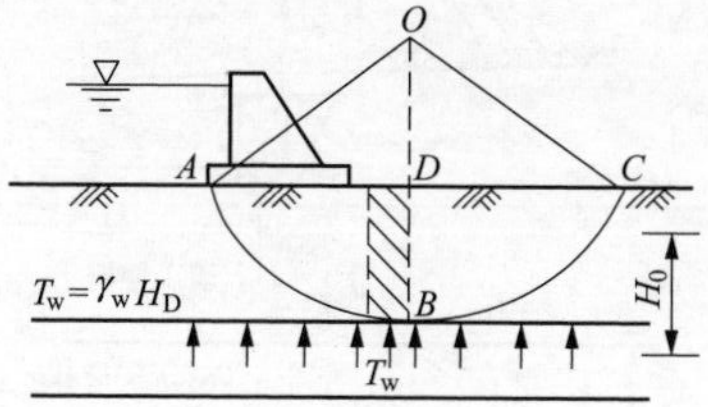	考虑承压水顶托	总应力法	$K=\dfrac{R\sum_{i=1}^{n}[\tan\varphi_i(G_i+G_{si}-T_wL_i)\cos\alpha_i+G_iL_i]}{G_za+G_xb+R\sum_{i=1}^{n}G_i\sin\alpha_i}$
			有效应力法	$K=\dfrac{R\sum_{i=1}^{n}\{\tan\varphi_i'[(G_i+G_{si}-T_wL_i)\cos\alpha_i+u_iL_i]+c_i'L_i\}}{G_za+G_xb+R\sum_{i=1}^{n}G_i\sin\alpha_i}$
	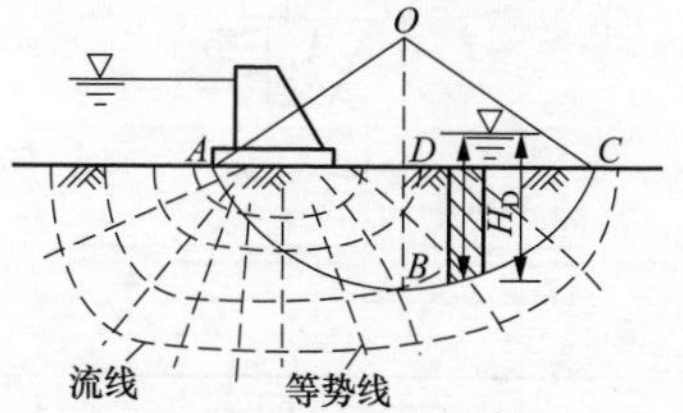	渗透压力作用	总压力法	$K=\dfrac{R\sum_{i=1}^{n}\{\tan\varphi_i'[(G_i+G_{si})\cos\alpha_i-H_{0i}L_i]+c_i'L_i\}}{G_za+G_xb+R\sum_{i=1}^{n}[(G_i+G_{si})\sin\alpha_i+Fh_ib_i]}$
			有效应力法	$K=\dfrac{R\sum_{i=1}^{n}\{\tan\varphi_i'[(G_i+G_{si})\cos\alpha_i-(u_1-H_0)L_i]+c_i'L_i\}}{G_za+G_xb+R\sum_{i=1}^{n}[(G_i+G_{si})\sin\alpha_i+Fh_ib_i]}$
	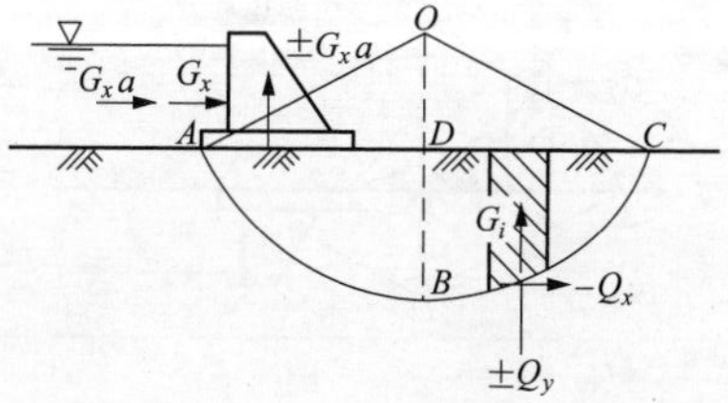	地震作用	总应力法	$K=\dfrac{R\sum_{i=1}^{n}\{\tan\varphi_i[(G_i+G_{si}\pm Q_y)\mathrm{cossin}\alpha_i]+c_iL_i\}}{[G_za+G_xb(1+a)]+R\sum_{i=1}^{n}[(G_i+G_{si}\pm Q_y)\sin\alpha_i\pm Q_y\cos\alpha_i]}$（动力反应似静力分析简化计算法）
			有效应力法	$K=\dfrac{R\sum_{i=1}^{n}\{\tan\varphi_i'[(G_i+G_{si}\pm Q_y)\cos\alpha_i-Q_x\sin\alpha_i-u_iL_i]+c_i'L_i\}}{[G_za+G_xb(1-a)]+R\sum_{i=1}^{n}[(G_i+G_{si}\pm Q_y)\sin\alpha_i\pm Q_y\cos\alpha_i]}$（动力反应似静力分析简化计算法）

续表

滑动类型	图示	计算条件		计算公式
深层滑动（圆弧法）	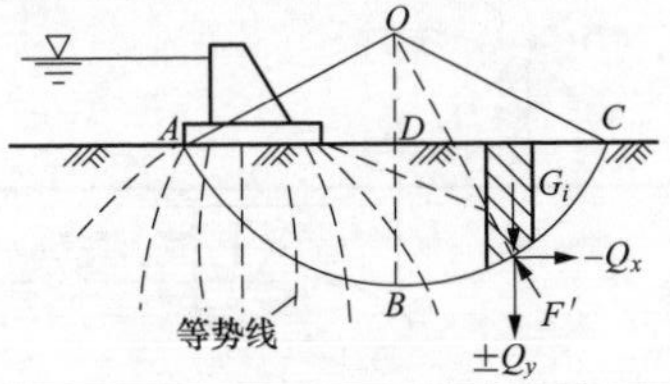 等势线	渗透压力作用	有效应力法	$K=\dfrac{R\sum\limits_{i=1}^{n}\{\tan\varphi_i'[(G_i+G_{si}\pm Q_y)\cos\alpha_i-Q_x\sin\alpha_i-(u_i-H_0)L_i]+c_i'L_i\}}{[G_za+G_xb(1-a)]+R\sum\limits_{i=1}^{n}[(G_i+G_{si}\pm Q_y)\sin\alpha_i+\pm Q_x\cos\alpha_i]}$
沿夹层滑动	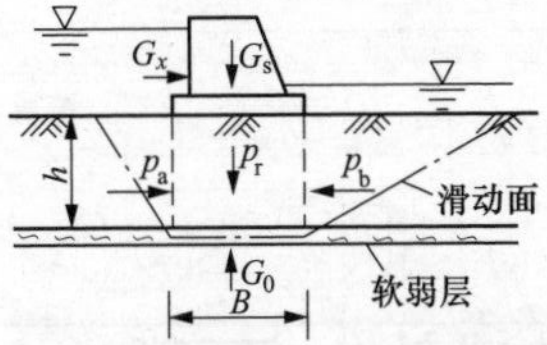 滑动面；软弱层	滑面为折线		$K=\dfrac{(G_s+p_r-G_0)\tan\varphi+Bc+p_b}{G_x+p_a}$
	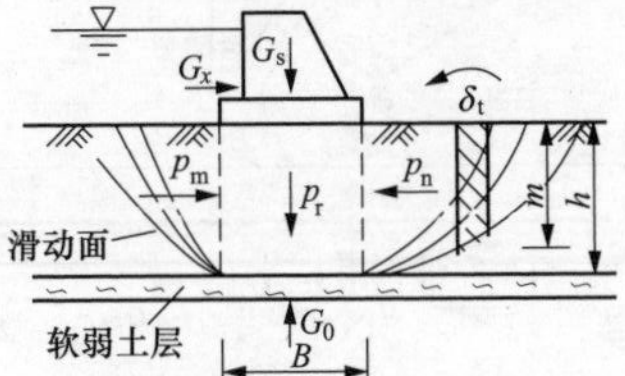 滑动面；软弱土层	改良圆弧法		$K=\dfrac{p_n+(G_s+p_r-G_0)\tan\varphi+Bc}{G_x+p_m}$
	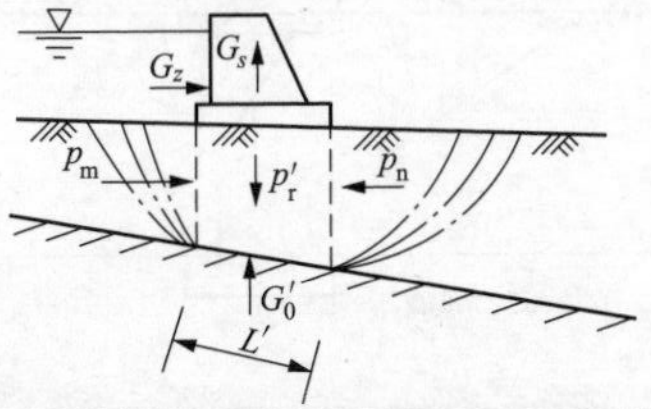	倾斜滑面		$K=\dfrac{p_n+[(G_s+p_r'-G_0')\cos\alpha']\tan\varphi+c_iL'}{G_x+p_m+(G_s+p_r'-G_0')\sin\alpha'}$

注　p_z 为地基垂直压力；p_x 为地基水平力，包括静水压力、动水压力；p_a 为基础上游面主动土压力；p_b 为基础下游面被动土压力；f 为接触面摩擦系数；c 为接触面凝聚力；φ 为接触面内摩擦角；R 为滑弧半径；G_i 为土条自重；$G_i=b_ih_i\nu_i$；b_i 为土条宽度；h_i 为土条高度；ν_i 为土的重力密度；L_i 为土条的滑动弧长；G_z 为建筑物垂直荷载；G_{zi} 为土条有效垂直荷载；G_x 为建筑物水平荷载；a 为垂直合力点到滑弧中心距；b 为水力合力点到滑弧中心距；c_i、φ_i 为土条滑动面上的抗剪指标；α_i 为滑弧土条垂直力与合力之夹角；c_i'、φ_i' 为土条滑面上的有效抗剪指标；u_i 为土条孔隙水压力；p_r 为软弱夹层上承受的土重；$p_r=\gamma_zhB$；h_i 为软弱夹层上土体高度；γ_z 为土体平均重力密度；G_0 为浮托力；p_n 为下游面上的抗滑力；p_m 为上游面上的滑动力；H 为土条滑动弧面上测压管高度。

表 8-6　土基上闸基整体抗滑稳定最小安全系数（一）

工程级别		1	2	3	4、5
基本组合		1.50	1.35	1.30	1.25
特殊组合	Ⅰ	1.30	1.25	1.20	1.15
	Ⅱ	1.20	1.15	1.15	1.10

注　表中安全系数为计条块间作用力的容许值。

表 8-7　土基上闸基整体抗滑稳定最小安全系数（二）

工程级别		1	2	3	4、5
基本组合		1.30	1.25	1.20	1.15
特殊组合	Ⅰ	1.20	1.15	1.10	1.05
	Ⅱ	1.10	1.05	1.05	1.05

注　表中安全系数为不计条块间作用力的瑞典圆弧法计算的容许值。

式中：m 为土条质量；Q、V 分别为水平和垂直地震惯性力（向上为负，向下为正）。u 为作用于土条底面的孔隙压力；α 为条块重力线与通过此条块底面中点的半径之间的夹角；b 为土条宽度；c'、φ'为土条底面的有效应力抗剪强度指标；M_C为水平地震惯性力对圆心的力矩；R 为圆弧半径。

（2）非圆弧滑动。摩根斯顿-普赖斯法

$$\int_a^b p(x)s(x)t(x)\,\mathrm{d}x - M_e = 0 \tag{8-9}$$

$$p(x)=\left(\frac{\mathrm{d}m}{\mathrm{d}x}\pm\frac{\mathrm{d}V}{\mathrm{d}x}+q\right)\sin(\varphi'_e-\alpha)-u\sec\alpha\sin\varphi'_e+c'_e\sec\alpha\cos\varphi'_e-\frac{\mathrm{d}Q}{\mathrm{d}x}\cos(\varphi'_e-\alpha) \tag{8-10}$$

$$s(x)=\sec(\varphi'_e-\alpha+\beta)\exp\left[-\int_a^x\tan(\varphi'_e-\alpha+\beta)\frac{\mathrm{d}\beta}{\mathrm{d}\xi}\mathrm{d}\xi\right] \tag{8-11}$$

$$M_e=\int_a^b\frac{\mathrm{d}Q}{\mathrm{d}x}h_e\,\mathrm{d}x \tag{8-12}$$

$$c'_e=\frac{c'}{K} \tag{8-13}$$

$$\tan\varphi'_e=\frac{\tan\varphi'}{K} \tag{8-14}$$

式中：$\mathrm{d}x$ 为土条宽度；$\mathrm{d}m$ 为土条质量；q 为坡顶外部的垂直荷载；M_e为水平地震惯性力对土条底部中点的力矩；$\mathrm{d}Q$、$\mathrm{d}V$ 分别为土条的水平和垂直地震惯性力；α 为条块底面与水平面的夹角；β 为土条侧面的合力与水平方向的夹角；h_e为水平地震惯性力到土条底面中点的垂直距离。

（3）整体稳定安全系数标准。坝基稳定安全系数的计算应考虑安全系数的多极值特性，滑动破坏面应在不同的土层进行分析比较，求得最小稳定安全系数。采用计及条块间作用力的计算方法时，抗滑稳定的安全系数应不小于表 8-8 规定的数值。

采用不计条块间作用力的瑞典圆弧法计算坝坡抗滑稳定安全系数时，对 1 级坝，正常运用条件最小安全系数应不小于 1.30，其他情况应比表 8-8 规定的数值减小 8%。表 8-9 列出了典型工程地基抗滑稳定评价与应用情况。

表 8-8　　坝坡（基）抗滑稳定最小安全系数

运用条件	工程等级			
	1	2	3	4、5
正常运用条件	1.50	1.35	1.30	1.25
非常运用条件Ⅰ	1.30	1.25	1.20	1.15
非常运用条件Ⅱ	1.20	1.15	1.15	1.10

表 8-9　　典型工程地基抗滑稳定评价与应用情况

工程名称	坝型规模	河谷覆盖层特性	地基抗滑稳定评价	应用情况
瀑布沟	心墙堆石坝（186m）	河谷覆盖层厚度一般为 40～60m，最厚达 77.9m。依工程特征划分为 4 层，主要由漂卵石、卵砾石层夹砂层透镜体组成	河谷覆盖层中漂卵石、卵砾石，其强度较高，内摩擦角大于 32°，局部出露的透镜状砂层，抗剪强度较低，下游侧内摩擦角 24°～26°，对坝体（基）抗滑稳定不利	对砂层透镜体进行挖除，建基于漂卵石、卵砾石上。“5·12”汶川地震后，通过地震动参数复核及大坝抗震计算，通过加长和加宽下游压重体来增加下游坝坡的深层抗滑稳定性，运行监测表明，坝基无滑动迹象，大坝工作状态总体正常
长河坝	心墙堆石坝（240m）	坝区河谷覆盖层厚 60～70m，局部达 79.3m。依工程特征划分为 3 层，主要由漂（块）卵（碎）砾石夹砂层透镜组成	河谷覆盖层地基由粗颗粒构成骨架，总体较密实，其强度较高，内摩擦角 28°～32°，分布中上部的透镜状砂层，抗剪强度较低，内摩擦角 21°～23°，当外围强震波及影响时，砂土强度将进一步降低，从而可能引起地基剪切变形，对抗滑稳定不利	对上部②-c 等砂层透镜体进行挖除后，建基于漂（块）卵（碎）砾石上，运行监测表明，坝基无滑动迹象，大坝工作状态总体正常
猴子岩	面板堆石坝（223.5m）	坝址区河谷覆盖层一般厚 60～70m，最大厚度为 85.5m。自下而上可分为四大层：第①层为含漂（块）卵（碎）砂砾石层，第②层为黏质粉土，第③层为含泥漂（块）卵（碎）砂砾石层，第④层为含孤漂（块）卵（碎）砂砾石层（alQ42）。局部存在砂层透镜体	河谷覆盖层为多层结构，各层次的力学性指标有一定差异。第①、③、④层内摩擦角大于 25°，抗剪强度相对较高；第②层黏质粉土具有厚度大，连续性好的特点，且力学强度低，内摩擦角为 16°～18°，黏聚力为 10～15kPa，以及①层中下部的①-a 砂层，内摩擦角为 18°～20°，具一定厚度、连续性、分布广，对坝坡（基）稳定存在影响	堆石区挖除②层黏质粉土及①-a 砂层，下部含漂（块）卵（碎）砂砾石层予以利用，运行监测表明，坝基无滑动迹象，大坝工作状态总体正常

续表

工程名称	坝型规模	河谷覆盖层特性	地基抗滑稳定评价	应用情况
黄金坪	心墙堆石坝（85.5m）	河谷覆盖层厚56～134m，物质组成以粗颗粒的漂卵砾石为主，分布多个砂层透镜体，多埋藏较浅	坝基覆盖层结构总体较密实，粗颗粒基本构成骨架，其抗剪强度较高，内摩擦角为30°～32°，但河谷覆盖层中③-a、②-a等砂层分布较广，厚度较大，且埋藏较浅，其抗剪强度较低，当外围强震波及影响时，砂土动强度降低而可能引起的地基剪切变形，对坝基抗滑稳定不利	对浅部砂层透镜体予以挖除，对相对较深部位的砂层透镜体进行振冲处理。建基于粗粒土上，工程运行监测表明，坝基无滑动迹象，大坝工作状态总体正常
冶勒	沥青混凝土心墙堆石坝（125.5m）	坝基由第四系中、上更新统的卵砾石层、粉质壤土和块碎石土组成，属冰水—河湖相沉积层，最大厚度大于420m	坝基覆盖层由卵砾石层、粉质壤土及块碎石土等多层结构土体组成，坝基下部的粉质壤土及粉质壤土与下伏卵砾石层或块碎石土夹硬质土层的接触面可视为向上游缓倾的潜在滑移面，河床坝基分布的砂层透镜体，顺河长100m，横河宽20m，埋深浅，含有较高的承压水，大坝挡水后坝基承压水位将进一步升高，对坝基抗滑稳定不利，需采取工程处理措施	在对坝基抗滑稳定验算的同时，针对河床坝基砂层透镜体内含承压水问题，为提高坝基抗渗透稳定性，沿砂层透镜体纵向设置两排减压排水孔，孔径为168mm，孔深为30m，孔间距为24m，排距为20m。工程运行监测表明，坝基无滑动迹象，大坝工作状态总体正常
小天都	混凝土闸坝（39m）	河谷覆盖层最大厚度为96m，首部枢纽区地基土主要由③、⑤层漂（块）卵（碎）石夹砂土（$fglQ_3$）、④层细粒土层（lQ_3）、⑥层漂卵石夹砂土（alQ_4）、⑦层孤块碎石土层和⑧层孤块碎石层组成	对于闸坝而言，其抗滑稳定主要受混凝土与地基接触面抗剪强度，以及坝基下部，特别是软弱土体的抗剪强度控制，该工程建基于漂卵石上，混凝土与地基接触面抗剪强度相对较高	该工程建基于漂卵石上（表部固结灌浆），运行监测表明，闸坝的水平位移主要受温度变化、库水位影响和时效影响所致，最大水平位移量为48.78mm，在设计允许范围内，闸坝运行情况正常

第四节　地基渗漏与渗透稳定

一、地基渗漏评价

（一）坝基渗流计算

1．单层透水坝基

坝基为单层透水层，其厚度等于或小于坝底宽度时，并假设坝体是不透水的，则可

按达西公式，将边界简化求得

$$q = k\frac{H}{2b+T}T \tag{8-15}$$

式中：q 为坝基单宽剖面渗漏量，m^3/（d·m）；k 为透水层渗透系数，m/d；H 为坝上、下游水位差，m；$2b$ 为坝底宽，m；T 为透水层厚度，m。

整个坝基渗漏量为$Q=qB$，其中B为坝轴线方向整个渗漏带宽度，m。此式当$T \leqslant 2b$时较准确，当$T>2b$时则偏小。

2. 双层透水坝基

坝基为两层透水层，上层为黏性土，下层为砂砾石层，上层和下层的厚度分别为T_1和T_2，则按下式计算单宽剖面渗漏量

$$q = \frac{H}{\dfrac{2b}{k_2 T_2} + 2\sqrt{\dfrac{T_1}{k_1 k_2 T_2}}} \tag{8-16}$$

若上层为砂砾石层，下层为黏性土层，因黏性土层渗透性较小，则可按单层透水坝基公式计算，计算时把黏性土层当隔水层处理。

3. 多层透水坝基

当坝基为多层土（水平产状），其渗透系数均不一样，但差值不太大（在 10 倍左右）时，仍可按单层或双层透水坝基公式计算，其中渗透系数可取加权平均值k_{av}，即

$$k_{av} = \frac{k_1 T_1 + k_2 T_2 + k_3 T_3 + \cdots + k_n T_n}{T_1 + T_2 + T_3 + \cdots + T_n} \tag{8-17}$$

（二）绕坝渗流计算

首先在坝基土体内绘制流线，对于均质的土体可按圆滑线处理，然后在流线方向上取单位宽度，计算每个单宽剖面渗漏量q，最后将它们加起来，即得整个坝肩的渗漏量。

单宽剖面渗漏量可按达西公式求得

$$q = k\frac{H}{L}\frac{h_1+h_2}{2} \tag{8-18}$$

式中：H 为坝上、下游水位差，m；L 为剖面长度，即渗径长度，m；h_1、h_2 为剖面上、下游透水层厚度，m。

显然，每个剖面的渗漏量有差别，离坝肩越远，剖面越长，即渗径越长，则渗漏量会越小，到一定距离后的剖面渗漏量就可以忽略不计了，这就是坝肩岩土体的渗漏范围，将此范围内的所有剖面的渗漏量加起来，则为此坝的绕坝渗漏总量。

坝基渗透流量控制标准，应根据渗透稳定计算要求、地基处理工程量、地基渗透流量对发电的影响等方面进行工程特性、技术经济比选确定。四川境内的一些已建工程，如太平驿、福堂、姜射坝、冷竹关、桑坪、小沟头等闸坝工程，基础渗透流量一般按小于枯水期平均流量的1%控制。在完建工程中，部分工程渗漏量相对较大，个别工程已

达600～800L/s，大坝仍在安全运行。

二、地基渗透稳定评价

（一）渗透变形类型

渗透变形类型主要为管涌、流土、接触冲刷和接触流失。

1. 管涌

管涌是指土体内的细颗粒或可溶成分由于渗流作用而在粗颗粒孔隙通道内移动或被带走的现象，一般又称为潜蚀作用，可分为机械潜蚀和化学潜蚀。管涌可以发生在坝闸下游渗流溢出处，也可以在砂砾石地基中。此外，穴居动物（如各种田鼠、蚯蚓、蚂蚁等）有时也会破坏土体结构，若在堤内外构成通道，也可形成管涌，称为“生物潜蚀”。

2. 流土

流土是指在上升的渗流作用下，局部黏性土和其他细粒土体表面隆起、顶穿或不均匀的砂土层中所有颗粒群同时浮动而流失的现象，一般发生于以黏性土为主的地带。坝基若为河流沉积的二元结构土层组成，特别是上层为黏性土，下层为砂性土地带，下层渗透水流的动水压力如超过上覆黏性土体的自重，就可能产生流土现象。这种渗透变形常会导致下游坝脚处渗透水流出溢地带出现成片的土体破坏、冒水或翻砂现象。

3. 接触冲刷

接触冲刷是指渗透水流沿着两种渗透系数不同的土层接触面或建筑物与地基的接触流动时，沿接触面带走细颗粒的现象。

4. 接触流失

接触流失是指渗透水流垂直于渗透系数相差悬殊的土层流动时，将渗透系数小的土层中细颗粒带进渗透系数大的粗颗粒土孔隙的现象。

（二）渗透变形类型的判别

《水力发电工程地质勘察规范》（GB 50287—2016）规定，无黏性土渗透变形形式的判别应符合下列要求：

（1）对于不均匀系数小于或等于5的土，其渗透变形为流土。

（2）不均匀系数大于5的土，可采用下列方法判别：

1）流土型：$P_C \geqslant 35\%$；P_C为土的细粒颗粒含量，以质量百分率计（%）。

2）过渡型：$25\% \leqslant P_C \leqslant 35\%$。

3）管涌型：$P_C < 25\%$。

4）土的细粒含量可按下列方法确定：级配不连续的土，级配曲线中至少有一个以上的粒径级的颗粒含量小于或等于3%的平缓段，粗细粒的区分粒径d_f以平缓段粒径级的最大和最小粒径的平均粒径区分，或以最小粒径为区分粒径，相应于此粒径的含量为细粒含量。对于天然无黏性土，不连续部分的平均粒径多为2mm。级配连续的土，区分粗粒和细粒粒径的界限粒径d_f按下式计算

$$d_f=\sqrt{d_{70}d_{10}} \tag{8-19}$$

式中：d_f为粗细粒的区分粒径，mm；d_{70}为占总土重70%的颗粒粒径，mm；d_{10}为占总土重10%的颗粒粒径，mm。

5）土的不均匀系数可采用下式计算

$$C_u=\frac{d_{60}}{d_{10}} \tag{8-20}$$

式中：C_u为土的不均匀系数；d_{60}占总土重60%的土粒粒径，mm；d_{10}占总土重10%的土粒粒径，mm。

（3）接触冲刷宜采用下列方法判别：对双层结构的地基，当两层土的不均匀系数均等于或小于10，且符合下式规定的条件时，不会发生接触冲刷

$$\frac{D_{20}}{d_{20}}\leqslant 8 \tag{8-21}$$

式中：D_{20}、d_{20}分别代表较粗和较细一层土的土粒粒径，mm，小于该粒径的土重占总土重的20%。

（4）接触流失宜采用下列方法判别：对于渗流向上的情况，符合下列条件将不会发生接触流失：

1）不均匀系数等于或小于5的土层

$$\frac{D_{15}}{d_{85}}\leqslant 5 \tag{8-22}$$

2）不均匀系数等于或小于10的土层

$$\frac{D_{20}}{d_{70}}\leqslant 7 \tag{8-23}$$

土的渗透变形判别除应符合有关规范规定外，还可参照下列方法判别土的渗透变形类型。由多种粒径组成的天然土的渗透变形类型，可根据土颗粒级配的累积曲线和分布曲线判别：

（1）颗粒级配均匀，累积曲线为近似直线形，分布曲线呈单峰形的土，渗透变形类型多为流土型。

（2）颗粒级配很不均匀，特别是缺乏中间粒径，累积曲线呈瀑布形，分布曲线呈双峰形或多峰形的土，渗透变形类型多为管涌型。

（3）颗粒级配介于上述两者之间，累积曲线呈阶梯形的土，渗透变形类型多为过渡型，或为流土型或为管涌型。

（三）渗流控制

水工建筑物由于建坝后库水位抬高，坝前、后附近水力比降较大，当水力比降大于

土体的允许水力比降时，工程存在渗透变形及破坏的可能，需采取必要的防治处理措施，工程实践中，坝基部位主要的防治措施有垂直截渗、水平铺盖、排水减压和反滤盖重等。

1. 垂直截流

垂直截流常用的方法有黏土截水槽、灌浆帷幕和混凝土防渗墙等。

（1）黏土截水槽常用于透水性很强，抗管涌能力差、隔水层埋藏较浅的砂卵石坝基，其结构视土石坝的结构而定。截水槽一定要作用到下伏的隔水层中，形成一个封闭系统，必须注意隔水层的完整性和渗透性。

（2）灌浆帷幕适用于大多数松散土体坝基。砂卵石坝基采用水泥和黏土混合浆灌注，其中细砂层必须采用化学浆液（如丙凝）灌注。由于灌浆压力较大，故这种方法最好是在冲积层较厚的情况下使用。

（3）混凝土防渗墙适用于砂卵石坝基，其常用的施工方法是槽孔法。

2. 水平铺盖

当透水层很厚，垂直截流措施难以奏效时，常采用此措施。其方法是在坝上游设置黏性土铺盖，其渗透系数比透水地基小 2～3 个量级，并与坝体的防渗斜墙搭接。这种措施只是加长渗径而减小水力比降，并不能完全截断渗流。当坝前河床中表层有分布稳定且厚度较大的黏性土覆盖时，则可利用它作天然的防渗铺盖，施工时禁止破坏该覆盖层。

3. 排水减压

排水减压常用的方法有排水沟和减压井，应根据地层结构选择不同的型式。如果坝基为单一透水结构或透水层上覆黏性土较薄的双层结构，可以在下游坝脚附近开挖排水沟，使之与透水层连通，以有效地降低浸润曲线和水头。如果双层结构的上层黏性土厚度较大，则应采用排水沟和减压井相结合的方法。减压井的位置在不影响坝坡稳定性的条件下，应尽量靠近坝基脚，并且要平行坝轴线方向布置。

4. 反滤盖重

反滤层是保护渗流出口的有效措施，它既可以保证排水通畅，降低溢出水力比降，又起到盖重的作用。专门的盖重措施，是在坝后用土和碎石填压，增加荷载，以防止被保护层浮动。

在工程实际应用中，既有采取单一的工程处理措施，也有针对上述措施的联合应用，特别是在采用水平防渗时，结合垂直防渗进行处理的情形也较为常见。

根据工程经验，在双（多）层地下水的复杂水文地质结构的坝基，经详细的勘察设计研究，采用了相对弱透水层作为防渗依托的悬挂式防渗墙，已在太平驿、小天都、冷竹关、小关子等闸坝工程成功应用。

表 8-10 列出了典型工程地基渗漏及渗透稳定评价与应用情况。

表 8-10　典型工程地基渗漏及渗透稳定评价与应用情况

工程名称	坝型规模	河谷覆盖层特性	地基渗漏及渗透稳定评价	工程应用情况
瀑布沟	心墙堆石坝（186m）	河谷覆盖层厚度一般为40～60m，最大厚度达77.9m。依工程特征划分为4层，主要由漂卵石、卵砾石层夹砂层透镜体组成	该工程各层渗透系数差异不大，大量抽水试验表明，k值一般在$2.3\times10^{-2}\sim1.04\times10^{-1}$cm/s范围内，架空层$k$值为$1.16\times10^{-1}\sim5.8\times10^{-1}$cm/s，均属强透水层。抗渗透破坏能力低，破坏类型为管涌，临界比降$i_k=0.10\sim0.22$，最大为0.65	采用两道平行的混凝土防渗墙，全断面封闭坝基覆盖层渗漏通道，防渗墙底部嵌入基岩1.5m，在遇断层破碎带部位嵌入基岩5m，并在下游覆盖层与堆石间设置了水平反滤层
长河坝	心墙堆石坝（240m）	坝区河谷覆盖层厚60～70m，局部达79.3m。依工程特征划分为3层，主要由漂（块）卵（碎）砾石夹砂层透镜组成	坝基河谷覆盖层深厚，具粒径悬殊、结构复杂不均、局部架空、分布范围及厚度变化大等急流堆积特点。河谷覆盖层透水性强，抗渗稳定性差，存在渗漏和渗透变形稳定问题，易发生集中渗流、管涌破坏等问题。因砂层透镜体与其余河谷覆盖层的渗透性差异，有产生接触冲刷的可能	采用两道全封闭混凝土防渗墙，墙底嵌入基岩内不小于1.0m。同时在坝轴线下游坝壳与覆盖层建基面之间设置一层水平反滤层。蓄水后大坝及厂房总渗漏量为30.90L/s，总渗漏量远远小于大坝设计渗漏量（约150L/s）
冶勒	沥青混凝土心墙堆石坝（125.5m）	坝基由第四系中、上更新统的卵砾石层、粉质壤土和块碎石土组成，属冰水—河湖相沉积层，最大厚度大于420m	河床及右岸坝基分布的泥钙质胶结卵砾石层、超固结粉质壤土层和块碎石土层，天然状态下具有较高的抗渗强度，坝基主要渗漏途径有两个：①通过坝基下部第一岩组向下游渗漏；②沿河床坝基和右岸坝肩分布的第三、四岩组卵砾石层向下游渗漏	利用下伏第二岩组作为坝基相对隔水层的悬挂式防渗处理方案。右岸部位采用“140m深防渗墙＋70m深帷幕灌浆”的防渗处理方式，运行监测表明，坝基最大渗漏量为$0.35m^3/s$，为多年平均流量（$14.5m^3/s$）的2.41%、设计控制渗漏量（$0.5m^3/s$）的70%
小天都	混凝土闸坝（39m）	河谷覆盖层最大厚度96m，首部枢纽区地基土主要由③、⑤层漂（块）卵（碎）石夹砂土（$fglQ_3$）、④层细粒土层（lQ_3）、⑥层漂卵石夹砂土（alQ_4）、⑦层孤块碎石土层和⑧层孤块碎石层组成	闸基持力层为⑥层漂卵石夹砂透水性强，抗渗性能较差，渗透变形型式以管涌型破坏为主；③、⑤层为漂（块）卵（碎）石夹砂土，具中等～强透水性，其渗透变形型式主要为管涌型破坏；④层湖相堆积的微弱～中等透水性，该两层渗透变形型式均为流土型破坏。坝基为多层结构，在其接触面处有产生接触冲刷破坏的可能	采用以垂直悬挂式混凝土防渗墙为主、水平铺盖为辅，混凝土防渗墙最大高度为63.5m，墙厚100cm，基底深入③层冰水堆积的漂（块）卵（碎）石夹砂土中。监测数据表明，防渗墙后比防渗墙前的最高水位低19.65～23.49m水头，测压管监测扬压力小于设计控制标准

续表

工程名称	坝型规模	河谷覆盖层特性	地基渗漏及渗透稳定评价	工程应用情况
太平驿	混凝土闸坝（29.10m）	闸基深厚覆盖层厚86m，由五大层组成，深部Ⅰ、Ⅱ层漂卵石夹块碎石层、块碎石层总厚小于60m，上部Ⅲ、Ⅳ层块碎石土、砂层及漂卵石夹砂互层，土体结构相对较密实	闸基为双层地基，深部Ⅰ、Ⅱ层为强透水地基，上部Ⅲ、Ⅳ层为弱透水地基，具有较强抗渗性，是闸基防渗可利用的一层，闸基渗漏主要表现为沿Ⅰ、Ⅱ层的渗漏和沿基础面挠动土的渗漏	闸前布置长75.0～122.83m水平铺盖，与悬挂式防渗墙相连接。形成闸前全封闭式混凝土水平防渗系统，并联合设置了垂直防渗帷幕，主要灌浆地层为Ⅲ、Ⅳ层，以切断Ⅲ层上部可能存在的透水夹层或局部架空，同时防止沿基础接触面发生冲刷破坏。监测表明，护坦下测压管水位与闸下游河水位齐平，达到设计预期目的

第五节　地基砂土液化

砂土液化判定工作可分初判和复判两个阶段。

一、砂土液化初判

初判主要应用已有的勘察资料或较简单的测试手段对土层进行初步鉴别，以排除不会发生液化的土层。

《水力发电工程地质勘察规范》（GB 50287—2016）要求采用年代法、粒径法、地下水位法和剪切波速法进行初判。

1. 年代法

地层年代为第四纪晚更新世 Q_3 或以前，设计地震烈度小于9度时可判为不液化。

2. 粒径法

土的粒径大于5mm颗粒含量的质量百分率大于或等于70%时，可判为不液化。对粒径小于5mm颗粒含量的质量百分率大于30%的土，其中粒径小于0.005mm的颗粒含量的质量百分率相应于地震动峰值加速度为0.10g、0.15g、0.20g、0.30g和0.40g分别不小于16%、18%、19%、20%时，可判为不液化。

3. 地下水位法

工程正常运用后，地下水位以上的非饱和土，可判为不液化。

4. 剪切波速法

当土层的剪切波速大于下式计算的上限剪切波速时，可判为不液化，即

$$v_{st}=291(K_H Z\gamma_d)^{1/2} \tag{8-24}$$

式中：v_{st}为上限剪切波速度，m/s；K_H为地面最大水平地震加速度系数，为水平地震动峰值加速度与重力加速g之比；Z为土层深度，m；γ_d为深度折减系数，可按下列公式计算

$Z=0\sim10$m 时　　$\gamma_d=1.0-0.01Z$　　(8-25)

$Z=10\sim20$m 时　　$\gamma_d=1.1-0.02Z$

$Z=20\sim30$m 时　　$\gamma_d=0.9-0.01Z$

二、砂土液化复判

对于初判为可能液化的土层，应进一步进行复判。对于重要工程，还要做更深入的专门研究。砂土液化复判的方法较多。《水力发电工程地质勘察规范》（GB 50287—2016）列出了四种方法，即标准贯入锤击数法、相对密度法、相对含水量法、液性指数法。《水电水利工程坝址区工程地质勘察技术规程》（DL/T 5414—2009）收录了剪应力对比法、动剪应变幅法、静力触探贯入阻力法等复判方法。

1. 标准贯入锤击数法

（1）符合下式要求的土应判为液化土

$$N_{63.5}<N_{cr} \tag{8-26}$$

式中：$N_{63.5}$为标准贯入试验贯入点的标准贯入锤击数；N_{cr}为液化判别标准贯入锤击数临界值。

（2）在地面以下 20m 深度范围内，液化判别标准贯入锤击数临界值应根据下式计算

$$N_{cr}=N_0[0.9+0.1(d_s-d_w)]\sqrt{\frac{3\%}{\rho_c}} \tag{8-27}$$

式中：N_{cr}为液化判别标准贯入锤击数基准值，在设计地震动加速度为$0.10g$、$0.15g$、$0.20g$、$0.30g$和$0.40g$时分别取 7、10、12、16、19；ρ_c为土的黏粒含量质量百分率,%，当其小于 3 或为砂土时，应采用 3。当标准贯入点的深度在地面以下 5m 以内时，应采用 5m 计算N_{cr}。

（3）水电工程常需要预先对工程运行时的坝基（地基）进行液化判别，若工程正常运行时标准贯入试验贯入点深度和地下水位深度与进行标准试验时的贯入点深度和地下水位深度不同，则进行液化判别需按下式对实测标准贯入锤击数$N'_{63.5}$进行校正，并按校正后的标准贯入锤击数$N_{63.5}$作为复判依据

$$N_{63.5}=N'_{63.5}(\sigma_v/\sigma'_v)^{0.5} \tag{8-28}$$

式中：$N'_{63.5}$为实测标准贯入锤击数；σ_v为工程正常运用时，标准贯入点有效上覆垂直应力，kPa；σ'_v为进行标准贯入试验时标准贯入点有效上覆垂直应力，kPa。该式适用于标准贯入点在地面以下 20m 以内的深度。

σ_v及σ'_v取值均不应小于 35kPa，且不大于 300kPa。

2. 相对密度法

相对密度是无黏性土最松状态孔隙比与天然状态孔隙比之差和最松状态孔隙比与最紧密状态孔隙比之差的比值。当饱和无黏性土（包括砂和粒径大于2mm的砂砾）的相对密度不大于表8-11中的液化临界相对密度时，可判为可能液化土。

表8-11　饱和无黏性土的液化临界相对密度　%

设计地震动峰值加速度	0.05g	0.10g	0.20g	0.40g
液化临界相对密度 $D_{r,cr}$	65	70	75	85

3. 相对含水量法

当饱和少黏性土的相对含水量大于或等于0.9时，可判为可能液化土。

4. 液性指数法

液性指数大于或等于0.75时，可判为可能液化土。

5. 剪应力对比法（H·B·Secd总应力法）

根据水平地面下任一深度饱和无黏性土，由地震所引起的周期剪应力 τ_c，与实验室内用同一深度的土样在其原位限制压力作用下测得的初始液化所需的抗液化剪应力 τ_s 相对比，判别其液化的可能性，可按下式判别

$$\tau_s > \tau_c，不易液化 \tag{8-29}$$

$$\tau_s \leqslant \tau_c，可能或易液化 \tag{8-30}$$

式中：τ_c 及 τ_s 的确定方法见前述。

6. 动剪应变幅法

根据钻孔跨孔法试验测定的横波（剪切波）速度 v_s，估算距地面以下某深度饱和无黏性土动剪应变幅 γ_e，判别其地震液化的可能性。地面以下某深度饱和无黏性土动剪应力变幅 γ_e 估算方法见前述。地震液化可能性可按下式判别

$$\gamma_e(\%) < 10^{-2}\%，不易液化 \tag{8-31}$$

$$\gamma_e(\%) \geqslant 10^{-2}\%，可能或易液化 \tag{8-32}$$

7. 静力触探贯入阻力法

根据静力触探试验对饱和无黏性土或少黏性土实测计算比贯入阻力 p_s 与临界静力触探液化比贯入阻力 p_{scr} 相对比，判别其地震液化的可能性。

地面下15m深度范围内的饱和无黏性土或少黏性土临界静力触探液化比贯入阻力 p_{scr} 可按下式估算

$$p_{scr} = p_{so}\alpha_p[1-0.065(d_w-2)][1-0.05(d_0-2)] \tag{8-33}$$

式中：p_{scr} 为临界静力触探液化比贯入阻力，MPa；p_{so} 为当 $d_w=2$m、$d_0=2$m时，饱和无黏性土或少黏性土临界贯入阻力，MPa，可按地震设防烈度7、8度和9度分别选取5.0～6.0、11.5～13.0MPa和18.0～20.0MPa；α_p 为土性综合影响系数，可按表8-12选值；d_w 为地下水位埋深（若地面淹没于水面以下，d_w 取0），m；d_0 为上覆非液化土层厚度，m。

表 8-12　　土性综合影响系数 α_p 值

土　性	无黏性土	少黏性土	
塑性指数 I_p	$I_p \leqslant 3$	$3 < I_p \leqslant 7$	$7 < I_p \leqslant 10$
α_p	1.0	0.6	0.45

地震液化可能性可按下式判别

$$p_s > p_{scr}\text{，不易液化} \tag{8-34}$$

$$p_s \leqslant p_{scr}\text{，可能或易液化} \tag{8-35}$$

除上述方法外，在工程实践中，特别是对深埋土体，还可采用振动台试验、动态离心模型试验等开展砂土液化的判别研究工作。振动台试验可以得到土体在不同应力状态、不同密实度和不同振动荷载下的动力响应特征和动孔压累积消散规律，揭示应力状态和密实度对土体动孔压的影响。动态离心模型试验技术是近年来迅速发展起来的一项高新技术，被国内外公认为研究岩土工程地震问题最为有效和先进的研究方法，目前这项试验技术已在岩土工程地震问题的研究中得到较好应用。通过对不同应力状态下覆盖层材料进行的离心振动台试验，可以研究不同埋深土体的动力响应特性和超孔压积累消散规律，进而分析深厚覆盖层地震液化特性。

三、液化指数和液化等级判别划分

（1）凡判别为可液化土层，应进一步探明各液化土层的深度和厚度，根据标准贯入锤击数的实测值和临界值，可按下式计算液化指数

$$I_{LE} = \sum_{i=1}^{n}\left(1 - \frac{N_i}{N_{cri}}\right) d_i W_i \tag{8-36}$$

式中：I_{LE}为液化指数；n 为 15m 深度范围内每个钻孔标准贯入试验点的总数；N_i、N_{cri}分别为第 i 点标准贯入锤击数的实测值和临界值，当实测值大于临界值时应取临界值的数值；d_i为第 i 点所代表的土层厚度，m，可采用与该标准贯入试验点相邻的上、下两标准贯入试验点深度差的一半，但上界不小于地下水位深度，下界不大于液化深度；W_i为第 i 土层考虑单位土层厚度的层位影响权函数值，m^{-1}，当该层中点深度不大于 5m 时应采用 10，等于 15m 时应采用 0，5～15m 时应按线性内插法取值。

（2）可液化土层应根据其液化指数按表 8-13 划分液化等级。

表 8-13　　液化等级划分

液化指数 I_{LE}	$0 < I_{LE} \leqslant 5$	$5 < I_{LE} \leqslant 15$	$I_{LE} > 15$
液化等级	轻微	中等	严重

四、典型工程案例

硬梁包水电站位于四川省甘孜藏族自治州泸定县境内，工程闸（坝）址地震安全性评价成果 50 年超越概率 10％的基岩水平地震动峰值加速度为 260gal，相应的地震基本烈度为Ⅷ度。

硬梁包水电站坝基覆盖层深厚，工程地质条件相对复杂。闸（坝）址地层自下而上分为五层：其中主要连续分布两层砂，即上部④层和下部②层。④层堰塞堆积（lQ_4^1），以粉质黏土及粉土、黏土为主，夹相对较小的细砂、中细砂透镜体，主要分布于该层顶部或底部。该层分布于河床中上部，分布连续。勘探揭示该层底板埋深最大 19.00m，最小 3.10m；厚度一般为 10～15m，最大厚度为 20.45m。②层堰塞堆积（lQ_3^3），分布于河床中下部，在整个河床总体呈连续分布，仅在左、右两岸靠近边坡处有局部尖灭、缺失。该层土顶板埋深一般为 40～45m，厚度一般为 15～25m，钻探揭示最大厚度为 31.05m，最小厚度为 5.30m。该层以细砂、中细砂层为主，其次为粉土、粉质黏土层。

（一）规范方法判别分析

为了研究两层细粒土的液化可能性，首先，通过年代、黏粒含量、剪切波速法初判，结果表明，两层细粒土均为可能液化土层。为此，进行下一步的复判。

由于闸（坝）址区地震地质条件复杂，地震动参数高，对砂层抗液化不利，本区砂层埋藏条件、颗粒组成特征均较复杂，现行规范规定的地震烈度最高为 9 度（0.4g），与工程区设防动参数达 573gal（0.58g）存在较大差异，且②层埋深远大于 20m，因此液化问题应综合判断。②、④层砂土液化复判结果见表 8-14。

表 8-14　硬梁包水电站坝基②、④层液化复判结果

判断方法	动峰值加速度 0.20g 、0.30g		动峰值加速度 0.40g			动峰值加速度 0.573g	
	④层	②层	④层	②-1 层	②-2 层	④层	②层
标准贯入锤击数法	不易液化	不易液化	不易液化	不易液化	可能液化	可能液化	可能液化
相对密度法	局部液化	局部液化	局部液化	—	可能液化	可能液化	可能液化
相对含水量和液性指数法	可能液化	可能液化	可能液化	可能液化	可能液化	可能液化	可能液化
西特简化法	可能液化	可能液化	可能液化	可能液化	可能液化	可能液化	可能液化

由表 8-14 可知，几种方法复判结果存在不一致性，针对②、④层液化复判，在 8 度（0.2g、0.3g）条件下，标准贯入锤击数法复判多属不易液化土，相对密度法复判局部液化；在 9 度（0.4g）条件下，标准贯入锤击数法复判仅②-2 层有液化可能，相对密度法复判④层局部液化，②-2 层有液化可能；在设防动参数 573gal 条件下，标准贯入锤击数法和相对密度法复判两层均有液化可能。而采用相对含水量法、液性指数法和西特简化法复判，在 8、9 度及设防动参数 573gal 条件下，②、④层均为可能液化土。根据砂层埋深、地震历史、砂层上下界排水条件及液化发生实例等情况，综合初判和复判结果，考虑判别标准适用条件及指标取得的试验差异，综合分析认为，闸（坝）址区②层在 8 度条件下液化可能性小，在 9 度及设防动参数 573gal 条件下，②层存在局部液化可能；④层因埋藏浅，在 8、9 度及设防动加速度 573gal 条件下均存在液化的可能性。

（二）数值计算判别分析

目前，深层砂土的液化和判别问题仍存很大的争论。现有的相关国家和行业规范都没有提供深层砂土（埋深 30m 以上）液化的判别方法。尽管国内外在细粒含量对土体抗液化强度影响方面进行了大量的试验研究，已形成一些共识；但这些成果大多基于室内动三轴试验结果而得到，仍缺乏大尺度场地土层的试验结果。考虑硬梁包水电工程的重要性及深厚砂层的上述特点，开展高烈度区深厚砂土地震液化分析和相关研究具有重要意义。

该项目深埋砂土液化的深入研究工作，从单元、土体、地基多尺度角度进行研究。首先通过室内静动力三轴试验，研究单元土体的静动力特性。其次通过大型振动台模型试验，研究具有一定尺寸的土体的动力特性。最后通过离心模型试验，模拟具有一定厚度地基的动力特性。在试验的基础上，引入砂土状态相关本构模型，基于 ABAQUS 有限元平台，开发出砂土动力分析数值软件，通过数值分析进一步揭示深厚覆盖层砂土地基的液化特性。

根据工程区内典型断面建立的三维有限元计算模型，沿坝轴线方向取 60m，深度方向取到基岩（埋深 120m），长度方向以坝轴线为中心向上下游延伸 800m 作为上下游截断边界。模型共 1500 个单元，2016 个节点。在坝轴线位置取闸室顺水流方向长度 65m，作为闸坝荷载加荷面，根据工程设计成果，闸基底竖向压力约为 230kPa。模拟时，在相应位置施加竖向荷载模拟结构重量。模型上下游截断边界和坝轴线截断边界施加法向约束，底部作为地震加速度输入边界。数值计算结果见表 8-15。

表 8-15　砂土液化数值计算结果

土层埋深（m）	闸轴线断面平均应力（kPa）	上游侧断面平均应力（kPa）	动峰值加速度为 0.379*g*				动峰值加速度为 0.470*g*			
			闸轴线		上游侧		闸轴线		上游侧	
			动孔压（kPa）	超孔压比	动孔压（kPa）	超孔压比	动孔压（kPa）	超孔压比	动孔压（kPa）	超孔压比
46	309.3	220.8	100	0.32	129	0.58	152	0.49	172	0.78
52	324.8	249.6	110	0.34	132	0.53	165	0.51	181	0.73

注　埋深 46m 和 52m 为土层②。超孔压比为动孔压与平均应力之比。

根据计算结果，在有上覆结构荷载下，覆盖层不同埋深处超孔压比均比较低，不会出现地震液化；对于无上覆结构荷载的上游侧断面，在 0.379*g* 和 0.470*g* 加速度作用下，土层④的超孔压比均大于 1，以此判断该层土将出现地震液化现象；土层②在 0.379*g* 地震作用下，上游侧断面的超孔压比最大为 0.58，而在 0.470*g* 地震作用下，该断面的超孔压比达到了 0.78，虽未达到 1，但根据其增长趋势判断，若加速度达到 0.573*g*，该土层将局部出现地震液化。对比规范法评判结果，数值计算结果与规范法判断基本一致。表 8-16 列出了典型工程土体液化评价与应用情况。

表 8-16　　　　典型工程土体液化评价与应用情况

工程名称	坝型规模	河谷覆盖层特性	地基液化稳定评价	处理应用情况
瀑布沟	心墙堆石坝（186m）	河谷覆盖层最大厚度达77.9m。以漂卵石夹砂层透镜体组成，所夹砂层透镜体，多顺河分布于近岸部位，厚度一般小于2m，最大厚度可达13m左右。其中第③层底部分布的透镜体，以它们与坝轴线的相对位置，分别称上游和下游砂层透镜体	开展了物性、标准贯入、跨孔波速等一系列测试，根据不同技术路线进行的三维动力分析结果表明：上、下砂层透镜体遭遇地震时，在不考虑下游坝脚压重的条件下，所产生的孔隙水压力和动剪应力是较小的，不会引起液化	对表层靠岸断续分布透镜状砂层及施工所揭示出的砂层透镜体进行了开挖和开挖置换。为防止下部砂层液化对大坝稳定的不利影响，在下游设置了坝脚压重区。历经“5·12”汶川地震后，无液化现象发生
长河坝	心墙堆石坝（240m）	坝区河谷覆盖层厚度为60～70m，局部达79.3m。主要由漂（块）卵（碎）砾石夹砂层透镜组成，其中②-c砂层厚度为0.75～12.5m，顶板埋深为3.30～25.7m，为含泥（砾）中～粉细砂	前期采用年代法、粒径法、地下水位法、剪切波速法等进行了初判，采用标准贯入锤击数法、相对密度法、相对含水量法等复判，并进行了振动液化试验，施工详图阶段对②-c砂层采用标准贯入锤击数法复判，判定②-c砂层在7、8、9度地震烈度下为可能液化砂	挖除处理
猴子岩	面板堆石坝（223.5m）	在河谷覆盖层第①层中下部夹卵砾石中粗砂层（①-a层）透镜体，该层最大厚度为20.45m，顶板埋深为39.7～64.55m，坝基第②层黏质粉土厚度一般为10～20m，顶面埋深一般为13.15～37.85m，为饱水的黏质粉土	①-a层经地层年代法、颗粒组成初判为不液化土体。坝基第②层黏质粉土初判为可能液化土体，通过动三轴振动液化试验、标准贯入试验、跨孔剪切波测试、相对含水量法等综合复判为可能液化土	对可能液化土体进行挖除
黄金坪	心墙堆石坝（85.5m）	坝基河谷覆盖层中分布较广的有③-a、②-a砂层，局部③-b、②-b、②-c、②-d砂层	根据形成年代、颗粒组成初判均为可能液化土，采用标准贯入试验、相对密度法、相对含水量法、液性指数法复判，均属可液化的砂层	采用表部挖除，下部进行振冲碎石桩处理
小天都	混凝土闸坝（39m）	第④层细粒土层埋深在35.2m以下，主要有3种类型的土，即粉土质砂、含细砂粉土和粉土。表部第⑥层全新统冲积堆积漂卵石夹砂中，含卵砾石中粗砂、中细砂层透镜体分布于河床左侧，埋深为14.91～19.96、22.00～23.01、31.35～32.74m	初判均为可能液化砂土，对第④层细粒土采用相对密度法、相对含水量法、液性指数法及振动液化试验进行复判，为不液化土，表部⑥层砂层透镜体为可能液化土体	对表部⑥层砂层透镜体先固灌后置换灌浆，实施后通过检查孔的N120超重型动力触探试验进行检测，测得灌后承载力多为0.7MPa

第六节 地基软土震陷

软土为天然孔隙比大于或等于 1.0，且天然含水量大于液限的细粒土。影响软土震陷的因素包括动应力幅值、振动次数、固结压力及土的类型，在地基内分布有多层软土时，对震害的影响主要取决于接近地表、厚度大的土的性质，也即取决于第一层软土的性质。一般而言，软土层的厚度越大，越接近地表，震害往往越重。因为接近地表的软土往往沉积年代较新，多呈欠固结状态，孔隙比大，含水量高，具高压缩性、低强度的特点。

一、软土震陷的判别

（一）唐山大地震经验

当地基承载力特征值或剪切波速大于表 8-17 所列数值时，可不考虑震陷影响。

表 8-17　　临界承载力特征值和等效剪切波速

抗震设防烈度	7 度	8 度	9 度
承载力特征值 f_a（kPa）	>80	>100	>120
等效剪切波速 v（m/s）	>90	>140	>200

（二）现有规范要求

（1）《岩土工程勘察规范》（GB 50021—2009）规定。抗震设防烈度等于或大于 7 度的厚层软土分布区，宜判别软土震陷的可能性和估算震陷量。

（2）《构筑物抗震设计规范》（GB 50191—2012）规定。地基中软弱黏性土层的震陷可采用下列方法判别：

1）饱和粉质黏土震陷的危害性和抗震陷措施应根据沉降和横向变形大小等因素综合研究确定。

2）8 度（0.30g）和 9 度，当塑性指数小于 15，且符合下式规定的饱和粉质黏土时，可判为震陷性土

$$w_S \geqslant 0.9 w_L \tag{8-37}$$

$$I_L \geqslant 0.75 \tag{8-38}$$

式中：w_S为天然含水量；w_L为液限含水量；I_L 为液性指数。

3）8 度和 9 度，当地基范围内存在淤泥、淤泥质土等软黏性土，且地基静承载力特征值 8 度小于 100kPa、9 度小于 120kPa 时，除丁类构筑物或基础底面以下非软弱黏性土层厚度符合表 8-18 规定的构筑物外，均应采取消除地基震陷影响的措施。

表 8-18　　基础底面以下非软弱黏性土层厚度

烈　度	土层厚度（m）
8	≥b，且≥5
9	≥1.5b，且≥8

注　b 为基础底面宽度。

二、软土震陷量的估算

软土震陷量的估算方法采用分层总和法。

当软土判定有震陷可能性时，宜进行震陷量估算，可按下式进行

$$S_E = \sum_{i=1}^{n} \varepsilon_{PNi} h_i \tag{8-39}$$

式中：S_E为震陷量；ε_{PNi}为原状土的震陷系数，即固结压力为σ_v、动应力为$\sigma_d/2$时，作用N次后的竖向应变值，动三轴试验时，采用的应力按以下公式计算

$$\sigma_d/2 = T_d = 0.65 k_d \sigma_v \sigma_{max}/g \tag{8-40}$$

式中：σ_{max}为地面最大加速度；g为重力加速度；k_d为折减系数，可取$1h$～$0.015h$，h为土层埋深；σ_v为静固结系数，可取该土层范围内自重压力与建筑附应力之和的平均值，由ε_{PNn}曲线上取得；N为与设防烈度相应的等价振动次数，对7度区取10。h_i为第i层震陷性土的厚度；n为震陷性土层数。

三、软土的抗震措施

基本消除地基震陷的措施，可采用桩基础、深基础、加密或换土法等。部分消除地基震陷的措施可采用加密或部分换土法等。

第七节　基坑及抗冲稳定

一、深基坑边坡稳定

由于河谷深厚覆盖层的存在及其所具有的复杂的工程地质特性，在水电工程建设中，必要时，不得不对深厚覆盖层进行部分开挖（甚至直至基岩）后建基，由此，在部分工程中带来了深基坑问题，如双江口水电站（覆盖层厚68m）、猴子岩水电站（覆盖层厚86m）、深溪沟水电站（覆盖层厚55m）等。水电工程深基坑多位于河床部位，临近水源补给区，除需深入研究其基坑截水、降水等问题外，由于深厚覆盖层物质总体抗剪强度不高，也需特别重视其边坡稳定问题，包括边坡抗滑稳定、渗透变形等。

对深基坑影响范围内土体的基本地质条件、物理力学性质的深入研究，是深基坑设计方案选择与边坡稳定分析的基础，需通过有效的勘察手段，对影响深基坑稳定的地质边界条件予以充分研究，主要包括：①通过勘探试验等手段，查明地基土体物质组成、成因、空间分布（顶底板埋深、厚度等），并进行合理的层次划分，在进行层次划分时，应特别重视软弱土层、夹层的空间分布特征。②通过试验手段，结合不同工况，应重点查明各层土体的物理、水理特性及其力学特性。③查明基坑部位的水文地质条件。

通过对边坡土体空间分布情况的分析，按滑面形态不同，边坡滑动可分为圆弧滑动和沿特定软弱土体非圆弧滑动等类型。在工程实践中，深基坑边坡稳定计算以极限平衡法为主，主要包括瑞典圆弧法、毕肖普法、推力传递系数法及分块极限平衡法等。

根据基坑部位土体基本地质条件，针对边坡土体的力学特性、渗透及渗透稳定特征等，需进行边坡部位主要工程地质问题的分析与评价，为深基坑开挖、支护方案选择提供依据。

以猴子岩工程为例，该工程大坝河谷覆盖层深厚，各层厚度变化较大。特别是第②层黏质粉土具有一定的厚度、连续性，分布广，力学强度低（内摩擦角 $\varphi=16°\sim18°$，$c=10\sim15\text{kPa}$），稳定性差，前期建议开挖坡比水上 1∶3，水下 1∶4。边坡土体中除第②层黏质粉土渗透系数 $k=1.41\times10^{-6}\sim2.33\times10^{-5}\text{cm/s}$ 属弱～微透水层具相对隔水性和抗渗稳定性较高外，第①、③、④层渗透系数 $k=2.73\times10^{-3}\sim6.63\times10^{-2}\text{cm/s}$，局部架空 $k=1.74\times10^{-1}\text{cm/s}$，允许水力比降 $J_P=0.5\sim0.6$，局部架空 $J_P=0.07$，透水性强，抗渗比降低，加之各层颗粒大小悬殊，结构不均一，渗透比降较低，易产生管涌破坏。特别是第②层黏质粉土与第①、③层之间渗透性存在较大差异，有产生接触冲刷的可能性。第②层黏质粉土颗粒细，厚度大，连续性好，分布广，在地下水作用下易发生流土破坏，可能引起覆盖层边坡的稳定，在实际施工过程中，结合道路布置，采取预先降水、垫层反滤保护、缓坡开挖等措施，施工期内边坡稳定。

此外，如黄金坪水电站大坝基坑边坡土体中厚约 8m 的砂层、桐子林水电站大坝基坑边坡土体中厚约 25m 的粉砂质黏土等，对基坑岸坡稳定起到控制作用，工程实践表明，在保证查明基坑土体性状的基础上，通过合理评价，结合基坑开挖及运输通道布置考虑，一般可采取缓坡开挖、上下游防渗布置、坡面反滤保护等措施保证基坑岸坡稳定。

二、地基抗冲防冲

在水电工程建设中，需重点关注的冲刷破坏部位包括但不限于冲坑、河床、渠基和岸坡。其产生的工程地质问题主要有：

（1）渠道基础在水流作用下发生冲蚀破坏。

（2）渠道或河床岸坡底部受水流冲刷作用，造成岸坡切脚，形成岸坡失稳。

（3）形成冲刷坑以后，上游坡逆流发展，危及坝基稳定。

（4）冲刷坑的不断加深，切断坝基内的软弱夹层，形成临空面，可能引起深层滑动。

鉴于土体冲刷可能引起的工程地质问题，当工程设计流速大于土体的抗冲流速时，需开展包括泄水建筑物冲刷坑深度计算等工作，并根据需要，通过分析计算，采取相适宜的工程防护措施。如在工程实践中，几乎所有覆盖层地基上的闸坝均需对下游河床部位布置护坦、海漫及沿河护岸等工程措施。

第九章

工程勘察实例

第一节　瀑布沟水电站

一、工程概况

瀑布沟水电站地跨四川省西部汉源县和甘洛县两县，坝址位于大渡河与尼日河汇口以上的觉托附近。电站采用坝式开发，是一座以发电为主，兼有防洪、拦沙等综合利用效益的大型水电工程。工程拦河大坝为建在深达78m松散覆盖层上的砾石土心墙堆石坝，最大坝高186m；引水发电系统布置于左岸，由取水口、6条引水压力管道、地下厂房及主变压器室、尾闸室、2条尾水洞及尾水明渠等建筑物组成；泄水建筑物由1条开敞式溢洪道、1条无压泄洪洞，以及1条放空洞组成（见图9-1、图9-2）。水库正常蓄水位850.00m，死水位790.00m，总库容53.37亿m^3，调节库容38.94亿m^3，为不完全年调节水库。坝前最大壅水高度为173m，干流回水长72km，支流流沙河回水长12km；水库面积84.14km^2。电站采用6台单机容量600MW的混流式水轮发电机组，装机总容量3600MW，保证出力916MW，多年平均年发电量147.9亿kWh。

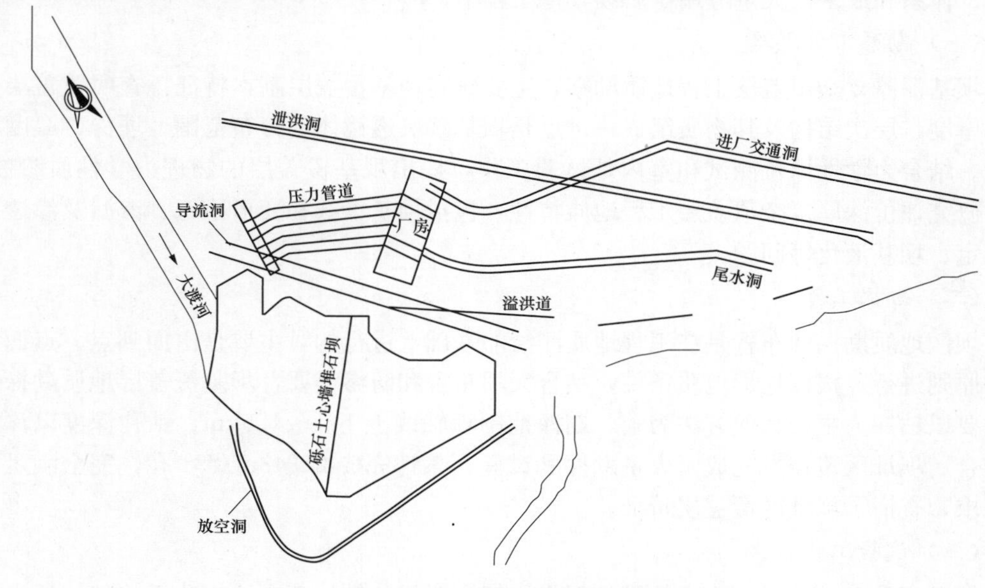

图9-1　坝址区枢纽布置示意图

瀑布沟水电站于2002年10月导流洞开工，2004年3月30日正式开工。2005年11月22日实现河道截流，2009年11月1日下闸蓄水，2010年10月库水位达850m高程。2009年12月第一台机组投产运行，2011年10月工程全部完成。

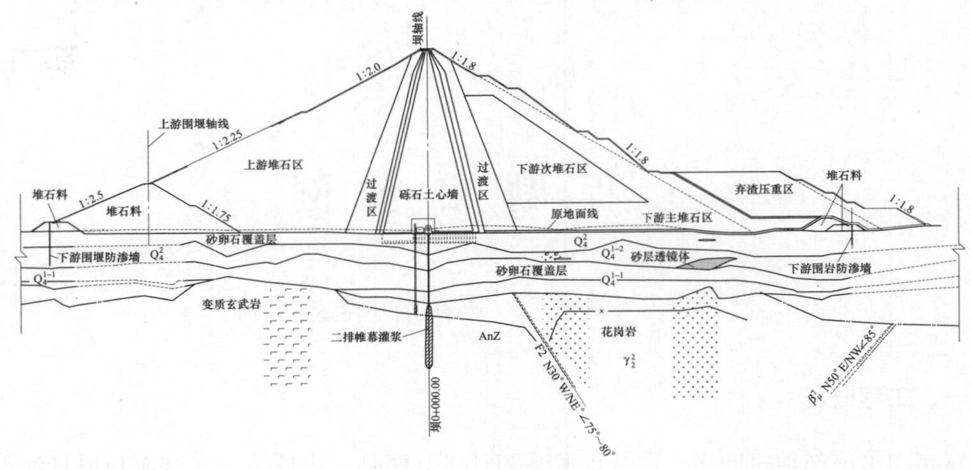

图 9-2　坝轴线设计剖面示意图

二、坝基覆盖层勘察研究方法

坝址区河床坝基覆盖层深厚、结构层次较复杂，各层厚度不一，且有多层砂层透镜体分布。为查明这些复杂地质条件，解决这些关键重大工程地质问题，开始于20世纪50年代末，加快于80年代初以来，以探索、创新研究精神，投入大量人力、物力，应用工程地质测绘调查、勘探、试验、物探、测试等综合勘察技术、手段、方法，取得了大量工程勘察研究成果，为工程规划、设计、施工、运行等作出了巨大贡献，许多勘察方法、体系和成果已大量应用于后续其他工程中。

（一）勘察工作思路

坝基深厚复杂覆盖层工程地质勘察，主要研究坝基覆盖层基本特征：查明覆盖层分布、厚度、层次结构及其物质组成，重点是坝基砂层透镜体的分布范围、埋深、厚度和性状。结合力学性原位测试和室内外试验工作，提出坝基覆盖层的物理力学性质参数。最终研究评价深厚复杂覆盖层工程地质特性，包括坝基承载和变形稳定、渗漏及渗透变形稳定、坝基液化等问题。

（二）勘探工作

坝区地质勘探的布置是在工程地质测绘的基础上进行的，主要是由面到点、点面结合的原则进行。根据地形地质条件，结合大坝布置和防渗需要，坝基覆盖层地质勘探手段主要以钻探为主、其他方法为辅，勘探范围坝轴线上下1～1.5km，钻孔深度以深浅相结合。坝址区覆盖层完成了大量勘探和试验，累计完成22243m/291孔，完全满足规范要求，查清了坝址区覆盖层特征。

（三）试验工作

针对坝址区覆盖层总体具有颗粒粗大，架空明显，结构复杂、变化无规律、透水性强，且均一性差等急流堆积特点，同时夹有多层砂层透镜体，厚度变化大，各层物理力学性质差异较大。主要完成了覆盖层综合测井、现场跨孔法试验、抽（注）水试验、颗粒分析试验、现场荷载试验、现场剪力试验、静动力特性试验、砂层标准贯入试验和现场渗透变形试验，试验组数满足规范和设计要求。

三、坝基覆盖层空间分布与组成特征

河谷覆盖层深厚，厚度一般为40～60m，最大厚度达77.9m。根据坝区钻孔岩心样资料、岩性差异组合、沉积韵律、含水透水层特征，确定地层层序和年代，建立工程地质岩组，最终确定了大坝深厚覆盖层共四层，由下向上分别是：①漂卵石层（Q_3^2）；②卵砾石层（Q_4^{1-1}）；③含漂卵石层夹砂层透镜体（Q_4^{1-2}）；④漂（块）卵石层（Q_4^2）。

（一）第①层漂卵石层（Q_3^2）

左岸Ⅱ级阶地堆积，一般厚40～50m，最大勘探厚度为70.72m，顶面高程730～734m，底面高程620～600m。下部为含泥砂漂卵石层，中部为砂卵石层，上部为含泥砂漂卵石夹砂卵石层。漂卵石成分以近源紫红色凝灰砂岩为主，流纹质凝灰岩、玄武岩、花岗岩次之。该层分选性差，颗粒大小悬殊，漂石粒径多大于500mm，最大达3000mm以上，卵石粒径一般为20～50mm，砂砾充填，平均含砂率为6.19%。该层结构较密实，但局部具架空结构，近岸部位夹少量砂层透镜体。

（二）第②层卵砾石层（Q_4^{1-1}）

埋藏于Q_4^{1-2}之下，残留厚度为22～32m，由杂色卵石夹少量漂石组成，底层局部有厚8～12m的含砂泥卵碎石。该层磨圆度较好，粒径较均一，一般粒径为20～60mm，颗粒间为砂砾充填，结构密实，局部具架空结构。

（三）第③层含漂卵石层夹砂层透镜体（Q_4^{1-2}）

谷底Ⅰ级阶地堆积，上叠于漂卵石层（Q_3^2）和卵砾石层（Q_4^{1-1}）之上。最大堆积厚度为42.5～54m，河床下残留厚度一般为5～18m，漂卵石以花岗岩、花岗闪长岩、流纹斑岩、凝灰岩为主，紫红色凝灰岩次之，粒径大小悬殊，分选性较差，漂石粒径一般为300～700mm，并含较多1000～4000mm的孤石，卵石粒径一般为30～60mm，砂砾充填，局部具架空结构。该层下部近岸部位夹砂层透镜体，坝体之下较厚的有上游砂层透镜体和下游砂层透镜体，物质组成分别为中细砂和细砂。

（四）第④层漂（块）卵石层（Q_4^2）

现代河床及漫滩堆积，厚10～25m，顶面高程670～680m，底面高程650～660m，粒径大小悬殊，分选性差，卵石粒径一般为20～60mm，漂石粒径为300～800mm以上，砂砾充填，局部具架空结构。该层表层有透镜状砂层靠岸断续分布。

四、坝基覆盖层物理力学特征

（一）试验成果统计

坝基覆盖层物理性质试验成果统计见表9-1～表9-7。

表 9-1　　坝基河谷覆盖层物理性质试验成果汇总

层位			试验组数（组）	天然状态土的物理性指标						颗粒组成（%）								平均粒径 d_{50}	限制粒径 d_{60}	有效粒径 d_{10}	不均匀系数 d_{60}/d_{10}	d_{15}
层序	代号	岩性		范围值	比重 G_s	湿密度 ρ_w (g/cm³)	干密度 ρ_d (g/cm³)	含水量 w (%)	孔隙比 e	范围值	>200mm	200～60mm	60～20mm	20～2mm	2～0.05mm	0.05～0.005mm	<0.005mm					
第④层	Q_4^2	漂（块）卵石层	9	最大值	2.88	2.15	2.43	4.1	0.36	上线	11.5	23.5	21.5	19.0	16.5	5.2	2.8	29.0	50.0	0.08	625	0.28
				最小值	2.71	2.14	2.04	2.0	0.14	下线	47.0	32.5	4.5	10.4	5.2	0.4	0	180.0	220.0	0.8	275	2.5
				平均值	2.80	2.35	2.28	2.89	0.23	平均值	17.37	30.56	17.03	17.19	14.18	3.04	0.63	52.5	88.0	0.44	200.0	1.04
第③层	Q_4^{1-2}	含漂卵石层	6	最大值	2.81	2.42	2.36	5.41	0.37	上线	2.0	22.0	16.6	39.14	12.2	7.4	0.66	14.0	24.0	0.08	300	0.42
				最小值	2.77	2.06	2.02	1.70	0.19	下线	29.0	12.9	20.1	31.5	6.1	0.4	0	40.0	80.0	3.1	25.8	4.8
				平均值	2.78	2.24	2.17	2.87	0.28	平均值	11.69	21.5	18.47	34.91	9.52	3.64	0.27	24.0	43.5	1.13	38.5	2.55
第①层	Q_3^2	漂卵石层	23	最大值		2.40	2.30	7.48		上线	6.0	34.0	22.5	23.0	14.5			45.0	60.0	1.2	50	2.1
				最小值		2.09	2.02	2.36		下线	70.5	13.0	6.0	8.0	2.5			310.0	320.0	17.4	18.42	50
				平均值	2.73	2.24	2.14	4.26	0.28	平均值	44.03	17.17	12.04	19.85	6.91			140.0	240.0	3.88	61.86	6.8

注　试验中粒径大于 1000mm 的巨粒未计入其内。

表 9-2 坝基河谷覆盖层渗透试验成果统计

层位	试验组（次）		渗透系数 k(cm/s)		渗透性分级
	抽水	注水	一般值	架空层	
④漂卵石层 Q_4^2	9		$3.47\times10^{-2}\sim1.04\times10^{-1}$	$1.74\times10^{-1}\sim2.89\times10^{-1}$	强透水
③含漂卵石层 Q_4^{1-2}	9	2	$3.47\times10^{-2}\sim1.04\times10^{-1}$	$3.47\times10^{-1}\sim5.78\times10^{-1}$	强透水
②卵砾石层 Q_4^{1-1}	3	6	$2.3\times10^{-2}\sim4.6\times10^{-2}$	$1.16\times10^{-1}\sim1.74\times10^{-1}$	强透水
①漂卵石层 Q_3^2		5	$2.3\times10^{-2}\sim5.78\times10^{-2}$	$1.16\times10^{-1}\sim1.74\times10^{-1}$	强透水

表 9-3 坝基河谷覆盖层渗透变形试验成果

项　目	地层岩性	渗透系数 k (cm/s)	临界比降 i_k	破坏比降 i_f	破坏类型
野外管涌 1	④层漂（块）卵石层（Q_4^2）	1.79×10^{-2}	0.14	0.35	管涌型
室内 E_5	④层漂（块）卵石层（Q_4^2）	1.33×10^{-2}	0.22	0.40	
野外管涌 2	③层含漂卵石层（Q_4^{1-2}）	6.82×10^{-1}	0.10	0.51	管涌型
野外管涌 3	①层含漂卵石层（Q_3^2）	2.21×10^{-2}	0.65	1.1	管涌型

表 9-4 坝基河谷覆盖层抗剪强度试验成果

层位：层序	层位：岩层	项目	试验样的物理性：比重 G_s	湿密度 ρ_w (g/cm³)	干密度 ρ_d (g/cm³)	含水量 w (%)	孔隙比 e	颗粒组成（%）：> 60mm	< 5mm	不均匀系数 η d_{50}/d_{10}	抗剪强度：剪力仪规格及试验方法	总应力：凝聚力 c (MPa)	内摩擦角 φ (°)
第④层 Q_4^2	漂（块）卵石层	E_5	2.81	2.34	2.16	7.9	0.301	33.6	32.2	188	原位大剪	0.058	33.0
		$\tau_{2\text{-}1}$	2.75	2.32	2.19	5.9	0.256	32.3	39.9	223.5	单点法原位大剪	0.036	42.6
		$\tau_{2\text{-}2}$	2.76	2.27	2.15	5.5	0.284	29.8	35.5	76		0.046	35.6
		$\tau_{2\text{-}3}$	2.82	2.32	2.13	8.7	0.324	33.2	30.8	66.4		0.024	34.7
		$\tau_{2\text{-}4}$	2.80	2.36	2.23	7.3	0.304	33.8	27.9	273.5		0.058	33.0
		$\tau_{2\text{-}5}$	2.76			3.4		38.6	40.8	200		0.06	38.0
		$y\text{-}Y$	2.80	2.32	2.17	7.0	0.29	17.6	27.8	166.7	扰动大剪	0.032	31.8

续表

层位		项目	试验样的物理性					颗粒组成（%）			抗剪强度		
												总应力	
层序	岩层		比重 G_s	湿密度 ρ_w (g/cm³)	干密度 ρ_d (g/cm³)	含水量 w (%)	孔隙比 e	>60mm	<5mm	不均匀系数 η d_{50}/d_{10}	剪力仪规格及试验方法	凝聚力 c (MPa)	内摩擦角 φ (°)
第③层 Q_4^{1-2}	含漂卵石层	E_4	2.76	2.06	1.97	4.0	0.401	27.4	16.6	14.8	原位大剪	0.011	31.2
		$Z\text{-}Y$	2.74	2.01	1.95	3.0	0.405	13.7	29.9	9.2	单点原位剪	0.011	31.2
		E_3	2.75	1.98	1.91	3.8	0.440	1.31	60.0	11.76	扰动大剪	0.03	30.4
		E_1	2.76	2.17	2.11		0.308	18.82		16.50		0.015	36.9

表 9-5　　坝基砂层现场跨孔试验成果

层位及土性				深度 (m)	高程 (m)	纵波速度 v_p (m/s)	横波速度 v_s (m/s)	动弹性模量 E_d (MPa)	动剪切模量 G_d (MPa)	泊松比 μ	密度 ρ (g/cm³)	备注
上游砂层	Ⅱ	孔 35 35-1	中砂	42～54	651～639	1649～1814	654～803	2130	760	0.4		孔 35、35-1 试验成果偏高，仅供参考
	Ⅰ	孔 62	中细砂	46～52	649～643	1688～2079	346～409	686～956	232～324	0.48	1.9	
		ZK54	中细砂	43～49	651～645	1435～1752	337～366	651～765	211～261	0.47	1.95	
下游砂层	Ⅰ	孔 95	中细砂	41～48	643～636	1556～2340	249～266	358～406	120～137	0.48	1.9	
		ZK53	细砂	42～52	641～631	1332～1441	289～340	465～614	157～208	0.48	1.9	

表 9-6　　砂层抗剪强度试验成果表

层位	有效应力		总应力				备注
	φ (°)	c' (MPa)	φ_{cd} (°)	c_{cd} (MPa)	φ_{cu} (°)	c_{cu} (MPa)	
上游砂层（Ⅰ区）	38	0	39	0	33	0.06	ZK62
下游砂层（Ⅰ区）	31.5～33.5	0.007～0.01	35～37.6	0.01～0.21	24.5～30	0.02～0.1	ZK53、孔 10

（二）地质参数选取原则

根据坝址区覆盖层的物理力学试验成果，并结合覆盖层本身的性状、分布、埋藏条件和上部结构受力特征，按照相关规范规定，提出覆盖层的物理力学性质参数建议值，见表 9-8 和表 9-9。

表 9-7　坝基河床上、下游砂层透镜体物理性质试验成果

层位			试验组数	天然状态土的物理性指标								颗粒组成（%）								平均粒径	限制粒径	有效粒径	不均匀系数	
层序	代号	岩性	组	范围值	比重 G_s	湿密度 ρ_w (g/cm³)	干密度 ρ_d (g/cm³)	含水量 w (%)	孔隙比 e	相对密度 D_r	饱和度 S_r (%)	范围值	>2mm	2～0.5mm	0.5～0.25mm	0.25～0.1mm	0.1～0.05mm	0.05～0.005mm	<0.005mm	d_{50}	d_{60}	d_{10}	$\frac{d_{60}}{d_{10}}$	C_u
第③层	Q_4^{1-2}	上游中细砂层透镜体	41	最大值	2.76	2.19	1.89	26.80	0.81	72	98.30	上线	—	1.5	13.5	52.0	10.5	12.5	10.0	0.145	0.171	0.004 8	35.63	0.017
				最小值	2.66	1.87	1.47	13.60	0.443	71	82.00	下线	6.0	21.5	35.0	23.0		14.5		0.32	0.38	0.109	3.49	0.132
				小值平均值	2.68	1.94	1.55	14.80	0.55			平均值	1.73	7.79	30.62	40.3	10.0	6.4	3.16	0.223	0.252	0.053	4.76	0.077
				平均值	2.71	2.04	1.69	20.61	0.626	71.5	91.78													
		下游细砂层透镜体	69	最大值	2.76	2.17	1.87	36.10	0.869	72	98.40	上线	—	—	3.0	42.0	25.5	17.5	12.0	0.095	0.105	0.003 7	28.38	0.008
				最小值	2.61	1.826	1.466	14.50	0.478	64	80.30	下线	7.5	23.0	39.5	20.5		9.5		0.36	0.415	0.105	3.95	0.148
				小值平均值	2.67	1.94	1.52	18.58	0.55			平均值	0.71	4.9	23.15	45.03	13.19	8.76	4.26	0.191	0.215	0.036 5	5.89	0.058
				平均值	2.72	1.99	1.65	22.48	0.665	68	89.32													

表 9-8　　**枢纽区覆盖层物理力学性指标建议值**

地层				天然状态土的物理性指标					颗粒曲线特征				力学性指标				渗透性指标		边坡比
层次		岩性	代号	比重 G_s	湿密度 ρ_w (g/cm³)	干密度 ρ_d (g/cm³)	含水量 w (%)	孔隙比 e	不均匀系数 C_u	平均粒径 d_{50} (mm)	d_{15} (mm)	d_{85} (mm)	变形模量 E (MPa)	允许承载力 R (MPa)	内摩擦角 φ (°)	泊桑比 μ	渗透系数 k (cm/s)	允许水力比降 J_P	
河谷覆盖层	④	漂（块）卵石层	Q_4^2	2.8	2.35	2.28	2.89	0.23	200	52.5	1.04	230.0	60～70	0.7～0.8	35～38	0.32	6.94×10⁻²～1.04×10⁻¹ 架空 1.62×10⁻¹～6.15×10⁻¹	0.1～0.13 架空 0.07	水上 1∶1～1∶1.25 水下 1∶1.5～1∶1.75
	③	含漂卵石层	Q_4^{1-2}	2.78	2.24	2.17	2.87	0.28	38.5	24.0	2.55	170.0	60	0.6～0.7	35～37	0.35			
	③	上游砂层透镜体	Q_4^{1-2}	2.71	2.04	1.69	20.61	0.62	4.76	0.22	0.077	0.44	20～25	0.2～0.25	29～31	0.29		0.3～0.4	
	③	下游砂层透镜体	Q_4^{1-2}	2.72	1.99	1.65	22.48	0.66	5.89	0.19	0.058	0.33	15～20	0.15	24～26	0.30		0.3～0.4	
	②	卵砾石层	Q_4^{1-1}	2.70	2.15	2.03							50～60	0.6	32～35	0.35	4.63×10⁻²～8.1×10⁻² 架空＞1.91×10⁻¹	0.1～0.15 架空 0.07	水下 1∶1.75～1∶2.0
	①	漂卵石层	Q_3^2	2.73	2.24	2.14	4.26	0.28	61.8	140	6.8	1000.0	60～65	0.7～0.8	36～38	0.35	9.26×10⁻²～1.16×10⁻¹ 架空＞1.74×10⁻¹		水上 1∶0.75～1∶1.1
古河道含漂卵石层			Q_2	2.73	2.2	2.10							55～65	0.6～0.7	32～35	0.35	5.78×10⁻²～9.26×10⁻² 架空＞1.62×10⁻¹		水下 1∶1.25～1∶1.5

注　抗剪指标取 c 值为 0。

表 9-9　　**砂层物理力学性指标建议值**

地层		天然状态土的物理性指标						颗粒曲线特征				力学性指标					渗透性指标	
岩性	代号	比重 G_s	湿密度 ρ_w (g/cm³)	干密度 ρ_d (g/cm³)	含水量 w (%)	孔隙比 e	相对密度 D_r	不均匀系数 C_u	平均粒径 d_{50} (mm)	限制粒径 d_{60} (mm)	有效粒径 d_{10} (mm)	变形模量 E (MPa)	压缩模量 E_s (MPa)	允许承载力 R (MPa)	内摩擦角 φ (°)	泊桑比 μ	渗透系数 k (cm/s)	允许水力比降 J_P
砂层透镜体	Q_3^2	2.71	1.69	1.6	4.2	0.694	0.51	5.06	0.97	1.39	0.28	15～20	12～16	0.15～0.2	20～22	0.35～0.4	(1～2)×10⁻²	0.2～0.3

注　抗剪指标取 c 值为 0。

五、坝基覆盖层工程地质条件评价

（一）建基面选择

根据水工布置，河床坝基建基面高程，在坝轴线上游为671～672m，开挖厚度为1～2m；下游为669～671m，开挖厚度一般为1～8m；大坝心墙区上游，左岸Ⅱ级阶地表层15～26m松散层及砂层挖除，716m高程以下保留作为坝体的一部分，该阶地临河侧和下游侧，为斜坡与原河床建基面连接，坡比分别为1∶1.8和1∶1.1。

（二）地基承载与变形稳定

开挖揭示，河床坝基由第①层Q_3^2漂卵石层、第③层Q_4^{1-2}漂卵石层、第④层Q_4^2漂（块）卵石层和少量花岗岩组成。

1. 第①层Q_3^2漂卵石层

该层分布在桩号坝0＋69～0－405m、0＋250m至左岸岸坡。为左岸Ⅱ级阶地堆积，由含泥砂漂卵石夹砂卵石层组成。该层结构较密实，但局部具架空结构。其中在桩号坝0－62～0－405m段，部分利用了该区段Ⅱ级阶地漂卵石层作为坝体的一部分，其顶部为716m高程。Q_3^2漂卵石层中所夹的中粗砂层透镜体，位于坝0—103～坝0＋34m，从左岸基岩坡脚顺河长约130m，横河宽60～72m，上游较宽，下游较窄，面积约为6202m^2，顶面高程675～676m，底面高程665～667m；中粗砂层透镜体，进行了开挖置换处理，挖除砂层后的建基面高程665～667m，物质组成与Q_3^2漂卵石层的地层特征基本一致。

2. 第③层Q_4^{1-2}含漂卵石层

该层仅少量分布于心墙区上游，左岸Ⅱ级阶地外侧斜坡，桩号坝0—273～0—43m、0＋208～0＋253m；由漂卵石层组成，结构较密实，局部具架空结构。

3. 第④层Q_4^2漂（块）卵石层

该层分布于原河床、漫滩和Ⅰ级阶地部分区段，由漂（块）卵石层组成，结构较密实，但局部具架空结构。其中桩号坝0＋240m至下游段坝基和桩号坝0＋86～0＋240m段，左岸基岩外侧15～20m条带范围内，建基面上颗粒较小，以砂卵石层为主，卵石粒径以30～60cm为主，砂为中粗砂，结构总体较密实。

（三）地基抗滑稳定

“5·12”汶川地震后，通过地震动参数复核及大坝抗震计算，需要通过加长和加宽下游压重体来增加下游坝坡的深层抗滑稳定性，故施工详图阶段在下游坝脚处增设两级压重体（下游围堰也作为下游压重的一部分），两级压重高程分别为730.00m和692.00m。

（四）地基渗漏与渗透稳定

该工程利用深厚覆盖层建设高土石坝，其坝址河谷覆盖层厚度一般为40～60m，最大厚度达77.9m，由漂卵石层（Q_3^2）、卵砾石层（Q_4^{1-1}）、含漂卵石层（Q_4^{1-2}）、漂（块）卵石层（Q_4^2）组成，其中含漂卵石层及漂（块）卵石层中夹砂层透镜体。各层渗透系数差异不大，大量抽水试验表明，k 值一般为 $2.3\times10^{-2}\sim1.04\times10^{-1}$cm/s，架空层 k 值为 $1.16\times10^{-1}\sim5.8\times10^{-1}$cm/s，均属强透水层。渗透变形试验反映，抗渗透破坏能力低，临界比降 $i_k=0.10\sim0.22$，最大为 0.65，渗透比降过大时发生管涌型破坏，破坏比降 $i_f=0.35\sim0.51$，最大为 1.1。谷底松散堆积层中的孔隙潜水与河水联系密切，互为补排关系。坝基河谷覆盖层深厚，且在纵、横剖面上厚度变化大，总体具有颗粒粗、孤石多、架空明显、渗透性强、结构复杂、变化无规律等急流堆积特点，且抗渗透破坏能力低、渗流量大时，易发生集中渗流、接触冲刷和管涌型破坏，又无相对隔水层，是坝基渗漏的主要途径和发生渗透变形的主要部位。

（五）地基砂土液化

河谷覆盖层所夹砂层透镜体，多顺河分布于近岸部位，厚度一般小于 2m，最大厚度可达 13m 左右。砂层透镜体主要分布于第③层（Q_4^{1-2}）底部，以它们与坝轴线的相对位置，分别称上游砂层透镜体和下游砂层透镜体。此外，施工开挖时在左岸近岸部位的 Q_3^2 漂卵石层中也分布有砂层透镜体。根据不同技术路线进行的三维动力分析结果表明，上、下砂层透镜体遭遇地震时，在不考虑下游坝脚压重的条件下，所产生的孔隙水压力和动剪应力是较小的，不会引起液化。

六、坝基覆盖层工程地质问题处理

（一）地基承载与变形问题处理

坝基持力层范围内河谷覆盖层总体以粗颗粒为骨架，尚有一定的抗变形能力和力学强度，加之土石坝底宽较大，为柔性结构，对地基变形的适应性较好。为尽可能减少地基不均一沉降变形对心墙及防渗墙的影响，对第④层（Q_4^2）表层靠岸断续分布的透镜状砂层及施工所揭示出的砂层透镜体进行开挖置换处理，对心墙地基进行浅层固结灌浆，以改善基础应力状态，在坝体下游设置压重区。经处理后，坝基能满足设计要求。

（二）地基渗漏和渗透问题处理

坝基河谷覆盖层总体具有颗粒粗、孤石多、局部架空明显、渗透性强、无相对隔水层可资利用，是坝基渗漏的主要途径并可能发生集中渗流，覆盖层缺乏 5～0.5mm 中间颗粒，抗渗透破坏能力低，存在接触冲刷和管涌型破坏，防渗漏及防渗透变形是坝基处理的关键问题之一。设计采用两道平行的混凝土防渗墙，全断面封闭坝基覆盖层渗漏通道，防渗墙底部嵌入基岩 1.5m，在遇断层破碎带部位嵌入基岩 5m，并在下游覆盖层与堆石间设置水平反滤层。

砾石土心墙堆石坝两层反滤层可保证心墙的抗渗稳定性，反滤层、过渡层可满足心墙与堆石区的渗流和变形过渡，堆石料可确保坝坡稳定，下游压重体有利于坝坡稳定和坝基砂层透镜体抗地震液化，两道混凝土防渗墙保证了覆盖层的渗流和渗透变形稳定，并与墙下及两岸帷幕构成完整的防渗系统。

（三）地基砂土液化问题处理

上、下砂层透镜体遭遇地震时，在不考虑下游坝脚压重的条件下，所产生的孔隙水压力和动剪应力是较小的，不会引起液化。为防止液化对大坝稳定的不利影响，在下游设置了坝脚压重区，对第④层（Q_4^2）表层靠岸断续分布透镜状砂层及施工所揭示出的砂层透镜体进行开挖置换。

七、大坝覆盖层地基安全性评价

根据目前变形观测资料，蓄水后累计沉降为 1055.21mm。在顺河向，一期蓄水后，坝顶总体向上游移动，二期蓄水后，坝顶总体向下游移动。蓄水后向上游最大位移为 209.31mm，向下游最大累积位移为 569.88mm；在左右岸方向两岸向河床移动，左岸向河床最大变形为 196.00mm，右岸向河床最大变形为 214.77mm。监测成果表明，蓄水期和运行期，大坝外部、内部及防渗墙等变形符合砾石土心墙堆石坝变形一般规律，大坝工作状态总体正常。

第二节 长河坝水电站

一、工程概况

长河坝水电站位于四川省甘孜藏族自治州康定市境内，电站采用水库大坝、首部式地下引水发电系统开发，枢纽主要建筑物由砾石土心墙堆石坝、引水发电系统、两条开敞式进口泄洪洞、一条短有压深孔泄洪洞和一条放空洞等建筑物组成（见图 9-3～图 9-5）。拦河大坝最大坝高 240.00m（坝基下尚余覆盖层 51m）。电站总装机容量 2600MW，总库容为 10.75 亿 m^3，具有季调节能力。电站于 2010 年 10 月 18 日实现了大江截流，2016 年 10 月 26 日两条初期导流洞下闸正式蓄水，同年 12 月 31 日首台机组并网发电。

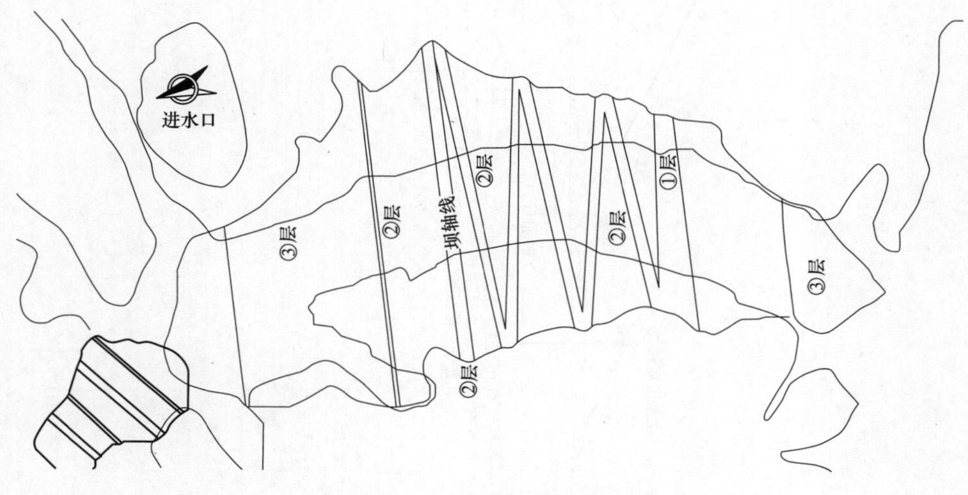

图 9-3 长河坝大坝布置图

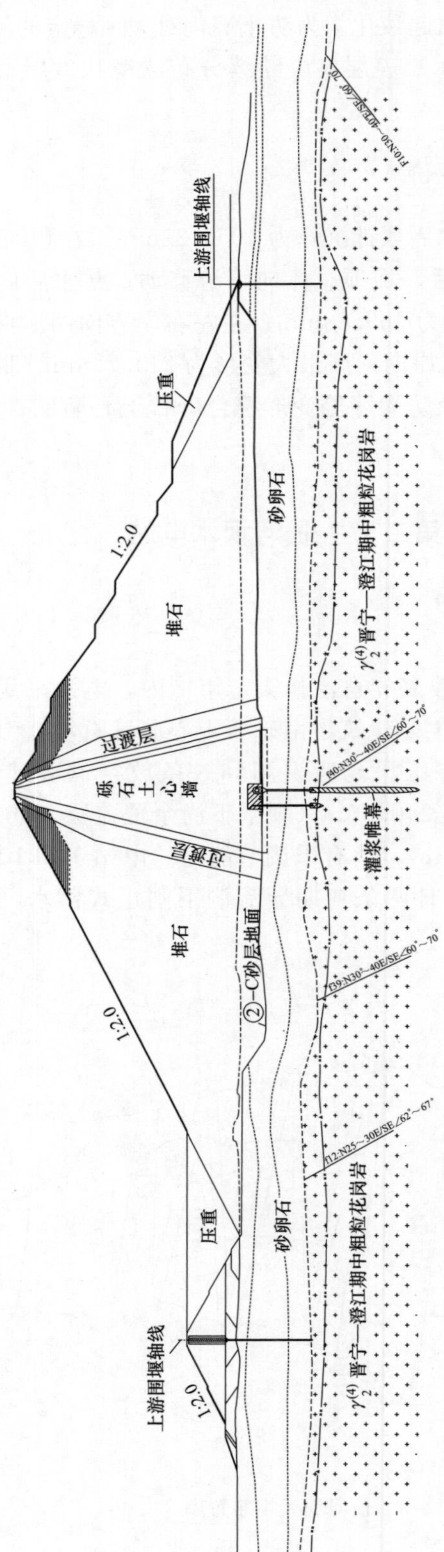

图 9-4　长河坝纵剖面设计示意图

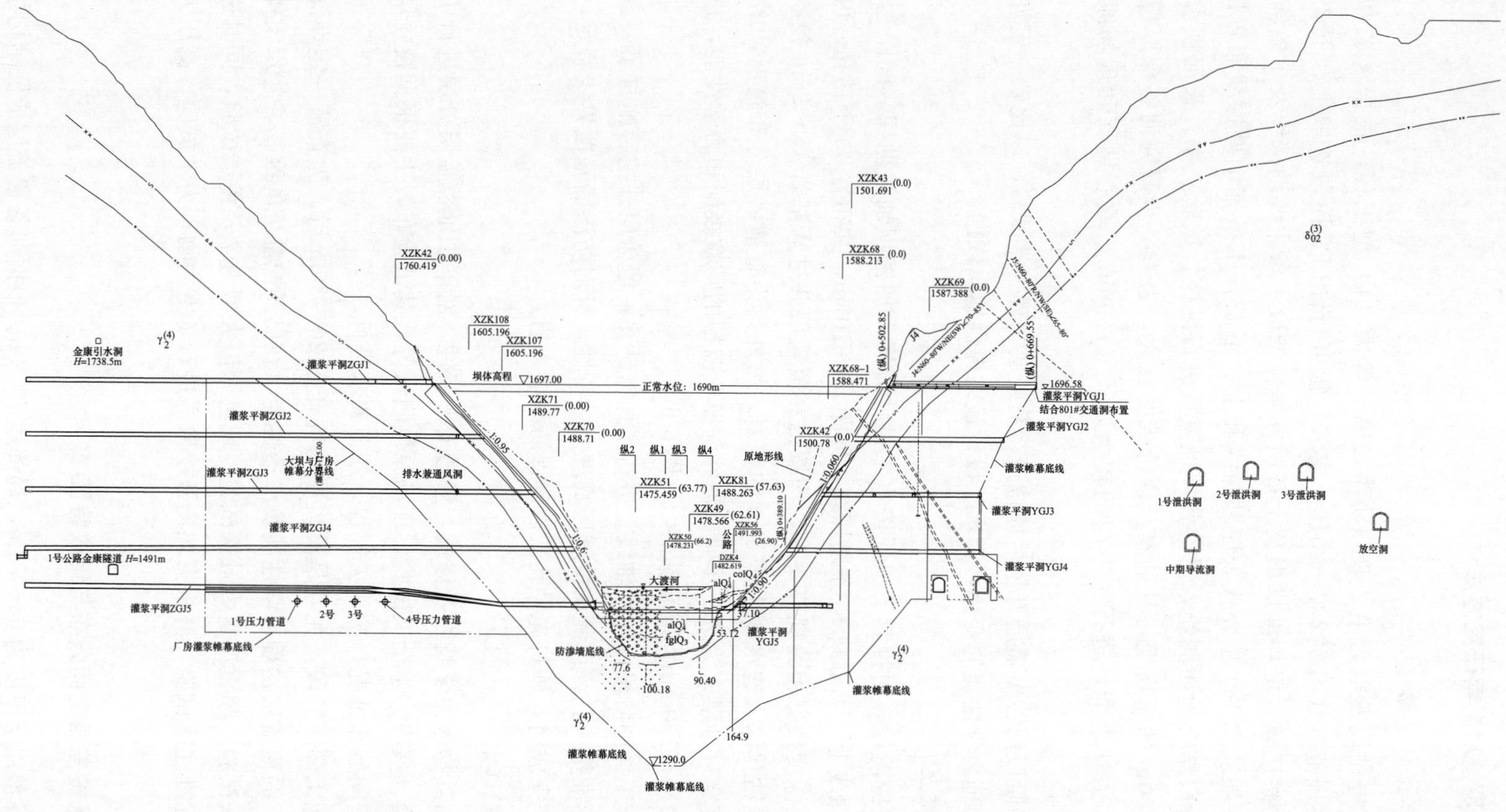

图 9-5　长河坝坝轴线设计剖面示意图

二、坝基覆盖层勘察研究方法

（一）勘察工作思路

长河坝水电站以发电为主、兼顾防洪，属一等大（1）型工程，根据《水力发电工程地质勘察规范》（GB 50287—2016）要求，预可行性研究阶段选取上、下 2 个规划坝址进行勘察比较，上坝址拱坝及土石坝方案各选取 1 条主要勘探线及 1 条辅助勘探线，推荐下坝址选 1 个主要代表性勘探线和上、下游各 1 条辅助勘探线布置勘探；可行性研究阶段结合地质测绘，对推荐坝址重点进行勘探、试验工作。长河坝水电站是坝高超过 200m 的超高坝，其勘察及评价难度巨大，为进一步研究河谷深厚覆盖层的颗粒级配和力学性能，进行了专门的较大口径（130mm）取心钻探和现场原位旁压试验等工作。

施工详图阶段河谷覆盖层开挖后原位进行覆盖层物理力学试验，以比较一定埋深条件下覆盖层物理力学性能的变化，为水工设计最终提供地质依据。

（二）勘探工作

可行性研究阶段，对推荐下坝址按水工设计方案，加密坝轴线勘探（间距达 20～30m），增设坝线上、下游共 10 条勘探线，间距 50～100m，共布置 40 个钻孔。可行性研究阶段钻孔深度根据相关规范要求，均按揭穿覆盖层并进入基岩 15～20m 控制，坝轴线及防渗线钻孔深入透水率小于 3Lu 的基岩。另外，为查清砂层分布情况，增打 25 个钻孔，深度穿过砂层；为进一步研究河谷深厚覆盖层的颗粒级配和力学性能，进行了专门的较大口径（130mm）取心钻探，见图 9-6。

招标及施工详图阶段，在坝轴线上进行了加密钻孔，覆盖层开挖后施打了一系列触探孔和砂层标准贯入孔，以测试覆盖层物理力学特性。针对防渗墙基覆界线鉴定，在防渗墙基本开挖完成时，施打先导孔，以确保防渗墙入岩。

（三）试验工作

为了查明其物理力学特性及渗透与渗透变形特性，对下坝址覆盖层分层进行了室内物理力学试验、室内力学全项试验、现场原位测试等，其试验布置主要根据覆盖层的结构、分层及空间展布情况，按相关规程、规范要求进行。

招标及施工详图阶段，尤其是覆盖层基坑开挖 20～30m 后，为查清一定埋深或一定上覆压力下的覆盖层物理力学性能及渗透性能，在已开挖基坑的第②、③层土体中进行了标准贯入试验、超重型重力触探试验、现场原位大型力学及渗透试验，同时进行了钻孔抽水及标准注水试验，并根据现场开挖取样进行了室内物理力学试验、高压大三轴试验。

三、坝基覆盖层空间分布与组成特征

坝区河谷覆盖层厚度为 60～70m，局部达 79.3m。根据河谷覆盖层成层结构特征和

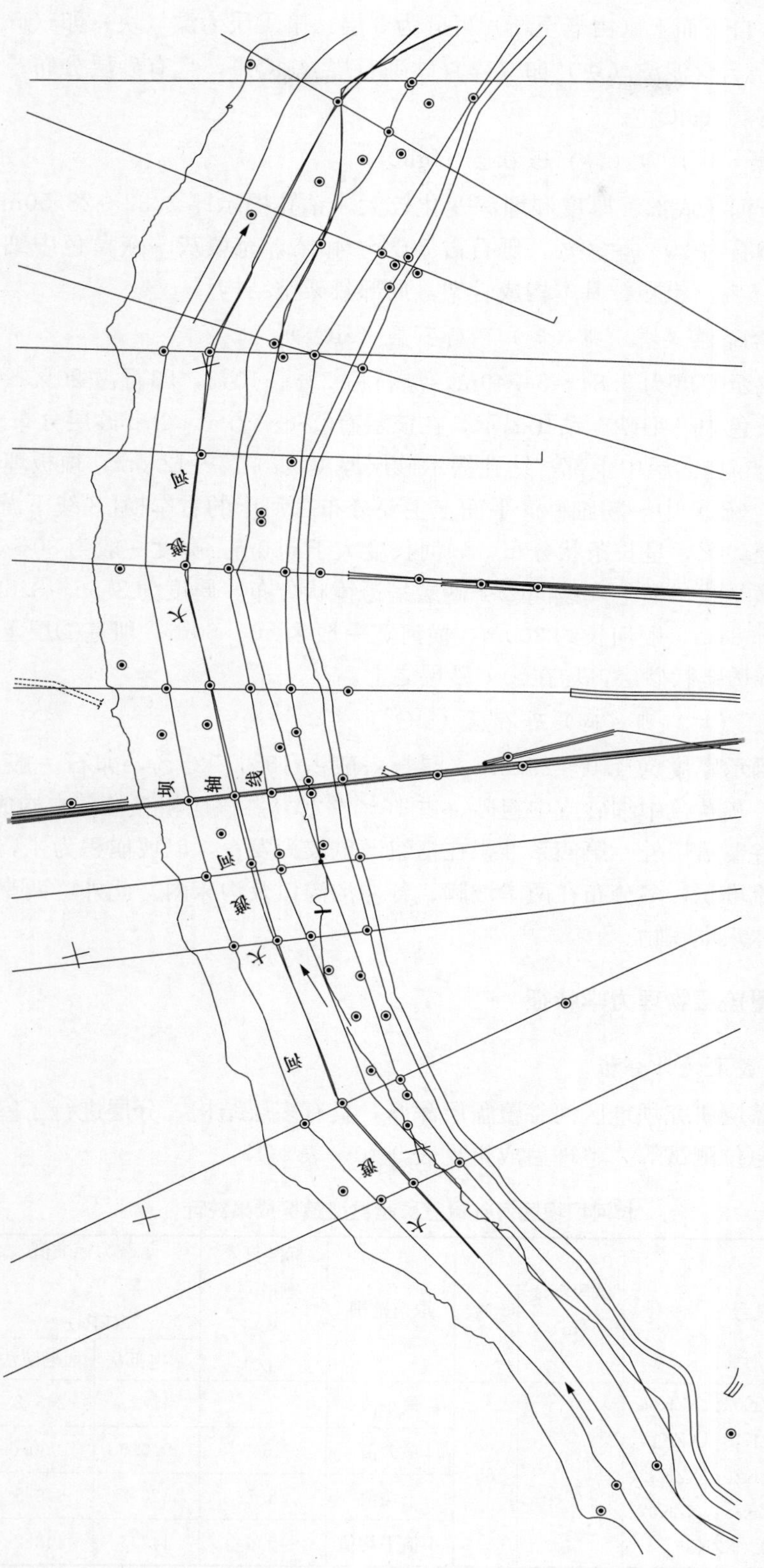

图 9-6　坝址区可行性研究阶段勘探布置示意图

工程地质特性，自下而上（由老至新）可分为3层：第①层为漂（块）卵（碎）砾石层（$fglQ_3$）；第②层为含泥漂（块）卵（碎）砂砾石层（alQ_4^1），且有砂层分布；第③层为漂（块）卵砾石层（alQ_4^2）。

1. 第①层漂（块）卵（碎）砾石层（$fglQ_3$）

该层分布于河床底部，厚度和埋深变化较大，钻孔揭示厚3.32～28.50m。漂石占10%～20%，卵石占20%～30%，砾石占30%～40%，充填灰～灰黄色中细砂或中粗砂，占10%～15%。粗颗粒基本构成骨架，局部具架空结构。

2. 第②层含泥漂（块）卵（碎）砂砾石层（alQ_4^1）

该层钻孔揭示厚度为5.84～54.49m，漂石占5%～10%，卵石占20%～30%，充填含泥灰～灰黄色中～细砂。钻孔揭示，在该层有②-c、②-a、②-b砂层分布。

②-c砂层分布在②层中上部，钻孔揭示砂层厚度为0.75～12.5m，顶板埋深3.30～25.7m，为含泥（砾）中～粉细砂。平面上主要分布在河床的右岸横Ⅰ-3线下游，向左岸厚度逐渐变薄至尖灭，呈长条状分布，顺河长度大于650m，宽度一般为80～120m。在坝轴线上游的横Ⅴ线～横Ⅰ-4线间②-c砂层呈透镜状分布，厚度为3.56～8.58m，顶板埋深18.00～27.84m，顺河长约200m，横河宽一般为40～60m。坝基②层上部局部分布有②-a、②-b透镜状砂层，均在②-c砂层之上。

3. 第③层漂（块）卵（碎）砾石层（alQ_4^2）

该层钻孔揭示厚度为4.0～25.8m，漂石一般占15%～25%，卵石一般占25%～35%，充填灰～灰黄色中细砂或中粗砂，占10%～20%。该层粗颗粒基本构成骨架。

除坝区河谷覆盖层外，第四系堆积在枢纽区也较为发育，以坡崩积为主，少量为人工堆积及泥石流堆积，多分布在两岸坡脚、各冲沟沟口及沟床内。此外，两岸坡面零星分布有残余的冰水堆积物。

四、坝基覆盖层物理力学特征

（一）试验成果统计分析

枢纽区覆盖层研究坝址区河谷覆盖层深厚，具有多层结构，分层进行了室内物理力学试验和现场原位测试等。整理后成果见表9-10～表9-15。

表9-10　长河坝坝区河谷覆盖层超重型触探成果统计

层位	孔号	试段深度(m)	组数	取值范围	标准贯入锤击数 N_{120}（次）	承载力标准值 f_k (kPa)		变模标准值 E_0 (MPa)
						水电部法	西勘院法	西勘院法
③层	XZK02、XZK03、XZK06、XZK12、XZK13、XZK17、XZK18、XZK20、XZK32、XZK33、XZK34、XZK52、XZK53、XZK55	4.00～17.28	35	最小值	3.4	272	245.2	18.2
				最大值	16.0	900.0	1000.0	77.0
				平均值	8.7	626.5	649.5	45.2
				小值平均值	5.6	442.3	443.2	30.9

续表

层位	孔号	试段深度 (m)	组数	取值范围	标准贯入锤击数 N_{120} (次)	承载力标准值 f_k (kPa)		变模标准值 E_0 (MPa)
						水电部法	西勘院法	西勘院法
②层	XZK03、XZK12、XZK14、XZK20、XZK06、XZK07、XZK08、XZK17、XZK28、XZK31、XZK32、XZK33、XZK34、XZK35、XZK46、XZK48、XZK49、XZK50、XZK52、XZK53、XZK54、XZK55	4.35～46.52	125	最小值	3.5	272.5	246	18.3
				最大值	16.0	899.8	999.8	77.0
				平均值	9.3	649.7	674.2	47.3
				小值平均值	6.1	481.0	558.0	32.8
①层	XZK03、XZK20	47.89～61.72	5	最小值	4.7	372.0	347.6	246.0
				最大值	14.7	867.0	967	71.4
				平均值	7.1	508.6	505.7	36.1
				小值平均值	5.3	372.0	347.0	27.4

表 9-11　长河坝坝址区覆盖层现场力学试验成果表

试验编号	位置	层位	荷载试验			剪切试验	
			沉降量 s (mm)	比例极限 P_f (MPa)	变形模量 E_0 (MPa)	凝聚力 c (kPa)	内摩擦角 φ (°)
XE1	下坝址Ⅱ线右岸河漫滩	③层	6.70	0.71	39.6		
XE2	下坝址 XK6 竖井（下游河漫滩）		5.30	0.75	52.9		
E1	坝址Ⅱ～Ⅳ线上游		6.10	0.54	32.3		
E2	坝址Ⅱ～Ⅳ线中间		6.70	0.56	31.0		
E3	坝址Ⅱ～Ⅳ线下游		5.50	0.63	42.4		
XJE	下坝址 XK5 竖井（右岸阶地）	②层	7.70	0.52	25.3		
Xτ1	下坝址Ⅱ线右岸河漫滩	③层				8.75	35.2
Xτ2	下坝址 XK6 竖井（下游河漫滩）					5.00	39.9
XJτ	下坝址 XK5 竖井（右岸阶地）	②层				7.50	28.4

表 9-12　　长河坝坝基覆盖层③层、②层和②-c层物理性及颗粒级配试验成果

层位		天然状态土的物理性指标							加权比重 G_s	颗粒级配组成（%）																不均匀系数 C_u	曲率系数 C_c	分类名称	
		湿密度 ρ (g/cm³)	干密度 ρ_d (g/cm³)	孔隙比 e	加权含水率 w (%)	液限 w_L (%)	塑限 w_P (%)	塑性指数 I_P		颗粒粒径（mm）														小于5mm含量（%）	小于0.075mm含量（%）			典型土名	分类符号
										>200	200～100	100～60	60～40	40～20	20～10	10～5	5～2	2～0.5	0.5～0.25	0.25～0.075	0.075～0.05	0.05～0.005	<0.005	<5	<0.075				
③层	上包线										4.00	14.00	5.00	15.00	14.00	8.50	9.50	8.50	6.00	12.50	3.00	—	—	39.50	3.00	120	1.5	卵石混合土	SIC_b
	平均线	2.27	2.22	0.25	2.28				2.78	20.17	14.41	13.13	7.92	9.79	7.25	5.77	4.64	8.70	2.98	4.25	0.99	—	—	21.56	0.99	114	3.5	卵石混合土	SIC_b
	下包线									50.00	16.50	8.00	6.00	6.50	5.50	2.00	1.00	2.50	1.20	0.80	0.00	—	—	5.50	0.00	18	1.9	混合土漂石	BSI
②层	上包线												7	7.5	6.5	11.5	7.5	6	16	25	9.5	3.5		67.5	13.0	44	0.4	含细粒土砾	GF
	平均线	2.17	2.12	0.29	2.55				2.74	8.16	14.28	12.59	9.33	15.1	10.52	7.84	5.99	8.70	2.68	3.66	1.02	0.12		22.17	1.14	65	2.6	卵石混合土	SICb
	下包线										40	45	3	3	3	5.65	0.1	0.25	—	—	—	—	—	0.25	—	3	1.3	卵石	Cb
②-c层	上包线																100.00	1.00	7.00	50.50	3.50	23.00	15.00	100.0	41.50	43	1.6	黏土质砂	SM
	平均线	2.00	1.64	0.66	21.80	24.7	14.3	10.4	2.72			0.31	0.38	0.54	1.06	0.90	4.99	14.80	13.05	39.13	3.90	14.26	6.68	96.81	24.84	26	0.0	黏土质砂	SM
	下包线											5.00	2.00	3.00	7.00	5.00	3.00	30.00	16.00	24.50	4.50	0.00	0.00	78.00	4.50	10	0.8	级配不良砂	SP

表 9-13　　长河坝坝址区覆盖层现场管涌试验成果

试验编号	位置	层位	管涌试验			
			渗透系数 k_{20} (cm/s)	临界比降 i_k	破坏比降 i_f	破坏类型
XHS1	下坝址Ⅱ线右岸河漫滩	③层	6.0×10^{-3}	0.88	2.68	管涌型
XHS2	下坝址 XK6 竖井（下游河漫滩）		3.36×10^{-2}	0.12	0.48	管涌型
CS1	下坝址Ⅱ～Ⅳ线上游		5.28×10^{-2}	0.58	1.36	管涌型
CS2	下坝址Ⅱ～Ⅳ线中间		4.46×10^{-2}	0.31	1.44	管涌型
CS3	下坝址Ⅱ～Ⅳ线下游		3.94×10^{-2}	—	1.77	管涌型
XJS1	下坝址 XK2 竖井（右岸阶地）	②层	6.26×10^{-2}	0.33	1.95	管涌型
XJS2	下坝址 XK5 竖井（右岸阶地）		5.47×10^{-2}	0.36	2.96	管涌型

表 9-14　　长河坝坝址区室内力学性试验成果

试验编号	取样位置	层位	控制干密度 ρ_d (g/cm³)	控制含水率 w (%)	压缩试验				渗透变形试验				直剪试验（饱、固、快）	
					0.1～0.2MPa		0.4～0.8MPa							
					压缩系数 a_v (MPa⁻¹)	压缩模量 E_s (MPa)	压缩系数 a_v (MPa⁻¹)	压缩模量 E_s (MPa)	临界比降 i_k	破坏比降 i_f	渗透系数 k_{20} (cm/s)	破坏类型	凝聚力 c (kPa)	内摩擦角 φ (°)
BXK 平	河漫滩	③层			0.050	29.93	0.029	51.24	0.32	1.06	9.04×10^{-3}	管涌型		
XH 上	坝址河漫滩				0.022	59.65	0.015	88.39	0.18	0.42	7.06×10^{-2}	管涌型		
XH 平					0.012	110.43	0.008	160.97	0.19	0.34	1.09×10^{-1}	管涌型		
XH 下					0.015	80.27	0.007	170.15	0.13	0.34	1.16×10^{-1}	管涌型		
XHX 上	坝址河漫滩				0.020	62.38	0.012	103.96	0.44	0.93	1.99×10^{-2}	管涌型		
XHX 平					0.011	107.45	0.007	168.64	0.32	0.74	4.66×10^{-2}	管涌型		
XHX 下					0.008	147.0	0.005	245.91	0.16	0.33	1.75×10^{-1}	管涌型		
ZT 上	坝址河漫滩				0.020	61.6	0.011	119.1						
ZT 平					0.013	92.8	0.009	140.6						
ZT 下					0.012	99.6	0.009	141.7						

续表

试验编号	取样位置	层位	控制干密度 ρ_d (g/cm³)	控制含水率 w (%)	压缩试验 0.1～0.2MPa 压缩系数 a_v (MPa⁻¹)	压缩试验 0.1～0.2MPa 压缩模量 E_s (MPa)	压缩试验 0.4～0.8MPa 压缩系数 a_v (MPa⁻¹)	压缩试验 0.4～0.8MPa 压缩模量 E_s (MPa)	渗透变形试验 临界比降 i_k	渗透变形试验 破坏比降 i_f	渗透变形试验 渗透系数 k_{20} (cm/s)	直剪试验（饱、固、快） 破坏类型	直剪试验（饱、固、快） 凝聚力 c (kPa)	直剪试验（饱、固、快） 内摩擦角 φ (°)
BXJ 上	坝址阶地	②层			0.025	53.60	0.017	81.23	0.18	0.48	5.18×10^{-2}	管涌型		
BXJ 平					0.014	94.72	0.010	134.29	0.06	0.16	5.27×10^{-1}	管涌型		
BXJ 下					0.009	134.84	0.007	184.14	0.07	0.17	2.46×10^{-1}	管涌型		
DZK 平	ϕ130 钻孔		2.10	4.5	0.014	94.6	0.011	116.1	0.20	0.39	2.60×10^{-1}	管涌型	50	41.0
XZK93	砂层孔	②-c 层	1.64	20.42	0.139	11.9	0.060	27.6			8.85×10^{-5}		4	21.8
XZK94			1.67	20.62	0.117	14.0	0.050	32.8			2.53×10^{-5}		7	24.2

表 9-15　　坝基土体渗透系数 *k*　　cm/s

层号	钻孔抽水、标准注水试验	现场渗透变形试验	钻孔或井坑取样室内力学试验	岩层代号	建议值
③	6.57×10^{-2}～ 2.28×10^{-1} 平均 1.47×10^{-1}	6.0×10^{-3}～ 5.28×10^{-2} 平均 3.53×10^{-2}	9.04×10^{-3}～ 1.75×10^{-1} 平均 7.80×10^{-2}	alQ_4^2	5.0×10^{-2}～ 2.0×10^{-1}
②	1.36×10^{-3}～ 2.75×10^{0} 平均 1.11×10^{-1}	5.47×10^{-2}～ 6.26×10^{-2} 平均 5.92×10^{-2}	5.18×10^{-2}～ 5.27×10^{-1} 平均 2.71×10^{-1}	alQ_4^1	2.0×10^{-2}～ 6.5×10^{-2}
②-c	6.86×10^{-3}		2.53×10^{-5}～ 8.85×10^{-5} 平均 5.69×10^{-5}	lQ_4^1	6.86×10^{-3}
①	3.09×10^{-2}～ 2.22×10^{-1} 平均 1.16×10^{-1}			$fglQ_3$	2.0×10^{-2}～ 8.0×10^{-2}

由表 9-10～表 9-15 可知：

(1) 第①层漂（块）卵（碎）砾石层。埋藏较深，粗颗粒基本构成骨架，结构较密实。5 段超重型圆锥动力触探试验表明平均锤击数 N_{120} 为 5.3～7.1，经换算成承载力标准值 $f_k=0.37\sim0.51$MPa，变形模量 $E_0=27.4\sim36.1$MPa。旁压试验旁压模量 $E_m=19.87\sim112.80$MPa，平均值为 65.08MPa，标准值为 26.59MPa，地基承载力基本值的平均值为 0.934MPa，表明该层结构稍密～中密，具有较高的承载力。4 段钻孔抽水试验渗透系数 $k=3.09\times10^{-2}\sim2.22\times10^{-1}$cm/s，表明具强透水性。

(2) 第②层含泥漂（块）卵（碎）砂砾石层。超重型圆锥动力触探平均锤击数 N_{120} 为 6.1～9.3，经换算成承载力标准值 $f_k=0.48\sim0.65$MPa，变形模量 $E_0=32.8\sim47.3$MPa。旁压试验旁压模量 $E_m=2.63\sim131.93$MPa，标准值为 18.79MPa，地基承载力基本值的平均值为 0.533MPa，表明卵砾石层粗颗粒构成骨架，结构中密，具有较高的承载力。

据现场荷载和大剪试验表明，比例极限 $P_f=0.52$MPa，变形模量 $E_0=25.3$MPa；内摩擦角 $\varphi=28.4°$，凝聚力 $c=7.5$kPa。大口径②层室内力学试验内摩擦角 $\varphi=41°$，凝聚力 $c=50$kPa。室内大三轴试验表明，在施加周围压力 $\sigma_3=4.5$MPa 时，通过 E-μ 模型计算，其内摩擦角 $\varphi=34.61°\sim37.95°$，凝聚力 $c=40\sim45$kPa。通过对②层进行大口径钻探的室内大三轴试验，表明在施加周围压力 $\sigma_3=1\sim3$MPa 时，其内摩擦角 $\varphi_0=46.9°$，$\Delta\varphi=6.5°$。室内压缩试验反映压缩模量分别为 $E_{s0.1\sim0.2}=53.6\sim113.84$MPa 和 $E_{s0.4\sim0.8}=81.23\sim184.14$MPa。上述试验成果表明该层总体强度较高，具低压缩性、结构不均一等特点。

据现场渗透试验，渗透系数 $k=5.47\times10^{-2}\sim6.26\times10^{-2}$cm/s，临界比降为 0.33～0.36，破坏比降为 1.95～2.96，破坏类型为管涌型。室内力学试验表明，渗透系数 $k=5.18\times10^{-2}\sim5.27\times10^{-1}$cm/s，临界比降为 0.06～0.20，破坏比降为 0.16～0.48，破坏类型也为管涌型。钻孔抽水试验表明，渗透系数 $k=1.36\times10^{-3}\sim2.75\times10^{0}$cm/s。现场渗透试验和钻孔抽水试验均表明其具有强透水性。

该层中的②-c 砂层，标准贯入锤击数一般 $N_{63.5}=6.65\sim29.58$，结构稍密～中密，承载力 $f_k=0.17\sim0.20$MPa，压缩模量 $E_0=13.88\sim15.36$MPa。旁压试验表明，旁压模量 $E_m=2.63\sim10.45$MPa，平均值为 7.40MPa，地基承载力基本值的平均值为 0.191MPa。室内压缩试验反映压缩模量分别为 $E_{s0.1\sim0.2}=11.9\sim14.0$MPa 和 $E_{s0.4\sim0.8}=27.6\sim32.8$MPa，渗透系数 $k=2.53\times10^{-5}\sim8.85\times10^{-5}$cm/s，内摩擦角 $\varphi=21.8°\sim24.2°$，凝聚力 $c=4\sim13$kPa。钻孔注水试验渗透系数 $k=6.86\times10^{-3}$cm/s。上述试验成果表明，②-c 砂层总体强度较低，具中压缩性和中等～弱透水性。

(3) 第③层漂（块）卵砾石层。超重型圆锥动力触探试验平均锤击数 N_{120} 为 5.61～8.86，经换算成承载力标准值 $f_k=0.44\sim0.63$MPa，变形模量 $E_0=30.9\sim45.2$MPa。旁压试验旁压模量 $E_m=3.70\sim67.36$MPa，标准值为 7.33MPa，地基承载力基本值的平均值为 0.535MPa，表明卵砾石层粗颗粒构成骨架，结构稍密～中密，具有较高的承载力。

现场荷载和大剪试验比例极限 P_f＝0.54～0.75MPa，变形模量 E_0＝31.0～52.9MPa；内摩擦角 φ＝35.2°～39.9°，凝聚力 c＝5.0～8.75kPa。室内大三轴试验在施加周围压力 σ_3＝0.8～4.5MPa 时，通过 E-μ 模型计算，其内摩擦角 φ＝36.7°～40.69°，凝聚力 c＝25～44kPa。在施加周围压力 σ_3＝0.8～2.4MPa 时，通过 E-B 模型计算，其内摩擦角 φ＝36.7°～39.2°，凝聚力 c＝31～44kPa。室内压缩试验反映压缩模量分别为 $E_{s0.1\sim0.2}$＝29.93～110.43MPa 和 $E_{s0.4\sim0.8}$＝51.24～245.91MPa。上述试验成果表明，该层总体强度较高，具低压缩性。

据现场渗透试验，渗透系数 k＝5.28×10^{-2}～6.0×10^{-3}cm/s，临界比降为 0.12～0.88，破坏比降为 0.48～2.68，破坏类型为管涌型。室内力学试验表明，渗透系数 k＝1.75×10^{-1}～9.04×10^{-3}cm/s，临界比降为 0.13～0.44，破坏比降为 0.33～1.06，破坏类型也为管涌型。钻孔抽水试验表明，渗透系数 k＝2.28×10^{-1}～6.57×10^{-2}cm/s。现场渗透试验和钻孔抽水试验均表明透水性强。

（二）地质参数选取

根据上述试验成果，按照坝址区覆盖层分类，分层进行试验值统计，以实验室成果及原位测试成果为依据，土体物理力学性质参数以试验的算术平均值作为标准值，渗透系数根据土体组成、结构及类似工程经验结合渗透相关试验综合确定，地表承载力特征值根据荷载试验确定，下部土体根据钻孔动力触探试验、标准贯入试验、室内试验等成果结合相似工程实践经验值综合确定，抗剪强度采用试验的小值平均值作为标准值。以《水力发电工程地质勘察规范》（GB 50287—2016）为准则，类比大渡河上相关水电站工程经验值，给出坝址区覆盖层物理力学性指标建议值，见表 9-16。

表 9-16　长河坝坝区覆盖层物理力学指标建议值

层位	岩性	代号	天然密度 ρ (g/cm³)	干密度 ρ_d (g/cm³)	允许承载力 [R] (MPa)	变形模量 E_0 (MPa)	抗剪强度		渗透系数 k (cm/s)	允许水力比降 J_P	边坡比	
							φ (°)	c (MPa)			水上	水下
③	漂（块）卵砾石	alQ_4^2	2.14～2.22	2.10～2.18	0.5～0.6	35～40	30～32	0	5.0×10^{-2}～2.0×10^{-1}	0.10～0.12（局部 0.07）	1∶1.25	1∶1.5
②	②-c 砂层	alQ_4^1	1.7～1.9	1.50～1.60	0.15～0.20	10～15	21～23	0	6.86×10^{-3}	0.20～0.25	1∶2	1∶3
②	含泥漂（块）卵（碎）砂砾石	alQ_4^1	2.15～2.25	2.1～2.2	0.45～0.50	35～40	28～30	0	6.5×10^{-2}～2.0×10^{-2}	0.12～0.15	1∶1.0	1∶1.5
①	漂（块）卵（碎）砾石	$fglQ_3$	2.18～2.29	2.14～2.22	0.55～0.65	50～60	30～32	0	2.0×10^{-2}～8.0×10^{-2}	0.12～0.15（局部 0.07）	—	—

续表

层位	岩性	代号	天然密度 ρ (g/cm³)	干密度 ρ_d (g/cm³)	允许承载力 [R] (MPa)	变形模量 E_0 (MPa)	抗剪强度		渗透系数 k (cm/s)	允许水力比降 J_P	边坡比	
							φ (°)	c (MPa)			水上	水下
崩坡积堆积体	块碎石土	col+dlQ$_4$	2.0～2.1	1.95～2.05	0.30～0.35	25～30	25～27	0.01			1∶1.25	1∶1.5
	块碎石	colQ$_4$	1.85～2.0	1.82～1.95	0.25～0.30	20～25	25～30	0			1∶1.25	1∶1.5

（三）施工详图阶段复核

在大坝坝基第③层开挖至深度 5～15m，现场进行了大剪试验、荷载试验、管涌试验、超重型动力触探试验、旁压试验、标准贯入试验和抽（注）水试验等。试验成果见表 9-17。同时取样进行了室内常规试验和高压大三轴试验，试验成果见表 9-18。

表 9-17　坝基覆盖层第③层现场力学试验成果

试验位置	现场干密度 ρ_d (g/cm³)	荷载试验			剪切试验		渗透变形试验			
		比例极限 P_f (MPa)	变形模量 E_0 (MPa)	沉降量 s (mm)	凝聚力 c (MPa)	内摩擦角 φ (°)	临界比降 i_k	破坏比降 i_f	渗透系数 k_{20} (cm³/s)	破坏类型
③层埋深 11m	2.25	0.60	45.8	0.49	15	29.2	3.18	9.03	3.14×10^{-5}	过渡型
③层埋深 0.5～4m	2.17～2.27	0.54～0.75	31.0～52.9	0.53～0.67	50～88	35.2～39.9	0.12～0.70	0.48～1.77	6.0×10^{-3}～5.28×10^{-2}	管涌型

表 9-18　坝基覆盖层③层室内力学性试验成果

试验编号	控制条件	压缩试验 (0.1～0.2MPa)		渗透变形试验				直剪试验 (饱、固、快)	
	干密度 ρ_d (g/cm³)	压缩系数 a_v (MPa⁻¹)	压缩模量 E_s (MPa)	临界比降 i_k	破坏比降 i_f	渗透系数 k_{20} (cm/s)	破坏类型	凝聚力 c (kPa)	内摩擦角 φ (°)
③层上包线（开挖取样）	2.21	0.022	55.5	0.13	0.55	5.86×10^{-2}	管涌型	15	33.0
③层平均线（开挖取样）	2.24	0.020	61.3	0.13	0.37	7.04×10^{-1}	管涌型	25	43.2
③层下包线（开挖取样）	2.28	0.015	83.1	0.14	0.34	1.13×10^{-1}	管涌型	50	42.9
③层上包线（浅部取样）	2.19	0.020	61.6	0.45	1.55	3.19×10^{-3}	管涌型	65	35.5
③层平均线（浅部取样）	2.22	0.013	92.8	0.34	0.83	2.30×10^{-2}	管涌型	70	38.9
③层下包线（浅部取样）	2.25	0.012	99.6	—	0.17	1.70×10^{0}	管涌型	70	43.3

第③层漂（块）卵砾石层粗颗粒构成骨架，结构中密，具有较高的承载力；强透水，抗渗性能差，渗透系数为 $i\times10^{-3}\sim i\times10^{-2}$，渗透破坏类型以管涌型为主，与前期勘察结果一致。

坝基开挖深 20m 后，对第②层进行了现场试验和室内试验，试验成果见表 9-19。

表 9-19　　坝基覆盖层第②层现场力学试验成果统计

试验位置	现场干密度 ρ_d (g/cm³)	荷载试验			剪切试验		渗透变形试验			
		比例极限 P_f (MPa)	变形模量 E_0 (MPa)	沉降量 s (mm)	凝聚力 c (MPa)	内摩擦角 φ (°)	临界比降 i_k	破坏比降 i_f	渗透系数 k_{20} (cm³/s)	破坏类型
②层（高程 1457m）		0.85～0.98	51.4～59.3	6.2						
②层（高程 1462m）	2.24～2.32	0.9～0.97	48.4～88.6	0.38～0.75	—	—	1.05～1.79	3.17～5.45	2.94×10^{-4}～2.50×10^{-3}	管涌型
②层（高程 1478m）	2.12	0.52	25.3	0.77	45	30.4	0.33～0.36	1.14～1.65	5.47×10^{-2}～6.26×10^{-2}	管涌型

试验成果表明：

（1）深部开挖后原位取样干密度平均值为 2.27g/cm³，比浅表取样略大。

（2）第②层卵砾石层粗颗粒构成骨架，结构密实，具有较高的承载力。深部土体在一定埋深下更加致密，变形模量、比例极限、抗渗透变形能力比表层略高，渗透系数略低，但总体与前期结论无本质区别。

坝基开挖过程中，对②-c 砂层进行 20 组现场试验，试验成果见表 9-20。

表 9-20　　坝基覆盖层②-c 砂层现场力学试验成果

试验位置	试验编号	现场干密度 ρ_d (g/cm³)	荷载试验			剪切试验	
			比例极限 P_f (MPa)	变形模量 E_0 (MPa)	相应沉降量 s (mm)	凝聚力 c (kPa)	内摩擦角 φ (°)
②-c	SE1	1.36	0.17	14.7	0.42		
②-c	SE2	1.34	0.17	11.0	0.57		
②-c	Sτ1	1.30				30	19.1
②-c	Sτ2	1.29				25	18.9
②-c	Sτ3	1.36				25	19.2
②-c	Sτ5	1.33				30	19.1

可见，基坑开挖揭示②-c 砂层总体与可行性研究及招标阶段试验成果相比：

（1）粒径略微偏细，开挖取样平均干密度为 1.33g/cm³，比钻孔取样干密度偏小。

（2）总体结构稍密，局部中密。

五、坝基覆盖层工程地质条件评价

长河坝水电站拦河大坝为砾石土心墙堆石坝，坝顶高程 1697m，最大坝高 240m，坝顶长 502.9m，坝顶宽 16m，坝体顺河长约 1km。心墙顶宽 6m，底宽 125.7m，上、下游坡比均为 1∶2.0。心墙两侧依次设反滤层、过渡层、堆石区、压重体和围堰。上游反滤层水平厚 8m，下游两层反滤层水平厚 12m，过渡层上、下游厚均为 20m。心墙区覆盖层坝基，桩号（坝）0—72.85～（坝）0＋72.85m，覆盖层厚 18.80～51.50m。上游堆石区覆盖层坝基，桩号（坝）0—72.85～（坝）0—456m，覆盖层厚 33.80～54.00m。下游堆石区覆盖层坝基，桩号（坝）0＋72.85～（坝）0＋458.5 m，覆盖层厚 33.80～54.00m。坝基覆盖层深厚，且不均匀，存在承载力及不均匀变形、渗透及渗透稳定、抗滑稳定及砂层液化等工程地质问题。

（一）地基承载与变形稳定和建基面选择原则

坝体范围河谷覆盖层具多层结构，总体粗颗粒基本构成骨架，结构稍密～密实，允许承载力为 0.45～0.65MPa，变形模量为 35～60MPa，其承载和抗变形能力均较高，可满足地基承载及变形的要求。坝基持力层主要为第②层含泥漂（块）卵（碎）砂砾石层（alQ_4^1）、第③层漂（块）卵（碎）砾石层（alQ_4^2），少量为第①层漂（块）卵（碎）砾石层（$fglQ_3$）。但由于覆盖层内分布有②-a、②-b、②-c 砂层，为含泥（砾）中～粉细砂，承载力［R］＝0.15～0.2MPa，变形模量 E_0＝10～15MPa，承载力和变形模量均较低，对覆盖层地基的强度和变形特性影响较大，存在不均匀变形问题，不能满足地基承载力及变形的要求。右岸有少量崩坡积堆积层，挖除 10～15m 厚浅表较松散层后作持力层。

（二）地基渗漏与渗透稳定

坝基河谷覆盖层深厚，由第①层漂（块）卵（碎）砾石层（$fglQ_3$）、第②层含泥漂（块）卵（碎）砂砾石层（alQ_4^1）、第③层漂（块）卵砾石（alQ_4^2）构成，具粒径悬殊、结构复杂不均、局部架空、分布范围及厚度变化大等急流堆积特点。河谷覆盖层透水性强，抗渗稳定性差，存在渗漏和渗透变形稳定问题，易发生集中渗流、管涌型破坏等。因砂层透镜体与其余河谷覆盖层的渗透性差异，有产生接触冲刷的可能。

（三）坝基抗滑稳定

河谷覆盖层地基由粗颗粒构成骨架，充填含泥（砾）中～粉细砂，总体较密实，现场剪切试验表明，其强度较高，内摩擦角 φ＝28°～32°，能够满足堆石坝坝基抗滑稳定要求。分布在第②层中上部的透镜状②-a、②-b 和②-c 砂层，抗剪强度较低，φ＝21°～23°，当有外围强震波及影响时，砂土强度将进一步降低，从而可能引起地基剪切变形，对坝基抗滑稳定不利。

（四）地基砂土液化

前期采用年代法、粒径法、地下水位法、剪切波速法等进行了初判，采用标准贯入锤击数法、相对密度法、相对含水量法等复判，并进行振动液化试验，施工详图阶段对②-c 砂层采用标准贯入锤击数法复判，判定②-c 砂层在 7、8、9 度地震烈度下为可能液化砂，需进行挖除或专门的工程处理。

六、坝基覆盖层工程地质问题处理

（一）地基承载与变形问题处理

坝体范围河谷覆盖层地基允许承载力为 0.45～0.65MPa，变形模量为 35～60MPa，可满足地基承载及变形要求。但由于②-a、②-b、②-c 砂层承载力为 0.15～0.2MPa，变形模量为 10～15MPa，不能满足地基承载力及变形要求，将砂层进行全部挖除。为了减小河谷覆盖层坝基不均匀沉降量，改善大坝砾石土心墙的应力变形条件，提高其整体性，对河床部位心墙基础覆盖层进行深 5m 的固结灌浆处理。固结灌浆注水检测结果及地震波检测成果表明，渗透系数降低至不大于 5×10^{-4} cm/s，地震横波提高大于 60%，纵波提高大于 40%，坑探有明显的水泥结石，灌浆效果明显。

（二）地基砂土液化问题处理

覆盖层地基中的砂层经初判和复判确定均为可能液化砂，施工中将砂层全部挖除，心墙建基面高程 1457m 以下局部砂层开挖后换填掺 4%水泥干粉的全级配碎石，并在坝体填筑前分层碾压夯实，解决了砂层液化问题。

（三）坝基渗漏及渗透稳定问题处理

为了解决覆盖层坝基渗漏及渗透变形问题，采用两道全封闭混凝土防渗墙，墙厚分别为 1.4m 和 1.2m，两墙之间净距 14m，最大墙体深度为 54.5m，墙底嵌入基岩内不小于 1.0m。墙下基岩采用帷幕灌浆，伸入透水率 $q\leqslant3$Lu 的相对不透水层。同时在坝轴线下游坝壳与覆盖层建基面之间设置一层水平反滤层。

（四）坝基抗滑稳定问题处理

坝基②层中上部的透镜状②-a、②-b 和②-c 砂层抗剪强度较低，尤其是②-c 砂层分布范围广，施工详图阶段已将覆盖层地基中的砂层全部挖除，同时在上、下游坝脚铺设一定厚度和宽度的弃渣压重，增强了大坝抗滑稳定性。

七、大坝覆盖层地基安全性评价

（一）地表巡视

电站蓄水至死水位（1680m）并发电后，巡视大坝无明显变形破坏现象，未见有裂缝、局部塌陷等异常现象，坝面无明显渗水点，廊道未见严重渗漏裂缝，结构缝未出现较大渗漏，巡视未见坝体坝基应力变形异常。坝后量水堰无水渗出，坝基覆盖层变形及防渗效果良好。

（二）监测

蓄水前后坝基覆盖层沉降监测值未见明显增加，坝基覆盖层累计最大沉降量为680.98mm，下闸蓄水以来变化量为7.78mm，总体变化量小，坝基承载力及变形满足大坝要求。

下游堆石区最大沉降量为2714.9mm，扣除覆盖层沉降量（680.98mm）后，占下游堆石区填筑高度的0.847%，总体在已有工程经验范围内。

从大坝外部变形观测可以看出，由于蓄水湿化的影响，大坝上游堆石区的外观测点沉降量蓄水前后变化较大，上游坝坡最大累计沉降量发生在桩号（纵）0+287.23m、1695m高程的TP77测点，自2015年10月以来累计沉降量为196.10mm，一期蓄水以来变化量为187.10mm（下沉）。坝顶最大累计沉降量发生在上游堆石区顶部桩号（纵）0+290.49m的BM19测点，自2016年10月以来累计沉降量为166.85mm，一期蓄水以来变化量为166.85mm（下沉）。下游坝坡最大累计沉降量发生在桩号（纵）0+253.83m、1615m高程的BM43测点，自2015年10月以来累计沉降量为496.05mm，一期蓄水以来变化量为38.70mm（下沉）。下游坝坡外观测点相对于上游及坝顶监测点蓄水后沉降变化量较小。根据大坝检测成果三维应力变形计算分析得到大坝的最大沉降均发生在心墙内，填筑到坝顶和蓄水至1690m分别为347.4cm和353.5cm，目前心墙的监测最大沉降量为2230mm，心墙的监测沉降值小于计算值。与类似工程相比，长河坝心墙沉降率略低，总体沉降率低对应力变形协调有利。

心墙测斜管显示1615m高程以上顺河方向水平位移向上游，外观上游坝坡及坝顶向上游位移。外观监测显示大坝上游及坝顶蓄水后向上游水平位移52～65mm，大坝下游坡向下游位移16.78mm。大坝内观和外观变形数据一致说明：大坝顶部上游坝壳及心墙呈现向上游位移的趋势，与计算不符，但与已建类似瀑布沟、冶勒等工程规律一致。

上游水位1652.79m，水头由副防渗墙折减33.26～38.66m后，又经主防渗墙再次折减137.18～142.51m，总折减水头175.66～175.84m。蓄水后主防渗墙下游侧实测水头基本没有变化（见图9-7），说明坝基防渗墙防渗效果良好。

蓄水前大坝总渗漏量为5.06L/s，蓄水后大坝及厂房总渗漏量为30.90L/s，总渗漏量远远小于大坝设计渗漏量（约150L/s）。

应力变形计算分析、监测成果及现场巡视检查均认为，坝体坝基应力变形在蓄水后未出现明显异常。渗流监测成果表明，在目前水位下坝体坝基防渗系统防渗效果良好，大坝防渗及排水系统在蓄水后运行正常。

（三）总体评价

长河坝水电站坝基覆盖层将砂层挖除，心墙基础进行固结灌浆，采用两道全封闭防

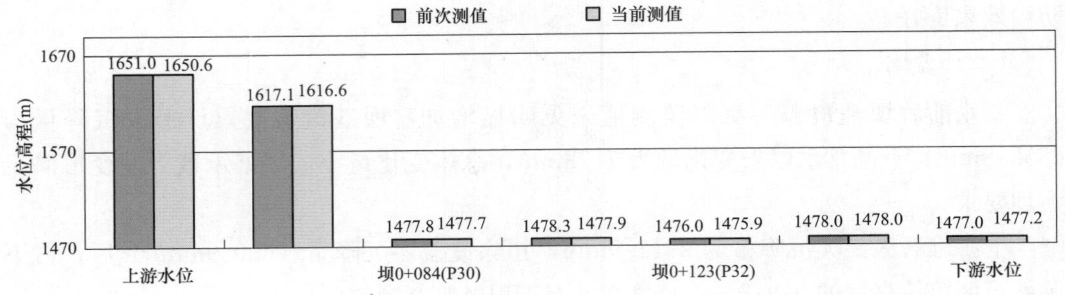

图 9-7　桩号（纵）0＋253.72m 坝基实测水位柱状图（注：坝上游 0＋桩号，坝下游为 0—桩号）

渗墙防渗，墙下基岩采用帷幕灌浆，深度深入 3Lu 的相对不透水层。坝轴线下游覆盖层设反滤层。应力变形计算分析、监测成果及现场巡视检查均认为，坝体坝基应力变形在蓄水后未出现明显异常，坝基及坝体变形均未见明显异常，变形值小于计算值，并与已有工程经验和规律一致。坝体坝基防渗系统防渗效果良好，总渗漏量远小于设计量，坝体坝基及两岸防渗及排水系统在蓄水后运行正常。总体而言，坝基及坝体变形和渗透均在正常范围内，基础处理是成功的。

第三节　猴子岩水电站

一、工程概况

猴子岩水电站位于四川省甘孜藏族自治州康定县境内，是大渡河干流水电规划调整推荐 22 级开发方案的第 9 个梯级电站，距成都市约 402km，对外交通条件较好。工程开发任务为发电。水库正常蓄水位 1842.00m，相应库容 6.62 亿 m^3，具有季调节性能。电站装机容量 1700MW。枢纽建筑物主要由拦河坝、两岸泄洪及放空建筑物、右岸地下引水发电系统等组成（见图 9-8）。拦河坝为混凝土面板堆石坝，最大坝高 223.50m，大坝顶总长度为 389.50m。水电站主体工程于 2011 年开工建设，2017 年建成发电。

二、坝基覆盖层勘察研究方法

猴子岩水电站坝址区河谷覆盖层一般厚度为 60～70m，最大厚度为 85.5m，自下而上（由老至新）可分为①、②、③、④层。河谷覆盖层结构层次复杂，成因多，有冰水积、堰塞沉积、冲洪积等，其中堰塞沉积物工程性状差。

（一）勘察工作思路

进行河谷覆盖层勘探，查明覆盖层的分布、层次结构、物质组成，特别是黏质粉土分布范围、厚度、性状。进行现场、室内试验和水文地质试验，获取河谷覆盖层的颗粒

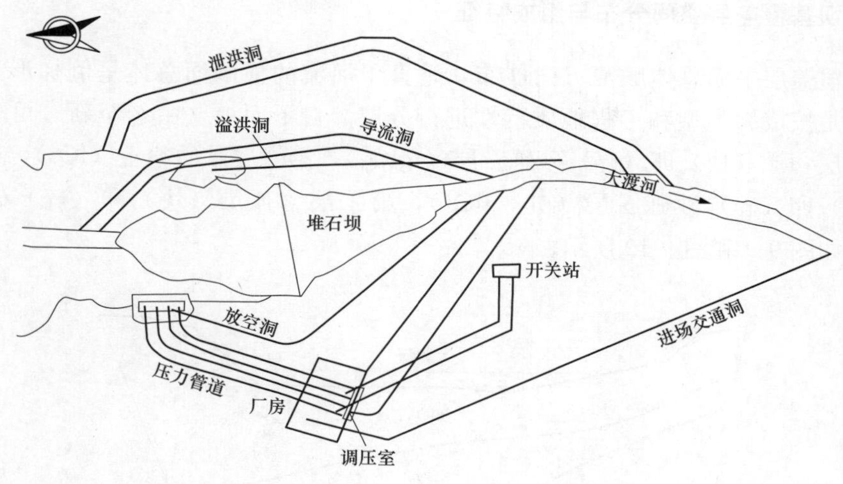

图 9-8　猴子岩水电站坝址区枢纽布置图

级配、物质组成、结构特征、承载力和压缩模量等物理力学性质指标，进行建坝工程地质分析评价，为设计提供可靠的地质参数和依据。

（二）勘探工作

在预可行性研究阶段，上、下坝址各选 1 条有代表性的勘探剖面进行勘探布置，主要了解河谷覆盖层的分层情况及物理力学性状、水文地质条件等，钻孔间距 50～100m，钻孔深度按揭穿覆盖层至基岩深 60～80m 考虑。

在可行性研究阶段，推荐上坝址主要布置了 13 条勘探线，勘探线间距 40～90m，孔间距 10～40m。所有勘探钻孔，覆盖层取心采用 SM 植物胶钻进，采取率要求大于 80%。

（三）试验工作

在前期勘察阶段，为查明覆盖层物理力学特性，对第④、③层进行了超重型触探试验、跨孔法剪切波测试、现场剪切试验、荷载试验、渗透试验，并分层取样进行了室内物理性试验、力学试验；对第②层进行了黏质粉土层标准贯入试验、旁压试验、室内物理力学性质试验、振动三轴试验、固结试验；对第①层进行了超重型触探试验，底部的①-a 卵砾石中粗砂层进行了室内物理力学性质试验、振动三轴试验。

在施工详图阶段，大坝基坑开挖后，分别对各层进行现场试验和室内试验。主要工作有：覆盖层的现场及室内土工试验（主要针对第②、①-a、①层）；坝基粗颗粒开挖料（主要是第④、③、①层等粗料类土）试验研究。共完成物理性试验 165 组，界限含水率 38 组，常规力学性试验 39 组，相对密度试验 40 组，室内三轴试验 26 组，现场荷载 11 组，现场直剪 5 组，现场渗透变形 12 组，超固结 3 组，慢剪 3 组。

三、坝基覆盖层空间分布与组成特征

坝基覆盖层平面总体顺河方向展布，垂直于河流的横剖面总体呈倒梯形，上宽下窄，主要是按成因类型和工程地质特性进行分层。自下而上（由老至新）可分为四大层：第①层含漂（块）卵（碎）砂砾石层（$fglQ_3^2$），第②层黏质粉土（lQ_3^3），第③层含泥漂（块）卵（碎）砂砾石层（$pl+alQ_4^1$），第④层含孤漂（块）卵（碎）砂砾石层（alQ_4^2），如图 9-9 和图 9-10 所示。

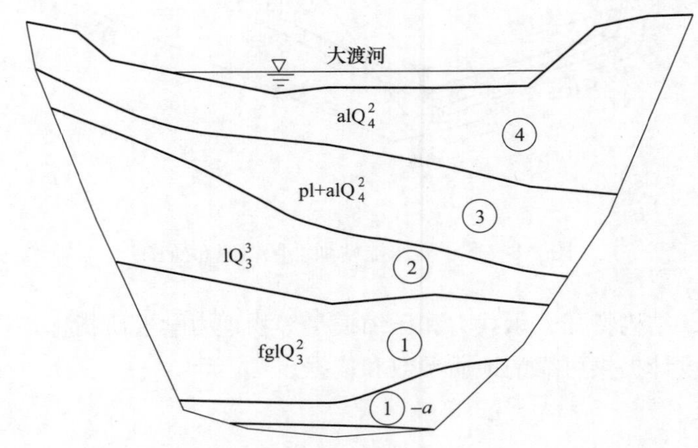

图 9-9　猴子岩水电站河谷覆盖层横剖面图

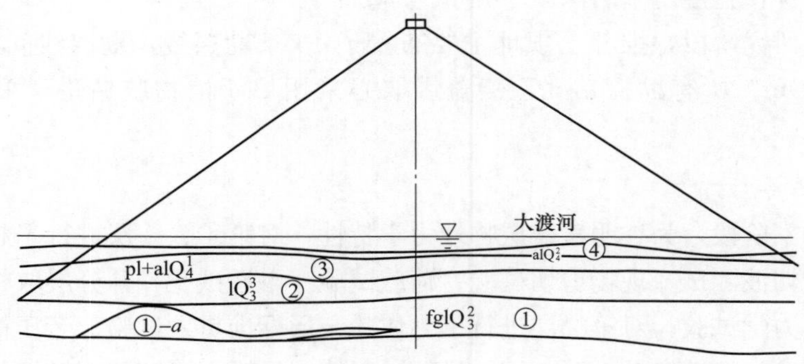

图 9-10　猴子岩水电站河谷覆盖层纵剖面图

（一）第①层含漂（块）卵（碎）砂砾石层（$fglQ_3^2$）

该层分布于河床下部，为冰水积成因。钻孔揭示厚度为 12～39m，顶面埋深 30～41m，底板埋深 42～81m。漂（块）卵（碎）砾石物质成分较复杂，主要为白云质灰岩、白云岩、变质砂岩、灰岩、花岗岩、角闪岩、灰绿岩等，多呈次棱角～次圆状，少量砾石呈次圆～浑圆状。据钻孔岩心统计，漂（块）石粒径一般为 200～400mm，约占 5%；卵（碎）石粒径一般为 60～180mm，占 20%～25%；砾石粒径以 20～60mm 为主，其次为 2～10mm，占 35%～40%；粗颗粒间为砂土充填，砂土占 25%～30%。其结构较密实。第①层的中下部夹卵砾石中粗砂层（①-a 层），均呈不规则的透镜状分布，勘探中共有 8 个钻孔揭露出该层。据钻孔统计，其中卵石含量约占 10%，砾石含量约占 35%，砂含量约占 55%，该层最厚 20.45m，最薄 1.7m，顶板埋深 39.7～64.55m，对应高程 1651.03～1630.57m，底板埋深 60.15～67.10m，对应高程 1630.58～1628.02m，顺河方向长 240m，宽 35～60m，面积约 1.21 万 m^2。其中卵砾石中粗砂层为该工程重点关注的一个夹层。

（二）第②层黏质粉土层（lQ_3^3）

该层是河道堰塞静水环境沉积物，在坝址区河床中部连续分布（见图 9-11 和图 9-12）。钻孔揭示其厚度一般为 13～20m，最薄 0.67m，最厚达 29.45m；顶板埋深 6.1～37.85m（局部 41.20m），对应高程 1652.17～1707.36m；底板埋深 28.50～56.10m（局部 63.16m，SZK80），对应高程 1646.95～1679.49m。勘探揭示该层分布范围较广，顺河方向延伸较长，横跨河床分布较宽处 136m，窄处 50m，总体尚未铺满整个河床，厚度变化大，顶、底板顺河方向分布起伏，颗粒组成以粉粒为主，黏粒次之，工程地质性状差。通过取样进行电子自旋共振（ESR）测年，该层黏质粉土距今大约 8.6 万年，属于第四系晚更新世（Q_3^3）。

（三）第③层含泥漂（块）卵（碎）砂砾石层（$pl+alQ_4^1$）

该层分布于河床中上部，河床钻孔揭示厚度为 5.80～26.00m，顶板埋深 4.20～14.92m。颗粒组成以近缘物质为主，漂（块）卵（碎）砾石成分主要为白云质灰岩、白云岩、变质灰岩、大理岩等，多呈次棱角状，少量呈次圆状；据钻孔岩心统计，漂（块）石粒径一般为 200～400mm，约占 5%；卵（碎）石粒径一般为 60～150mm，占 15%～20%；砾石粒径以 20～60mm 为主，其次为 2～10mm，占 30%～40%；粗颗粒间充填含泥质的砂土，达 30%～35%，结构稍密实，局部有架空现象。

（四）第④层含孤漂（块）卵（碎）砂砾石层（alQ_4^2）

该层分布于河床上部，钻孔揭示厚度为 3.0～14.92m。孤漂（块）卵（碎）砾石成分主要为白云质灰岩、白云岩、变质灰岩、灰岩、石英岩、绢云石英片岩等；据钻孔岩心统计，孤石块径一般为 0.6～1.5m，最大 8.80m，呈棱角～次棱角状，含量约为 5%，主要分布在河床两侧枯洪水变幅区，河心一带相对较少；漂（块）石粒径一般为 200～400mm，约占 10%；卵（碎）石粒径一般为 60～180mm，占 15%～20%；砾石粒径以 20～60mm 为主，其次为 2～10mm，占 40%～45%；粗颗粒间充填略含泥的中细砂，约占 20%。该层结构较松散，局部具架空结构。

四、坝基覆盖层物理力学特征

（一）试验成果统计

可行性研究阶段，坝基覆盖层试验成果见表 9-21～表 9-25。施工详图阶段，对第②、①层进行了复核试验，主要成果见表 9-26～表 9-29。

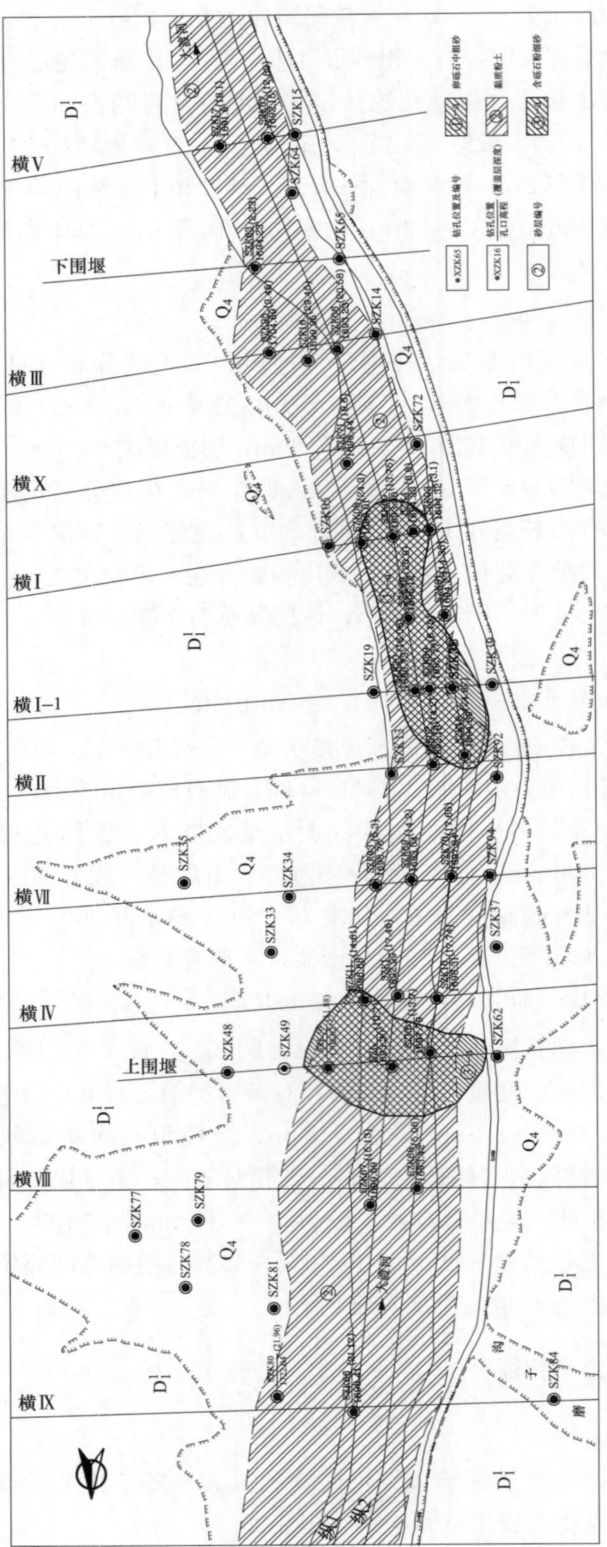

图9-11　坝区河谷覆盖层第②层及③-a、①-a层透镜体范围分布图

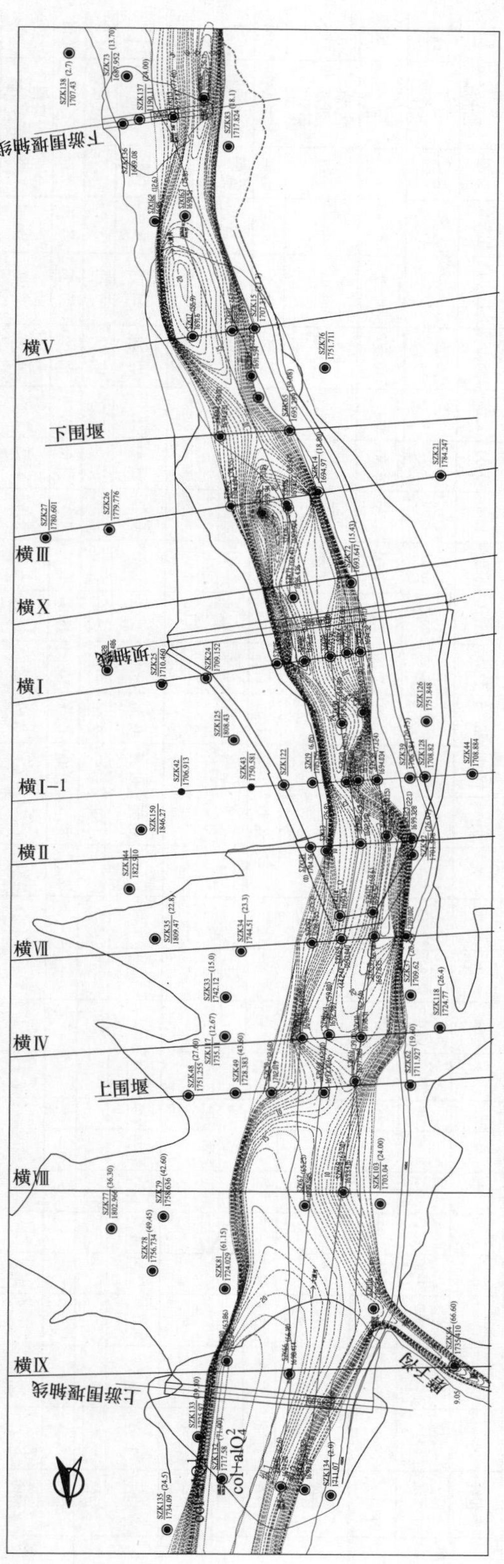

图 9-12　坝址区河谷覆盖层第②层黏质粉土层等厚度分布图

表 9-21　坝址河谷覆盖层第④、③、②、①层物理性质及颗粒级配试验成果表

层位		天然状态土的物理性指标								比重 G_s	颗粒级配组成（%） 颗粒粒径（mm）													小于5mm含量	小于0.075mm含量	不均匀系数 C_u	曲率系数 C_c	分类名称	
		湿密度 ρ_w (g/cm³)	干密度 ρ_d (g/cm³)	孔隙比 e	含水率 w (%)	液限 w_L (%)	塑限 w_p (%)	塑性指数 I_p	分类		>200	200~100	100~60	60~40	40~20	20~10	10~5	5~2	2~0.5	0.5~0.25	0.25~0.075	0.075~0.005	<0.005	<5%	<0.075%			典型土名	分类符号
第④层	上包线											5.00	9.00	8.00	13.00	10.00	6.00	9.00	20.00	9.00	9.70	1.30		49.00	1.30	71.4	0.32	级配良好砾	GW
	平均线	2.09	2.04	0.339	2.6					2.73	5.31	11.74	10.76	12.97	17.33	9.93	4.29	3.25	14.46	6.44	2.98	0.54		27.67	0.54	80.0	3.20	卵石混合土	SlCb
	下包线										23.00	15.00	16.00	11.00	12.00	8.00	2.00	2.00	7.00	2.60	1.21	0.19		13.00	0.19	50.0	5.56	卵石	Cb
第③层	上包线														9.00	14.00	19.00	19.00	11.00	6.00	9.00	9.00	4.00	58.00	13.00	168.8	2.68	含细粒土砾	GF
	平均线	2.18	2.14	0.306	1.6					2.79	7.43	9.73	9.76	8.24	14.54	12.39	9.94	7.74	6.46	2.61	7.06	3.49	0.61	27.97	4.10	147.6	5.53	碎石混合土	SlCb
	下包线										53.00	15.00	7.00	4.00	6.00	3.00	2.00	2.00	2.00	1.00	4.50	0.50		10.00	0.50	80.0	4.05	混合土块石	BSl
③-a层	上包线																	1.00	3.00	4.00	40.00	37.00	15.00	100.00	52.00	31.3	1.01	砂质低液限黏土	MLS
	平均线	1.98	1.78	0.567	11.3					2.79					2.69	1.32	1.65	3.03	3.45	5.36	41.95	28.67	11.88	94.34	40.55	41.0	1.64	粉土质砂	SM
	下包线														10.00	5.00	5.00	5.00	5.00	6.00	29.00	25.00	10.00	80.00	35.00	42.0	2.38	粉土质砂	SM
第②层	上包线																		1.00	1.00	1.00	62.00	35.00	100.00	97.00	333.3	0.01	低液限黏土	CL
	平均线	1.94	1.68	0.62	16.24	28.6	16.7	11.9	CL	2.71					0.06	0.23	0.35	3.06	2.49	0.75	6.50	65.61	20.95	99.36	86.56	8.0	0.68	低液限黏土	CL
	下包线														1.00	2.00	2.00	6.00	34.00	12.00	16.00	22.00	5.00	95.00	27.00	1.7	65.79	黏土质砾	GC
第①层	上包线													5.00	12.00	11.00	12.00	10.00	15.00	6.00	9.00	14.00	6.00	60.00	20.00	454.5	1.64		GM
	平均线	2.21	2.16	0.272	1.9					2.75			4.52	11.19	12.54	10.11	9.60	12.25	15.69	4.32	10.73	7.21	1.84	52.04	9.05	100.0	0.98	含细粒土砾	GF
	下包线												15.00	15.00	15.00	10.00	7.00	8.00	12.00	5.60	11.00	1.40		38.00	1.40	147.4	0.75	级配不良砾	GP
①-a层	上包线														1.00	1.00	3.00	5.00	25.00	15.00	16.00	24.00	10.00	95.00	34.00	80.0	1.51	粉土质砂	GM
	平均线	2.00	1.93	0.432	2.8				ML	2.75		0.40	10.75	8.42	3.89	2.38	2.47	5.62	21.82	9.32	20.58	11.13	3.22	71.69	14.35	40.0	0.82	含细粒土砂	SF
	下包线											8.00	19.00	10.00	15.00	8.00	5.00	5.00	7.00	6.00	14.00	3.00		35.00	3.00	250.0	0.82	碎石混合土	$SlCb_a$

表 9-22 河谷覆盖层第③、④层现场大型力学性试验成果

层位	试验编号	荷载试验			剪力试验		现场渗透试验			
		比例界限 P_f (MPa)	相应沉降量 s (cm)	变形模量 E_0 (MPa)	内摩擦角 φ (°)	凝聚力 c (kPa)	临界比降 i_k	破坏比降 i_f	渗透系数 k_{20} (cm/s)	破坏类型
第③层	KJ4-E	0.56	0.75	27.93	—	—	—	—	—	—
	KJ5-E	0.61	0.50	45.63	—	—	—	—	—	—
	H③-E1	0.50	0.89	21.02	—	—	—	—	—	—
	H③-E2	0.25	0.51	18.33	—	—	—	—	—	—
	KJ4-τ	—	—	—	25.4	10	—	—	—	—
	KJ5-τ	—	—	—	26.6	5	—	—	—	—
	H③-τ1	—	—	—	30.1	12	—	—	—	—
	H③-τ1	—	—	—	23.7	8	—	—	—	—
	KJ4-S	—	—	—	—	—	0.52	0.98	9.64×10^{-3}	管涌型
	KJ5-S	—	—	—	—	—	0.43	0.57	5.21×10^{-2}	管涌型
	H③-S1	—	—	—	—	—	1.00	3.50	1.30×10^{-3}	管涌型
	H③-S1	—	—	—	—	—	0.74	2.70	1.80×10^{-3}	管涌型
第④层	HE1	0.37	0.98	14.1	—	—	—	—	—	—
	HE2	0.44	1.05	15.7	—	—	—	—	—	—
	HS1	—	—	—	—	—	0.42	1.23	2.95×10^{-2}	管涌型
	HS2	—	—	—	—	—	0.25	1.07	6.63×10^{-2}	管涌型
	Hτ-1	—	—	—	20.6	8	—	—	—	—
	Hτ-2	—	—	—	28.0	4	—	—	—	—
	KJ1-S	—	—	—	—	—	0.29	0.44	4.02×10^{-2}	管涌型
	KJ2—S	—	—	—	—	—	0.56	2.03	1.95×10^{-2}	管涌型

表 9-23 河床第①-a、②、③、④层室内力学性试验及渗透变形试验成果

层位	试验编号	制样控制条件		渗透变形试验				直剪试验（饱、固、快）		三轴剪切			
										固结排水		固结不排水	
		干密度 ρ_d (g/cm³)	含水率 w (%)	临界比降 i_k	破坏比降 i_f	渗透系数 k_{20} (cm/s)	破坏类型	凝聚力 c (kPa)	内摩擦角 φ (°)	凝聚力 c (kPa)	内摩擦角 φ (°)	凝聚力 c (kPa)	内摩擦角 φ (°)
第①-a层	SZK20-1	1.69	20.4	—	—	5.35×10^{-5}	—	25	21.8				
	SZK38-1	1.53	14.8	—	—	8.86×10^{-4}	—	34	21.2				

续表

层位	试验编号	制样控制条件		渗透变形试验				直剪试验（饱、固、快）		三轴剪切			
										固结排水		固结不排水	
		干密度 ρ_d (g/cm³)	含水率 w (%)	临界比降 i_k	破坏比降 i_f	渗透系数 k_{20} (cm/s)	破坏类型	凝聚力 c (kPa)	内摩擦角 φ (°)	凝聚力 c (kPa)	内摩擦角 φ (°)	凝聚力 c (kPa)	内摩擦角 φ (°)
第②层	SZK10-1	1.59	23.2			2.70×10^{-5}	未破坏	19	16.08	40	22.0		
	SZK16-2	1.58	7.2			1.86×10^{-4}	未破坏	7	17.42	10	28.2		
	SZK69-1	1.60	23.2	—	—	2.33×10^{-5}	—	26	22.6				
	SZK69-2	1.62	21.6	—	—	1.40×10^{-6}	—	17	22.7				
	SZK08	1.80	8.3			4.99×10^{-5}		15	28.0	49	30.8	10	20.3
	SZK16	1.75	4.0			3.24×10^{-6}		15	28.6	17	31.5	35	23.2
	SZK67	1.85	1.9			6.26×10^{-6}		18	28.8				
	SZK70	1.74	4.5			3.06×10^{-6}		18	26.5				
	SZK71	1.71	2.0							45	28.9		
	SZK90	1.76	4.1			6.98×10^{-5}		32	28.5				
第③层	KJ-③上	2.10	1.3	—	1.39	5.91×10^{-4}	流土型	30	30.4				
	KJ-③平	2.15	1.3	0.28	0.55	5.02×10^{-2}	管涌型	55	31.5				
	KJ-③下	2.13	1.3	0.08	0.27	5.26×10^{-1}	管涌型	60	38.7				
第④层	KJ-④上	2.04	2.0	0.21	0.70	5.93×10^{-2}	管涌型	50	26.6				
	KJ-④平	2.13	2.0	0.16	0.70	1.01×10^{-1}	管涌型	75	32.0				
	KJ-④下	2.16	2.0	0.14	0.30	1.59×10^{-1}	管涌型	75	34.5				

表 9-24　　河谷覆盖层第①、③、④层钻孔超重型触探成果统计表

层位	孔号	试验深度 (m)	组数	取值范围	标准贯入锤击数 N_{120}（次）	换算承载力标准值 f_k（MPa）	换算变形模量 E_0（MPa）
第①层 ($fglQ_3^2$)	SZK1、SZK2 SZK7、SZK8 SZK50、SZK66 SZK69、SZK70	29.3～59.18	45	最小值	2.94	0.43	28.3
				最大值	23.04	1.24	98.6
				平均值	10.6	0.75	56.1
				小值平均值	6.07	0.56	39.2

续表

层位	孔号	试验深度（m）	组数	取值范围	标准贯入锤击数 N_{120}（次）	换算承载力标准值 f_k（MPa）	换算变形模量 E_0（MPa）
第③层（alQ_4^1）	SZK2、SZK8 SZK10、SZK14 SZK38、SZK39 SZK48、SZK49 SZK50、SZK60 SZK61、SZK62 SZK63、SZK66 SZK67、SZK68 SZK69、SZK70 SZK71、SZK72 SZK73、SZK82 SZK46、SZK47 SZK113、SZK114 SZK132、SZK133 SZK137、SZK162 SZK163、SZK165	5.02～40.5	221	最小值	1.82	0.36	21.50
				最大值	24.80	1.31	104.80
				平均值	10.85	0.75	55.98
				小值平均值	6.63	0.59	41.03
第④层（alQ_4^2）	SZK2、SZK7 SZK10、SZK14 SZK19、SZK38 SZK39、SZK69 SZK74	3.9～12.8	25	最小值	2.52	0.42	26.8
				最大值	26.46	1.37	110.6
				平均值	10.9	0.74	56.10
				小值平均值	5.90	0.55	38.7

表 9-25　　河谷覆盖层第②层黏质粉土钻孔标准贯入成果统计表

孔号	试验深度（m）	组数	取值范围	标准贯入锤击数 $N_{63.5}$（次）	换算承载力标准值 f_k（MPa）	换算变形模量 E_0（MPa）
SZK7、SZK8 SZK10、SZK20 SZK39、SZK60 SZK61、SZK63 SZK66、SZK67 SZK68、SZK69 SZK70、SZK71 SZK74、SZK80 SZK81、SZK82 SZK84、SZK46 SZK113、SZK165	7.53～53.89	89	最小值	3.85	0.091	11.28
			最大值	27.76	0.239	17.88
			平均值	14.78	0.17	14.22
			小值平均值	11.85	0.155	13.40

注　西特的经验关系式为：$E_s=C_1+C_2N$；按砂质黏土取值 $C_1=3.8$，$C_2=1.05$。武汉城市规划设计院经验关系式为：$E_s=1.4135N+2.6156$。

表 9-26　　第②、①层物理性成果（高程 1659～1662m）

土样编号	组数	天然状态土的物理性指标								比重 G_s	颗粒级配组成（%） 颗粒粒径（mm）									小于5mm含量	小于0.075mm含量	不均匀系数	曲率系数	分类名称	
		湿密度 ρ_w (g/cm³)	干密度 ρ_d (g/cm³)	孔隙比 e	含水率 w (%)	液限 w_L (%)	塑限 w_p (%)	塑性指数 I_p	分类		40～20	20～10	10～5	5～2	2～0.5	0.5～0.25	0.25～0.075	0.075～0.005	＜0.005	＜5%	＜0.075%	C_u	C_c	典型土名	分类符号
	15																								
H②-平	15	1.93	1.50	0.800	28.8	31.9	19.2	12.7	CL	2.70				0.10	0.07	0.06	12.73	78.89	8.15	100	87.04			低液限黏土	CL
	10																								
HX②-平	10	1.98	1.57	0.74	26.1	33.3	18.7	14.6	CL	2.73				0.1	0.1	0.0	0.2	70.3	29.3	100	99.6				
	8																								
H②1～4平	8	1.49	0.820	26.2	33.3	20.7	12.6	CL	2.71				0.1	0.1	0.1	4.2	85.2	10.3	100.0	95.6					
	5																								
H①-平	5	2.22	2.19	0.26	1.2					2.76	11.9	32.2	17.1	7.7	7.0	2.3	1.0	0.8	6.1	4.9	7.4	1.7	49.8		

表 9-27　　第②、①层现场大型力学性试验成果

试验编号	控制条件		荷载试验		
	干密度 ρ_d（g/cm³）	含水率 w（%）	比例界限 P_f（MPa）	相应沉降量 s（cm）	变形模量 E_0（MPa）
H②E1	1.41	28.5	0.20	0.37	18.6
H②E2	1.44	29.3	0.16	0.38	14.5
H①a-3-1			750	0.440	65.4
H①-1-1			850	0.285	125.3
H①-2-1			750	0.225	128.7
H①-3-1			850	0.215	166.1
H①-4-1			700	0.180	149.2
H①-a-1-4			630	0.590	40.6

表 9-28　　第②、①层室内力学性质试验成果

试验编号	控制条件		现场天然快剪		室内慢剪		室内饱和固结快剪	
	干密度 ρ_d（g/cm³）	含水率 w（%）	凝聚力 c（kPa）	内摩擦角 φ（°）	凝聚力 c（kPa）	内摩擦角 φ（°）	凝聚力 c（kPa）	内摩擦角 φ（°）
第②层			31.5	21.0	36.7	24.0	36.1	23.7
第①层	2.16	1.3					40	40.3
第①层	2.34	1.3					74	43.3
第①层	2.25	1.3					45	39.6

表 9-29　　第①层室内大三轴（固结排水剪 CD）试验成果

试验编号	控制密度 ρ_d（g/cm³）	施加周围压力 σ_3（MPa）	线性参数		非线性参数		E-μ、E-B 模型参数							
			c_d（kPa）	φ（°）	φ_0（°）	$\Delta\varphi$（°）	K	n	R_f	D	G	F	k_b	m
H①-平	2.19	0.5～2.4	163	40.6	49.8	5.9	1016	0.31	0.76	5.3	0.31	0.108	359	0.25
H①a3-4	2.13	0.5～1.2	108	38.5	46.2	5.4	569	0.28	0.77	4.4	0.27	0.105	196	0.21
H①-1 平	2.34	0.5～2.4	122	39.4	47.1	5.0	1445	0.35	0.75	8.4	0.29	0.096	495	0.28
H①-2 平	2.33	0.5～2.4	167	39.2	49.7	6.6	1515	0.36	0.74	8.8	0.30	0.088	560	0.31
H①-3 平	2.36	0.5～2.4	170	39.5	50.0	6.9	1373	0.35	0.78	6.7	0.33	0.113	466	0.26
H①-4 平	2.32	0.5～2.4	142	38.8	47.3	5.3	1287	0.37	0.76	7.7	0.29	0.090	459	0.29
①-a-1 平	2.21	0.5～2.4	166	37.4	47.4	6.1	826	0.30	0.72	6.7	0.28	0.117	287	0.25

（二）地质参数选取

根据试验成果，按照相关规范、规程的要求，并类比工程经验，地质参数选取原则如下：

（1）干密度取各层试验值的算术平均值。

（2）第④、③、①层的允许承载力以现场荷载试验成果为基础，取超重型圆锥动力触探试验击数的小值平均值经换算为承载力标准值等综合确定。第②层的允许承载力以现场荷载试验成果为基础，取钻孔标准贯入试验锤击数求得的小值平均值～平均值，经换算为承载力标准值等综合确定。

（3）变形模量以现场荷载试验成果为基础，取室内压缩试验成果的压缩模量、超重型圆锥动力触探试验击数的小值平均值经换算成变形模量等综合确定。

（4）抗剪强度值根据现场室内试验成果选取。

（5）第④、③、①层的渗透系数根据钻孔抽水试验及成果、标准注水试验的大值～大值平均值综合确定；第②层的渗透系数按室内渗透变形试验成果平均值～大值平均值选取。

地质参数建议值见表 9-30。

五、坝基覆盖层工程地质条件评价

（一）建基面选择原则

考虑大坝为超过 200m 的特高面板堆石坝，坝基第①、③、④层漂（块）卵（碎）砂砾石层虽具有较高的承载力和抗压缩变形能力，抗剪强度也较高，能适应坝体要求。但河谷覆盖层存在①-a、③-a 砂层透镜体，特别是河床中部②层黏质粉土厚度及分布变化较大，埋深大，承载力低，抗变形能力弱，不能满足高堆石坝要求，需进行挖除处理。河床趾板应置于较完整的基岩上，坝轴线上游垫层区、过渡区及主堆石区河床坝基覆盖层应全部挖除，坝轴线下游堆石区可考虑保留第①层覆盖层。

（二）地基承载与变形稳定

河谷覆盖层深厚，一般厚度为 41.20～67.77m，局部深槽部位可达 77.4m，其中第④、①层粗颗粒基本构成骨架，结构较密实，具有较高的承载能力；第③层相比第①、④层略细，承载能力相对略低。河床中部较连续分布的第②层黏质粉土，厚度及分布变化较大，顶面起伏较大，承载力低，抗变形能力弱，其承载变形指标较低。

在横Ⅰ线及横Ⅰ-1 线一带之间，第①层的中下部夹卵砾石中粗砂层（①-a 层）透镜体，最厚达 20.45m，最薄仅 1.7m，顶板埋深 39.7～64.55m，顺河方向长 240m，宽 35～60m，面积约 1.21 万 m^2，允许承载力为 0.18～0.2MPa，变形模量为 16～18MPa。

在第③层中部夹有③-a 砂层透镜体，位于横Ⅳ勘探线及上围堰附近，厚 1～7.45m，顶面埋深 6～22.5m 为灰黄色含砾石粉细砂，顺河方向长 95～160m，横向最大宽度为 150m，面积约 1.48 万 m^2，允许承载力为 0.17～0.18MPa，变形模量为 16～18MPa。

以上两个砂层透镜体承载力低，抗变形能力弱。

表 9-30 坝址区覆盖层物理力学指标建议值

层位		岩 性	代号	干密度 ρ_d (g/cm³)	允许承载力 [R] (MPa)	变形模量 E_0 (MPa)	抗剪强度 φ (°)	抗剪强度 c (kPa)	渗透系数 k (cm/s)	允许水力比降 J_P	稳定坡比 水上	稳定坡比 水下
河谷覆盖层	④	孤漂（块）砂卵（碎）砾石层	alQ_4^2	2.02～2.04	0.45～0.55	35～45	26～28	0	1.95×10^{-2}～6.63×10^{-2}（局部）2.51×10^{-1}	0.1～0.12（局部0.07）	1∶1.5 1∶1.25	1∶2.0 1∶1.5
	③	含泥漂（块）卵（碎）砂砾石层	$Pl+alQ_4^1$	2.10～2.15	0.40～0.50	30～40	24～26	0	1.59×10^{-2}～7.56×10^{-3}	0.15～0.18	1∶1.25	1∶1.5
	③-a	含砾粉细砂（透镜状）		1.60～1.65	0.17～0.18	16～18	18～19	0			1∶3	1∶3.5
	②	黏质粉土	lQ_3^3	1.55～1.60	0.15～0.17	E_s：14～16	16～18	10～15	2.33×10^{-5}～1.40×10^{-6}	0.5～0.6	1∶3	1∶4
	①	含漂（块）卵（碎）砂砾石层	$fglQ_3^2$	2.10～2.15	0.50～0.60	40～50	28～30	0	3.73×10^{-2}～2.73×10^{-3}	0.15～0.18		
	①-a	卵砾石中粗砂（透镜状）		1.66～1.68	0.2～0.25	18～22	20～22	0				
坡崩积层		块碎石土层	$d\ lQ_4^2$	1.95～2.05	0.30～0.35	25～30	25～27	5			1∶1.25	1∶1.5
		块碎石层	$co\ lQ_4^2$	1.80～1.95	0.35～0.40	35～40	27～30	0			1∶1.25	1∶1.5

注 E_s 为压缩模量。

（三）地基抗滑稳定

河谷覆盖层为多层结构，各层次的力学性指标有一定的差异。第①、④层和第③层的内摩擦角 φ 分别为 28°～30°、26°～28°和 24°～26°，坝基抗剪强度相对较高；第②层黏质粉土厚度为 0.67～29.45m，埋深 6.1～37.85m，具有厚度大、连续性好的特点，且力学强度低（内摩擦角 φ=16°～18°，c=10～15kPa）；上游坝壳地基中③-a 砂层透镜体横向长 150m，顺河长度近 95～160m，厚 1～7.45m，顶面埋深 6～22.5m，内摩擦角 φ=18°～19°，c=0kPa；第①层中下部的①-a 砂层，内摩擦角 φ=18°～20°，c=0kPa。它们均具有一定厚度、连续性，分布广，尤其是第②层，可能引起地基剪切变形，进而影响堆石坝坝坡稳定，故建议清除。清除覆盖层后下伏基岩为泥盆系下统薄～中厚层～巨厚层状白云变质灰岩、变质灰岩，局部夹含绢云母变质灰岩等，岩石坚硬，较完整，具较高的抗变形能力和抗剪强度，满足高堆石坝对地基抗滑稳定的要求。

（四）地基渗漏与渗透稳定

河谷覆盖层一般厚度为 41.20～67.77m，最大厚度达 77.4m。除第②层黏质粉土渗透系数 $k=1.41\times10^{-6}\sim2.33\times10^{-5}$cm/s 属弱～微透水层具相对隔水性和抗渗稳定性较高外，其余各层均以粗颗粒为主，局部有架空现象。第①层含漂（块）卵（碎）砂砾石层、第③层含泥漂（块）卵（碎）砂砾石层和第④层含孤漂（块）卵（碎）砂砾石层渗透系数 $k=2.73\times10^{-3}\sim6.63\times10^{-2}$cm/s，局部架空 $k=1.74\times10^{-1}$cm/s，允许渗透比降 J_P=0.1～0.12，局部架空 J_P=0.07，表明其透水性强，抗渗比降低，加之各层颗粒大小悬殊，结构不均一，渗透比降较低，易产生管涌型破坏。此外，河谷覆盖层具多层结构，③-a 砂层透镜体与③层之间，特别是第②层黏质粉土与第①、③层之间渗透性存在较大差异，有产生接触冲刷的可能性。

（五）地基砂土液化

在河谷覆盖层第①层中下部夹卵砾石中粗砂层（①-a 层）透镜体，该层最厚 20.45m，最薄 1.7m，顶板埋深 39.7～64.55m，顺河方向长 240m，宽 35～60m，面积约 1.21 万 m²；为第四纪晚更新世 Q_3 沉积地层，粒径小于 0.075mm 的颗粒含量为 3.88%～10.66%，无黏粒含量，初判为不液化砂层。该层相对密度 D_r=0.79～0.88，大于地震设防烈度 8 度时的相对密度为 0.75，判别为不液化砂层。根据 SZK20-1 钻孔三组动三轴振动试验求得 K_c=1 的动剪应力比，采用西特总应力法对①-a 层进行液化估算判别表明，该层在 50 年超越概率为 10%的基岩地震动峰值加速度为 141gal 时，地震剪应力为 49.74～50.93kPa，卵砾石中粗砂的现场抗液化剪应力（τ_1）为 70.27～115.39kPa，液化安全系数为 1.41～2.27，处于不液化状态。在 100 年超越概率为 2%的基岩地震动峰值加速度为 297gal 时，地震剪应力为 104.76～107.28kPa，①-a 层抗液化剪应力（τ_1）为 70.27～115.39kPa，液化安全系数为 0.67～1.08，卵砾石中粗砂层局部处于液化状态。鉴于由于①-a 层为第四纪晚更新世 Q_3 沉积地层，埋藏较深，上覆有效压重大，结构密实，且相对密度大，综合判定该层卵砾石中粗砂为不液化砂土。

坝基第②层黏质粉土厚度一般为10～20m，最薄0.67m，最厚29.45m，顶面埋深一般为13.15～37.85m，为饱水的黏质粉土。宏观上为第四纪晚更新世Q_3沉积地层，以粉粒为主，粒径小于0.075mm的颗粒含量为44.65%～98.0%，个别为22.95%，小于5mm的颗粒含量为100%，而小于0.005mm的黏粒含量一般为14.18%～21.0%，少量达27%～32%，局部为3.94%～5.49%，其部分黏粒含量小于地震设防烈度7、8度的临界值16%、18%，经初判属可能液化土层。根据埋藏条件和标准贯入试验成果综合判定，第②层黏质粉土标准贯入锤击数$N_{63.5}$=3.85～27.76，地震设防烈度8度时的液化临界锤击数N_{cr}=6.9～26.4，部分为可能液化土。根据钻孔SZK69、SZK70四组动三轴振动液化试验求得K_c=1的动剪应力比进行估算，在50年超越概率为10%和100年超越概率为2%的基岩地震动峰值加速度分别为141gal和297gal时，黏质粉土现场抗液化剪应力（τ_1）为24.26～27.74kPa，地震剪应力分别为31.59～38.30kPa和66.5～69.52kPa，液化安全系数为0.4～0.84和0.3～0.4，经判别第②层黏质粉土在基本烈度和设防烈度下均处于液化状态。12组少黏性土相对含水量为w_L=0.7～1.2和液性指数为0.46～1.47不等，第②层黏质粉土，部分为液化土，部分为不液化土。该层均一性差，综合分析为可能液化土。

第③层中部砂层透镜体③-a，厚1～7.45m，顶面埋深6～22.5m为灰黄色含砾石粉细砂，推测顺河方向长95～160m，横向最大宽度为150m，面积约1.48万m^2；为第四纪Q_4沉积地层，粒径小于0.075mm的颗粒含量为34.45%，小于5mm的颗粒含量为100%，而小于0.005mm的黏粒含量一般为11.2%，黏粒含量小于地震设防烈度7、8度的临界值为16%、18%，经初判属可能液化土层。根据钻孔SZK61两组动三轴振动液化试验求得K_c=1的动剪应力比进行估算，在50年超越概率为10%和100年超越概率为2%的基岩地震动峰值加速度分别为141gal和297gal时，含砾石粉细砂现场抗液化剪应力（τ_1）为16.15～16.2kPa，地震剪应力分别为20.4kPa和43.04 kPa，液化安全系数为0.79～0.9和0.38～0.69，经判别③-a含砾石粉细砂在基本烈度和设防烈度下均处于液化状态。综合判定，该层含砾石粉细砂为可能液化土。

六、坝基覆盖层工程地质问题处理

（一）地基承载与变形问题处理

该工程对覆盖层第④、③、②、①-a层进行挖除处理，坝轴线下游保留第①层覆盖层，施工时进行碾压处理。

（二）地基砂土液化问题处理

因对覆盖层第④、③、②、①-a层进行挖除处理，已不存在地基砂土液化问题。

（三）对覆盖层第②层开挖施工处理

河谷覆盖层第②层为黏质粉土，含水量高，天然状态呈“淤泥状”，开挖难度大，易造成施工机械内陷，运输困难。为此，在施工过程中，采用先降水，再用石渣铺路，最终第②层顺利开挖完成。

七、大坝覆盖层地基安全性评价

（一）地表巡视

猴子岩水电站大坝于2015年12月填筑完成，面板于2016年10月浇筑完成，2016年11月开始蓄水，通过对大坝地表巡视，坝后及坝基未见明显漏水。

（二）监测

坝基覆盖层1683.50m高程以下共布设11套电位器式位移计，于2014年1月10日前全部安装完成并取得基准值。监测成果：累计最大沉降量为97.50mm，日平均沉降速率为0.005mm/天。

大坝渗流及渗压监测在坝基防渗帷幕前后、周边缝下、面板后挤压边墙及堆石区共布设渗压计48支，已于2016年4月18日前安装完成并取得基准值。监测成果：帷幕后渗压计实测水位在1698.05～1701.43m之间，比帷幕前（1707.84m）水头折减在6.41～9.79m之间，表明坝基帷幕起到良好的防渗作用。

总体而言，坝基及坝体变形和渗透均在正常范围内，地基处理是成功的。

第四节　冶勒水电站

一、工程概况

冶勒水电站位于四川省凉山州冕宁县和雅安市石棉县境内，南桠河流域梯级开发“一库六级”龙头水库工程，水库正常蓄水位2650m，总库容2.98亿m^3，调节库容2.76亿m^3，具多年调节能力，装机容量240MW，年发电量5.88亿kWh。电站建成后可增加下游5个梯级电站保证出力160MW，增加年发电量7亿kWh。

冶勒水电站采用混合引水式开发，由首部枢纽、引水系统和地下厂房三大部分组成。首部枢纽由坝高124.5m的沥青混凝土心墙堆石坝和左岸放空（兼导流）洞、泄洪洞组成，坝顶高程2654.5m，坝轴线长411m，右岸台地挖槽填筑副坝长300m，如图9-13所示。

引水发电系统布置于南桠河左岸，主要由引水隧洞、调压室、压力管道和地下厂房组成。

冶勒水电站勘察设计工作始于1970年，1971～1972年开展规划阶段勘察设计工作，1986年完成开发方式研究，1989年完成坝址选择，1991年完成初步设计；1992～1995年重点对坝址区开展了初步设计调整及优化补充勘探、试验及专题研究，1998～2000年开展招标设计、料场复核及水库移民安置等专题研究；2000年11月正式开工建设，2005年11～12月第一、第二台机组并网发电，2006年8月工程竣工。

二、坝基覆盖层勘察研究方法

冶勒水电站大坝位于冶勒断陷盆地边缘，由第四系中、上更新统冰水河湖相沉积的

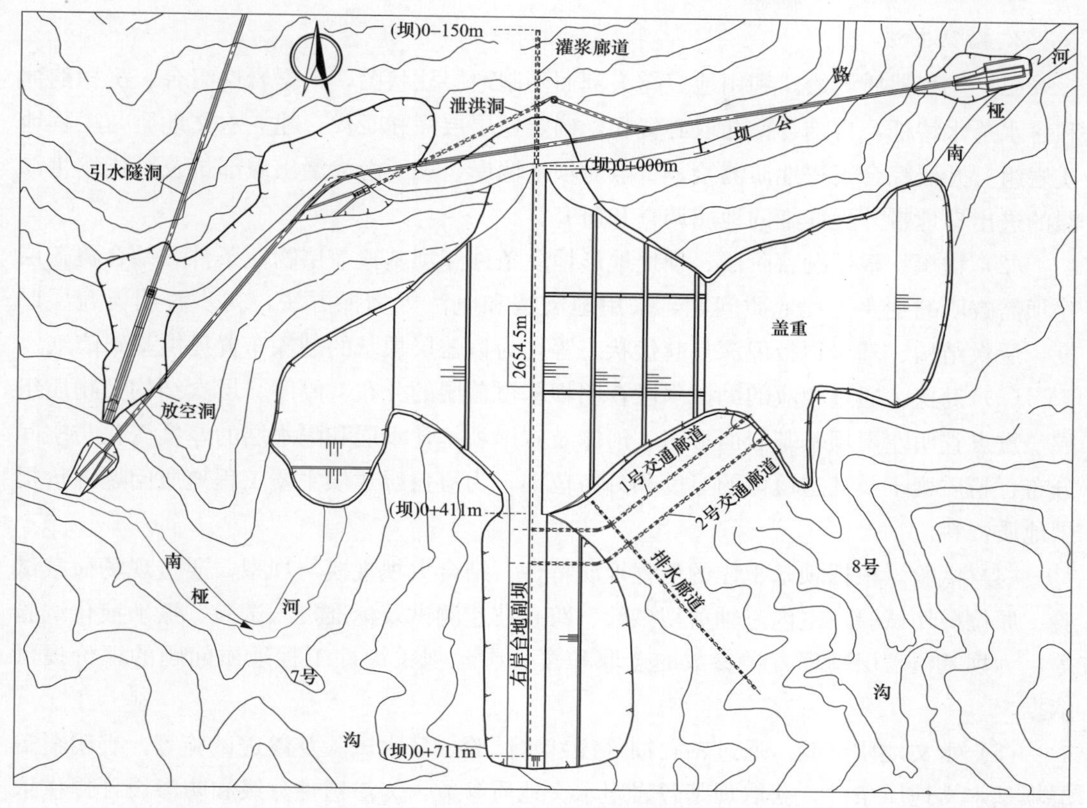

图 9-13 冶勒水电站首部枢纽布置图

卵砾石、粉质壤土及块碎石土夹硬质黏土构成的五大岩组组成，勘探揭示最大厚度超过420m，河床下部残留厚度为160m，沉积韵律和厚度具有由盆地边缘向中心逐渐增多增厚的特点，左右岸覆盖层厚度极不对称。覆盖层层次结构复杂，岩性岩相变化大，粉质壤土和粉细砂层透镜体较多，物理力学特性差异明显，含水和透水程度不均一，且有覆盖层深层承压水和浅层局部承压水及基岩裂隙承压水分布，相对隔水层埋藏深，空间分布特征复杂。冶勒水电站深厚覆盖层坝基工程地质及水文地质条件比国内外同类工程复杂，曾被认为“国内第一，世界罕见”。

(一) 勘察工作思路及方法

1. 勘察工作思路

冶勒水电站坝基地质条件复杂，覆盖层深厚，地质勘察工作难度大。各阶段地质勘察工作按照“分清主次、轻重缓急、突出重点”的指导性原则，抓住影响工程方案成立的重大工程地质问题作为勘察工作的重点，并结合枢纽建筑物有针对性地布置地质勘探及试验。勘探布置采用点面相结合，多种勘探方法相结合，充分发挥地质工作在勘察工作中的主导作用，加强地质勘察与设计专业的相互配合，加强与高等院校和科研机构的合作，收集和分析已有地质成果资料，深入开展地质分析与研究。

2. 勘察方法

（1）工程地质测绘。利用地表露头剖面测制地层柱状图，根据岩性组合、沉积韵律和含水透水特征，再结合钻孔取心资料，确定地层层序和时代，建立水文地质与工程地质岩组。开展综合工程地质测绘，重点对坝址两岸、坝下游渗漏出溢部位及可能发生渗漏的进出口地带开展详细的地质调查和研究。

（2）物探。根据勘察阶段、坝址地形地质条件和坝基覆盖层物性条件，结合覆盖层建坝需查明的主要工程地质问题，采用地震法和电法等物探方法，初步查明覆盖层厚度、层次结构、基岩顶板埋深与起伏状态等，为覆盖层坝基的勘探布置提供基础信息。

（3）勘探。通过相应的勘探手段查明坝基覆盖层的分布、厚度、层次结构及物质组成，重点查明左岸坝基基岩面形态、河床及右岸坝基含水层和隔水层的厚度变化与空间分布、粉质壤土及其透镜体的厚度和分布范围，为覆盖层建坝主要工程地质问题评价提供地质资料。

（4）试验。根据坝基土体的工程地质特性，结合大坝规模与坝型，通过现场荷载试验、原位剪切试验、室内三轴剪切试验、跨孔波速测试及标准贯入试验、振动液化试验等，为坝基覆盖层物理力学参数的选取和覆盖层建坝关键性工程地质问题的评价提供依据。

（5）水文地质试验。通过钻孔抽（注）水试验、扬水试验及渗透试验等，查明覆盖层坝基水文地质条件，获取坝基各岩组水文地质参数，为渗透性分级和防渗设计提供依据。通过地表水与地下水同位素测试，查明深部承压水的径流特征和渗透途径。通过三维电网络渗漏试验，研究不同水文地质边界条件，以及在无防渗设施的情况下建库前后坝基各岩组的渗漏量变化情况。通过 2～3 个水文年地下水动态观测，进一步了解地下水的动态特征。

（二）勘探工作

勘探布置既要满足规范要求，又要考虑该工程的特点，做到勘探工作目的明确、重点突出、手段合理、方法正确、优势互补、综合利用，在勘探实施过程中，按照“总体策划、分期实施、动态调整、逐步优化”的原则，逐步有序地推进勘探工作。

根据坝址地形地质条件，结合枢纽建筑物布置和坝基防渗的需要，勘探手段以钻探为主，辅以洞探、井探及坑槽探，钻孔采用深孔（200～250m）与浅孔（80～150m）相结合，以深孔为主，防渗轴线钻孔至少应深入相对隔水层深度不小于 5m 或揭穿隔水层。

在两岔河至三岔河长约 3.5km 的河段上先后开展上坝址、下坝址和三岔河坝址的比选勘探，重点对上、下坝址进行勘探，共计完成钻孔 6884m。在选定坝址（下坝址）开展坝线的比选勘探，勘探线间距 40～70m，累计完成钻孔 33 个，总进尺 4853m；其中在选定坝线上共布置 6 个钻孔，总进尺约 823m。因初步设计调整及优化的需要，后又在选定坝线上游 30m 处增加一条勘探线，补充勘探钻孔 7 个，共计 864m。在选定坝址（下坝址）各勘察阶段共计完成勘探钻孔 40 个，累计进尺 5699m；勘探平洞 4 个，进尺 424m；竖井 13 个，共计 167m；坑槽探 $4686m^3$。冶勒水电站坝址勘探布置见图 9-14。

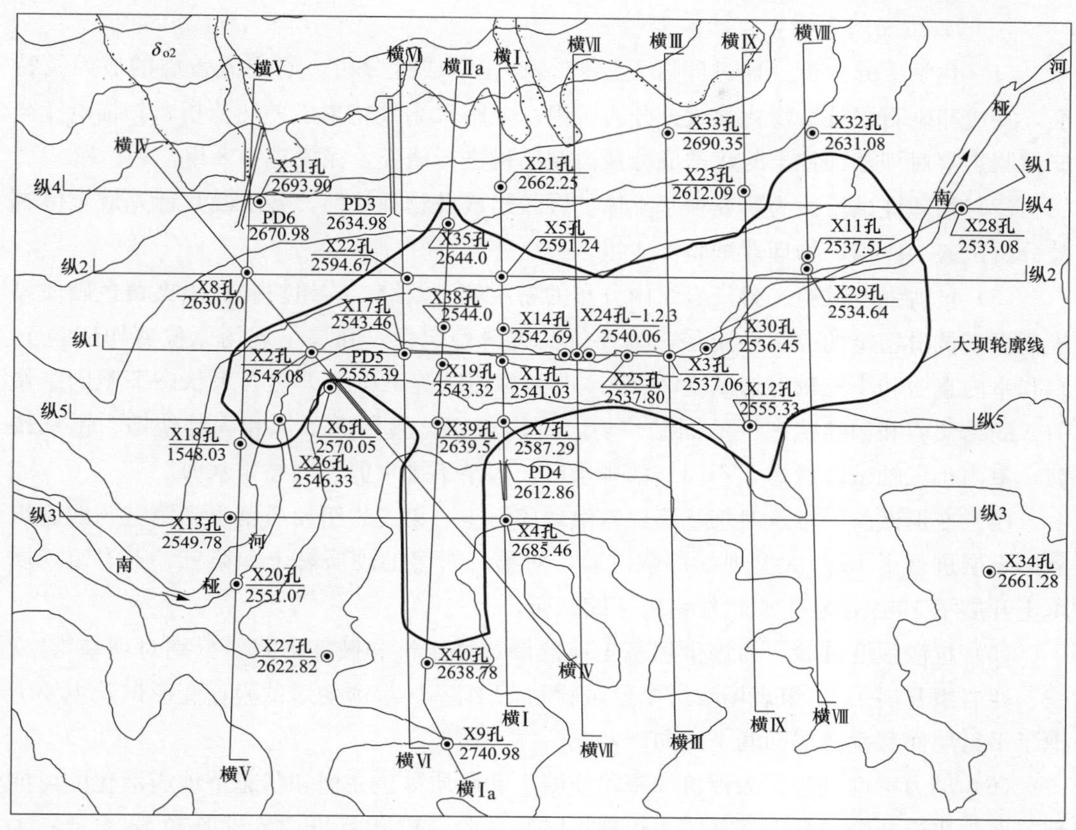

图 9-14　冶勒水电站坝址勘探布置图

由于坝基覆盖层钻探采用了 SM 植物胶冲洗液金刚石钻进与钻孔取心新技术，大幅度提高了覆盖层岩心采取率。通过大量的勘探，查明了坝基各含水层或透水层与相对隔水层的埋深、厚度、岩性岩相变化和空间分布，以及深部承压水和浅层承压水的水头、水量和埋藏条件。

深厚覆盖层勘探布置原则、勘探方法、勘探精度满足各阶段勘察工作的需要，符合相关规范的要求，查明了坝址基本地质条件与主要工程地质问题。由于坝基覆盖层深厚，层次结构复杂，隔水层埋深大，钻探工作量及勘探深度较大，右岸覆盖层台地单孔最大钻探深度达 420m。

（三）试验工作

1. 试验布置原则

试验布置与勘察阶段相适应、室内试验与原位试验相结合，在勘察初期阶段，对坝基有代表性的土体的物理力学性能试验，以室内试验为主，辅以少量的现场原位试验，随着勘察阶段的深入，结合水工建筑物布置的需要，有针对性地开展现场原位试验，并辅以相应的室内试验。

2. 试验研究的目的、方法及工作量

（1）化学成分分析。通过卵砾石层胶结物化学成分分析，研究覆盖层的成因及特征，完成卵砾石层胶结物化学成分分析7组；采用X射线衍射、差热分析、扫描电镜与能谱测定等对坝基细粒土的化学成分及微观结构进行研究，完成试验8组。

（2）物理性试验。为研究坝基土体的颗粒组成及物理特性，各阶段共计完成土体颗粒分析试验204组、物理性试验124组。

（3）抗剪强度试验。第三岩组内分布的粉质壤土及第二岩组块碎石土夹黄色硬质黏土是坝基抗滑稳定的控制性土层，为评价其抗滑稳定性，开展了现场原位剪切试验14组和室内直剪和小三轴剪切试验24组。现场剪切试验考虑了天然含水状态下不固结快剪、固结快剪和饱和状态下的固结快剪，室内剪切试验考虑了饱和固结快剪、饱和快剪，室内小三轴试验考虑了不固结不排水剪、固结不排水剪、固结排水剪。

（4）变形试验。重点对坝基第二岩组块碎石土、第三岩组粉质壤土和第三、四岩组卵砾石层进行了18组大型现场荷载试验，对第二岩组的硬质黏土和第三、五岩组粉质壤土开展了19组细粒土原状样室内压缩试验。

（5）抗渗强度试验。为评价坝基土体的渗透稳定性和破坏形式，分别对坝基第二、三、四岩组开展了13组现场渗透变形试验和11组室内渗透变形试验，变形试验主要考虑了平行层面和垂直层面两个方向。

（6）动力特性试验。为评价坝基粉质壤土和硬质黏土在饱和状态下地震液化的可能性，在初步设计阶段分别开展了1组现场跨孔试验、17组标准惯入试验和16组动三轴剪力试验。

（7）渗水试验。为查明坝基土体的渗透特性，分别对坝基五大岩组开展了现场及室内渗水试验，完成现场渗水试验13组、室内渗水试验11组和钻孔扬水试验10段。

（8）反滤试验。在初步设计调整及优化设计过程中，分别对坝基第二岩组块碎石土和第三、四岩组的卵砾石层采用天然砂砾石料或土工布作反滤层时抗渗强度提高幅度开展了现场试验研究，共计完成试验12组。

（9）三维电网络渗漏试验。为查明坝址不同水文地质边界条件和不同防渗处理措施条件下库水渗漏损失量，在初步设计阶段完成现场大型三维电网络渗漏试验1组。

（10）同位素测试。为查明坝址河水渗漏途径，在初步设计阶段开展了地表水与地下水同位素（δD、$\delta^{18}O$、氚）测试研究，共计完成208组。

通过各勘察阶段对坝基覆盖层物理力学性能及渗透特性等开展的大量试验研究，试验目的明确，试验组数与试验方法满足规范和相应勘察阶段的要求，为坝基土体物理力学参数的选取奠定了可靠基础。鉴于该工程坝基覆盖层深厚，水文地质条件复杂，为此还开展了地表水、地下水同位素测试和三维电网络渗漏试验，为坝基渗漏评价及处理措施提供了可靠的依据。

三、坝基覆盖层空间分布与组成特征

坝基由第四系中、上更新统的卵砾石层、粉质壤土和块碎石土组成，属冰水—河湖相沉积层，该套地层具有明显的沉积韵律和不同程度的泥钙质胶结及固结特征，沉积时代距今3.2万～60万年，最大厚度超过420m，河床部位残留厚度为55～160m。根据沉积环境、岩性组合及工程地质特性，自下而上可将坝基覆盖层分为五大工程地质岩组（见图9-15、图9-16）。

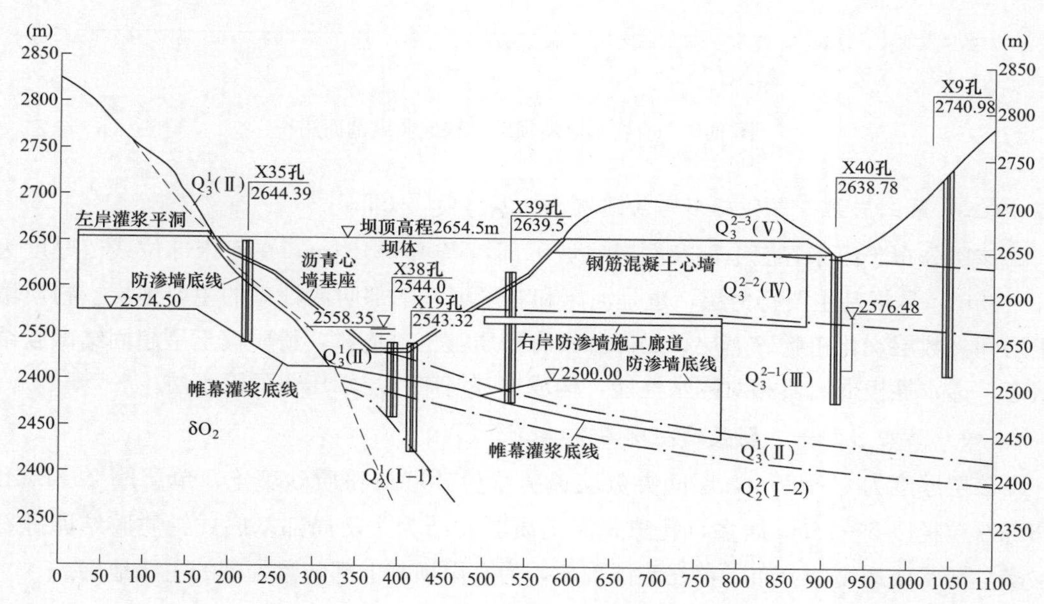

图9-15　坝址工程地质横剖面图

（一）第一岩组——弱胶结卵砾石层［Q_2^2（Ⅰ）］

该层以厚层卵砾石层为主，泥钙质弱胶结。该岩组深埋于坝基下部，最大厚度大于100m，最小厚度为15～35m，构成坝基深部承压含水层，具有埋藏深、水头高、动态稳定的特点。

（二）第二岩组——块碎石土夹硬质黏性土层［Q_3^1（Ⅱ）］

该层块碎石含量为30%～62%，结构密实，呈超固结压密状态，层中夹数层褐黄色硬质黏性土。该岩组在坝址河床部位埋深18～24m，厚31～46m，自坝址向上、下游延伸长达1.3～1.5km，自左岸向河床、右岸及盆地中心倾斜，延伸宽约600m，逐渐减薄以至尖灭与上覆第三岩组中的粉质壤土层搭接。该岩组透水性微弱，既是深部承压水的相对隔水，又是坝基防渗处理工程的主要依托对象。

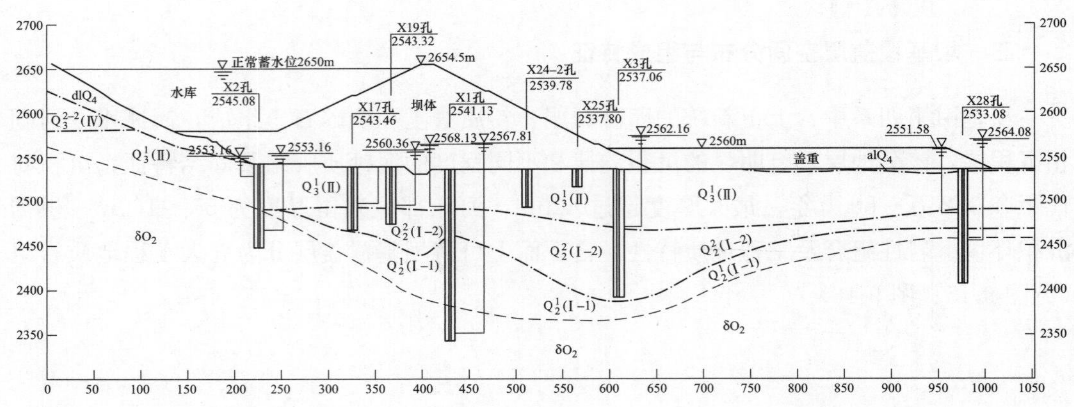

图 9-16　冶勒水电站坝址工程地质纵剖面图

（三）第三岩组——卵砾石与粉质壤土互层［Q_3^{2-1}（Ⅲ）］

该层分布于河床谷底上部及右岸谷坡下部，厚 45～154m，在河床部位残留厚度为 20～35m，是坝基主要持力层，也是河床和右岸坝基下部防渗处理的主要地层。粉质壤土层间夹数层炭化植物碎屑层，局部分布有粉质壤土透境体，粉质壤土呈超固结微胶结状态，透水性极弱，具相对隔水性能，构成坝基河床浅层承压水的隔水层。

（四）第四岩组——弱胶结卵砾石层［Q_3^{2-2}（Ⅳ）］

该层厚度为 65～85m，层间夹数层透镜状粉砂层或粉质砂壤土，单层厚 2～10m。卵砾石粒径以 5～15cm 居多，孔隙式泥钙质弱胶结为主，局部基底式钙质胶结卵砾石层多呈层状或透镜状分布，存在溶蚀现象，为右岸坝基上部防渗处理的主要地层。

（五）第五岩组——粉质壤土夹炭化植物碎屑层［Q_3^{2-3}（Ⅴ）］

该层分布于右岸正常蓄水位以上谷坡地带，厚 90～107m，与下伏巨厚卵砾石层呈整合接触，粉质壤土单层厚度一般为 15～20m，最大厚度达 30m，其间夹数层厚 5～15cm 的炭化植物碎屑层和厚 0.8～5m 的砾石层，胶结程度相对较差。

四、坝基覆盖层物理力学特征

（一）试验成果

坝基覆盖层物理力学试验研究分初步设计前期、初步设计和初步设计调整及优化三个阶段开展的，在初步设计阶段进行了大量的现场及室内试验研究，初步设计调整及优化过程中又分别开展了坝基覆盖层的荷载试验、剪切试验、渗透变形试验及反滤试验等复核性试验研究工作，为坝基覆盖层物理力学参数的选取奠定了更加可靠的基础。

各勘察阶段完成的坝基覆盖层部分试验成果见表 9-31～表 9-36。

表 9-31 **坝基覆盖层现场荷载试验成果汇总表**

层位	岩性	承载试验			
		比例界线荷载 P_{kp}（MPa）	破坏时荷载 P_{np}（MPa）	沉降量 s_0（cm）	变形模量 E_0（MPa）
第二岩组（Q_3^1）	黄色硬质黏性土	0.8	—	0.292	48.42
		0.6	—	0.310	57.49
	黄色块碎石土	1.4	—	1.20	44.30
第三岩组（Q_3^{2-1}）	青灰色粉质壤土	0.8	—	0.348	68.28
		0.965	—	0.355	80.74
		1.1	—	1.13	35.0
		1.1	—	0.90	44.0
	弱胶结卵砾石层	>2.4	—	—	—
		>3.6（水平）	—	0.286	—
第四岩组（Q_3^{2-2}）	弱胶结卵砾石层	1.4	—	0.21	253.4
		1.1（水平）	—	0.308	133.58（垂直）
		1.5（垂直）	—	0.401	140.26

表 9-32 **坝基覆盖层渗透变形试验成果汇总表**

层位	岩性	试验状态	水流方向	渗透系数 k(cm/s)	临界水力比降 J_{cv}	破坏水力比降 J_f	允许水力比降 J_P	破坏类型
第二岩组（Q_3^1）	黄色块碎石土	野外原状	垂直层面	2.21×10^{-5}	5.8	>13.93	3.8～4.8	下游面块碎石周围产生微裂隙，有气泡冒出，泥质物呈片状剥落
			垂直层面	3.51×10^{-5}	3.81	>11.11		
			平行层面	5.1×10^{-5}	5.94	>11.4		未破坏（无反滤）
			平行层面	3.75×10^{-5}	6.04	>17.13		未破坏（加天然砂砾石反滤料）
	黄色硬质粒性土	室内原状	平行层面	2.97×10^{-6}	10.4	>24	10.4	
			垂直层面	1.53×10^{-7}	26.13	>43		
第三岩组（Q_3^{2-1}）	弱胶结卵砾石层	野外原状	平行层面	2.26×10^{-4}	2.1	6.4	1.1～1.6	下游面见鳞片状剥落，无浑水，无小颗粒从孔隙中流出
			平行层面	5.94×10^{-4}	1.1	>10.4		
			平行层面	2.7×10^{-4}	1.1	>16.69		局部管涌（无反滤）
			平行层面	3.6×10^{-4}	1.6	>16.04		未破坏（加天然砂砾石反滤料）
			平行层面	9.35×10^{-5}	1.94	>10		未破坏（加土工布反滤）
	卵砾石层与粉质壤土（接触界面）	野外原状	平行层面	4.37×10^{-4}	1.08	4.25		
			平行层面	2.01×10^{-4}	1.39	>13.75		无冲刷，局部管涌
	青灰色粉质壤土	室内原状	平行层面	2.29×10^{-5}	7.1	12.2	6.1～7.1	
			垂直层面	6.96×10^{-6}	>17.3	—		
第四岩组（Q_3^{2-2}）	弱胶结卵砾石层	野外原状	平行层面	1.31×10^{-3}	1.55	>10	1.0～1.1	
			平行层面	7.01×10^{-3}	1.18	5.73		管涌（无反滤）
			平行层面	4.23×10^{-3}	2.58	9.49		管涌（加天然砂砾石反滤料）
			平行层面	3.68×10^{-3}	4.45	>14.83		未破坏（加土工布反滤）

表 9-33 坝基覆盖层抗剪强度试验成果

层位及岩性		现场原位试验						室内试验									
		大剪						直剪				小三轴					
		天然含水量状态				饱和状态		饱和固结快剪		饱和快剪		不固结不排水剪		固结不排水剪		固结排水剪	
		不固结快剪		固结快剪		固结快剪											
		c (MPa)	φ (°)	c (MPa)	φ (°)	c (MPa)	φ (°)	c (MPa)	φ (°)	c (MPa)	φ (°)	c (MPa)	φ (°)	c (MPa)	φ (°)	c (MPa)	φ (°)
第二岩组 (Q_3^1)	黄褐色粉质壤土	—	—	0.20	35.75	0.21	35.94	0.065—0.275 / 0.117 (10)	33.5—44.0 / 39.7 (10)	0.065—0.29 / 0.122 (6)	31.5—43.5 / 36.11 (6)	0.06—0.285 / 0.159 (9)	28.5—41.0 / 35.44 (9)	0.12—0.24 / 0.173 (9)	34.0—42.5 / 38.72 (9)	0.06—0.19 / 0.123 (9)	36.0—43.0 / 40.32 (9)
	黄色块碎石土	—	—	—	—	0.14	39.52	0.04	32.8	—	—	—	—	—	—	—	—
第三岩组 (Q_3^{2-1})	青灰色粉质壤土	0.13	34.6	0.12	35.18	0.125 / 0.125	34.50 / 33.27	0.008—0.085 / 0.074 (12)	35.9—42.0 / 39.14 (12)	0.015—0.097 / 0.068 (8)	31.0—37.3 / 34.83 (8)	0.06—0.275 / 0.154 (16)	27.0—44.5 / 35.8 (16)	0.06—0.19 / 0.123 (16)	35.0—47.0 / 39.43 (16)	0.05—0.17 / 0.095 (16)	36.0—46.0 / 39.73 (16)
	弱胶结卵砾石层	—	—	0.35	41.98	—	—	—	—	—	—	—	—	—	—	—	—
第四岩组 (Q_3^{2-2})	弱胶结卵砾石层	—	—	0.22	2.96	—	—	—	—	—	—	—	—	—	—	—	—
第五岩组 (Q_3^{2-3})	青灰色粉质壤土	—	—	—	—	—	—	0.0—0.036 / 0.025 (4)	29.5—41.5 / 35.62 (4)	0.027—0.045 / 0.034 (4)	30.0—38.5 / 34.12 (4)	0.24	40.0	0.23	43.5	0.19	45.0

注 1. 分子为试验范围值，分母为算术平均值，（ ）中数据为试验组数或点数。

2. 室内试验细粒土为原状样，粗粒土为扰动样。

表 9-34 坝基覆盖层跨孔动力参数

岩组	岩性	天然密度 $\rho(g/cm^3)$	横波速度 $v_S(m/s)$	纵波速度 $v_P(m/s)$	泊松比 μ	动剪切模量 $G_d(MPa)$	动弹性模量 $E_d(MPa)$
		平均值	变幅值/平均值	变幅值/平均值	变幅值	变幅值/平均值	变幅值/平均值
第三岩组（Q_3^{2-1}）	青灰色粉质壤土	2.13	499—463/481	1880—1835/1827	0.468—0.462	541—481/505	1582—1413/1479
第二岩组（Q_3^1）	黄色块碎石土	2.31	568—515/530	2650—2380/2500	0.478—0.474	790—615/654	2332—1584/1929
	黄褐色粉质壤土	2.17	499—482/491	2530—2400/2442	0.489—0.477	568—516/523	1686—1529/1587

表 9-35 坝基覆盖层标准贯入试验成果

岩性	深度 H（m）	贯入 30cm 锤击数 $N'_{63.5}$（击）	标准贯入速度 v（击/min）	钻干长度修正系数 α	标准贯入锤击数 $N_{63.5}$（击）
青灰色粉质壤土	8.10～8.45	127	17	0.84	106
	10.10～10.40	119	15	0.81	96
	10.62～10.82	120	16	0.8	97
	12.82～13.07	123	22	0.77	92
灰色粉质壤土	0.69～0.86	56	15	1.00	56
	1.05～1.25	56	19	1.00	56
	1.46～1.66	96	18	0.96	92
黄色硬质黏土	0.67～0.97	53	5.3	1.00	53
	1.32～1.42	42	6.1	1.00	42
	2.17～2.27	63	11	0.97	61
	3.95～4.25	61	11	0.97	59
	4.70～4.90	50	13	0.97	46

表 9-36 坝基覆盖层渗透试验成果

层位	岩性	试验方法	渗透系数（cm/s）	渗透性分级
第一岩组（Q_2^2）	弱胶结卵砾石层	抽水试验	$5.90\times10^{-5}\sim1.58\times10^{-4}$	中等透水
		扬水试验	$3.16\times10^{-4}\sim4.93\times10^{-3}$	
第二岩组（Q_3^1）	黄色块碎石土	现场渗透试验	$1.60\times10^{-5}\sim8.40\times10^{-5}$	微透水
		渗水试验	8.40×10^{-5}	
	黄色质硬黏性土	室内渗透试验	$5.60\times10^{-9}\sim3.30\times10^{-8}$	极微透水
第三岩组（Q_3^{2-1}）	弱胶结卵砾石层	抽水试验	$4.32\times10^{-4}\sim5.19\times10^{-3}$	中等透水
		扬水试验	$4.36\times10^{-4}\sim4.94\times10^{-3}$	
		现场渗透试验	$1.20\times10^{-4}\sim5.90\times10^{-4}$	
		渗水试验	$8.40\times10^{-5}\sim2.78\times10^{-3}$	
	青灰色粉质壤土	室内渗透试验	$1.15\times10^{-6}\sim2.20\times10^{-5}$	微透水

续表

层位	岩性	试验方法	渗透系数 (cm/s)	渗透性分级
第四岩组 (Q_3^{2-2})	弱胶结卵砾石层	渗水试验	$3.34\times10^{-4}\sim6.23\times10^{-3}$	中等透水
		现场渗透试验	$1.30\times10^{-3}\sim6.60\times10^{-3}$	
第五岩组 (Q_3^{2-3})	青灰色粉质壤土	室内渗透试验	$3.00\times10^{-6}\sim2.30\times10^{-5}$	微透水

（二）物理力学参数选取原则与建议值

1. 物理力学参数选取原则

（1）渗透系数。根据坝基覆盖层结构特征和渗流状态，按抽（注）水试验、扬水试验、现场渗水试验和室内渗透试验值进行取值；卵砾石层是坝基主要防渗处理对象，透水性具不均一性，其渗透系数取试验值的大值。

（2）抗渗强度。坝基各岩组具有不同程度的泥钙质胶结和超固结压密特征，抗渗强度较高，临界水力比降和破坏水力比降均超过一般同类的非超固结压密土体，各岩组的胶结程度具不均一性。第二、三、四岩组的允许水力比降值是根据现场和室内原状土样渗透变形试验值，按破坏水力比降的1/3～1/2选取，第一、五岩组允许水力比降按工程类比确定。

（3）允许承载力。坝基第二、三、四岩组允许承载力是根据现场原位荷载试验，按比例界限荷载值确定；第一、五岩组允许承载力按工程类比确定。

（4）变形模量。鉴于坝基各岩组属遭受过较高先期固结压力的压密土体，变形模量有随埋深和周围压力增加而增大的特征，变形模量的取值分别按表部土体（深度小于或等于3m）和深部土体（深度大于3m）考虑，表部土体变形模量值以原位承载试验的比例极限对应的沉降量为基准值，按布氏理论计算确定；深部土体变形模量值是按表部土体变形模量的1.5倍修正系数确定。

（5）抗剪强度。在不同试验条件下同一土体的抗剪强度值均较高，试验值的差值较小，小三轴剪切试验所得到的应力-应变曲线多呈驼峰形软化形式脆性破坏，显示出具超固结压密土的剪切破坏特征。第三岩组粉质壤土抗剪强度按现场剪切试验确定；第二岩组块碎石土及黄色硬质黏性土中黏土矿物含有蒙脱石，其抗剪强度是根据现场试验值按0.9的折减系数作为长期强度值；第三、四岩组卵砾石层抗剪强度是以三轴试验值为基础，并参考现场原位试验值，结合地质条件和工程特点，按工程类比确定。

（6）土体非线性参数。坝基土体非线性参数是在综合分析坝基工程地质条件、试验成果、土体变形指标的基础上，参考国内外类似工程经验类比确定的。

（7）动力特征值。坝基第二岩组黄色硬质黏性土和第三岩组青灰色粉质壤土的动力特征值是根据试验值确定的，动剪切模量（G_d）和动弹性模量（E_d）取试验值的平均值。

2. 物理力学参数建议值

冶勒水电站坝基覆盖层物理力学参数建议值见表9-37和表9-38。

表 9-37　　坝基覆盖层物理力学参数建议值（一）

层位		物理性指标					塑性指标		
层序	岩性	天然含水量 w（%）	天然密度 ρ（g/cm³）	干密度 ρ_d（g/cm³）	比重 G_s	孔隙比 e	液限 w_L（%）	塑限 w_p（%）	塑性指标 I_p
冲积（alQ_4）	漂卵石层	5.90	2.25	2.13	2.82	0.32			
坡积层（dlQ_4）	碎石土	16.74	2.27	1.94	2.85	0.47			
第五岩组（Q_3^{2-3}）	粉质壤土	20.00	2.00	1.67	2.74	0.64	31.7	18.0	13.7
第四岩组（Q_3^{2-2}）	卵砾石	11.23	2.35	2.11	2.77	0.31			
第三岩组（Q_3^{2-1}）	卵砾石	9.94	2.42	2.20	2.77	0.26			
	粉质壤土	14.86	2.05	1.78	2.75	0.54	32.15	19.4	12.75
第二岩组（Q_3^1）	碎石土	12.53	2.52	2.24	2.83	0.26			
	粉质壤土	11.50	2.17	1.88	2.73	0.48	32.61	19.0	13.61
第一岩组（Q_2）	卵砾石								

五、坝基覆盖层工程地质条件评价

（一）建基面选择原则

坝基河床浅表部为厚 5～10m 的冲积漂卵砾石层，结构松散，力学性能差，作为坝基持力层不能满足要求；其下部由第一、二、三岩组组成，结构密实，具有一定的承载和抗变形能力，可作为坝基的主要持力层。其中位于坝基浅部第三岩组顶部的卵砾石层中夹厚 0.5～17.5m 的粉质壤土透镜体，顶板埋深 0.5～4m，自上游往下游逐渐增厚，分布范围较大，对坝基变形有一定的影响，不宜作为坝基，需采取工程处理。

左岸覆盖层厚度相对较小，2655～2700m 高程覆盖层厚 10～20m，2655m 高程以下覆盖层厚 35～60m，根据土体密实程度将其分为不可利用层和可利用层。①第一层：位于岸坡表部，厚约 5m，由于长期遭受地表水流的冲刷作用，细粒成分被带走，结构松散，承载力和抗变形指标低，不宜作为建基面，采取挖出处理；②第二层：厚度为 15～35m，结构密实，具有一定的承载和抗变形能力，作为建基面基本可满足要求。

右岸坝基需挖出表面耕植土、坡崩积松散堆积物和人工堆积物，将基础置于第三、四岩组卵砾石层及粉质壤土层上，对建基面附近的砂层透镜体采用刻槽开挖和浆砌石回填，并对河水冲刷形成的倒悬坑采取浆砌石回填处理。开挖建基面应平顺，无明显起伏差或台阶。

表 9-38　　坝基覆盖层物理力学参数建议值（二）

层位及岩性		力学性指标																			坡比		
		渗透性指标		允许承载力 [R] (MPa)	变形指标		压缩性指标 (0.8～1.6MPa)		不固结不排水剪		固结不排水剪		固结排水剪								永久		临时
					变形模量 E_o (MPa)								八个参数										
层序	岩性	允许水力比降 J_P	渗透系数 k (cm/s)		表部	深部	压缩系数 a_v (MPa^{-1})	压缩模量 E_s (MPa)	凝聚力 c_μ (MPa)	内摩擦角 φ_μ(°)	凝聚力 c (MPa)	内摩擦角 φ(°)	c' (MPa)	φ' (°)	R_f	k	n	D	G	F	水上	水下	
冲积 (alQ_4)	漂卵石层	0.1～0.15	4.6×10^{-2}～8.05×10^{-2}	0.6～0.8	60～70				0	31	0	33	0	35	0.59	600～700	0.8	2.9	0.2	0.08	1∶1.4	1∶1.6	1∶1.0
坡积层 (dlQ_4)	碎石土	0.3～0.5	1.15×10^{-4}	0.5～0.6	50～55		0.029	50	0.025	28	0.02	30	0.02	32	0.68	500～550	0.59	1.32	0.31	0.025	1∶1.4	1∶1.6	1∶1.0
第五岩组 (Q_3^{2-3})	粉质壤土	4～5	3.0×10^{-6}～15×10^{-5}	0.6～0.8	45～50		0.036	45	0.075	30	0.06	32	0.06	34	0.65	450～500	0.4	2.71	0.358	0.128	1∶1.3	1∶1.45	1∶0.9～1∶1.0
第四岩组 (Q_3^{2-2})	卵砾石	1.0～1.1	5.75×10^{-3}～1.15×10^{-2}	1.0～1.2	120～130	150～180	0.009	150	0.075	35	0.06	37	0.06	39	0.59	1300～1500	0.65	2.97	0.38	−0.035	1∶1.0	1∶1.2	1∶0.7～1∶0.75
第三岩组 (Q_3^{2-1})	卵砾石	1.1～1.6	3.45×10^{-3}～9.2×10^{-3}	1.3～1.5	130～140	195～210	0.006	200	0.09	36	0.07	38	0.07	40	0.75	1750～1950	0.45	4.64	0.30	−0.040	1∶1.0	1∶1.2	1∶0.7～1∶0.75
	粉质壤土	6.1～7.1	1.15×10^{-6}～6.9×10^{-6}	0.8～1.0	65～70	100～105	0.015	100	0.15	32	0.12	34	0.12	36	0.758	900～1000	0.417	5.23	0.299	0.118	1∶1.25	1∶1.4	1∶0.75～1∶0.85
第二岩组 (Q_3^1)	碎石土	3.8～4.8	2.30×10^{-5}～3.45×10^{-5}	1.0～1.2	90～100	135～150	0.009	135	0.075	34	0.06	36	0.06	38	0.68	1150～1350	0.50	1.32	0.36	−0.026	1∶1.0	1∶1.3	1∶0.75～1∶0.85
	粉质壤土	10.4	1.15×10^{-7}～15×10^{-6}	0.7～0.9	55～65	85～95	0.017	85	0.15	31	0.12	33	0.12	35	0.757	750～850	0.405	6.15	0.329	0.124	1∶1.25	1∶1.4	1∶0.75～1∶0.85
第一岩组 (Q_2)	卵砾石	1.1～1.6	1.15×10^{-3}～5.75×10^{-3}	1.3～1.5	130～140	195～210	0.006	200	0.09	36	0.07	38	0.07	40	0.65	1750～1950	0.63	1.83	0.25	−0.023			

（二）坝基承载与变形稳定

坝基覆盖层分布总体趋势是自上游向下游、从左岸往右岸及盆地中心倾斜，形成左岸覆盖层薄、河谷覆盖层厚、右岸覆盖层深厚，加之坝基各岩组物理力学性能存在差异，导致坝基沉降变形不均一。河床坝基浅表分布的粉质壤土透镜体，自上游往下游逐渐增厚，埋深浅，对坝基不均一沉降变形产生不利影响。此外，由于粉质壤土层的抗变形能力低于卵砾石层，且岩性岩相和厚度变化较大，对坝基变形及稳定不利。

（三）坝基抗滑稳定

坝基覆盖层由卵砾石层、粉质壤土及块碎石土等多层结构土体组成，坝基下部的粉质壤土及粉质壤土与下伏卵砾石层或块碎石土夹硬质土层的接触面可视为向上游缓倾的潜在滑移面，存在抗滑稳定问题。河床坝基分布的砂层透镜体，顺河方向长100m，横河宽20m，埋深浅，含有较高的承压水，大坝挡水后坝基承压水位将进一步升高，对坝基抗滑稳定不利，需采取工程处理措施。

（四）坝基渗漏与渗透稳定

坝基主要渗漏途径有两个：①通过坝基下部第一岩组向下游渗漏；②沿河床坝基和右岸坝肩分布的第三、四岩组卵砾石层向下游渗漏。坝基第一岩组埋藏较深（49～70m），上覆第二岩组隔水层封闭性好，承压水渗漏缓慢，排泄不畅，蓄水后通过第一岩组卵砾石层产生的渗漏量很小，库水主要通过坝基第三、四岩组向下游产生渗漏。右坝肩2650m高程以下至河床坝基下部深18～24m一带为第三、四岩组，垂直厚度为128～137m，卵砾石层透水性不均一，岸坡地下水位低，蓄水后第三、四岩组将是河床坝基及右岸坝肩的主要渗漏途径。左岸坝肩表层岩体卸荷明显，透水性较强，岩体相对隔水层顶板埋藏较深（95～108m），左岸坝肩主要沿卸荷裂隙产生绕坝肩渗漏。

河床及右岸坝基分布的泥钙质胶结卵砾石层、超固结粉质壤土层和块碎石土层，在天然状态下具有较高的抗渗强度，沿第二、三、四岩组内及其接触界面产生管涌的可能性小。建库后坝基土体可能出现的三种抗渗稳定形式为：①位于河床坝基深部的第一岩组未进行防渗处理，其上覆第二岩组将承受较高的水头压力（水头差70.9m），渗透比降达1.418，但小于第二岩组块碎石土的允许渗透比降值（3.8～4.8），故第二岩组不存在产生管涌破坏的可能，处于抗渗稳定状态。由于河床坝基下部厚约50m的第二岩组自身重力小于其下伏第一岩组承压水的渗透压力，据稳定性复核验算，在70.9m水头差的渗压作用下第二岩组不会发生整体流土破坏。②弱胶结卵砾石层与超固结粉质壤土接触界面接合紧密，透水性较弱，渗透破坏比降达4.25，除在卵砾石层中发生少量的细粒带出和局部小裂纹型管涌破坏外，在接触界面上未发生其他渗透破坏现象，建库后不存在发生接触冲刷破坏的可能。③第一、三岩组卵砾石层中承压水径流缓慢、交替速度较弱，易溶盐含量低，建库后其水质和溶解性能不会发生重大改变，产生化学管涌的可能性小。

（五）坝基砂土液化

坝基粉质壤土层及粉质壤土、粉细砂层透镜体分布较多，且厚度较大，在地质历史时期曾受到高达4.5～6.0MPa的先期固结压密作用，结构密实，动静强度指标较高。通过经验判别法和H. B. Seed剪应力对比法分析判断，在最大水平地震加速度a_{max}=0.3224g、0.2737g的工况下，坝基不同深度分布的粉质壤土及透镜体在饱和状态下均不会发生液化破坏。位于坝基附近的粉质壤土受强震作用可能引起局部孔隙水压力升高，导致抗剪强度降低，对坝基变形稳定和抗滑稳定不利，在抗震设计和施工时应予以考虑。

六、坝基覆盖层工程地质问题处理

（一）坝基承载与变形问题处理

为防止坝基粉质壤土层因开挖扰动而降低其力学强度，在坝基开挖过程中采取了预留厚20～30cm的保护层和必要的处理措施，并对右岸第三岩组卵砾石层中分布的砂层透镜体采取置换处理。为减少基础不均一沉降变形对大坝心墙的不利影响，大坝心墙基础置于密实的原状土体内，并在基础面上设置混凝土基座，以改善心墙基础的应力状态。

（二）坝基渗漏问题处理

1. 防渗及排水控制标准

（1）防渗和排水设计的控制条件。坝体与坝基的总渗透流量小于0.5m^3/s，防止渗透比降和出溢比降过大，降低右岸8号沟两侧山坡的地下水位，以提高覆盖层边坡的抗震稳定性。

（2）防渗控制标准。河床和右岸覆盖层防渗深度需深入第二岩组5m以上，左岸防渗深度需深入微风化基岩；覆盖层帷幕灌浆透水率$q \leqslant$5Lu，基岩帷幕灌浆透水率$q \leqslant$3Lu。

（3）排水控制标准。有效降低右岸山坡渗透比降和出溢比降，降低坝基渗水压力，确保坝坡和右岸山坡的稳定和坝基渗透稳定。

2. 渗漏处理措施

由于左右岸及河床坝基覆盖层厚度具有不对称性，加之河床和右岸覆盖层深厚，坝基防渗不可能采用全封闭防渗处理方式，而是采用下伏第二岩组作为坝基相对隔水层的悬挂式防渗处理方案。根据地形地质条件和国内防渗墙施工水平，坝基防渗采用“防渗墙+帷幕灌浆”的联合防渗处理方式。左岸坝基为全封闭防渗墙接墙下基岩帷幕灌浆，并将帷幕水平延伸至左岸山体内150m，左岸端头和延伸段采用帷幕灌浆。河床坝基采用悬挂式防渗墙，墙底深入相对隔水层（第二岩组）5m。右岸采用“140m深防渗墙+70m深帷幕灌浆”防渗处理方式，其中140m的防渗墙分为上、下两层施工，中间通过防渗墙施工廊道连接，下墙与廊道整体连接，根据上墙与廊道的连接形式及施工顺序的不同，可分为先墙后廊道嵌入式和先廊道后防渗墙的帷幕连接；防渗墙下接深约70m的帷幕灌浆，深入相对隔水层（第二岩组）5m以上（见图9-17），并将防渗轴线向右岸水平延伸约300m。

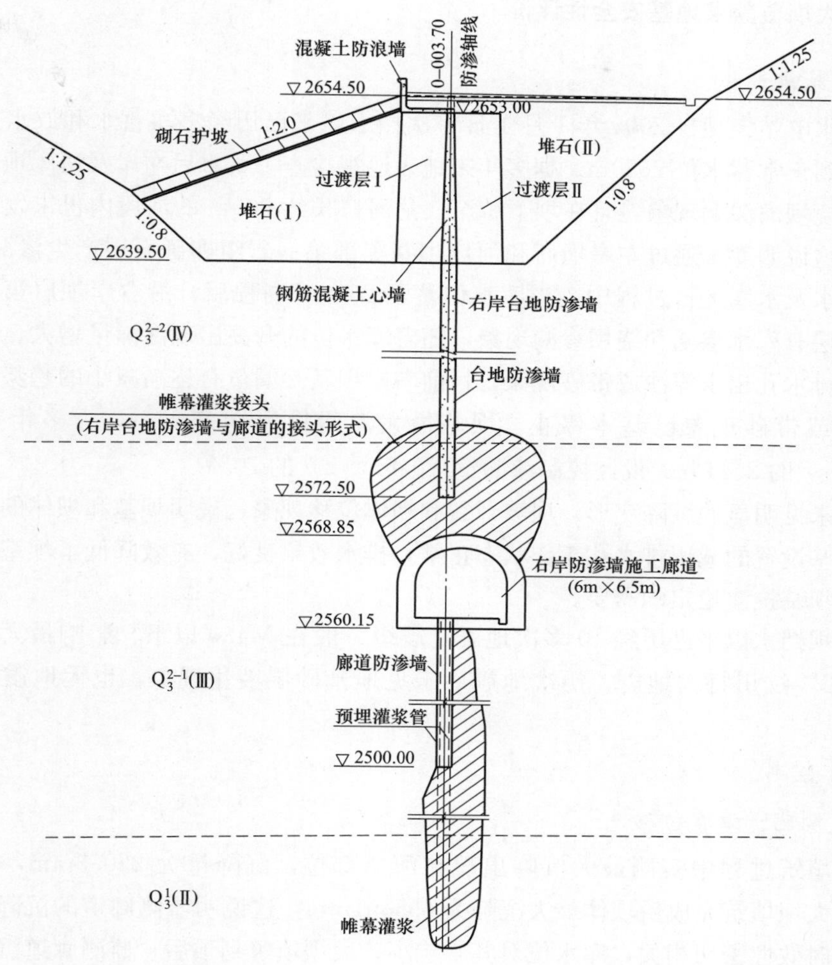

图 9-17　冶勒水电站右岸坝基防渗体系结构布置图

（三）坝基抗滑稳定问题处理

为确保坝基第二岩组在渗压作用下不发生渗透破坏，在坝下游设置长 215m、厚 22m 的盖重区，并在建基面上设置 0.6m 厚的基础反滤层和排水层。由于右岸坝肩坡体地下水浸润线较高、出溢比降较大，为有效降低地下水位和渗透比降，提高右岸坡体的整体稳定性，在右岸坝肩下游侧设置了长 290m 的排水廊道，沿廊道布置垂直和水平排水孔。河床坝基砂层透镜体内含承压水，为提高坝基抗渗透稳定性，沿砂层透镜体纵向设置两排减压排水孔，孔径 168mm，孔深 30m，孔间距 24m，排距 20m。

（四）坝基砂土液化问题处理

为提高坝基地震液化稳定程度，在坝基上设置了减压排水孔、反滤排水垫层和坝下游压重等工程处理措施，并对位于建基面附近的粉质壤土透镜体增设了减压排水孔。

七、大坝覆盖层地基安全性评价

（一）地表巡视

冶勒水电站大坝自2005年1月1日首次挡水以来已历经多次蓄水和放水过程，库水多次达到正常蓄水位2650m。据多年来地表巡视检查，蓄水后左岸及河床坝基未见坝基渗漏和绕坝肩渗漏现象，且在坝下游至三岔河口长约600m的河段内也未发现库水渗漏现象，这说明库水通过左岸坝肩和河床坝基深部第一岩组卵砾石层产生渗漏不明显。在初期蓄水及水库运行过程中，当库水位蓄至2610m高程后，沿右岸坝肩第三、四岩组卵砾石层有库水渗漏和绕坝渗漏现象，随着库水位的升高出现渗漏量增大、出溢点增多和个别排水孔出水浑浊或带砂现象，目前右岸坝基渗漏量有逐渐减小的趋势，排水孔出水浑浊或带砂现象已基本停止。坝基最大渗漏量为$0.35m^3/s$，为多年平均流量（$14.5m^3/s$）的2.41%、设计控制渗漏量（$0.5m^3/s$）的70%。

大坝未见明显的沉降变形、坝坡开裂和坝体位移现象，说明坝基和坝体的沉降变形较小。坝基设置的减压排水孔工作状态正常，排水效果良好，有效降低了坝基渗透水压力，满足坝基抗渗稳定的需要。

自大坝挡水以来已历经10多次地震，震级一般在M4.0以下，影响最大一次地震为“5・12”汶川特大地震，历次地震后未见地基砂层液化现象，也无地震地质灾害发生。

（二）监测

1. 监测廊道垂直位移

大坝填筑过程中实测最大沉降出现在河床部位，沉降量为220.3mm，沉降率为1.24%；大坝填筑完成后坝体最大沉降为655.51mm，这说明监测廊道的沉降与大坝填筑高度及时效性密切相关，库水位对其影响小；大坝填筑到顶后，监测廊道沉降已渐趋稳定。监测廊道河床段沉降较大，包括基础沉降和坝体填筑料的沉降。左右岸坡沉降属于基础沉降，右岸沉降明显大于左岸，右岸基础沉降具有不均匀性，反映出大坝左右岸基础覆盖层厚度具不对称性，这与坝基地质条件相吻合。

2. 坝基渗压监测

（1）河床渗压监测。据河床最高坝段（坝）0+220m断面坝基渗压计监测数据，防渗墙上游侧实测渗压水位与库水位同步。防渗墙下游侧扬压力系数为0.0075～0.1308，说明坝基防渗效果良好，反滤排水系统正常。防渗墙下游侧第二岩组渗透水压受库水位影响较小，心墙下游过渡料至今也未监测到渗透水压现象。（坝）0+270m、（坝）0+320m断面至今仍无渗压现象，说明该断面防渗效果好。据监测廊道测压管监测资料，坝基扬压力系数为0.00～0.1247，河床建基面地下水位较低，两岸较高，且左岸高于右岸，说明坝基防渗效果显著。

（2）左岸渗压监测。左岸坝下游布置的地下水长观孔和绕渗孔实测水位与库水位无明显的相关性，测值较为稳定。

(3) 右岸渗压监测。右岸布置的绕渗孔及长观孔的水位与库水存在一定的水力联系，局部地下水位偏高，可能与库水位相关，距防渗墙端部［(坝) 0＋710m］的距离越远受绕坝渗漏的影响越小。右岸防渗墙施工廊道顶部扬压力折减系数为0.10～0.48，廊道底板扬压力折减系数为0.052～0.60，说明防渗效果较好；而防渗墙底部渗压计所测得的扬压力折减系数为0.31～0.73，说明坝基深部受渗压水影响较为明显。

(三) 总体评价

冶勒水电站大坝建于深厚覆盖层构成的冶勒断陷盆边缘，坝基持力层范围土体结构密实，承载力及抗剪强度较高，对沥青混凝土心墙堆石坝基础变形具有较好的适应性。坝基无重大工程地质缺陷，主要工程地质问题及地基缺陷已采取了相应的工程处理措施，满足大坝安全运行要求。

大坝经过10年来运行已取得了较系统的监测资料，特别是高水位运行情况下的监测资料显示，大坝防渗系统工作性态正常，坝基渗漏仍在设计控制的合理范围内。左岸及河床部位地下水位动态稳定，渗透场符合一般规律，基础防渗效果较好。右岸渗漏量偏大，浸润线偏高，但渗透比降值未超过土体的允许渗透比降值，不至于发生渗透破坏。为确保右岸坝基下游边坡的稳定，采取反滤排水和贴坡压脚等渗控处理措施，目前右岸坝基渗漏量有逐渐减小的趋势，渗流场基本趋于稳定。坝体及坝基沉降变形量较小，低于设计允许沉降变形值，坝基变形特征与前期勘察分析预测基本一致。自首台机组并网发电以来，整个工程运行正常，坝基应力、变形及渗流符合一般规律，均在设计允许范围内，工程运行状态良好。

第五节 小天都水电站

一、工程概况

小天都水电站位于四川省甘孜藏族自治州康定县境内318国道旁，为大渡河一级支流瓦斯河干流梯级开发的第二级。电站装机容量240MW，由首部枢纽、引水系统、气垫式调压室和厂区枢纽组成，首部拦水坝最高39m，经取水口沿瓦斯河右岸一坡到底引水隧洞（长6030m）至地下厂房发电，尾水直接进入冷竹关电站水库，如图9-18和图9-19所示。

电站于2003年6月8日正式开工，2005年10月5日正式蓄水，同年11月30日首台机组投入72h试运行，试运行成功，2006年8月26日第3台机组投入运行，工程竣工。

二、坝基覆盖层勘察研究方法

闸址区基岩为晋宁—澄江期斜长花岗岩［$\gamma_{02}^{(4)}$］夹少量辉绿岩脉（β_μ）。岩石致密、坚硬，岩体除浅表部受风化卸荷影响完整性差外，一般较新鲜完整。

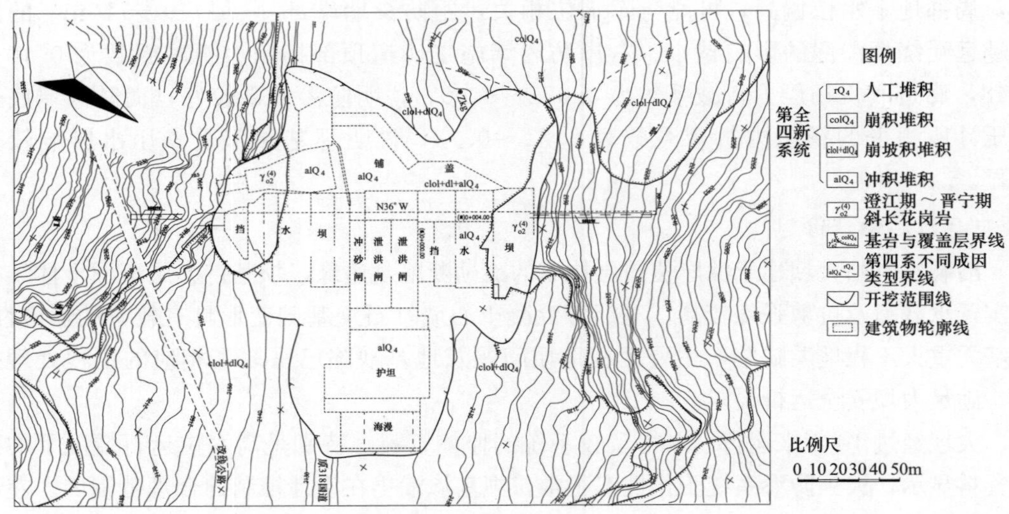

图 9-18　小天都首部枢纽布置图

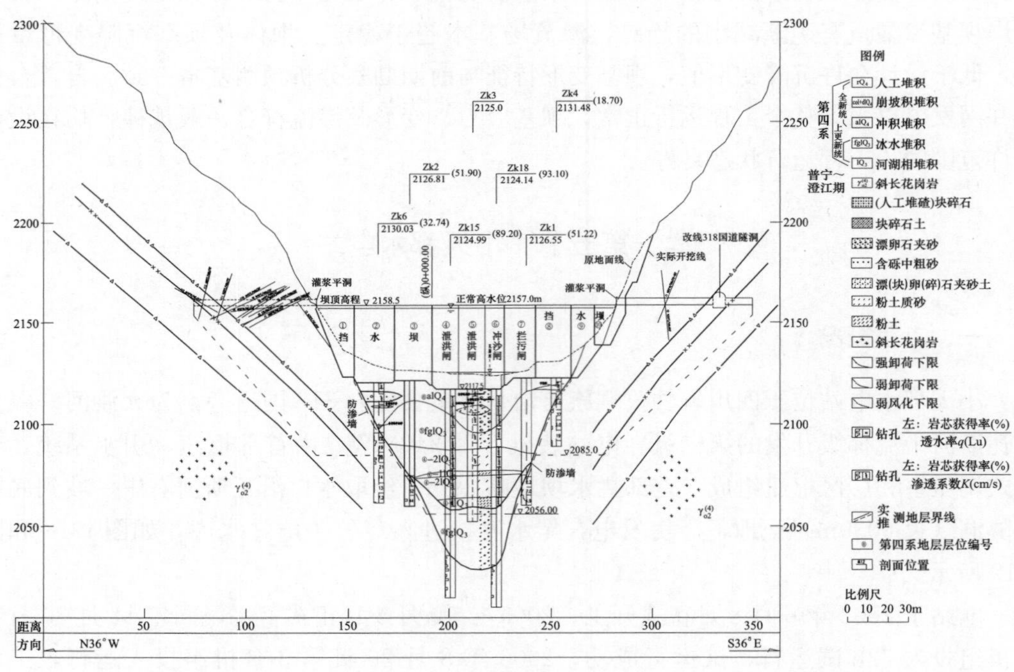

图 9-19　小天都坝轴线设计剖面示意图

闸址区覆盖层深厚，勘探揭示河谷覆盖层最大厚度为 96m，层次复杂、成因类型较多，包括冰水堆积层（$fglQ_3$）、湖相堆积层（lQ_3）、冲积堆积层（alQ_4），以及表部崩坡积块碎石土、崩积孤块碎石等。

（一）勘察工作思路

小天都水电站以引水发电为主，属Ⅲ等中型工程，根据《水力发电工程地质勘察规范》（GB 50287—2016）要求，预可行性研究阶段选取上、下 2 个规划坝址进行勘察比较，2 个坝址各选取 1 条代表性勘探线布置勘探；可行性研究阶段结合地质测绘，对推荐坝址重点进行勘探、试验工作。

（二）勘探工作

在预可行性研究阶段，上、下坝址各选 1 条代表性勘探剖面进行勘探布置，主要了解河谷覆盖层的分层情况及物理力学性状、水文地质条件等，钻孔间距 50～100m，钻孔深度按坝高 1.5 倍 60m 考虑。在可行性研究阶段，对推荐下坝址按水工设计方案，加密坝轴线（Ⅱ线）勘探，增设坝线上、下游勘探线，上游Ⅴ线距Ⅱ线 25m，布置 5 个钻孔（河心孔 3 个，左岸漫滩 1 个，左岸崩坡积覆盖层 1 个），下游Ⅲ线距Ⅱ线约 45m，布置 2 个河心钻孔；另外，近坝库岸设置Ⅰ线勘探，位于坝线上游约 60m，布置 2 个钻孔（左岸崩坡积 1 孔，右岸岸边 1 孔）。可行性研究阶段钻孔深度根据相关规范要求，均按揭穿覆盖层并进入基岩 15～20m 控制。

推荐下坝址主要布置 4 条勘探线，其中坝轴线（Ⅱ线）完成 8 个钻孔（ZK1、ZK2、ZK3 为预可行性研究阶段钻孔），包括河心钻孔 3 个（ZK3、ZK15、ZK18），两岸漫滩各 1 个（ZK1、ZK2），左岸崩坡积 1 个（ZK5），孔间距 10～20m；两岸结合水工防渗墙设计，在坝线上游约 5m 防渗墙转弯处各布置并完成 1 个孔（ZK4、ZK6）。Ⅴ线完成了 4 个钻孔勘探，包括 2 个河床孔（ZK7、ZK19）、左岸漫滩 1 个孔（ZK20）、左岸崩坡积 1 个孔（ZK8），孔间距 20～35m。Ⅲ线完成 2 个河床孔（ZK16、ZK17）勘探，孔间距 18m。Ⅰ线完成 2 个孔勘探，左岸 ZK9 布置在崩坡积上，右岸 ZK13 为岸边孔。所有勘探钻孔，覆盖层取心采用 SM 植物胶钻进，采取率要求大于 80%；基岩清水钻进，采取率大于 90%。

坝址区为高山峡谷地貌，河床基岩面变化较大，覆盖层深厚，分层及空间展布情况复杂，且存在可能液化砂土层，为满足工程需要，关键部位钻孔加密布置，间距缩小，以取得更加准确的地质资料。坝址区勘探布置见图 9-20。

（三）试验工作

在预可行性研究阶段，下坝址Ⅱ线布置的河床钻孔 ZK1、ZK2 为取心孔，主要了解河谷覆盖层深度、分层及结构等；河心 ZK3 孔 35m 深度以上分段进行抽水试验。在可行性研究阶段，沿防渗墙两岸拐点处布置 ZK4、ZK6 钻孔，覆盖层内布置了抽水试验，河床加密孔 ZK15、ZK18 覆盖层连续标注注水试验深度至设计防渗墙底高程，与 ZK3 孔形成一条渗透横剖面。坝址所有钻孔揭露到砂层、粉土层等软弱夹层要求做标准贯入试验，勘探至基岩后，要求 5m/段进行压水试验；坝轴线及上、下游勘探线选取少量钻孔布置试验及长观。

根据水工设计，沿防渗墙布置 1 条勘探线（Ⅸ线），左岸 ZK6 孔完成抽水试验 2 组、压水试验 7 组，右岸 ZK4 孔完成抽水试验 1 组、压水试验 4 组；结合坝线河心孔 ZK3 完成的 4 组抽水试验，ZK15 孔完成 15 组标注注水试验，ZK18 孔完成 10 段标注注

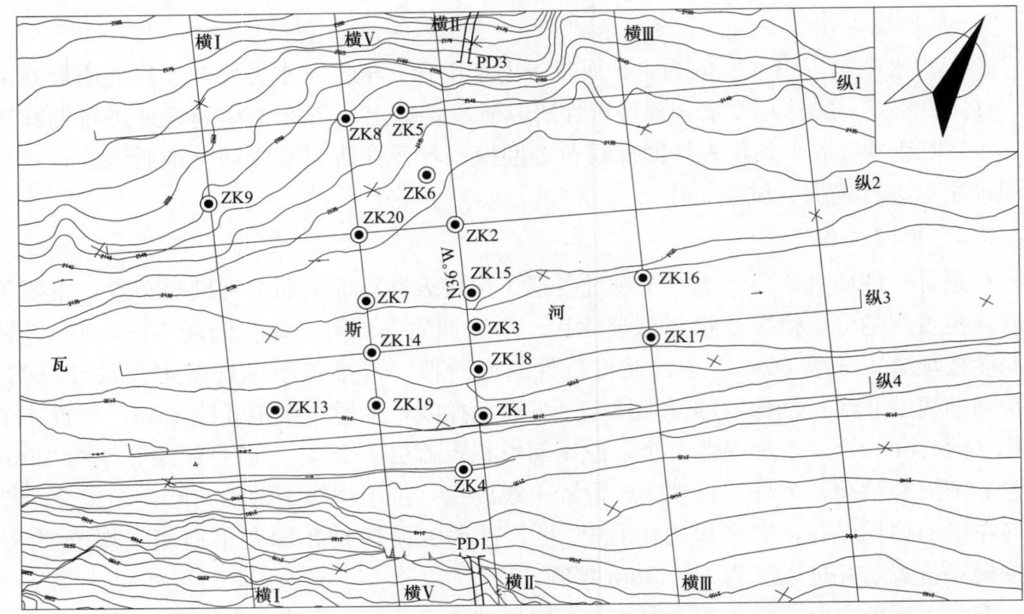

图 9-20　坝址区勘探布置示意图

水试验，以及 ZK1、ZK2 各完成 3 组压水试验，形成一条横河向渗透剖面，为水工设计提供坝基防渗依据。坝线下游Ⅲ线 ZK17 完成抽水试验 5 组，ZK16 孔完成压水试验 3 组；坝线上游Ⅰ线 ZK9 孔完成连续标注注水试验 9 组、基岩压水试验 3 组，ZK13 孔完成抽水试验 2 组。长观孔 4 个，分别是 ZK1、ZK2、ZK13、ZK16。

为研究覆盖层物理力学性质，坝址区共完成土体物理性试验 89 组，力学全项 16 组；为研究覆盖层基础承载力和变形，完成重力触探试验 80 段，砂层标准贯入试验 80 组，现场荷载试验 2 组。其他试验包括现场管涌试验 2 组（平行、垂直各 1 组），砂层振动液化试验 2 组，水质简分析 2 组。

深厚覆盖层的试验，主要根据覆盖层的结构、分层及空间展布情况，按相关规程、规范要求进行布置，重点研究水文地质条件、覆盖层基础承载力及变形、砂层（粉土层）液化研究 3 个方面。

三、坝基覆盖层空间分布与组成特征

坝址区覆盖层深厚，据勘探揭示，河谷覆盖层最大厚度为 96m。根据覆盖层结构、成因及组成，由下至上依次划分为 8 层，其中①、②层仅分布于库区，坝址区未见分布。坝址区典型纵剖面见图 9-21。

（一）第③层上更新统冰水堆积漂（块）卵（碎）石夹砂土（$fglQ_3$）

该层分布于河床底部，埋深 60.0～70.0m，厚 5.0～38.0m，顶面高程 2060.0～2070.0m。该层粗颗粒磨圆度差，呈次棱角或圆状，漂块石含量约占 20%，卵碎石含量占 55%～60%，砂土含量为 20%～25%，以中粗砂或中细砂为主，结构中密。

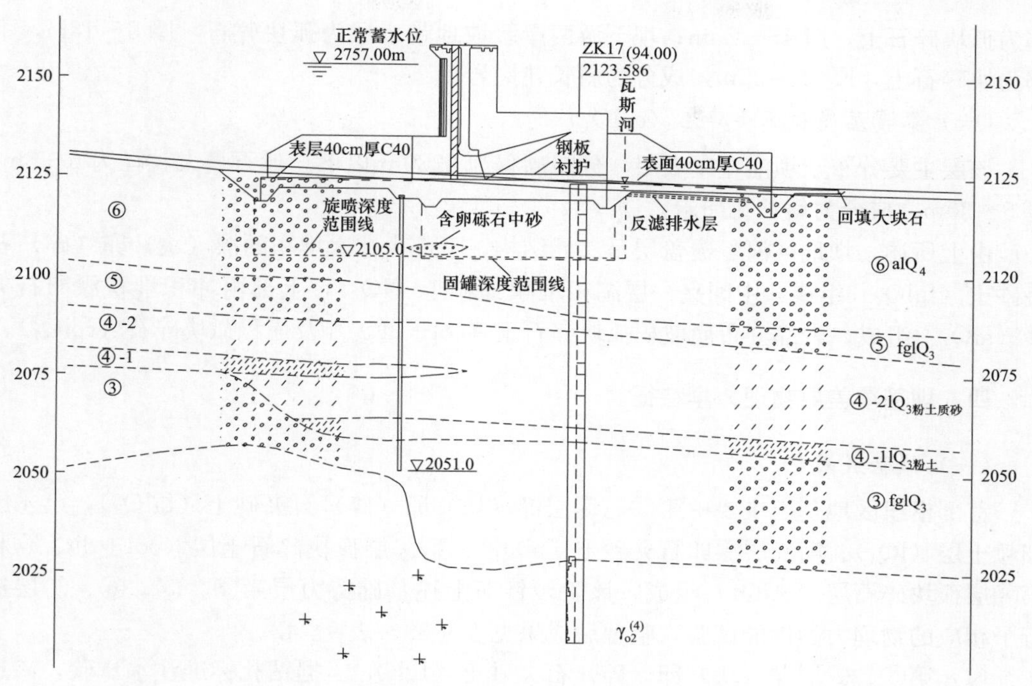

图 9-21 坝址区典型纵剖面

（二）第④层上更新统湖相堆积细粒土（lQ_3）

该层分布于第③层之上，连续、厚度变化大。下部为深灰色粉土（④-1 层），厚 1.0～5.0m；上部为灰黄色粉土质砂（④-2 层），厚 10.0～26.0m，砂以粉细砂为主。局部④-1 与④-2 互层。第④层总厚度为 6.83～31.00m，最小埋深为 35.2m，顶面高程 2086.19～2090.00m，其顶、底板空间分布形态见第④层顶底板等值线图。

（三）第⑤层上更新统冰水堆积漂（块）卵（碎）石夹砂土（$fglQ_3$）

该层分布于河床中部，埋深 10.0～30.0m，厚 10.0～30.0m，顶面高程 2095.00～2118.00m，顶面形态起伏较大。该层粗颗粒磨圆度差，呈次棱角或圆状，漂块石含量约占 20%，卵碎石含量占 55%～60%，砂土含量为 20%～25%，以中粗砂或中细砂为主，结构中密。

（四）第⑥层全新统冲积堆积漂卵石夹砂（alQ_4）

该层分布于现代河床表部，厚度为 5.68～35.00m。该层分布连续、稳定，其顶面高程 2120～2135m。层中漂石含量占总土重的 55%～65%。层内夹含卵砾石中粗砂透镜体或卵（碎）砾石夹砂、卵石混合土，含粉粒土砾透镜体。其中含卵砾石中粗砂、中细砂层透镜体分布于河床左侧埋深 14.91～19.96、22.00～23.01、31.35～32.74m，河心埋深 15.7～20.5m，河床右岸坡脚（公路内侧）埋深 11.9～14.08m。

（五）第⑦层崩坡积孤块碎石土（$col+dlQ_4$）

该层主要分布于坝前左岸（高程 2130～2175m）及闸坝下游侧两岸缓坡地带（左岸高程 2125～2235m，右岸高程 2125～2200m）。坝前左岸表层为孤块石，厚 5～20m，下部为孤块碎石土，厚 15～25m；坝下游两岸缓坡地带表层为孤块碎石，厚 5～18m，下部为块碎石土，厚 10～25m，成分为斜长花岗岩。

（六）第⑧层崩积孤块碎石（$colQ_4$）

该层主要分布于坝前左岸表层，分布高程为 2280m 以下。孤石最大粒径为 6～8m，厚 5～20m，成分为斜长花岗岩。

由上所述，坝址区河谷覆盖层呈二元结构，下部由冰水堆积的漂（块）卵（碎）石夹砂土（$fglQ_3$）组成，中间夹一层湖相堆积细粒土（lQ_3），上部由冲积堆积漂卵石夹砂（alQ_4）组成；表部分布崩坡积孤块碎石土（$col+dlQ_4$）及崩积孤块碎石（$colQ_4$）。

四、坝基覆盖层物理力学特征

（一）试验成果

首部枢纽区地基土主要由第③、⑤层漂（块）卵（碎）石夹砂土（$fglQ_3$），第④层细粒土层（lQ_3）、第⑥层漂卵石夹砂土（alQ_4）、第⑦层孤块碎石土层（$col+dlQ_4$）和第⑧层孤块碎石层（$colQ_4$）组成。该阶段针对上述基础持力层第④、⑤、⑥、⑦层进行了相应的物理力学性能试验，整理后成果见表 9-39～表 9～42。

（1）第③、⑤层漂（块）卵（碎）石夹砂土（$fglQ_3$）。据钻孔标准注水试验，渗透系数为 $k=3.78\times10^{-3}\sim3.41\times10^{-2}$cm/s，为中等～强透水性。据冷竹关水电站 3 组现场渗透变形试验资料，该层临界比降为 0.425、1.83、2.0，平均值为 1.41，破坏比降为 4.82，渗透破坏类型为流土型或过渡型。

（2）第④层细粒土层（lQ_3）。可分为黄色粉土质砂、含细砂粉土（④-2）和深灰色粉土（④-1）两层。其中④-1 层以粉粒为主，中等～微透水性，可塑性软土，为中压缩性，渗透破坏类型属流土型。④-2 层以砂粒为主，中等～弱透水性，也为中压缩性，渗透破坏类型属流土型。

（3）第⑥层漂卵石层夹砂（alQ_4）。结构中密偏紧，中等～强透水性，具低压缩性，渗透破坏类型为管涌型。根据超重型动力触探成果资料（见表 9-43），采用小值平均值（0.674MPa），取 0.8 折减系数，其允许承载力 $[R]=0.54$MPa，并类比冷竹关水电站资料，该层允许承载力建议值为 $[R]=0.45\sim0.54$MPa。

（4）第⑦层孤块碎石层（$col+cldQ_4$）。以孤块碎砾石为主，结构中密偏松，具强透水性，渗透破坏类型为管涌型。

（二）地质参数选取原则与建议值

根据上述试验成果，按照坝址区覆盖层分类，分层进行试验值统计，以实验室成果及原位测试成果为依据，土体物理力学性质参数以试验的算数平均值作为标准值，渗透系数采用相关试验的大值平均值作为标准值，地表第⑦层承载力特征值根据荷载试验确定，下部土体根据钻孔动力触探试验、标准贯入试验、室内试验等成果结合相似工程实践经验值综合确定，抗剪强度采用试验的小值平均值作为标准值。以《水力发电工程地质勘察规范》（GB 50287—2016）为准则，类比冷竹关水电站等相似工程经验，给出坝址区覆盖层物理力学性指标建议值，见表 9-44。

表 9-39

闸址区覆盖层物性颗分试验成果汇总表

层号	数值范围	含水量 w (%)	湿密度 ρ_w (g/cm³)	干密度 ρ_d (g/cm³)	孔隙比 e	饱和度 S_r (%)	土粒比重 G_s	液限 w_L (%)	塑限 w_p (%)	塑性指数 I_p	颗粒组成(%) 颗粒直径(mm) >200	200~5	5~0.075	0.075~0.005	<0.005	<5mm含量(%) <5	有效粒径 d_{10} (mm)	限制粒径 d_{30} (mm)	限制粒径 d_{60} (mm)	不均匀系数 C_u	曲率系数 C_c
⑦	组数	2	2	2	2	2	2				2	2	2	2	2	2	2	2	2	2	2
	平均值	2.65	2.09	2.05	0.378	36.8	2.83				7.30	52.41	33.23	5.56	1.50	40.29	0.625	1.5	31	50.6	0.13
⑥	组数	4	4	4	4	4	4				4	4	4	4	4	4	4	4	4	4	4
	平均值	2.5	2.27	2.21	0.275	26.0	2.83				3.49	76.95	19.56			19.56	0.70	18.0	60	85.7	7.7
⑤	组数	2	1	1	1	1	1					7	7	7	7	7	7	7	7	7	7
	平均值	8.06	2.31	2.14	0.276	79.7	2.73					39.68	48.46	11.83	0	60.34	0.05	0.30	5.0	83	0.36
④-2	组数	17	17	17	17	17	17						17	17	17	17	17	17	17	17	17
	平均值	19.4	1.92	1.62	0.682	75.6	2.73						52.76	46.94	0.3	100	0.009	0.03	0.13	14.4	0.08
④-1	组数	9	9	9	9	9	9	6	6	6			10	10	10	10	10	10	10	10	10
	平均值	23.8	1.97	1.59	0.720	85.7	2.74	31.0	17.6	13.4			17.33	80.64	2.03	100	0.007	0.014	0.033	4.71	0.85

表 9-40 闸址区覆盖层室内力学试验成果

层号	岩层代号	土样编号	制样控制条件		压缩（0.1～0.2MPa）		直剪 饱和固快		渗透及渗透变形				土样定名
			干密度 ρ_d (g/cm³)	含水量 w (%)	压缩系数 a_v (MPa⁻¹)	压缩模量 E_s (MPa)	凝聚力 c (MPa)	内摩擦角 φ(°)	临界比降 i_k	破坏比降 i_f	渗透系数 k (cm/s)	破坏类型	
⑦	col+dlQ$_4$	KC1-1	2.02	2.9	0.0705	19.79	0.03	24.0	0.26	0.51	2.84×10^{-3}	管涌型	碎石混合土
		KC1-2	2.07	2.4	0.032	42.69	0.05	26.6	0.18	0.36	4.39×10^{-3}	管涌型	碎石混合土
⑥	alQ$_4$	CJ1-4	2.07	3.8	0.017	80.0	0.035	31.5	0.27	0.67	1.93×10^{-2}	管涌型	卵石混合土
		CJ-P	2.25	2.2	0.0098	128.65	0.055	36.0	0.42	1.81	1.06×10^{-2}	管涌型	混合土卵石
④-2	lQ$_{3-2}$	ZK7-3	1.717	20.0	0.19	8.28	0.005	29			8.13×10^{-6}	流土型	粉土质砂
		ZK7-6	1.701	16.5	0.11	14.39	0	25			3.02×10^{-5}	流土型	粉土质砂
		ZK15-3	1.563	19.0	0.12	14.18	0	24	0.71		3.85×10^{-4}	流土型	粉土质砂
		ZK20-7	1.679	21	0.23	7.25	0.001	24			1.45×10^{-6}	流土型	含细砂粉土
④-1	lQ$_{3-1}$	ZK15-4	1.653	21	0.25	6.73	0.001	21	0.73		1.12×10^{-6}	流土型	粉土
		ZK19-5	1.461	32.6	0.37	5.02	0.001	22			6.63×10^{-7}	流土型	含细砂粉土

表 9-41 现场力学试验成果

编号	层位	荷载试验		管涌试验				备注
		比例极限 P_f(MPa)	变形模量 E_0(MPa)	渗透系数 k_{20}(cm/s)	临界比降 i_k	破坏比降 i_f	破坏类型	
E1	⑥	0.45	34.5					
E2	⑦	0.37	15.0					
S1	⑥			5.4×10^{-3}	0.60	1.80	管涌型	垂直方向
S2	⑥			1.6×10^{-2}	0.37	2.40	管涌型	水平方向

表 9-42 闸基土体渗透系数 k cm/s

层号	钻孔标准注水试验	现场渗透变形试验	钻孔或井坑取样室内力学试验	岩层代号	平均值	建议值
⑦	1.49×10^{-2}		2.84×10^{-3}～4.39×10^{-3}	col+dlQ$_4$	3.615×10^{-3}	1.49×10^{-2}
⑥	4.97×10^{-3}～5.75×10^{-2}	5.4×10^{-3}（垂直方向）1.6×10^{-2}（水平方向）	1.93×10^{-3}（井坑）1.06×10^{-2}（井坑）	alQ$_4$	4.06×10^{-2}	4.06×10^{-2}
⑤	9.53×10^{-3}～3.41×10^{-2}		3.78×10^{-3}（钻孔）	fglQ$_3$	1.84×10^{-2}	3.78×10^{-3}～3.41×10^{-2}

续表

层号	钻孔标准注水试验	现场渗透变形试验	钻孔或井坑取样室内力学试验	岩层代号	平均值	建议值
④	3.55×10^{-4}～7.46×10^{-3}		8.13×10^{-6} 3.02×10^{-5} 3.85×10^{-4} 1.45×10^{-6} 1.12×10^{-6} 6.63×10^{-7}	lQ_3	6.71×10^{-3}	④-2 $k=3.55\times10^{-4}$～3.85×10^{-4} ④-1 $k=1.12\times10^{-6}$～7.65×10^{-4}

表 9-43　　超重型动力触探试验成果

层次	试验深度（m）	试验组数	范围值	标准贯入试验锤击数 N	校正系数	标准贯入锤击数 N_{120}	承载力基本值 f_K（MPa）	变形模量 E_0（MPa）
⑥漂卵石夹砂	7.75～19.50	9	最大值	145	0.365	16.4	1.31	65.6
			平均值	115.5	0.366	14.0	1.12	55.9
			最小值	79	0.328	5.4	0.43	21.6
⑥漂卵石夹砂 ⑤漂（块）卵（碎）石夹砂	4.48～35.58	12	最大值	258	0.428	12	0.96	48
			平均值	159.5	0.352	9.44	0.75	37.76
			最小值	85	0.31	10.5	0.84	42

表 9-44　　覆盖层物理力学指标建议值

层号	岩层代号	岩性	湿密度 ρ_w（g/cm³）	干密度 ρ_d（g/cm³）	孔隙比 e	允许承载力 [R]（MPa）	压缩系数 a_v（MPa⁻¹）	压缩模量 E_s（MPa）	抗剪强度		渗透系数 k（cm/s）	永久坡比		允许水力比降 J_P
									$\tan\varphi$	c（MPa）		水上	水下	
⑧	$colQ_4$	块碎石				0.4			0.53～0.60	0		1∶1.5	1∶2.0	
⑦	col+dlQ_4	块碎石土	2.07～2.11	2.03～2.07	0.367～0.389	0.30～0.35	0.071～0.032	19.79～31.24	0.44～0.50	0	1.49×10^{-2}	1∶1.5～1∶1.7	1∶2.0～1∶2.5	0.12～0.17
⑥	alQ_4	漂卵石夹砂	2.15～2.36	2.07～2.31	0.225～0.362	0.45～0.54	0.009 8～0.017 0	40～50	0.50～0.55	0	4.06×10^{-2}	1∶1	1∶1.5	0.12～0.13
③⑤	$fglQ_3$	漂（块）卵（碎）石夹砂土	2.20～2.31	2.06～2.14	0.225～0.308	0.50～0.60		50～60	0.55～0.60	0	3.78×10^{-3}～4.2×10^{-2}	1∶1.0	1∶1.5	0.30～0.35
④-2	$lQ_{3\text{-}2}$	粉土质砂	1.80～2.09	1.56～1.78	0.517～0.737	0.10～0.15	0.11～0.23	7.25～14.39	0.32～0.35	0	3.55×10^{-4}～3.85×10^{-4}			0.30～0.40
④-1	$lQ_{3\text{-}1}$	粉土	1.88～2.05	1.49～1.70	0.600～0.884	0.10～0.12	0.25～0.37	5.02～6.73	0.20～0.25	0.01	7.65×10^{-4}～1.12×10^{-6}			

五、坝基覆盖层工程地质条件评价

首部枢纽由泄洪闸、冲砂闸与排污道、左右挡坝及取水口组成，闸顶全长152m，正常蓄水位2157.00m，闸顶高程2158.5m，最大闸高39m。

闸坝均建在软基上，建筑物主要持力层为冲积堆积（alQ_4）漂卵石夹砂，左、右岸挡水坝段及取水口、进水口局部地段持力层为崩坡积块碎石土（$col+dlQ_4$）。

（一）建基面选择原则

闸坝建基面高程为2117.5～2139.0m，闸基持力层除左、右岸个别挡水坝段为崩坡积块碎石土外，其余坝段均为冲积堆积（alQ_4）漂卵石夹砂（⑥层），具有较高的承载力，整体稳定性好。

（二）地基承载与变形稳定

闸坝建基面高程为2117.5～2139.0m，地基开挖后，⑥层剩余厚度为5.45～21.5m，河心厚，两侧薄，右侧薄于左侧，加之各层土体的结构和分布不均一，主要持力层⑥层中大漂石、卵石和细颗粒集中土体分布不均匀，地基存在不均一变形问题。下伏⑤层冰水堆积层厚度大，承载力略有增加。④层（lQ_3）承载性能较差，但埋深大，在35.2m以下。崩坡积块碎石土粗颗粒未构成骨架，有架空，承载力偏低，建议尽量挖除。

（三）地基渗漏与渗透稳定

据钻孔试验资料，冰水堆积层（③、⑤层）为中等～强透水性；湖相堆积层中④-2层粉土质砂为中等透水性，④-1层粉土为微弱～中等透水性，闸基持力层⑥层为强透水性，⑤层为中等～强透水性，故闸基存在渗漏问题。

闸基持力层为⑥层冲积堆积漂卵石夹砂（alQ_4）透水性强，抗渗性能较差，渗透变形以管涌型破坏为主；③、⑤层为冰水堆积漂（块）卵（碎）石夹砂土（$fglQ_3$），具中等～强透水性，其渗透变形主要为管涌型破坏；④层湖相堆积的④-2层粉土质砂、含细砂粉土具中等透水性，④-1层粉土为微弱～中等透水性，该两层渗透变形均为流土型破坏。由于坝基为多层结构，各层渗透性及同一层不同部位的渗透性不一，在其接触面处有可能产生接触冲刷破坏。

综上所述，闸基存在渗漏及渗透变形问题，防渗深度按允许渗漏量和渗透稳定要求确定。

（四）地基砂土液化

据钻孔揭示，④层细粒土层埋深在35.2m以下，主要有3种类型的土，即粉土质砂、含细砂粉土和粉土。根据现行规范，对细粒土层进行液化可能性判别：④层属（包括④-1层和④-2层）饱和少黏性土，相对含水量为0.5～0.8，液性指数为0.25～0.73，塑性指数为11.6～15.0，相对密度除深度48.9～49.36m处为0.71、个别为0.83～0.85外，其他均大于0.85，且埋深较大，再据振动液化试验成果（见表9-45），在9度地震区不产生液化，故判定为不液化土层。

表 9-45 ④层细粒土振动液化试验液化安全系数（K）成果

砂样编号及取样深度	K（地震基本烈度为 8 度时的液化安全系数）				K（地震基本烈度为 9 度时的液化安全系数）			
	8 周	12 周	20 周	30 周	8 周	12 周	20 周	30 周
ZK3-1 38.90～42.86m	4.7	4.1	3.8	3.3	2.3	2.1	1.9	1.7
ZK3-2 43.90～47.36m	5.1	4.5	4.2	3.8	2.5	2.3	2.1	1.9

注 1. 周围压力 $\sigma_{3c}=0.1\text{MPa}$，应力比 $K_c=1.0$。

2. 地震震级与等效循环周数的对应关系：地震震级 6.5、7.0、7.5、8.0 级，分别对应等效循环周数 N：8、12、20、30 周。

3. $K=\dfrac{\tau_L/\sigma_0}{\tau_{av}/\sigma_0'}$。

⑥层中所夹的含卵砾石砂层透镜体因埋深较浅且处于高地震烈度区，故不能排除产生液化的可能性，建议作适当的工程处理。

六、坝基覆盖层工程地质问题处理

闸坝全长 152.0m，共分 10 个坝块。闸基主要工程地质问题是闸基不均一变形、闸基承载力、砂层液化，针对不同部位坝块采取相应工程处理措施。此外，还存在闸基（肩）防渗漏（透）问题。

（一）地基承载与变形问题处理

1 号坝基岩体张裂隙发育，浇筑前设计要求作固结灌浆。2 号坝基左侧局部基岩段设计要求浇筑前做松动爆破。泄洪闸、冲砂闸、排污闸、左岸挡水坝 2、3 号坝块及右岸挡水坝 8 号坝块的基础均建在软基上（⑥层），其允许承载力不能满足闸坝基础应力要求，故需对坝基进行固结灌浆，以提高其允许承载力。坝基固结灌浆均为有盖重固结灌浆，灌浆孔梅花形布置，孔排距一般为 2.5m，孔深 15～16.5m。

2、3 号坝块（闸）0－010.0m～(闸)0＋005.0m（建基面高程 2 号为 2120.8m，3 号为 2121.8m）地基为⑦层块碎石土及⑥层漂卵石夹砂混合堆积体，为了提高其允许承载力，将 2、3 号坝块上游坝踵段起始桩号由（闸）0－010.0m 改为（闸）0－011.0m，固结灌浆孔孔排距由 2.0m 调为 1.5m。7、8 号坝块建基面高程 2122.5m，地基为⑥层漂卵石夹砂，细颗粒含量偏高，为了提高其允许承载力，将原 7 号坝段地基固结灌浆孔孔排距 2.0m 和 8 号坝段地基固结灌浆孔孔排距 2.5m 均调为 1.5m。

为了检验固结灌浆的效果，对固结灌浆后坝基进行了超重型动力触探试验，据施工单位提交、监理认可的资料表明，地基承载力基本满足设计要求。

（二）地基砂土液化问题处理

技术施工阶段针对持力层的可能液化砂层布置取心钻孔，据复勘孔及施工造孔所揭示的闸基持力层⑥层漂卵石夹砂（alQ_4）所夹的含卵石砂层透镜体的分布范围、埋深与可行性研究报告结论基本一致。因埋深较浅，且处于高地震烈度区，有产生液化的可能性，设计处理方案为高压旋喷。因现场进行高压旋喷施工时遇到较大困难，后改高压旋喷为置换灌浆，将工序调整为先固结灌浆后置换灌浆，并根据固结灌浆造孔返砂及固结灌浆情况确定置换灌浆位置。实施后通过检查孔的标准贯入锤击数 N_{120} 超重型动力触探试验（检查孔比例为5%～10%），测得灌后承载力多数为0.7MPa。

（三）闸基（肩）防渗漏（透）问题处理

闸坝区渗漏（透）主要集中于坝肩的绕坝渗漏和闸基渗漏（透），为了解决此问题，设计采用以垂直混凝土防渗墙为主、水平铺盖为辅，防渗墙套接基岩帷幕灌浆的防渗方式，以降低岩体及漂卵石夹砂的透水性，满足闸坝防渗的要求。

混凝土防渗墙最大高度63.5m，墙厚100cm，底高程为2056.0m，基底深入③层冰水堆积的漂（块）卵（碎）石夹砂土中。两岸基岩接头部位，通过防渗墙造孔施工情况及左、右岸各3个复勘取心孔资料分析，查明了基岩顶板起伏形态，据此确定了防渗墙左、右两岸基岩接头部位不同位置的基岩顶板深度，以使防渗墙嵌入基岩1.0m。

七、大坝覆盖层地基安全性评价

（一）地表巡视情况

电站建成运行后，巡视大坝坝后没有发现明显变形破坏现象，仅初期（2006年）闸坝出现混凝土缺陷造成下游面少量漏水出点；枯水期下闸蓄水后，坝址下游地表河床干枯，无渗、漏、冒水迹象；工程建成经历了2008年“5·12”汶川及2013年“4·20”芦山强震影响后，大坝未见明显变形破坏，水库及坝后未见喷水冒砂等砂层液化现象。

（二）监测情况

闸坝共布置1个监测纵断面，3个监测横断面作为关键监测部位和多个一般监测部位。闸坝于2005年10月5日正式蓄水运行，2006～2010年监测最大位移量见表9-46。

表9-46　　小天都水电站2006～2010年闸坝监测最大位移量

年度	最大水平位移量	相邻坝块最大水平位移差	最大垂直位移量	相邻坝块最大垂直位移差
2006	EX5(27.15mm)	EX1/EX2(18.12mm)	SL10(28.50mm)	SL2/SL3(9.28mm)
2007	EX4(22.99mm)	EX1/EX2(19.41mm)	SL10(31.68mm)	SL1/SL2(19.04mm)
2008	EX9(48.48mm)	EX1/EX2(28.31mm)	SL10(33.87mm)	SL1/SL2(23.22mm)
2009	EX9(46.09mm)	EX1/EX2(27.58mm)	SL5(41.10mm)	SL2/SL3(24.39mm)
2010	EX9(48.78mm)	EX1/EX2(27.58mm)	SL5(44.237mm)	SL2/SL3(25.713mm)

从闸坝引张线水平位移成果过程线分析，闸坝的水平位移主要受温度变化、库水位影响和时效影响所致，变形随时间而增加，说明闸坝变形缓慢增加，最大水平位移量48.78mm在设计允许范围内，闸坝运行情况正常。2008年2月27日，康定县三道桥发生4.7级地震后，闸坝的水平位移量明显增加。

从垂直位移量分布情况分析，闸坝垂直位移变形受气温影响明显，总体规律是以年为周期做周期性的变化。测点沉降量最大值 44.237mm，小于设计值（闸首蓄水后总沉降位移值不大于±60mm）；闸坝相邻两测点最大沉降差 25.713mm，满足设计（相邻块总沉降位移差不大于±30～40mm）要求，总体反映闸坝垂直位移量变化正常，闸坝运行良好。另外，在康定县三道桥发生 4.7 级地震后，闸坝只有左岸 SL1 和 SL2 两测点的成果过程线变化明显，有小幅度测值跳跃，其余坝段垂直位移变化幅度小，左岸岸坡坝段的垂直向上反弹约 4mm。

渗压计表现出以年度为周期的周期性变化趋势。防渗墙后的渗压计年最高水位是 P6，为 2129.74～2130.71m，比防渗墙前的渗压计 P1 年最高水位低 19.65～23.49m 的水头，说明防渗墙的防渗效果良好。测压管扬压力系数只有 UP1(0.38～0.42)、UP15（0.40～0.55）较大，其余测压管的扬压力系数都小于 0.2，均小于设计的扬压力系数 0.6，总体上与渗压计观测结果趋势一致，表明闸坝防渗墙的防渗效果良好。从测压管观测成果过程线分析，各支测压管成果过程线总体基本呈水平走势，表明闸坝基础扬压力稳定，变化幅度小。

总体而言，闸坝的水平位移量和垂直位移量在设计允许范围内，观测值量级较大。闸坝的测压管扬压力不大，扬压力折减系数满足设计要求，闸坝左右岸的绕坝渗流很小，两岸坝肩的帷幕灌浆效果好。总体反映闸坝运行正常。根据 2016 年 8 月 2 日～9 月 6 日监测月报，水准沉降点最大累计沉降量为 36.1mm（测点为 BM7、BM8），从测缝标点成果来分析，坝段错位目前趋于稳定，并无较大变形。

（三）总体评价

小天都水电站坝基在前期勘察设计的基础上，根据各个坝块的不同工程地质特性，通过比较分析，采用固结灌浆、高压悬喷、置换灌浆等综合工程处理措施，以提高地基承载力并防止砂层液化，工程建成后经历了强震影响，未见明显变形破坏及砂层液化现象，监测显示坝段目前趋于稳定，无较大变形。坝基防渗则采用悬挂式防渗墙（覆盖层）与帷幕灌浆（基岩）相结合、水平铺盖防渗为辅的施工处理措施，在电站枯水期运行时，坝址下游地表河床干枯，无渗、漏、冒水迹象，证明小天都水电站坝基防渗处理是成功的。

第六节 太平驿水电站

一、工程概况

太平驿水电站位于岷江上游高山峡谷内，距成都 109km。电站包括首部枢纽、引水建筑物和厂区枢纽三大部分。首部枢纽由拦河闸坝、取水口等建筑物组成，拦河闸坝设有 4 孔开敞式泄洪闸，1 孔冲沙及引渠闸，除引渠闸净宽 14m 外，其余每孔净宽 12m，左右两侧为挡水坝段，拦河坝全长 232m，坝顶高程 1083.10m，最大闸高 29.10m，最高挡水水位 1081m，最大壅高水头 16m。

太平驿水电站规划选点阶段的地质勘察工作开始于 1967 年，1982～1984 年完成选闸及初设阶段地质勘察工作，1990～1991年完成招标设计文件编制，同年7月1日，主体工程开工，至1996年3月电站全部竣工投产。

二、坝基覆盖层空间分布与组成特征

闸区位于岷江支流福堂坝沟与彻底关沟间的顺直河段上，临江坡高500～600m，谷坡出露晋宁—澄江期黑云母花岗岩，谷底宽约240m，堆积有86m厚的深厚覆盖层，自下而上分为五大层（见图9-22）：

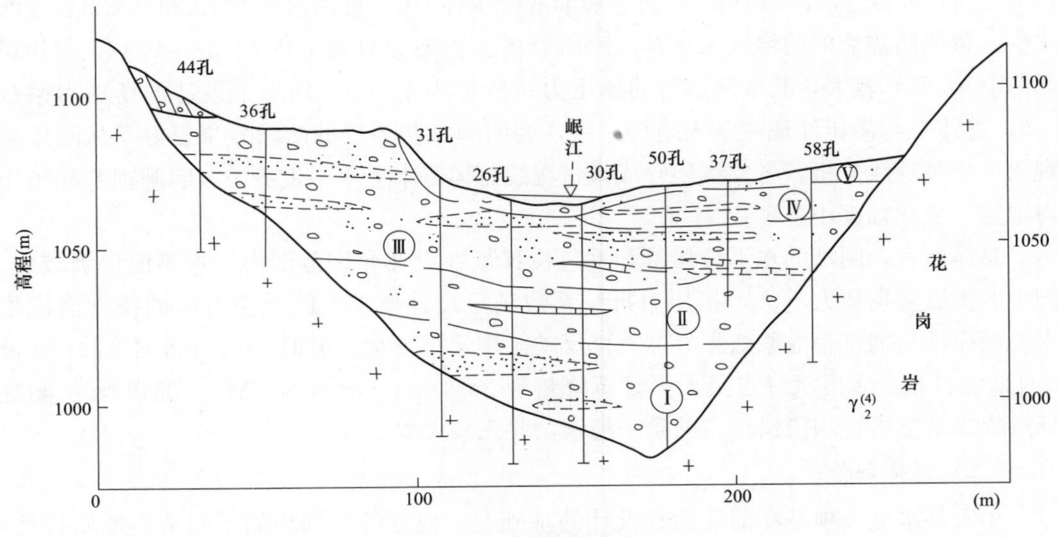

图9-22　闸址典型纵剖面

Ⅰ层：漂卵石夹块碎石层，由成分复杂的漂卵石夹块碎石组成骨架，含大孤石。孔隙充填密实程度不均一，具架空结构。闸址部位渗透性以强透水为主，层厚小于37.50m。

Ⅱ层：块碎石层，块碎石成分单一，为近源花岗岩，孔隙充填密实度差，架空结构较发育，渗透性强～极强。往闸下游沉井、下围堰一带Ⅰ层渗透性有减弱趋势。层厚小于22m。

Ⅲ层：块碎石土、砂层及漂卵石夹砂互层，为Ⅱ级阶地堆积物（Q_3），黄色或灰黄色，粗细粒土相互叠置成层，具层状土特征，层内小层有相互过渡、递变及尖灭现象，总厚18～45m，铺满整个河谷。在闸区勘探范围内，1040～1060m高程之间有粗、中、细砂层分布，单层厚度1.0～8.0m不等。层内粗砾土包含宽级配的块碎石土、漂卵石夹砂或泥卵石，并含有0.5～5.0m直径的大孤石，土粒极不均一。孔隙充填中细砂及含泥质的角砾质土，除局部存在架空结构外，孔隙一般充填较密实。现场测定粗砾土的平均孔隙比0.20～0.25，平均干重力密度21.0～22.50kN/m³，小于5mm的平均填料含量为22.30%～25.14%，总体属于中等～密实类粗砾土；饱和条件下，该层层状土渗透性以弱透水性为主，且具有各向异性；非饱和条件下，Ⅱ层层状土渗透性以微弱透水性为主。

Ⅳ层：含巨漂的漂卵石夹碎石层，为Ⅰ级阶地冲洪积物，总厚18m，由成分复杂的漂卵石及花岗岩巨漂组成骨架，孔隙充填含少量泥质的砾质中粗砂，充填中等密实，局部架空填料少。现场测定：该层土平均孔隙比0.24～0.27，平均干重力密度21.50～22.0kN/m³，小于5mm的填料的平均含量25.74%，土体级配特征，以连续级配为主，且属宽级配土。渗透性一般较弱，局部架空部位，其渗透性增强。层内1065～1060m高程上有粗、中、细砂层分布，厚度为1～3.0m。

Ⅴ层：漂卵石夹块碎石层，为近代河床及漫滩堆积层，层厚小于6.5m，由漂卵石夹块碎石组成骨架，孔隙充填中粗砂，透水性强。

综上所述，太平驿水电站闸基深厚覆盖层由五大层组成，深部Ⅰ、Ⅱ层总厚小于60m，为强～极强透水地基，上部Ⅲ、Ⅳ层土体结构相对较密实，为弱透水地基、局部架空不起控制作用。第Ⅴ层位于闸室建基面以上，闸基持力层主要是Ⅰ、Ⅳ层。

三、闸基土体的水文地质特性

岷江上游大多数河段上，河谷覆盖层中具有浅埋的潜水位，一般与河水位接近。但据大量钻孔揭示，库闸区河床地下水位常年低于河水位，紧靠河边开挖基坑验证，也不见地下水或河水入渗，显示出江水与河床地下水，在小范围内存在水力联系弱的特殊性，从而引出了太平驿闸基复杂的水文地质及其渗流评价问题。

1. 含水层

闸基河谷覆盖层深部Ⅰ、Ⅱ层中有稳定存在的地下水位，属孔隙含水层。枯水期Ⅰ、Ⅱ层地下水位1040～1045m，位于Ⅱ层顶或Ⅲ层底部；丰水期，随着河水、大气降水、两岸基岩裂隙水补给量增大，Ⅰ、Ⅱ层地下水位从4月开始上升达到1052～1054m，高于Ⅲ层底板14m左右，呈半承压状态。

2. 隔水层

在饱和条件下，Ⅲ层渗透性较弱，为弱透水层；Ⅲ层土体大部分位于地下水位之上，土中存在空气，呈三相土状态，其渗透数是含水量的函数。Ⅰ层非饱和土的渗透系数恒小于自身饱和时的渗透系数，故在天然条件下，对阻隔河水大量入渗而言，Ⅲ层又属于非饱和的透水性弱～微弱的相对隔水层。

3. 施工期地下水动态

施工期间（1993～1994年），受大规模工程活动的影响，为河水入渗补给地下水创造了条件，地下水获得了河水更多的入渗补给量，加之Ⅰ、Ⅱ层在闸下游排泄不畅，从而引起闸区地下水位较大幅度的上升。为了预测建库后地下水位的变化趋势，采用同一观测时段，同一变化过程的河水及地下水资料（忽略地下水随河水上升而上升的滞后时间），绘制河水位与地下水位相同时段的变化曲线，相关曲线表明：河水位在1072m以下时，曲线较为平缓，随着河水位的微小上升，将引起地下水位较大幅度的上升，从而证实了深部Ⅰ、Ⅱ层在闸下游排泄不畅和上部Ⅲ、Ⅳ层渗透性不强的特点；河水位上升到1072～1076m时，曲线斜率变陡，两者基本呈线性变化，地下水位最高已上升到

1062.5m，考虑将来水库运行水位稳定在 1077.5～1081m，预计河床地下水位将上升到地面 1063～11064m，闸基不再存在地下水位低的问题。因此，渗流出口位于闸后河床部位，故应加强渗流出口处的滤保护。

四、坝基覆盖层物理力学特征

该工程初步设计阶段对闸区土体做了少量物理力学性试验；进入技术施工设计阶段，又补充做了筛分容重试验和现场大型渗透变形试验，根据试验成果，该工程土体物理力学指标建议值见表 9-47。

表 9-47　覆盖层物理力学指标建议值汇总

层位	岩性	干重力密度 γ_d (kN/m³)	允许承载力 [R] (×10²kPa)	压缩模量 E_s (MPa)	泊松比 μ	抗剪强度		允许水力比降 J_P	渗透系数 k(cm/s)		备注
						f	c (MPa)		一般	局部架空	
Ⅴ层	漂卵石	20.59	4.9～6.86	49.02～58.82	0.3～0.35	0.5～0.55	0	0.15	0.011 6～2.31×10^{-3}	0.058～0.116	
Ⅳ层	漂卵石	20.59	4.9～6.86	49.02～58.82	0.3～0.35	0.5～0.55	0	0.3～0.35	5.79×10^{-3}～1.04×10^{-2}	0.058～0.116	
Ⅳ层	砂层	14.81～13.63	1.47～1.96	9.8～12.75	0.35～0.4	0.4～0.42	0	0.2～0.3	1.157×10^{-3}～2.31×10^{-3}		
Ⅲ层	漂卵石或碎块石	21.57～22.56	3.92	29.41	0.3～0.35	0.5～0.53	0	1.1～1.3	3.47×10^{-4}～4.63×10^{-3}	0.029	砂层动摩擦角为18°
Ⅲ层	砂层	13.14～14.61	1.47～1.96	9.8～12.75	0.35～0.4	0.4～0.42	0	0.3	1.157×10^{-3}～2.31×10^{-3}		
Ⅱ层	块碎石		4.90	29.41～39.22	0.3～0.35	0.55	0	0.07	0.116～0.23	0.58	
Ⅰ层	漂卵石		4.9～6.86	49.02～58.82	0.3～0.35	0.55～0.6	0	0.1～0.12 局部架空 0.07	0.058～0.116	0.58	
dlQ+plQ	块碎石	20.97～21.28	2.94～3.92	29.40	0.35～0.4	0.5	0				

五、坝基覆盖层工程地质条件评价

太平驿电站闸区河谷覆盖层结构复杂，粗细粒土相互叠置成层，具有上弱下强的渗透特性。闸基存在的主要工程地质问题有砂基地震液化问题、闸基渗漏渗流稳定问题。

1. 闸基砂土液化问题评价

闸基Ⅲ层中Ⅲ$_d$砂层厚约 5m，分布于泄洪闸、冲砂闸、漂木道一带，直接与闸底板接触。前期砂土振动液化试验报告结论：在 7 度地震烈度条件下该砂层属易液化砂层，设计采纳了地质建议，挖除Ⅲ$_d$砂层。

闸基深部Ⅲ$_a$细砂层厚约3m，直接与泄洪闸基础齿槽接触，在7度地震烈度条件下砂土液化的可能性不大，但安全系数较小，建议在齿槽部位对Ⅲ$_a$砂层进行灌浆处理。

铺盖基础Ⅳ$_b$砂层厚约3m，埋深10m，呈透镜状分布，施工开挖中发现该砂层分布面积有所增大，且属于液化砂层，地质及时建议将此砂层挖除，设计采纳建议，降低了铺盖建基面，实际施工中将此易液化砂层绝大部分挖除，仅局部保留有砂层，后采用磨细水泥灌浆，对砂层抗液化能力有一定提高。

2. 闸基渗流稳定问题评价

闸基Ⅰ、Ⅱ、Ⅲ、Ⅳ、Ⅴ层由于成因类型、颗粒组成及结构密实程度的不同，而具有不同的抗渗性能。从结构上看，深部Ⅰ、Ⅱ层架空特点明显，块卵石相互嵌合，承载力高，孔隙中细小颗粒的流失，不影响骨架的完整程度，加Ⅰ、Ⅱ层中水力比降平缓，渗透力弱，闸基附加应力对深部Ⅰ、Ⅱ层的影响已很小，故在运行条件下，闸基发生渗透变形破坏的层位不在Ⅰ、Ⅱ层。

闸基Ⅲ层厚18m，铺满整个闸区河谷，土体结构紧密，级配特征以连续级配为主，具有透水性弱、抗渗性高的特点，临界比降1.44～0.71，破坏比降4.31～5.06，其渗透变形破坏形式表现为流土，是闸基相对稳定的抗渗层。

闸基抗渗性较差的部位可能在Ⅱ、Ⅲ层界面附近，表现为层间的接触冲刷或接触流失。闸基Ⅱ、Ⅲ层界面水平向接触冲刷问题，受两个因素的制约，即界面的起伏嵌合情况和水动力条件，闸基Ⅱ、Ⅲ层同属粗砾土接触，接触面起伏，上下两层颗粒在接触面上相互嵌合，因而上层介质的重量增加了下层颗粒之间的阻力，减少了层面上的孔隙通道，故Ⅱ、Ⅲ层界面不完全具备接触冲刷的土石几何条件。尤其是建闸后，受水库效应的影响，Ⅱ层水位大幅上升，减小了Ⅱ、Ⅲ层之间的水头差，Ⅱ、Ⅲ层界面附近渗流的渗透比降（0.02～0.03），小于Ⅰ层的允许比降（0.07），远达不到发生接触冲刷或接触流失的水动力条件。

闸基Ⅳ、Ⅴ层漂卵石结构中等紧密，局部存在架空结构，施工开挖中基础面附近易挠动，其抗渗性较低，尤其是在闸下游渗流溢出部位，出溢比降大于Ⅳ、Ⅴ层的允许比降，易发生管涌破坏，应引起足够重视。

3. 闸基渗漏问题及评价

闸基为双层地基，深部Ⅰ、Ⅱ层为强透水地基，上部Ⅲ、Ⅳ层为弱透水地基，闸基渗漏主要表现为沿Ⅰ、Ⅱ层的渗漏和沿基础面挠动土的渗漏。初步设计及技术施工设计阶段，未考虑挠动土问题，对闸基渗漏量的计算成果表明，闸基渗漏量小于0.44m^3/s，仅占枯水期来水量（90m^3/s）的5‰，满足允许渗漏量的要求。闸基渗漏量不大的主要原因在于上部Ⅲ、Ⅳ层渗透性弱，而深部Ⅰ、Ⅱ层水力比降小于0.03。

4. 关于闸基渗漏及渗透稳定的主要结论性意见

闸基渗漏量小于岷江枯水期来水量的5‰，对具有较大流量的岷江来说，不是决定闸基渗流控制的主要因素。闸基Ⅲ层厚约18m，铺满闸区河谷，渗透性弱，具有较强抗渗性，是闸基防渗可资利用的一层。闸基Ⅳ、Ⅴ层渗流出口部位及基础面挠动土部位，抗渗稳定性较差，是闸基渗流控制的重点。

六、坝基覆盖层工程地质问题处理对策

闸基基础处理包括挠动基础面接触灌浆、地基缺陷处理的回填灌浆、防渗处理的帷幕灌浆，以及提高地基砂土承载能力的磨细水泥灌浆。

1. 闸基齿槽深挖及接触灌浆

闸基齿槽系水下开挖，开挖深度大，基坑抽水时间长，基础面挠动破坏严重。据齿槽回填灌浆前测定的渗透系数，沿基础面 $k=2\times10^{-2}\sim6\times10^{-2}$cm/s。灌浆时浆液扩散半径达 5～10m，相邻钻孔串浆、冒浆不止，从而表明基础面挠动较严重。对接触面采用接触灌浆后，测定的渗透系数为 $1\times10^{-3}\sim1.4\times10^{-3}$cm/s，表明沿基础面经接触灌浆后，渗透系数有一定的减小。

闸基Ⅲ$_a$砂层颗粒细，较密实，可灌性差，灌浆效果不如上部挠动层，灌浆测定的 $k=2.03\times10^{-3}$cm/s，$N_{63.5}=13.4$；灌后测定的 $k=1.4\times10^{-3}$cm/s，$N_{63.5}=17.4$；从指标看，提高幅度不大。

2. 防渗帷幕灌浆

防渗帷幕轴线设在闸前 66m 处，两岸嵌入基岩，全长 210m。一共设了三排孔，孔距 1.5m，排距 1.2m，底板高程 1050m，插入Ⅲ层中部，帷幕形成后，阻水面积达 2789m^2。

帷幕灌浆地层为Ⅲ、Ⅳ、Ⅴ层，上部Ⅴ、Ⅳ层渗透性较强，可灌性相对较好，下部Ⅲ层渗透性弱，可灌性相对较差。灌前测定建基面附近挠动土渗透系数为 $2.66\times10^{-4}\sim2.5\times10^{-2}$cm/s，局部大者，$k=1.16\times10^{-1}\sim9.83\times10^{-1}$cm/s，沿帷幕线大部分原状土的渗透系数为 $1.04\times10^{-4}\sim5.91\times10^{-3}$cm/s，与前期测定的渗透系数基本一致。帷幕灌浆后，土体渗透系数减小到 $1.06\times10^{-6}\sim3.211\times10^{-4}$cm/s，多数在 $1\times10^{-5}\sim1\times10^{-4}$cm/s 范围内，取得了一定效果。

防渗帷幕形成后，对切断Ⅲ层上部可能存在的透水夹层或局部架空，防止沿基础接触面发生冲刷破坏起着一定的作用。

3. 水平铺盖地基局部防渗处理灌浆

闸前水平铺盖长 75.0～122.83m，厚 2～3m，铺盖分缝处设有止水，并与两岸贴坡混凝土相连。形成闸前全封闭式混凝土水平防渗系统。

铺盖建基面高程 1061.5～1068m，左低右高，地基由Ⅲ、Ⅳ、Ⅴ层组成，施工开挖证实：地基土主要为承载力较高的漂卵石夹砂和块碎石土，局部有薄砂层分布，土体尚密实，渗透性一般较弱。

受上围堰漏水、水下开挖及抽水影响，铺盖前齿墙地基挠动破坏较明显，部分水下混凝土质量欠佳；左岸上游导墙附近齿槽基础局部存在集中渗流现象，针对缺陷部位，采取回填灌浆补强，以提高铺盖基础的抗渗能力。

闸基齿槽开挖过程中，因泵坑长期抽水，引起上游边坡失稳，在铺盖地基内相继出现了深 3～8m 的洞穴和渗流集中现象，对闸前铺盖地基的渗透稳定不利。为了弥补开挖抽水造成的缺陷，在闸前拦 0-4、栏 0-7 布设了两排回填灌浆孔，旨在封闭上述集中

渗流管道，提高铺盖基础的抗渗能力。

右侧铺盖 37、45 块基础下，局部埋藏有$Ⅳ_b$砂层，且与斜面铺盖直接接触，为了防止砂土液化和防止砂土沿接触面发生接触冲刷破坏，采取磨细水泥灌浆处理，取得了一定效果。

通过上述灌浆处理后，铺盖地基土的抗渗能力，得到了恢复和提高。

七、大坝覆盖层地基安全性评价

施工期及运行初期进行了长期地下水动态观测，尤其是对闸基扬压力的观测，这对评价闸基渗透稳定至关重要。

1. 施工期及运行期地下水动态观测

为了比较实际地预测建闸后的地下水位变化情况，在闸区上围堰上、下游设置了长观孔，利用围堰这一临时性的挡水建筑物作为原型，研究河水与地下水之间的水力联系及其变化规律。

施工期（1993～1994 年 10 月）地下水观测成果表明，随着上围堰堰前挡水位的提高（从 1069m 上升到 1076m）闸区地下水位相应从 1045m 上升到 1062.5m，地下水位有随河水位变化而变化的规律性。

1994 年 10 月 24 日，太平驿水电站提前下闸蓄水后，闸前运行水位变化在 1075～1081m，水库效应进一步使闸基土体完全充水饱和，闸区各观测孔水位上升稳定在 1063～1068m，各孔观测水位的过程曲线表明：地下水位的动态变化，受水库水位涨落的影响较为明显。水库蓄水后，地下水位的上升，有助于减小库水位与地下水位之差，即渗流的渗透比降也随之减小，对闸基的渗透稳定有利。

2. 闸基扬压力观测

建库后，在闸上下游水位差作用下，闸基渗流的方向、流速及比降，与建闸前相比，均发生了明显的变化，而这种变化在不同的时期，又与电站的运行方式、运行水位、岷江流量、河水位、大气降水及基岩裂隙水等因素的影响有着密切的联系。

经对闸基扬压力监测资料研究、分析对比后认为，丰水期，大气降水、岷江洪水及两岸基岩裂隙水，均可补给地下水，引起闸区地下水位抬升（2m 左右）及闸下游河水位壅高（2～5m），其后果主要表现为使闸室所受到的上浮力有所增大，而渗透比降却有所减小。平水期及枯水期，闸基渗流场中，渗透比降是随着闸上游运行水位的抬高及闸上下游水位差的增大而增大，库内及铺盖前端部位，出现较高渗压区，等水头线分布密集。

经计算，该区垂直比降 0.5～0.52，水平比降 0.16～0.296；而防渗帷幕下游铺盖及闸室段渗透比降为 0.008～0.068，均小于Ⅲ、Ⅳ层土体允许比降，能满足渗透稳定要求。

护坦下（渗流出口段）UP13 测压管水位与闸下游河水位齐平，达到设计预期目的。

参 考 文 献

[1] 石金良．砂砾石地基工程地质．北京：水利电力出版社，1991.
[2] 余挺，等．深厚覆盖层筑坝地基处理关键技术．北京：中国电力出版社，2019.
[3] 余挺，等．深厚覆盖层工程勘察钻探技术与实践．北京：中国电力出版社，2019.
[4] 彭土标．水力发电工程地质手册．北京：中国水利水电出版社，2011.
[5] 李子章，李政昭，张道云，钱峰．空气潜孔锤取心跟管钻进技术［J］. 探矿工程，2009，增刊：158-166.
[6] 王珊．岩土工程新技术实用全书［M］. 北京：银声音像出版社，2004.
[7] 王达远，何远信，等．地质钻探手册［M］. 长沙：中南大学出版社，2014.
[8] 张有良．最新工程地质手册［M］. 北京：中国知识出版社，2006.
[9] 吴力文，孟澍森．勘探掘进学　第三分册　井巷掘进与支护［M］. 武汉：地质出版社，1981.
[10] 郭绍什．钻探手册［M］. 武汉：中国地质大学出版社，1993.
[11] 中国地质调查局．水文地质手册［M］. 2 版．北京：地质出版社，2016.
[12] 袁聚云，徐超，赵春风，等．土工试验与原位测试［M］. 上海：同济大学出版社，2004.
[13] 罗强，刘良平，等．YGL-S100 型声波钻机在向家坝水电站深厚覆盖层成孔取样的施工技术［M］. 全国水利水电勘探及岩土工程技术实践与创新，2015.
[14] 张光西．几种特殊地层钻探［M］. 全国水利水电勘探及岩土工程技术实践与创新，2015.
[15] 工程地质手册编委会．工程地质手册．4 版．北京：中国建筑工业出版社，2006.
[16] 李菊根，史立山．我国水力资源概况．水力发电，2006，(1)：3-7.
[17] 钱家欢，殷宗泽．土工原理与计算．3 版．北京：中国水利水电出版社，1980.